DSP 原理与技术

主　编　欧阳名三

副主编　梁　喆　姜媛媛　王　宾

合肥工业大学出版社

图书在版编目(CIP)数据

DSP 原理与技术/欧阳名三主编. —2 版. —合肥:合肥工业大学出版社,2014.8
ISBN 978-7-5650-1855-8

Ⅰ.①D… Ⅱ.①欧… Ⅲ.①数字信号处理—高等数学—教材 Ⅳ.①TN911.72

中国版本图书馆 CIP 数据核字(2014)第 123549 号

DSP 原理与技术

主编 欧阳名三　　责任编辑 陆向军

出　版	合肥工业大学出版社	**版　次**	2009 年 8 月第 1 版
地　址	合肥市屯溪路 193 号		2014 年 8 月第 2 版
邮　编	230009	**印　次**	2014 年 8 月第 3 次印刷
电　话	综合编辑部:0551-62903028	**开　本**	787 毫米×1092 毫米　1/16
	市场营销部:0551-62903198	**印　张**	22.75　**字　数** 553 千字
网　址	www.hfutpress.com.cn	**印　刷**	合肥工业大学印刷厂
E-mail	hfutpress@163.com	**发　行**	全国新华书店

ISBN 978-7-5650-1855-8　　定价:45.00 元

如果有影响阅读的印装质量问题,请与出版社发行部联系调换。

第2版 说 明

《DSP原理与技术》一书自2009年8月初版以后，承蒙学术界同行和广大读者的厚爱，纷纷采用本书作为电子信息类专业本科生教材，使本书发行量迅速增加。虽然如此，本书出版使用以来的实践表明仍存在许多不足之处，为了保证本书的先进实用性，进行修订是十分必要的。为此，我们对初版进行了认真讨论，增加了一些课后练习，调整部分章节内容和图表，力求使本书趋于完美。

本书虽然经我们认真的修订、补充和校正，但由于我们理论水平、研究能力和知识深广度的限制，书中难免还存在缺点和错误，真诚希望同行专家和广大读者指教和帮助。

编 者

2014年8月

前　言

数字信号处理(DSP)芯片是一种进行信号处理运算的微处理器芯片,可实时快速地实现各种数字信号处理算法。20多年来,DSP芯片发展十分迅速,已广泛应用于自动控制、通信、电子等领域。

本书以高等院校教材形式编写,适合作为电气信息类(电气工程、自动化、电气工程及其自动化、测控技术与仪器、电气信息工程等)专业学生的教科书,也可作为从事DSP开发与应用的广大科技人员的参考书。编者力图使本书有助于读者掌握TMS320LF2407DSP原理和采用DSP为各自所从事的学科解决实际的问题。因此,在编写本书时,力求深入浅出,通俗易懂,并注重理论联系实际,着重实际应用。书中提供了大量实用电路和程序,均是编者多年从事DSP开发的应用实例,供读者引用和参考。

本书共分7章,第1章介绍了DSP的特点、发展和应用;第2章介绍了DSP的内部资源;第3章介绍了DSP的指令系统;第4章介绍了DSP的片内外设;第5章介绍了DSP的硬件接口设计;第6章介绍了C语言在DSP编程中的应用;第7章介绍了TMS320LF240x在电机驱动方面的应用。

本书由欧阳名三教授主编,并统筹定稿。欧阳名三编写了第1章和第5章,姜媛媛编写了第2章、第3章以及附录,梁喆编写了第4章的4.1～4.8节,王宾编写了第4章4.9节、第6章和第7章。在书稿的录入过程中,研究生朱敏静、刘杨斌、王晓娟参与了部分文字录入和插图绘制工作,在此表示感谢!在编写过程中,参阅了不少国内外参考书及资料,学习和吸取了不少经验,在此向这些作者致以谢意!

合肥工业大学出版社为本书出版给与了大力支持和帮助,在此表示衷心的感谢。

由于作者的水平和掌握的资料有限,书中的错误和不当在所难免,恳请读者批评指正。

编　者

2009年8月

目　录

第 1 章　DSP 的基本概述

本章主要介绍了数字信号处理器 DSP 的概念及其特点，并对 DSP 的结构和采用的先进技术进行了讨论。同时还介绍了 DSP 的发展历程和应用发展前景，以及目前广泛应用的 DSP 器件的种类和性能。通过本章的学习，可对 DSP 系统的设计过程有初步认识。

1.1　DSP 的含义

DSP 有两个含义：其一是 Digital Signal Processing（数字信号处理）的缩写，是指数字信号处理的理论和方法，是一门以众多学科为理论基础而又广泛应用于许多领域的新兴学科；其二是 Digital Signal Processor（数字信号处理器，也称 DSP 芯片）的缩写，是指用于数字信号处理的可编程微处理器，是微电子学、数字信号处理、计算机技术 3 门学科综合研究的成果。它不仅具有可编程性，而且其实时运行速度远远超过通用微处理器，是一种适合于数字信号处理的高性能微处理器。数字信号处理器已成为数字信号处理技术和实际应用之间的桥梁，并进一步促进了数字信号处理技术的发展，也极大地拓展了数字信号处理技术的应用领域。我们所说的 DSP 技术，一般是指将通用或专用的 DSP 处理器用于完成数字信号处理的方法与技术。

DSP 技术的发展分为两个领域：

（1）数字信号处理的理论和方法近年来得到迅速的发展。各种快速算法，声音与图像的压缩编码、识别与鉴别，加密解密，调制解调，信道辨识与均衡，智能天线，频谱分析等算法都成为研究的热点，并有长足的进步，为各种实时处理的应用提供了算法基础。

（2）为了满足应用市场的需求，随着微电子科学与技术的进步，DSP 处理器的性能也在迅速地提高。在性能大幅度提高的同时，体积功耗和成本却大幅度地下降。

随着数字化的急速进程，DSP 技术的地位将会更加突显出来。因为数字化的基础技术就是数字信号处理，而数字信号处理的任务，特别是实时处理（Real Time Processing）的任务，主要是由通用或专用的 DSP 处理器来完成的。因此，在整个半导体产品增长趋缓的同时，DSP 处理器还在以较快的速度增长。本教材讨论的 DSP 应用技术主要是指数字信号处理器芯片的应用技术。

1.2　DSP 的发展和分类

1.2.1　DSP 芯片的发展

在数字信号处理技术发展的初始阶段，人们只能在通用的计算机上进行算法的研究和系统的模拟与仿真。随着数字信号处理技术和集成电路技术的发展，以及数字系统的显著优越性，导致了 DSP 芯片的产生和迅速发展，DSP 芯片的出现才使实时数字信号处理成为现实。

第一片 DSP 器件是 1978 年 AMI 公司推出的 S2811。

1979 年,Intel 公司推出的 Intel2920 是第一块脱离了通用型微处理器结构的 DSP 芯片,成为 DSP 芯片的一个重要里程碑。

1980 年前后,日本 NEC 公司推出的 μPD7720 是第一个具有硬件乘法器的商用 DSP 芯片。第一个采用 CMOS 工艺生产浮点 DSP 芯片的是日本 Hitachi 公司,它于 1982 年推出了浮点 DSP 芯片。1983 年,日本 Fujitsu 公司推出的 MB8764,其指令周期为 120ns,且具有双内部总线,从而使处理器的数据吞吐量发生了一个大的飞跃。而第一片高性能的浮点 DSP 芯片应是 AT&T 公司于 1984 年推出的 DSP32。

1982 年前后,美国德州仪器公司(Texas Instrument,简称 TI)成功推出第一代 DSP 芯片 TMS32010 及其系列产品 TMS32011、TMS32C10/C14/C15/C16/C17 等,之后相继推出了第二代 DSP 芯片 TMS32020、TMS320C25/C26/C28,第三代 DSP 芯片 TMS32C30/C31/C32,第四代 DSP 芯片 TMS32C40/C44,第五代 DSP 芯片 TMS32C50/C51/C52/C53 以及集多个 DSP 于一体的高性能 DSP 芯片 TMS320C80/C82,第六代为更高性能的 TMS320C64x/C67x 和高性能的 DSP 控制器 C28x 等。

Motorola 公司 1986 年推出 MC56001 定点 DSP 芯片,1990 年推出了与 IEEE 浮点格式兼容的 MC96002 浮点 DSP 芯片,以及此后推出的更新产品,如 MSC81××系列是一款基于 StarCore 技术的 DSP ,是为提升无线设备的容量而设计的,目前在 DSP 市场仍有一定影响。

美国模拟器件公司(Analog Devices,Inc. 简称 ADI)也相继推出了一系列具有自己特点的 DSP 芯片,如 ADSP－21xx 系列处理器是工作频率达 160 MHz、功耗电流低到 184 μA、代码兼容和引脚兼容的数字信号处理器 (DSP)。21xx 系列产品包括适合蜂窝通信应用在 Softfone 产品中嵌入的系统芯片(SOC)级集成产品,以及适合电机控制应用的 2199x 系列产品。21xx 系列产品广泛用于从调制解调到工业测试设备多种应用,在 DSP 市场上也占有一定份额。

还有许多厂家生产 DSP,市场占有率排名前 4 位的公司有 TI、Agere(原 Lucent,中文名为朗讯)、Motorola 和 ADI。

未来 10 年,全球 DSP 产品将向着高性能、低功耗、加强融合和拓展多种应用的趋势发展。

1.2.2 TI 公司的 DSP 芯片

在世界上众多的 DSP 厂商中,德州仪器的 DSP 始终占据着较大的市场份额(40%～50%)。随着集成电路技术的迅速发展和 DSP 应用市场的迅速扩大,TI 的 DSP 也在不断地发展与更新。目前得到广泛应用的 TI 的四个 DSP 处理器系列分别为 TMS320C2000、TMS320C5000/TMS320C6000、OMAP 系列和 DaVinci 数字媒体处理器。每个系列都有繁多的品种,新的产品层出不穷,更新的速度也非常快。

(1)C2000 系列(定点、控制器):C20x、F20x、F24x、F24xx、C28x,该系列芯片具有大量外设资源,如 A/D、定时器、各种串口(同步和异步)、WATCHDOG、CAN 总线/PWM 发生器、数字 IO 脚等,是针对控制应用最佳化的 DSP。在 TI 所有的 DSP 中,只有 C2000 有 FLASH,也只有该系列有异步串口可以和 PC 的 UART 相连,处理速度为 20MHz

～150MHz。

(2)C5000系列(定点、低功耗):C54x、C54xx、C55x，相比其他系列该系列的主要特点是低功耗，所以最适合个人与便携式上网以及无线通信应用，如手机、PDA、GPS等应用。处理速度在80MIPS～400MIPS之间。C54xx和C55xx一般只具有McBSP同步串口、HPI并行接口、定时器、DMA等外设。值得注意的是，C55xx提供了EMIF外部存储器扩展接口，可以直接使用SDRAM，而C54XX则不能直接使用。两个系列的数字IO都只有两条。

(3)C6000系列:C62xx、C67xx、C64x，该系列以高性能著称，最适合宽带网络和数字影像应用。速度最高达到1GHz。其中C62xx和C64x是定点系列，C67xx是浮点系列。该系列提供EMIF扩展存储器接口。该系列只提供BGA封装，只能制作多层PCB，且功耗较大。同为浮点系列的C3X中的VC33现在虽非主流产品，但仍在广泛使用，其速度较低，最高在150MIPS。

(4)OMAP系列:OMAP处理器集成ARM的命令及控制功能，另外还具有DSP的低功耗实时信号处理能力，最适合移动上网设备和多媒体家电。

(5)DaVinci“达・芬奇”系列:采用TMS320C64x+DSP内核并且包括可升级、可编程的处理器，它们采用各种架构且具有加速器和外设，适用于范围广泛的数字视频终端设备。

在TMS320C24x系列中，较早的芯片(如TMS320F240/F241/C242/F243)采用5V电源，最高运算速度为20MIPS，后来推出了低功耗的LF/LC240xA，采用3.3V电源，最高运算速度为40MIPS，且其他功能和性能都增强了。本书主要介绍TMS320C2000系列中的TMS320LF240x系列DSP的结构、原理及应用。

1.2.3　DSP的分类

如上所述，DSP芯片型号多种多样，分类也有多种方法，但主要有以下两种：

(1)按DSP芯片处理的数据格式来分，可以分为定点DSP芯片和浮点DSP芯片，不同的浮点DSP芯片所采用的浮点格式不完全一样，有的DSP芯片采用自定义的浮点格式，有的DSP芯片则采用IEEE的标准浮点格式。

定点芯片只能进行小数点位置固定的数学运算，精度低，但价格低廉，执行速度快。TI公司的C2000、C5000、C62x、C64x系列都是定点芯片。

浮点芯片可以进行小数点位置变动的数学运算，精度高，但价格较高，执行速度慢。TI公司的C3x、C4x、C67x、C8x系列都是浮点芯片。

定点芯片在一般应用场合使用比较广泛，浮点芯片则用于高性能、精度要求高的场合，如音频、视频处理等。

(2)按DSP芯片的用途来分，可分为通用型DSP芯片和专用型DSP芯片。通用型DSP芯片适合普通的DSP应用，如TI公司的一系列DSP芯片。专用型芯片是为特殊使用需求设计的，如特殊运算、数字滤波、卷积、FFT等，如Motorola公司的DSP56200。

1.3　DSP的特点

DSP处理器(DSP芯片)是专门设计用来进行高速数字信号处理的微处理器。DSP芯片实际上就是一种单片机，是集成高速乘法器，具有多组内部总线，能够进行快速乘法和加法运算，适用于数字信号处理的高速、高位单片计算机，因此有时也被称为单片数字信号处理器。与通用的 CPU 和微控制器(MCU)相比，DSP 处理器在结构上采用了许多的专门技术和措施来提高处理速度。尽管不同的厂商所采用的技术和措施不尽相同，但往往也有许多共同的特点。下面以 TI 公司的 TMS320 系列为例进行介绍，TMS320 系列 DSP 主要采取了哈佛结构、流水线技术、多总线结构、硬件乘法器和特殊 DSP 指令等特点，以下对这些特点分别介绍。

1.3.1 哈佛结构

以奔腾为代表的通用微处理器，其程序代码和数据共用一个公共的存储空间和单一的地址与数据总线，这样的结构称为冯·诺依曼结构(Von Neumann Architecture)，如图 1.1(a)所示。

DSP 处理器则将程序代码和数据的存储空间分开，各有自己的地址与数据总线，即哈佛结构(Harvard Architecture)，如图 1.1(b)所示。程序存储器和数据存储器是两个相互独立的存储器，每个存储器独立编址，用独立的程序总线、数据总线或多条总线分别进行访问。之所以采用哈佛结构，是为了并行地进行指令和数据的处理，从而可以大大地提高运算的速度。为了进一步提高信号处理的效率，在哈佛结构的基础上，又加以改善，使得程序代码和数据存储空间之间可以进行数据的传送，称为改善的哈佛结构(Modified Harvard Architecture)。这样做的好处是显然的，例如，在作数字滤波处理时，将滤波器的参数存放在程序代码空间里，而将待处理的样本存放在数据空间里，这样，处理器就可以同时提取滤波器参数和待处理的样本，进行乘和累加。

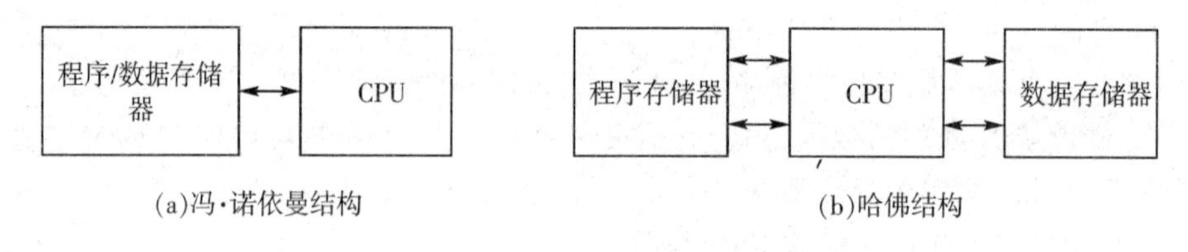

图 1.1 微处理器的冯·诺依曼结构与哈佛结构

1.3.2 多总线结构

DSP 处理器使用两类(程序总线、数据总线)六组总线，包括：程序地址总线、程序读总线、数据写地址总线、数据读地址总线、数据写总线、数据读总线。配合哈佛机构，大大提高了系统速度。

1.3.3 流水线

DSP 芯片广泛采用流水线技术，增强了处理器的处理能力。TMS320 系列流水线深度为 2～6 级不等，也就是说，处理器在一个时钟周期可并行处理 2 条～6 条指令，每条指令处于流水线的不同阶段。

计算机在执行一条指令时，总要经过取指、译码、取数、执行运算等步骤，需要若干个时钟周期才能完成。流水线技术是将各指令的各个步骤重叠起来执行，而不是一条指令执行完成之后，才开始执行下一条指令，即第一条指令取指后，译码时，第二条指令取指；第一条指令取数时，第二条指令译码，第三条指令取指……依次类推，图1.2为四级流水线的例子。尽管每一条指令的执行仍然要经过这些步骤，需要同样的时钟周期数，但将一个指令段综合起来看，其中的每一条指令的执行就都是在一个指令周期内完成的。DSP处理器所采用的将程序存储空间和数据存储空间的地址与数据总线分开的哈佛结构，为采用流水技术提供了很大的方便。

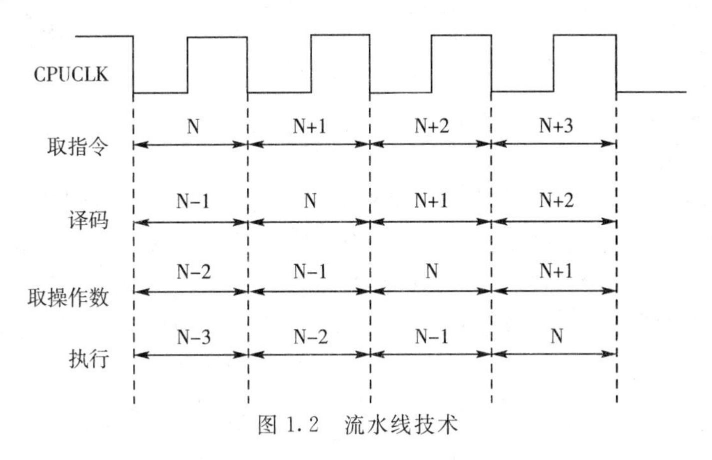

图1.2　流水线技术

1.3.4　硬件乘法器

在数字信号处理的许多算法中（如FFT和FIR等），需要做大量的乘法和加法运算。显然，乘法速度越快，数据处理能力就越强。在通用的处理器中，有些根本没有乘法指令，有乘法指令的处理器，其乘法指令的执行时间也较长。相比而言，DSP芯片一般是一个硬件乘法器，在TMS320系列中，一次乘累加最少可在一个时钟周期完成。

1.3.5　特殊DSP指令

DSP芯片的另外一个特点就是采用了特殊的寻址方式和指令。比如，TMS320系列的位反转寻址方式，LTD、MPY等特殊指令。采用这些适合于数字信号处理的寻址方式和指令，进一步减小了数字信号处理的时间。

另外，由于DSP的时钟频率提高，执行周期缩短，加上以上一些DSP的结构特征使得DSP实时数字信号处理的实现成为可能。

1.4　DSP的应用

随着DSP的高速发展，性能价格比的不断提高，使DSP成为当今和未来技术发展的新热点，使用范围日益扩大，几乎遍及电子技术的所有领域。DSP的典型应用主要有如下几个方面：

（1）数字信号处理，如滤波、FFT、相关、卷积、模式匹配、窗函数和波形产生等；

（2）通信，如调制解调、扩频通信、纠错编码、传真、语音信箱、噪音对消和可视电话等；

（3）语音处理，如语音编码、语音合成、识别、增强、话音存储及语音邮件等；

（4）图形/图像处理，如三维图形变换处理、模式识别、图像压缩与传输、图像增强、动画、机器人视觉和电子地图等；

(5)仪器仪表,如频谱分析、函数/波形发生器、数据采集;

(6)军事,如保密通信、全球定位、雷达与声呐信号处理、搜索与跟踪导航与制导等;

(7)医疗、汽车、消费电子领域;

(8)电源变换,如变频器、电机调速、AC/AC、AC/DC、DC/AC、DC/DC等;

(9)自动控制,如机器人控制、磁盘控制、自动驾驶等。

随着DSP性价比的不断提高和开发工具的进一步完善,DSP将应用于更多的领域。

1.5 DSP系统的设计流程

各个DSP系统的设计流程和设计内容根据具体要求会有很大的不同。复杂的DSP系统设计可以包括前端模拟电路接口和与其他数字设备的数字接口,可能需要在设计前进行算法的仿真和分析;简单的DSP设计只包括数字信息的处理。有的DSP系统要求设计者设计开发出完整的软件、硬件,而有的DSP系统借助了DSP厂商提供的通用硬件平台和软件开发环境,只需编写一些简单的应用软件即可。

这里介绍的设计流程是一个较完备的DSP设计过程,如图1.3所示。

1.5.1 算法模拟

首先应对一个实时数字信号处理的任务选择一种方案和多种算法,用计算机高级语言(如c、Matlab等工具)验证算法能否满足系统的性能指标;然后从多种信号处理算法中找出最佳或准最佳算法。由于Matlab等工具提供了强有力的模拟手段,设计者可以在较短的时间内选择出有效的算法,避免了后续设计工作中由于算法选择不当造成的浪费和反复。

1.5.2 器件选型

DSP是整个处理系统的核心,应从应用的具体要求出发,参照以下准则来选择合适的DSP型号。

(1)速度指标

运算速度是DSP芯片最重要的性能指标,也是选择DSP芯片时所需要考虑的一个主要因素。DSP最基本的速度指标是:

1)指令周期,即执行一条指令所需的时间,通常以ns(纳秒)为单位。如TMS320LF2407A在主频为40MHz时的指令周期为25ns;

2)MIPS,即每秒执行百万条指令。如TMS320LF2407A的处理能力为40MIPS,即每秒可执行4000万条指令;

3)MFLOPS,即每秒执行百万次浮点运算。如TMS320C31在主频为40MHz时的处理能力为40MFLOPS;

4)还有FFT和FIR滤波的速度以及除法、求平方根等特殊运算的速度。如果一片DSP不能满足运算速度要求,那么再看此种DSP多片并行处理是否方便易行。

(2)输入/输出带宽

在运算速度达到要求时,还要考虑DSP输入/输出数据的速度是否足够快。因为系统的整个响应时间是输入迟延、处理时间、输出迟延之和,要看这个总时间是否在允许的响应滞后时间限度内。许多DSP提供了DMA功能,即在运算单元工作的同时,数据的输入/输出可以同时进行。DMA可以通过数据总线、串口或主机接口进行。但要注意,一般情况下,DMA无助于减少DSP的整个响应滞后时间,因此往往是DSP在处理T时刻的数据时,只能以DMA方式输出T－1时刻的处理结果,输入T＋1时刻的原始数据。DMA有助于提高DSP系统的输入/输出吞吐率。

(3)精度和动态范围

精度和动态范围由DSP的数据字宽和定点/浮点数据格式决定。32位浮点DSP基本上可以满足所有运算精度要求,而定点DSP就有局限性。需要注意的是,16位定点DSP加法器位数大多是32位/40位的,而32位浮点DSP的运算寄存器都是40位的,所以准确的估算精度是否满足要求还是有困难的,利用C等高级语言可以较好地模拟出DSP的实际处理精度。定点DSP有一个特殊功能是对溢出的饱和处理,如16位定点DSP会将正向溢出值置为7FFFH,将负向溢出值置为8000H,这可以减少溢出幅度不大时所引起的处理性能下降。

(4)特定功能

如果DSP上集成有多种上电加载功能、同步/异步串行口、A/D、D/A、片内语音处理功能、编解码、压扩、常用系数表、事件管理器、CAN控制器等,就可以方便设计,降低成本。

(5)片内存储器

DSP通常配有容量不等的片内RAM,可用来存放程序和数据。当程序和数据都放在片内时,DSP的运行速度要高得多,而DSP厂商给出的一些速度指标都假定处理是在片内执行的,如FFT片内执行速度比片外快2～4倍。因此,片内存储器越多越好。

(6)硬件设计复杂度

如果DSP主频很高,封装引脚很密集,就会对电路设计提出很高要求,而低压工作的DSP需要在5V外围器件间加电平转换器等。

(7)应用开发周期

完善的软件开发环境和调试工具,易学易用的编程方法可以加快设计。

(8)价格

价格是指DSP和必要的外围器件的总成本。

(9)体积和功耗

体积和功耗是指DSP和外围器件的总和。低压DSP功耗比5VDSP低得多。

(10)型号延续性

应选择易购的产品型号,大的DSP厂家产品更新很快,可以对停产的旧型号提供兼容的新产品。

选择了一种DSP后,还应确定其具体的速度、封装、工作温度范围等。如果是大批量定型生产,厂商还提供掩膜ROM方式,由厂家将定型的代码烧制到DSP片内ROM中。这样就减少了体积、功耗、电磁辐射,提高了稳定性,也降低了制造成本。

1.5.3 软硬件设计

当DSP型号选定后,就可以开始对DSP系统进行设计了。DSP系统的设计包括软件和硬件两部分。软件是指将包括信号处理算法的程序用DSP的汇编语言或通用的高级语言(一般是C语言)编写出来并进行调试。这些程序是要放在DSP片内或片外存储器中进行的。在程序工作时,DSP 会执行与 DSP 外围设备传递数据或互相控制的指令,因此 DSP 的软件与硬件设计调试是密切相关的。

硬件设计涉及较多的电路设计技术。由 DSP 构成的电路一般包括以下类型的器件:

EEPROM/F1ash、RAM、A/D、D/A、同步/异步串口、电源模块、电平转换器、FPGA、接口电路、仿真器接口、时钟等。

1.5.4 调试

调试主要分为软硬件联调阶段与系统调试阶段。设计者会发现对 DSP 的调试更多地依赖于仿真器,而示波器或逻辑分析仪等测量仪器主要用于外围器件的信号测量等。当软、硬件联调满足要求后,还需要将程序固化到系统中,即利用 DSP 厂家提供的软件包将程序生成,写入 DSP 板上的 EPROM/F1ash 中,将这些代码固化后,DSP 电路板就可以脱离仿真器独立运行了,对系统的完整测试也应在这种条件下进行。

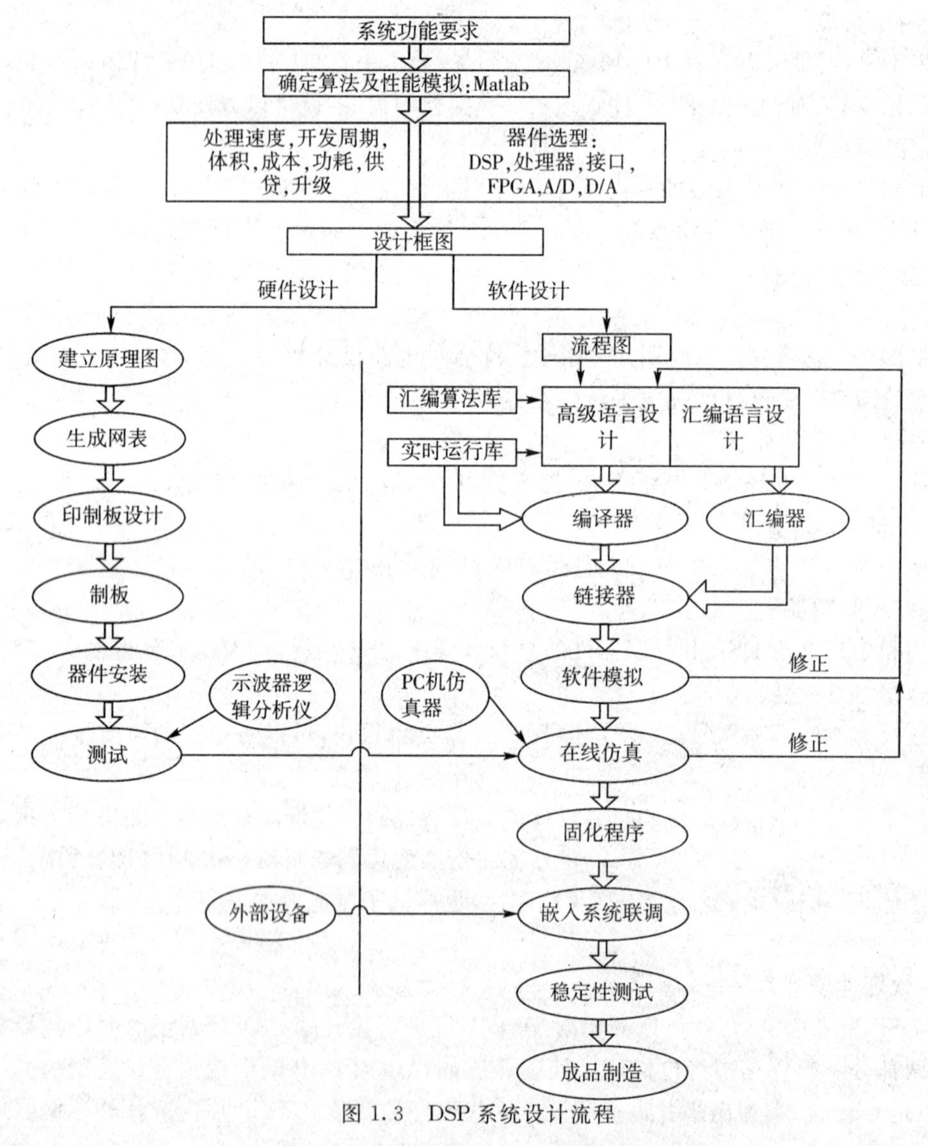

图 1.3 DSP 系统设计流程

习　题

1. DSP 的具体含义是什么？

2. DSP 芯片的主要特征是什么？

3. 什么是哈佛结构？其与传统的冯·诺依曼结构有何区别？

4. 简述流水线操作。

5. 对 DSP 芯片如何进行分类？什么是定点 DSP 芯片和浮点 DSP 芯片？各有什么优缺点？

6. 简述设计一个 DSP 系统的流程。

第2章 TMS320LF240x系列 DSP内部资源介绍

可编程DSP芯片是一种具有特殊结构的微处理器，为了达到快速进行数字信号处理的目的，DSP芯片一般都具有程序和数据分开的总线结构、流水线操作功能、单周期完成乘法的硬件乘法器，以及一套适合数字信号处理的指令集，这些都与其内部结构有关。本章将首先介绍DSP芯片的基本结构及内部资源，主要包括总线结构、中央处理单元、存储器与I/O空间，最后对TMS320LF240x系列DSP中断系统做介绍。

2.1 TMS320LF240x系列DSP基本结构和引脚功能

2.1.1 TMS320LF240x系列DSP基本结构

TMS320C24x系列DSP中，可以分为5V供电的TMS320F/C24x和3.3V供电低功耗TMS320LF/LC240xA两类。本书主要介绍型号为TMS320LF240xA的DSP芯片，以TMS320LF2407A为主。

TMS320LF2407A是TMS320F/C24x的改进型，最重要的改进是低功耗设计，采用3.3V电压，最高运算速度达到40MIPS。其主要特点为：

(1)片内具有2K字的单口RAM(SARAM)，32K字的Flash程序存储器，544字的双口RAM(DARAM)。

(2)两个事件管理器模块EVA和EVB，每个包括：两个16位通用定时器，8个PWM通道。

(3)高达40个可单独编程或复用的通用输入/输出引脚(GPIO)。

(4)片内集成：16路10位A/D转换通道，最小转换时间为500ns；控制局域网络(CAN)2.0B模块；串行通信接口(SCI)模块；串行外设接口(SPI)模块；看门狗定时器(WDT)模块。

图2.1给出了TMS320LF2407A的功能结构框图。

TMS320LF240x系列的各芯片都具有同样的CPU和总线结构，但不同的芯片具有不同的片内存储器划分和片内外设。

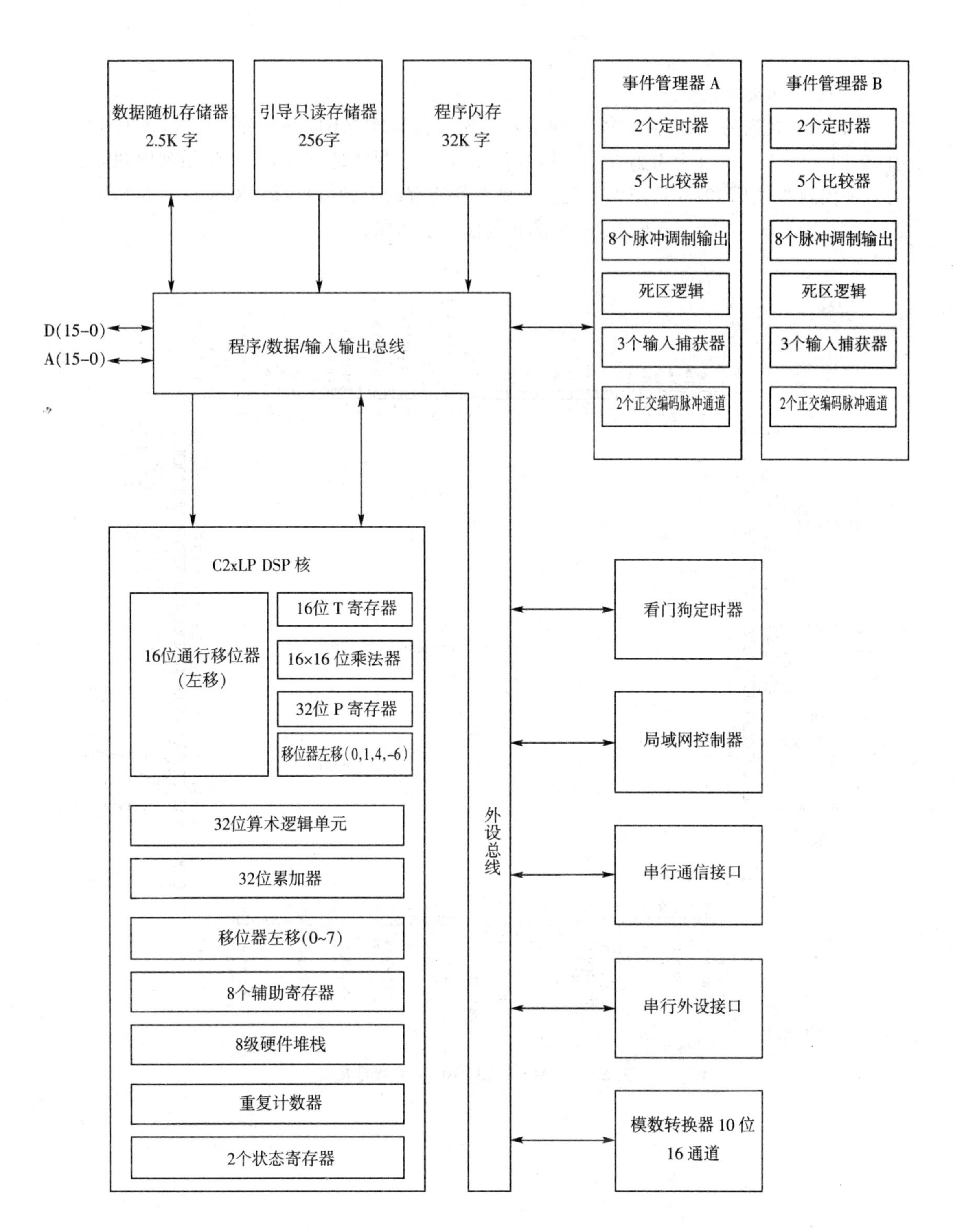

图 2.1　TMS320LF240x 的功能结构图

2.1.2　引脚功能

LF240x 系列的 DSP 芯片中,不同型号芯片的引脚数是不同的。如 LF2407A 有 144 个引脚,LF2406A 有 100 个引脚等等。其中 LF2407A 控制器是所有 LF240x 系列中功能最全的一种控制器,LF2407A 控制器上包含了该系列所有的引脚信号,是 PGA 封装的芯片。图 2.2 与图 2.3 分别给出了 LF2407A 引脚封装图与引脚结构图。

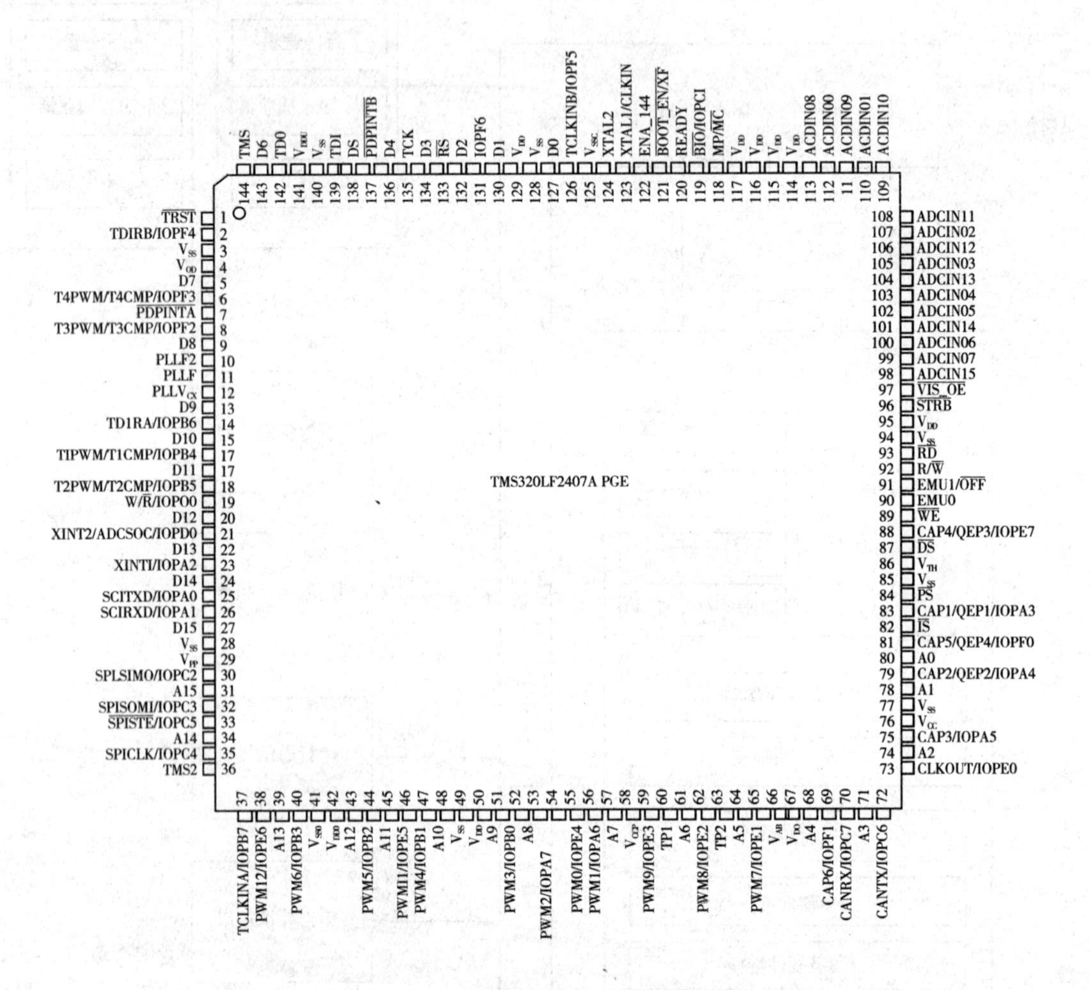

图 2.2　TMS320LF2407A 引脚封装图

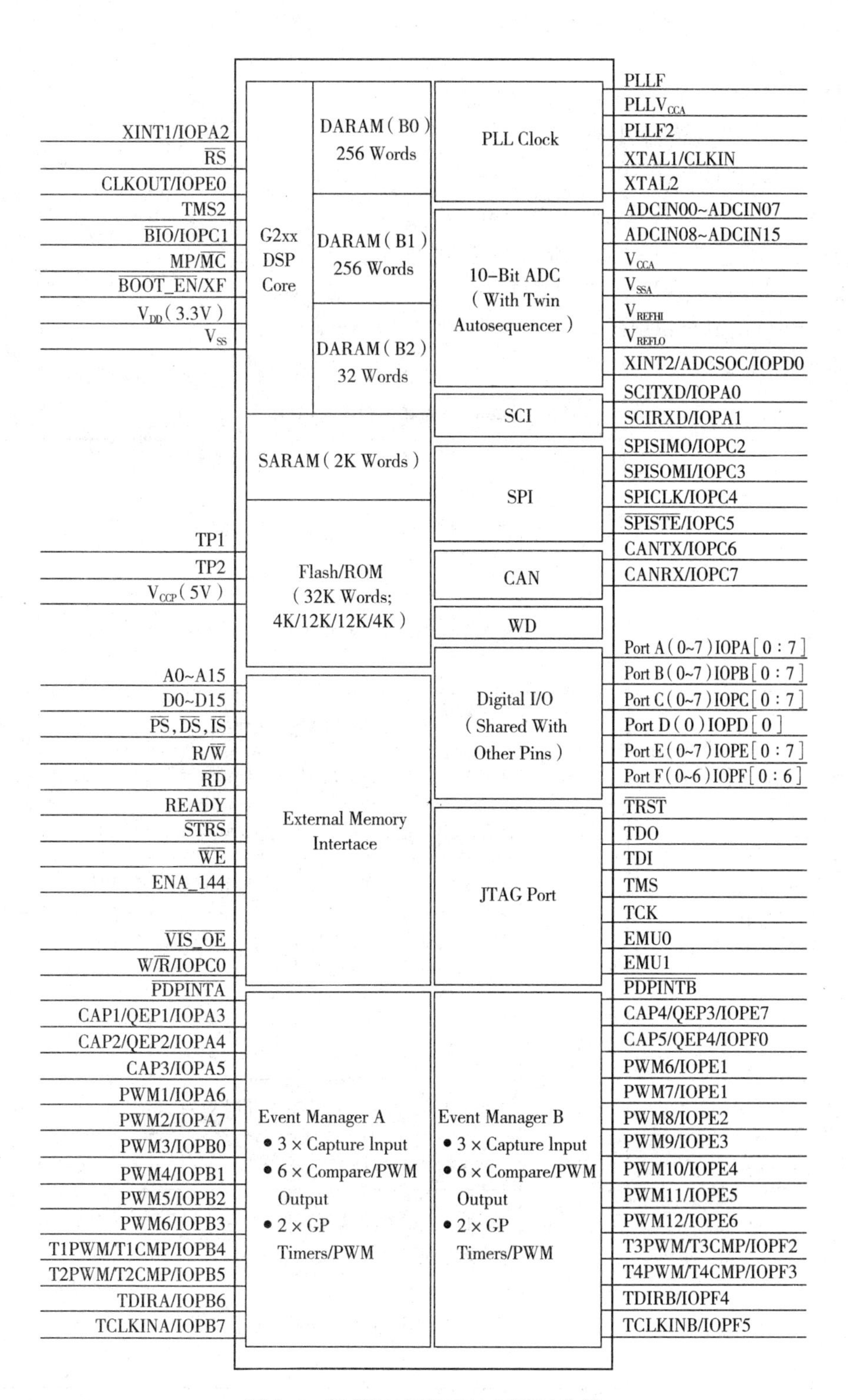

图 2.3　TMS320LF2407A 引脚结构图

各引脚按功能可分为以下8部分：表2.1～2.9分别列出了TMS320LF2407各引脚及其功能。

(1)事件管理器(EVA和EVB)引脚；

(2)ADC模数转换器引脚；

(3)通信模块(CAN/SPI/SCI)引脚；

(4)外部中断与时钟引脚；

(5)地址/数据及存储器控制信号引脚；

(6)振荡器/PLL/FLASH/BOOT引导程序及其他引脚；

(7)JTAG仿真测试引脚；

(8)电源引脚。

表2.1 事件管理器A(EVA)引脚

引脚名称	引脚号	引脚功能
CAP1/QEP1/IOPA3	83	EVA模块的捕获输入＃1/正交编码脉冲输入＃1/通用IO(↑)
CAP2/QEP2/IOPA4	79	EVA模块的捕获输入＃2/正交编码脉冲输入＃2/通用IO(↑)
CAP3/IOPA5	75	EVA模块的捕获输入＃3//通用IO(↑)
PWM1/IOPA6	56	EVA模块的比较/PWM输出引脚＃1/通用IO(↑)
PWM2/IOPA7	54	EVA模块的比较/PWM输出引脚＃2/通用IO(↑)
PWM3/IOPB0	52	EVA模块的比较/PWM输出引脚＃3/通用IO(↑)
PWM4/IOPB1	47	EVA模块的比较/PWM输出引脚＃4/通用IO(↑)
PWM5/IOPB2	44	EVA模块的比较/PWM输出引脚＃5/通用IO(↑)
PWM6/IOPB3	40	EVA模块的比较/PWM输出引脚＃6/通用IO(↑)
T1PWM/T1CMP/IOPB4	16	EVA模块的通用定时器1(TMR1)比较输出/通用IO(↑)
T2PWM/T2CMP/IOPB5	18	EVA模块的通用定时器2(TMR2)比较输出/通用IO(↑)
TDIRA/IOPB6	14	通用定时器方向选择(EVA)/通用IO(↑)；若TDIRA=1，为加计数，否则为减计数。
TCLKINA/IOPB7	37	EVA定时器的外部时钟输入/通用IO(↑)(该定时器也可用内部时钟)

表 2.2　事件管理器 B(EVB)引脚

引脚名称	引脚号	引脚功能
CAP4/QEP3/IOPE7	88	EVB 模块的捕获输入＃4/正交编码脉冲输入＃3/通用 IO(↑)
CAP5/QEP4/IOPF0	81	EVB 模块的捕获输入＃5/正交编码脉冲输入＃4/通用 IO(↑)
CAP6/IOPF1	69	EVB 模块的捕获输入＃6//通用 IO(↑)
PWM7/IOPE1	65	EVB 模块的比较/PWM 输出引脚＃7/通用 IO(↑)
PWM8/IOPE2	62	EVB 模块的比较/PWM 输出引脚＃8/通用 IO(↑)
PWM9/IOPE3	59	EVB 模块的比较/PWM 输出引脚＃9/通用 IO(↑)
PWM10/IOPE4	55	EVB 模块的比较/PWM 输出引脚＃10/通用 IO(↑)
PWM11/IOPE5	46	EVB 模块的比较/PWM 输出引脚＃11/通用 IO(↑)
PWM12/IOPE6	38	EVB 模块的比较/PWM 输出引脚＃12/通用 IO(↑)
T3PWM/T3CMP/IOPF2	8	EVB 模块的通用定时器 3(TMR3)比较输出/通用 IO(↑)
T4PWM/T4CMP/IOPF3	6	EVB 模块的通用定时器 4(TMR4)比较输出/通用 IO(↑)
TDIRB/IOPF4	2	通用定时器方向选择(EVB)/通用 IO(↑)；若 TDIRB=1，为加计数，否则为减计数。
TCLKINB/IOPF5	126	EVB 定时器的外部时钟输入/通用 IO(↑)(该定时器也可用内部时钟)

表 2.3　ADC 模数转换器引脚

引脚名称	引脚号	引脚功能
ADCIN00	112	ADC 模拟输入引脚＃0
ADCIN01	110	ADC 模拟输入引脚＃1
ADCIN02	107	ADC 模拟输入引脚＃2
ADCIN03	105	ADC 模拟输入引脚＃3
ADCIN04	103	ADC 模拟输入引脚＃4
ADCIN05	102	ADC 模拟输入引脚＃5
ADCIN06	100	ADC 模拟输入引脚＃6
ADCIN07	99	ADC 模拟输入引脚＃7
ADCIN08	113	ADC 模拟输入引脚＃8
ADCIN09	111	ADC 模拟输入引脚＃9
ADCIN10	109	ADC 模拟输入引脚＃10
ADCIN11	108	ADC 模拟输入引脚＃11

（续表）

引脚名称	引脚号	引脚功能
ADCIN12	106	ADC 模拟输入引脚＃12
ADCIN13	104	ADC 模拟输入引脚＃13
ADCIN14	101	ADC 模拟输入引脚＃14
ADCIN15	98	ADC 模拟输入引脚＃15
V_{REFHI}	115	ADC 模拟输入高电平参考电压输入端
V_{REFLO}	114	ADC 模拟输入低电平参考电压输入端
V_{CCA}	116	ADC 模拟供电电压(3.3V)
V_{SSA}	117	ADC 模拟地

表 2.4 通信模块(CAN/SPI/SCI)引脚

引脚名称	引脚号	引脚功能
CANRX/IOPC7	70	CAN 接收数据/通用 IO(↑)
CANTX/IOPC6	72	CAN 发送数据/通用 IO(↑)
SCITXD/IOPA0	25	SCI 发送数据/通用 IO(↑)
SCIRXD/IOPA1	26	SCI 接收数据/通用 IO(↑)
SPICLK/IOPC4	35	SPI 时钟/通用 IO(↑)
SPISIMO/IOPC2	30	SPI 从动输入主控输出/通用 IO(↑)
SPISOMI/IOPC3	32	SPI 从动输出主控输入/通用 IO(↑)
$\overline{SPISTE}$/IOPC5	33	SPI 从动发送使能/通用 IO(↑)

表 2.5 外部中断与时钟引脚

引脚名称	引脚号	引脚功能
$\overline{RS}$	133	控制器复位引脚：当$\overline{RS}$为低时，24x 控制器终止执行并使 PC＝0；当$\overline{RS}$拉为高电平时，240x 控制器从程序存储器的 0 单元开始执行；$\overline{RS}$将各寄存器和状态位置 0；当 WDT 定时时间溢出时，在$\overline{RS}$引脚产生一个系统复位脉冲(↑)
$\overline{PDPINTA}$	7	功率驱动保护中断输入引脚，下降沿有效。该中断有效时，将 EVA 模块的 PWM 输出引脚置为高阻状态。该引脚可用来监测电机驱动或电源逆变器出现的过电压、过电流等故障(↑)
XINT1/IOPA2	23	外部中断 1/通用 IO。XINT1 和 XINT2 都是边沿有效引脚，其边沿极性可编程(↑)

（续表）

引脚名称	引脚号	引脚功能
XINT2/ADCSOC/IOPD0	21	外部中断 2/启动 AD 转换输入引脚/通用 IO。XINT1 和 XINT2 都是边沿有效引脚，其边沿极性可编程（↑）
CLKOUT/IOPE0	73	时钟输出/通用 IO（↑）。输出时钟为 CPU 时钟或监视器定时器时钟，由系统控制状态寄存器中的 CLKSRC(D14)决定；当不用于时钟输出时，就可用作通用 IO（↑）
$\overline{\text{PDPINTB}}$	137	功率驱动保护中断输入引脚，下降沿有效。该中断有效时，将 EVB 模块的 PWM 输出引脚置为高阻状态。该引脚可用来监测电机驱动或电源逆变器出现的过电压、过电流等故障（↑）

表 2.6　地址/数据及存储器控制信号引脚

<table>
<tr><th>引脚名称</th><th>引脚号</th><th colspan="2">引脚功能</th></tr>
<tr><td>$\overline{\text{DS}}$</td><td>87</td><td>外部数据存储器选通引脚</td><td rowspan="3">$\overline{\text{IS}}$、$\overline{\text{DS}}$、$\overline{\text{PS}}$总保持为高电平，当芯片的 CPU 请求访问相关的外部存储器和 I/O 空间时，对应的引脚输出为低电平；在复位、掉电和 EMU1 低电平有效器件，这些引脚为高阻态</td></tr>
<tr><td>$\overline{\text{PS}}$</td><td>84</td><td>外部程序存储器选通引脚</td></tr>
<tr><td>$\overline{\text{IS}}$</td><td>82</td><td>外部 I/O 空间选通引脚</td></tr>
<tr><td>R/$\overline{\text{W}}$</td><td>92</td><td colspan="2">读/写选择信号。指明与外部装置通信期间信号的传送方向，通常情况下输出为高电平（读方式），当输出为低电平时请求执行写操作；当 EMU1/$\overline{\text{OFF}}$低电平和掉电期间该引脚被置为高阻态</td></tr>
<tr><td>W/$\overline{\text{R}}$/IOPC0</td><td>19</td><td colspan="2">写/读选择信号/通用 IO（↑）。这是一个对“0 等待状态”存储器接口很有用的反向输出传输读/写信号。通常情况下为低电平，当执行存储器写操作时为高电平</td></tr>
<tr><td>$\overline{\text{RD}}$</td><td>93</td><td colspan="2">读使能输出引脚。$\overline{\text{RD}}$表示一个有效的外部读周期，它对所有外部程序、数据和 I/O 读有效。当 EMU1/$\overline{\text{OFF}}$低电平有效时，该引脚被置为高阻态</td></tr>
<tr><td>$\overline{\text{WE}}$</td><td>89</td><td colspan="2">写使能输出引脚。该信号的下降沿可驱动所有外部程序、数据存储器和 I/O 空间写有效。当 EMU1/$\overline{\text{OFF}}$低电平有效时，该引脚被置为高阻态</td></tr>
<tr><td>$\overline{\text{STRB}}$</td><td>96</td><td colspan="2">外部存储器访问选通（输出）。该引脚总为高电平，在访问任意的片外空间时该信号为低电平，以表示一个外部总线周期。当 EMU1/OFF 低电平有效时，该引脚被置为高阻态</td></tr>
<tr><td>READY</td><td>120</td><td colspan="2">外设准备好信号（输入）。访问外部设备时 READY 被拉低以增加等待状态，它表示一个外部器件为将要完成的总线处理做好准备，若该外设未准备好，则将 READY 拉为低电平（此时，处理器将等待一个周期，并且再次检测 READY）。为了满足外部 READY 时序要求，等待状态发生控制寄存器（WSGR）至少要设定一个等待状态（↑）</td></tr>
</table>

（续表）

引脚名称	引脚号	引脚功能
MP/$\overline{\text{MC}}$	118	微处理器/微控制器方式选择引脚（输出）。复位时该引脚若为低电平，则工作在微控制器方式下，并从内部程序存储器（FLASH EEPROM）的0000h开始程序执行；若为高电平，则工作在微处理器方式下，并从外部程序存储器的0000h开始程序执行。同时，将MP/$\overline{\text{MC}}$位（SCSR2寄存器的第2位）置位
ENA_144	122	外部接口使能信号。该引脚输出为高电平时使能外部接口，若为低电平，则2407与2406、2402控制器一样，没有外部存储器，如果DS为低，则产生一个无效地址（↑）
$\overline{\text{VIS\_OE}}$	97	透视度（$\overline{\text{VIS\_OE}}$）输出使能引脚（当数据总线输出时有效）。当运行在透视方式下，外部数据总线驱动为输出时该引脚有效（为低电平）。该引脚可用作外部编码逻辑以防止数据总线冲突
A0	80	16位地址总线Bit0
A1	78	16位地址总线Bit1
A2	74	16位地址总线Bit2
A3	71	16位地址总线Bit3
A4	68	16位地址总线Bit4
A5	64	16位地址总线Bit5
A6	61	16位地址总线Bit6
A7	57	16位地址总线Bit7
A8	53	16位地址总线Bit8
A9	51	16位地址总线Bit9
A10	48	16位地址总线Bit10
A11	45	16位地址总线Bit11
A12	43	16位地址总线Bit12
A13	39	16位地址总线Bit13
A14	34	16位地址总线Bit14
A15	31	16位地址总线Bit15
D0	127	16位数据总线Bit0（↑）
D1	130	16位数据总线Bit1（↑）
D2	132	16位数据总线Bit2（↑）
D3	134	16位数据总线Bit3（↑）
D4	136	16位数据总线Bit4（↑）

（续表）

引脚名称	引脚号	引脚功能
D5	138	16 位数据总线 Bit5(↑)
D6	143	16 位数据总线 Bit6(↑)
D7	5	16 位数据总线 Bit7(↑)
D8	9	16 位数据总线 Bit8(↑)
D9	13	16 位数据总线 Bit9(↑)
D10	15	16 位数据总线 Bit10(↑)
D11	17	16 位数据总线 Bit11(↑)
D12	20	16 位数据总线 Bit12(↑)
D13	22	16 位数据总线 Bit13(↑)
D14	24	16 位数据总线 Bit14(↑)
D15	27	16 位数据总线 Bit15(↑)

表 2.7　振荡器/PLL/FLASH/BOOT 引导程序及其他引脚

引脚名称	引脚号	引脚功能
XTAL1/CLKIN	123	PLL 振荡器输入引脚，晶振或时钟源输入到 PLL。该引脚接至参考晶振
XTAL2	124	晶振、PLL 振荡器输出引脚。该引脚接至参考晶振，当 $\mathrm{EMU0}/\overline{\mathrm{OFF}}$低电平有效时，该引脚被置为高阻态
$\mathrm{PLLV_{CCA}}$	12	PLL 电压(3.3V)
$\overline{\mathrm{BOOT\_EN}}/\mathrm{XF}$	121	使能引导 ROM/通用输出 XF 引脚。该引脚在复位期间被采样输入以更新 SCSR2.3($\overline{\mathrm{BOOT_EN}}$位)，然后驱动 XF 作为输出信号；复位后，XF 被置为高电平。$\overline{\mathrm{BOOT_EN}}$只能用无源回路驱动(↑)
IOPF6	131	通用 IO(↑)
PLLF	11	滤波器输入引脚 1
PLLF2	10	滤波器输入引脚 2
$\mathrm{V_{CCP}}$(5V)	58	Flash 编程电压输入引脚。在 Flash 编程时该引脚电平必须为 5V，在芯片运行时该引脚必须接地，在该引脚上不要使用任何限流电阻
TP1(Flash)	60	Flash 阵列测试引脚，悬空
TP2(Flash)	63	Flash 阵列测试引脚，悬空
$\overline{\mathrm{BIO}}$/IOPC1	119	分支控制输入/通用 IO(↑)。由 BCND pma，指令查询该引脚电平，若为低，则执行分支程序；若不用该引脚，则必须将其拉为高电平；控制器复位时将该位配置为分支控制输入，如果不用分支控制功能，该引脚就作为通用 IO(↑)

表 2.8 JTAG 仿真测试引脚

引脚名称	引脚号	引脚功能
$\overline{TRST}$	1	JTAG 测试复位引脚(↓)。当$\overline{TRST}$拉高时,扫描系统控制器的运行;若该信号引脚未接或为低电平,控制器运行在功能方式,并且测试复位信号无效
EMU0	90	仿真器 I/O 引脚#0(↑)。当 TRST 拉高时,该引脚用作来自或到仿真器系统的中断,通过 JTAG 扫描可定义为 I/O 引脚
EMU1/$\overline{OFF}$	91	仿真器引脚#1(↑)。该引脚可禁止所有输出;当 TRST 拉高时,该引脚用作来自或到仿真器系统的中断,通过 JTAG 扫描可定义为 I/O 引脚;当 TRST 拉低时,该引脚设定为$\overline{OFF}$引脚;当低电平有效时,所有输出引脚驱动为高阻态。注意,$\overline{OFF}$只用作测试和仿真,而不用于多处理应用,因此对于$\overline{OFF}$状态,有$\overline{TRST}$=0, EMU0=0, EMU1/$\overline{OFF}$=0
TCK	135	JTAG 测试时钟引脚(↑)
TDI	139	JTAG 测试数据输入引脚(↑)。在 TCK 的上升沿从 TDI 输入的指令或数据被锁存到选定的寄存器
TDO	142	JTAG 扫描输出,测试数据输出引脚。在 TCK 的下降沿,选中寄存器中的指令或数据被移出到 TDO 引脚(↓)
TMS	144	JTAG 测试方式选择引脚(↑)。该串行控制输入在 TCK 的上升沿锁存到 TRP 控制器中
TMS2	36	JTAG 测试时钟方式选择 2 引脚(↑)。该串行控制输入在 TCK 的上升沿锁存到 TRP 控制器中;仅用于测试和仿真;在用户应用中,该引脚不可接

表 2.9 电源引脚

引脚名称	引脚号	引脚功能
V_{DD}	29,50,86,129	内核电源电压 3.3V;数字逻辑电源电压
V_{DDO}	4,42,67,77,95,141	I/O 缓冲器电源电压 3.3V;数字逻辑和缓冲器电源电压
V_{SS}	28,49,85,128	内核地;数字参考地
V_{SSO}	3,41,66,76,94,125,40	I/O 缓冲器接地;数字逻辑和缓冲器接地

注:1. 复位后所有的通用 I/O 为输入状态;

2. V_{CCA}与数字供电电压分开供电(V_{SSA}与数字地分开),以达到 ADC 的精确度并提高抗干扰能力;

3. 为了控制器能够正常运行,所有的电源(V_{DD}、V_{DDO}、V_{SS}、V_{SSO})必须正确连接,任一电源引脚都不能悬空;

4. (↑)为内部上拉,(↓)为内部下拉(典型的上拉/下拉有效值为±16μA)。

2.2　总线结构

目前，在控制领域使用的各种微处理器芯片（各类 CPU、单片机等）的基本任务，就是从某个地方（内、外部存储器或外部接口）取得数据，经过算术或逻辑运算，然后放到相应的地方。为了区别不同的数据源，需要给其赋予一个独立的地址。数据和地址是任何微处理器都要面对的两个基本要素。因此，在微处理器芯片中采用基于数据/地址总线的结构是最佳的选择。在总线上可以挂接中央算术逻辑单元（CALU）、存储器、定时器等功能模块。通过地址总线和某些控制信号线（与指令密切相关），使得在某一时刻仅仅让某个数据源占用数据总线。这样一来，在地址总线和控制总线的共同作用下，数据总线的数据得以有序的流动。

总线结构是计算机体系结构中最基本的结构，它提供了一种标准的接口方式。功能模块之间的信息交换，都可解释为"在什么地址存放数据"或"从什么地址取回数据"。数据与地址成为密不可分的一对伙伴。具备数据与地址接口方式的功能模块都可以挂接到数据/地址总线上。数据/地址总线是双向的，为了保证数据通畅流动，要在中央处理单元统一指挥下按节拍进行工作。

总线结构是各种微处理器芯片的总干道，它的性能（响应速度、位宽、负载能力等）在很大程度上决定了微处理器芯片的性能。为了提高处理速度，一方面可以通过新的工艺使得微处理器芯片能够采用更高效率的晶振以加快响应的速度；另一方面可以加宽数据总线（32 位或 64 位）以增加高精度复杂运算的指令。除此之外，加快处理速度的最佳方案是采用并行机制。一般情况下，总线的操作时序分为四个独立的阶段：取指令、指令译码、取操作数和执行指令，这四个阶段分别面向程序读、数据读和数据写。如果将数据/地址总线分开为三组数据/地址总线，分别对应程序读、数据读和数据写三种情况，这样一来就可以使总线操作时序的四个独立阶段并行处理，从而极大地加快微处理器芯片的处理速度。可以形象地理解为，单总线方式就像是一辆车在只有一条道的高速公路上跑；而多组总线方式就像是多辆车在多条道的高速公路上跑，后者的运行速度和效率肯定要超过前者。

LF240x 控制器就是采用了多组总线的结构，LF240x 系列芯片具有相同的总线结构，由 6 条 16 位的内部总线构成，控制器的总线结构如图 2.4 所示。

其中内部地址总线分为三条总线：

（1）程序地址总线（PAB），提供访问程序存储器的地址；

（2）数据读地址总线（DRAB），提供从数据存储器读取数据的地址；

（3）数据写地址总线（DWAB），提供写数据存储器的地址。

内部数据总线也对应分为三条总线：

（1）程序读数据总线（PRDB），载有从程序存储器读取的指令代码、立即数以及表格信息等，并传送到 CPU；

（2）数据读数据总线（DRDB），将数据存储器的数据传送到 CPU；

（3）数据写数据总线（DWDB），将处理后的数据传送到数据存储器和程序存储器。

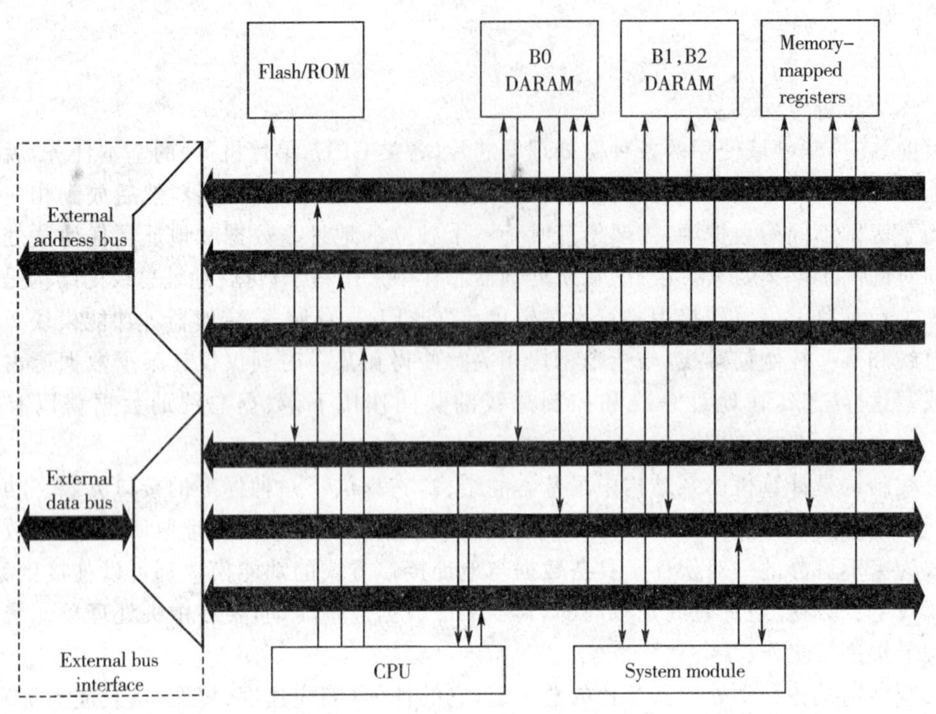

图2.4　TMS320LF240x总线结构

这种总线结构有以下特点：

(1)具有分离的程序总线和数据总线，允许CPU同时访问程序指令和数据存储器；

(2)具有独立的数据读/写地址总线(DRAB/DWAB)和数据读/写总线(DRDB/DWDB)，使得对数据存储器的读、写访问可在同一机器周期内完成；

(3)分离的程序和数据空间及独立的总线结构，这种并行机制可以支持CPU在单机器时钟内并行执行算术、逻辑和位处理操作等。例如，数据在作乘法时，前面的乘积可以加给ACC，与此同时，产生一个新的地址。

2.3　中央处理单元(CPU)

所有LF240x系列芯片的CPU结构完全相同。CPU主要包括下列部件：

(1)一个32位的中央算术逻辑单元(CALU)；

(2)一个32位的累加器(ACC)；

(3)CALU的输入数据定标移位器(输入移位器)及输出数据定标移位器(输出移位器)；

(4)一个16位×16位的乘法器；

(5)一个乘积定标移位器；

(6)数据地址发生逻辑，其中包括8个辅助寄存器和一个辅助寄存器算术单元(ARAU)；

(7)程序地址发生逻辑；

(8)两个16位的状态寄存器ST0、ST1。

下面分别讨论CPU的基本组成部分。LF240x的CPU结构框图如图2.5所示。

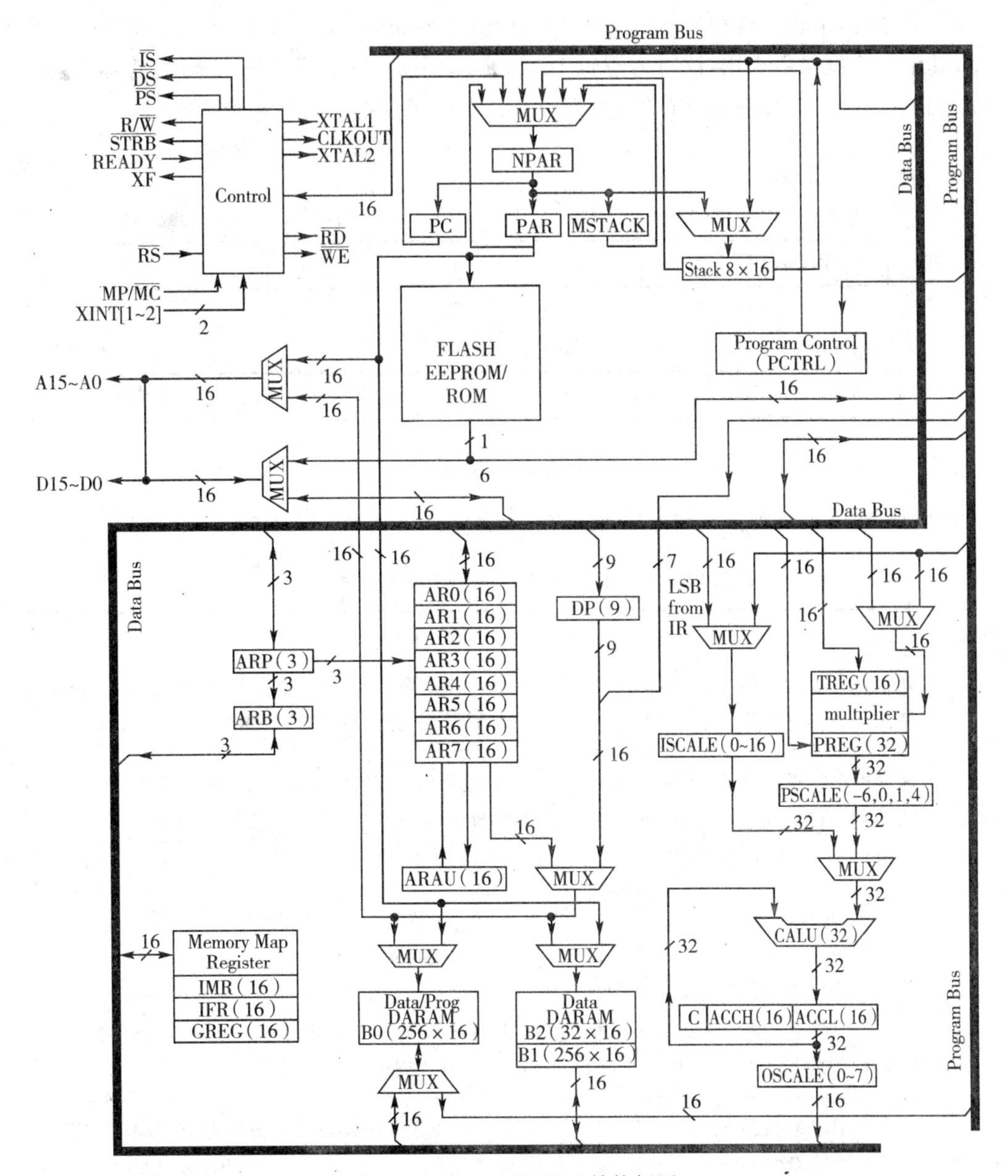

图2.5 LF240x的CPU结构框图

2.3.1 CPU状态寄存器

TMS320LF240x系列DSP有两个状态寄存器ST0和ST1,含有各种状态和控制位,是应用中特别重要的两个16位的寄存器,其内容可以被保存到数据存储器,或从数据存储器读出加载到ST0和ST1(可通过具体指令实现),从而在子程序调用或进入中断时,实现CPU各种状态的保存。

加载状态寄存器指令LST将数据写入ST0和ST1,而保存状态寄存器指令SST则将

ST0 和 ST1 的内容读出并保存，状态寄存器 ST0 中的 INTM 位不受 LST 指令影响。

采用 SETC 指令和 CLRC 指令，可将 ST0 和 ST1 寄存器中的某一位置写 1 或清 0。

图 2.6 给出了状态寄存器 ST0 和 ST1 中所有状态位的组成，指出每个寄存器包含的各个位，其中一些位保留未用，读时为逻辑 1。注意，图中的 DP、ARP 和 ARB 寄存器在图 2.5 的处理器框图中作为独立的寄存器，因为没有独立的指令把它们存储到 RAM 中，所以就将它们放在状态寄存器中。

	D15～D13	D12	D11	D10	D9	D8～D0
ST0	ARP	OV	OVM	1	INTM	DP

	D15～D13	D12	D11	D10								D1～D0
ST1	ARB	CNF	TC	SXM	C	1	1	1	1	XF	1	1	PM

图 2.6 状态寄存器 ST0 和 ST1

表 2.10 给出了状态寄存器 ST0 和 ST1 中各位对应功能。

表 2.10 状态寄存器 ST0 和 ST1 中各位对应功能

符号	功能
ARB	辅助寄存器指针缓冲器：当 ARP 被装载入 ST0 时，除了在 LST 指令外，原有的 ARP 值将被复制到 ARB 中；当通过“LST #1”指令装载 ARB 时，也把相同的 ARB 值复制到 ARP
ARP	辅助寄存器指针：ARP 选择间接寻址时，当前的辅助寄存器为 AR。当 ARP 被装载时，原有的 ARP 值被复制到 ARB 寄存器中。在间接寻址时，ARP 可由存储器相关指令改变，也可由 LARP、MAR 和 LST 指令改变。当执行“LST #1”指令时，ARP 也可载入与 ARB 相同的值
C	进位位：此位在加法结果产生进位时被置为 1，或在减法结果产生借位时被清 0；否则，除了执行带有 16 位移位的 ADD 或 SUB 指令外，C 在加法后被清除或在减法后被设置。在 ADD 或 SUB 指令时，ADD 仅可对进位位进行置位，而 SUB 仅可对进位位进行清除，而不会对进位位产生其他影响。移位 1 位和循环指令也可影响进位位 C，并且 SETC、CLRC 和 LST 指令也可影响 C。条件转移、调用和返回指令可根据 C 的状态进行执行。复位时 C 被置 1
CNF	片内 DARAM 配置位：若 CNF=0，可配置的双口 RAM 区被映射到数据存储空间；若 CNF=1，可配置的双口 RAM 区被映射到程序存储空间。CNF 位可通过“SETC CNF”、“CLRC CNF”和 LST 指令修改。$\overline{RS}$复位时，CNF 置为 0
DP	数据存储器页指针：9 位 DP 寄存器与一个指令字的低 7 位一起形成一个 16 位直接寻址地址。可通过 LST 指令和 LDP 指令对其修改
INTM	中断模式位：当 INTM 被置 0 时，所有未屏蔽的中断使能；当它被置 1，所有可屏蔽的中断禁止。可通过“SETC INTM”指令和“CLRC INTM”指令将 INTM 位置 1 或清 0；$\overline{RS}$中断也可对 INTM 进行设置；INTM 位对不可屏蔽中断$\overline{RS}$和 NMI 中断没有影响；注意 INTM 位不受 LST 指令的影响，复位时该位置 1；在处理可屏蔽中断时，该位被置为 1

（续表）

符号	功能
OV	溢出标志位：该位保存一个被锁存的值，用以指示 CALU 中是否有溢出发生；一旦发生溢出，OV 位保持为 1，直到下列条件中的一个发生时才能被清除——复位、溢出时条件转移，无溢出时条件转移指令或 LST 指令
OVM	溢出方式位：当位 OVM＝0 时，累加器中结果正常溢出；当 OVM＝1 时，根据溢出的情况，累加器被设置为它的最大正值或负值。SETC 指令和 CLRC 指令分别对该位进行置位和复位，也可用 LST 指令对 OVM 进行修改
PM	乘积移位方式：若 PM＝00，乘法器的 32 位乘积结果不移位，直接装入 CALU；若 PM＝01，PREG 输出左移一位后载入 CALU，最低位 LSB 以 0 填充；若 PM＝10，PREG 输出左移 4 位后载入 CALU，最低位段 LSB 以 0 填充；若 PM＝11，PREG 输出进行符号扩展右移 6 位。注意，PREG 中的内容是一直保持不变的。当把 PREG 中的内容传送到 CALU 单元中时，发生移位操作。PM 可由 SPM 指令和“LST ＃1”指令加载。复位时，PM 位清 0
SXM	符号扩展方式位：当 SXM＝1 时，数据通过定标移位器传送到累加器时，将产生符号扩展；当 SXM＝0 时，将抑制符号扩展。SXM 位对某些指令没有影响。例如，ADDS 指令将抑制符号扩展，而不管 SXM 位的状态。SXM 可通过“SETC SXM”指令或“CLRC SXM”指令对其置位或复位，并且“LST ＃1”指令将对 SXM 位进行加载。复位时，SXM 置 1
TC	测试/控制标志位：在下述情况之一，TC 位被置 1，即由 BIT 或 BITT 指令测试的位为 1。当利用 NORM 指令测试时，累加器的两个最高有效位“异或”功能为“真”。条件转移、调用和返回指令可根据 TC 位的条件来执行。BIT、BITT、CMPR、LST 和 NORM 指令影响 TC 位
XF	XF 引脚状态位：该位决定 XF 引脚的状态。“SETC XF”指令可对位 XF 进行置位，而“CLRC XF”指令可对其进行清 0。复位时，XF 置 1

2.3.2　中央算术逻辑单元(CALU)

CALU 的主要组成部分是：中央算术逻辑单元 CALU、32 位累加器 ACC 及输出移位器。

下面分别介绍它们的工作原理。

(1)中央算术逻辑单元 CALU

CALU 是一个独立的算术单元，可执行四种类型的算术和逻辑运算，包括 16 位加法、16 位减法、布尔逻辑运算及位测试、移位和循环等，且大多数运算只需一个时钟周期就可完成。特别值得一提的是 LF240x 系列 DSP 的 CALU 可以执行布尔运算，使用累加器 ACC 进行位移位和循环，因而给用户提供了位处理的功能。

由图 2.7 可见，CALU 有两个输入信号，一个由累加器提供，另一个由乘积定标移位器

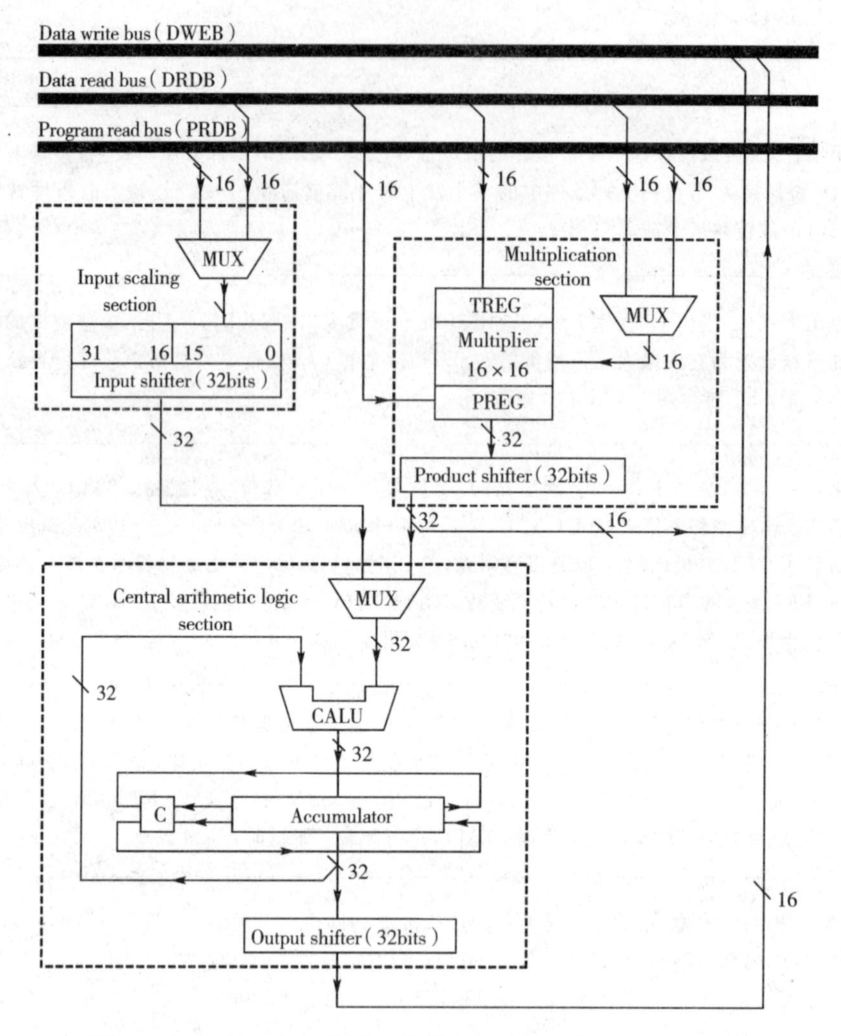

图 2.7 CPU 输入定标器、中央算术逻辑单元和乘法单元功能框图

或输入移位器提供。当 CALU 执行完一次操作后，它将结果送至 32 位累加器。对于绝大多数指令来说，状态寄存器 ST1 中的符号扩展位 SXM 决定了 CALU 在计算时是否使用符号扩展。若 SXM=0，则禁止符号扩展；若 SXM=1，则允许符号扩展。

(2)累加器

ACC 累加器接收 CALU 的运算结果，然后对该结果进行移位或循环处理。累加器高位字 ACCH 和低位字 ACCL 中的任意一个可以被送至输出移位器，在此移位处理后，再存储至数据存储器单元。

(3)输出移位器

输出移位器的功能是将累加器的 32 位复制过来，再根据相应指令中的移位位数将其内容左移 0 至 7 位，然后通过 SACH 或 SACL 指令把移位器的高位字或低位字存储至数据存储器，而累加器的内容保持不变。

当输出移位器执行移位时，其最高有效位丢失而最低有效位填 0。

2.3.3　输入定标移位器

LF240x 系列 DSP 提供了一个输入定标移位器，该移位器将来自程序存储器或数据存储器的 16 位数据调整为 32 位送到中央算术逻辑单元(CALU)。因此，其 16 位输入与数据总线相连，32 位输出与 CALU 单元相连。由于输入定标移位器作为从程序/数据存储空间到 CALU 间数据传输路径的一部分，不会占用时钟开销。该移位器在算术定标，以及在逻辑操作对屏蔽定位设置中非常有用。

输入定标移位器对输入数据进行 0～15 位左移，左移时，输出的最低有效位 LSB 段填 0；最高有效位 MSB 根据状态寄存器 ST1 的 SXM 位的值确定是否需要进行符号扩展。SXM=1 时，高位进行符号扩展；SXM=0 时，高位填 0。移位器可根据包含在指令中的常量或由临时寄存器 TREG 获得左移的位数。

(1)在指令字中直接设置移位位数

例如：ADD　#3213H，2；　　(ACC)+(3213H 左移 2 位)→ACC

该指令的操作过程是：输入移位器从程序读总线 PRDB 输入立即数 3213H，左移 2 位，并形成 32 位数，然后送往 CALU 后与累加器 ACC 的内容相加。

(2)由暂存寄存器 TREG 的最低 4 位有效位给出移位位数

例如：ADDT　dma；　　(ACC)+[(数据存储器地址)×$2^{TREG(D3\sim D0)}$]→ACC

dma 是数据存储器地址的低 7 位，通过直接寻址方式(参见第三章)可找到该数据存储器地址。该指令的操作过程是：输入移位器从数据读总线 DRDB 输入一个数存单元中的 16 位数，然后按照 TREG 的低 4 位(D3～D0)内容移位后，再加至累加器 ACC。

在左移操作时，将输入移位器中未使用的低位填 0，未使用的高位或填 0 或进行符号扩展，这要由状态寄存器 ST1 的 SXM 位决定，该位又称为符号扩展位 SXM，它决定 CALU 在计算期间是否使用符号扩展。

例如：设输入移位器的输入是 97F3H，左移的位数为 4 位。

当 SXM=0 时，移位器的输出为 00097F30H；

当 SXM=1 时，移位器的输出为 FFF97F30H。

2.3.4　乘法器

乘单元的功能是在单机器周期内完成一个带符号或不带符号的 16 位×16 位的乘法，如图 2.7 所示，乘单元由下列硬件组成：

(1)16 位的暂存寄存器 TREG，用来保存其中的一个乘数；

(2)16 位×16 位的乘法器；

(3)32 位的乘积寄存器 PREG，用来存放乘法器的乘积；

(4)乘积移位器，对 PREG 中的乘积进行定标操作。

参加 16 位×16 位乘法运算的两乘数分别为：①来自 DRDB 总线(即数据存储器)的一个 16 位数据，已暂存于 TREG 中；②来自 DRDB 总线(即数据存储器)或 PRDB 总线(即程序存储器)的一个 16 位数据。除了无符号乘法指令 MPYU 之外，其他所有乘法指令的两个乘数均被视为二进制补码格式。两输入值相乘后获得一个 32 位的乘积，存放在乘积寄存器 PREG 中，然后将该值复制到乘积移位器中，经过定标移位操作之后，或者把这个 32 位乘积送至CALU，或者把这个乘积按高、低两个16位数分别存入数据存储器，而PREG中的原乘积数保持不变。

乘积移位器的四种移位方式，由PM(状态寄存器ST1的D1、D0位)的4种状态决定：

(1)当PM=00时，不移位，将乘积直接送入CALU或数据存储器；

(2)当PM=01时，乘积左移1位，将二进制补码乘积中多余的1位符号位去掉，从而得到Q31格式的结果(Q31是一种二进制小数的表示格式)；

(3)当PM=10时，乘积左移4位，在乘以13位数的运算中，将二进制补码乘积中多余的4位符号位去掉，从而得到Q31格式的结果；

(4)当PM=11时，乘积右移6位，从而允许累加器进行128次乘加运算而不会溢出。

按上述的(2)及(3)两种方式把乘积左移1位或4位，对于实现小数的算术运算，进行小数乘积的定标是很有用处的。另外要注意的是乘积移位操作不受符号扩展位SXM的约束，无论SXM为何值，对未用到的高位总是进行符号扩展。

片内乘法器作16×16bit二进制乘法，得到32bit的结果。在与乘法器连接时，使用一个16位的暂时寄存器(TREG)和32位的乘积寄存器(PREG)。TREG总是保存乘数中的一个，而PREG则接受每次乘法的结果。

使用乘法器、暂时寄存器和乘积寄存器，LF240x就能有效地进行基本的DSP运算，诸如卷积、相关、滤波等。每次乘法的有效执行时间最短是一个指令周期，大大提高了DSP的信号处理能力。

2.3.5 辅助寄存器和辅助寄存器算术单元

CPU中还包含8个16位的辅助寄存器AR0～AR7及辅助寄存器算术单元ARAU。ARAU的特点是完全独立于CALU，它的操作可与CALU的操作并行进行。ARAU的主要功能是对8个辅助寄存器执行无符号的16位算术运算，用来间接地产生数据存储器地址，图2.8给出了ARAU和相关的逻辑。8个辅助寄存器提供了灵活多变和功能强大的间接寻址能力。利用辅助寄存器可以访问64K字数据存储空间中的任一单元。可以在8个辅助寄存器AR0～AR7中选择一个作为特定的辅助寄存器，又称为当前辅助寄存器AR，AR在间接寻址过程中起着重要作用。在一条指令的处理中，AR的内容被用作数据存储器的访问地址，如果指令要求从数据存储器读数，则ARAU将该地址送至数据读地址总线DRAB;如果指令要求向数据存储器写数，则ARAU将该地址送至数据写地址总线DWAB。当指令完成后，当前辅助寄存器的内容可以被ARAU增加或减小，指向下一个访问单元。

选择AR的方法是用状态寄存器ST0中的3位辅助寄存器指针ARP(D15、D14、D13)置入一个0至7的数，就可以选择相应的辅助寄存器作为当前辅助寄存器AR。可以通过MAR指令或LST指令装载ARP，也可通过任何间接寻址的指令把装载ARP作为辅助操作来执行。其中MAR指令仅用于修改辅助寄存器和ARP，而LST指令可通过数据读总线DRDB把一个数据存储器值装入ST0。

ARAU通过执行一个间接寻址的指令：(1)可使辅助寄存器的值增1或减1，或者增减一个偏移量；(2)可将辅助寄存器值加上一个8位的常量(通过ADRK指令)或使辅助寄存器值减去一个8位的常量(通过SBRK指令)；(3)可比较ARO的内容和当前AR内容，并

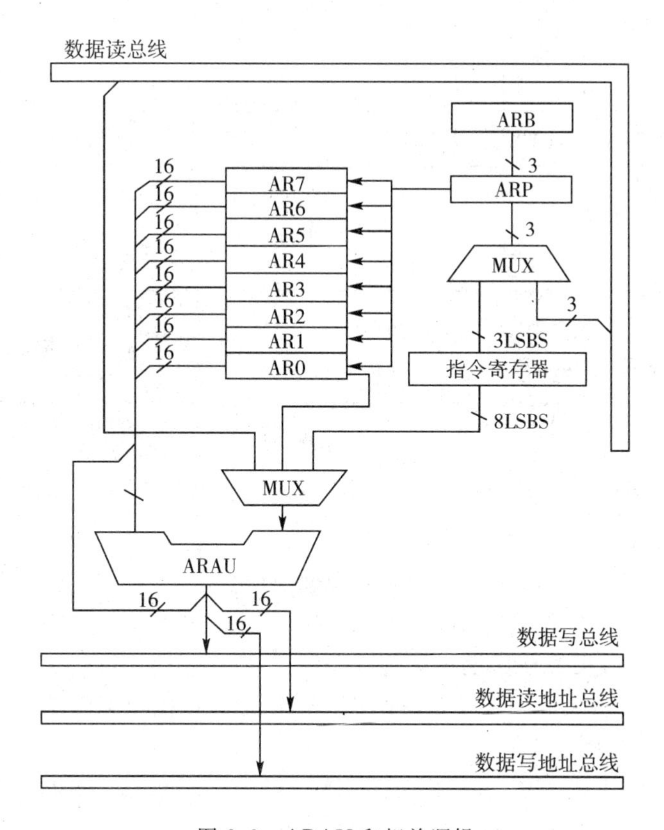

图 2.8　ARAU 和相关逻辑

将比较结果通过 CMPR 指令送入状态寄存器 ST1 的测试/控制标志位 TC。

通常，ARAU 在流水线操作的译码阶段执行其算术操作，这就使本条地址的产生发生在下一条指令的译码之前。但是，也有一种例外情况：在处理 NORM 指令时，对辅助寄存器和/或 ARP 的修改是在流水线操作的执行阶段中进行。

辅助寄存器除用于指示数据存储器地址外，还可用于其他目的，下面是一些应用举例：

(1)将辅助寄存器用作软件计数器，根据需要可对它们进行增/减操作；

(2)将辅助寄存器用作暂时存储器。例如，在 LAR 指令下向辅助寄存器装载数据，在 SAR 指令下将 AR 的值存入数据存储器；

(3)利用辅助寄存器支持条件转移、调用和返回。CMPR 指令将 AR0 的内容与当前 AR 的内容进行比较，然后将比较结果置于状态寄存器 ST1 的测试/控制标态位 TC。

2.4　系统配置寄存器

LF240x 芯片的系统配置寄存器有两个，即系统控制和状态寄存器 SCSR1 和 SCSR2，这两个寄存器均为存储器映射寄存器，他们分别对 LF240x 的系统信号和片内外设模块进行选择配置。

(1)系统控制和状态寄存器1(SCSR1)——地址7018h

D15	D14	D13	D12	D11	D10	D9	D8
Reserved	CLKSRC	LPM1	LPM0	CLKPS2	CLKPS1	CLKPS0	Reserved
R_0	RW_0	RW_0	RW_0	RW_1	RW_1	RW_1	R_0

D7	D6	D5	D4	D3	D2	D1	D0
ADC CLKEN	SCI CLKEN	SPI CLKEN	CAN CLKEN	EVB CLKEN	EVA CLKEN	Reserved	ILLADR
RW_0	RW_0	RW_0	RW_0	RW_1	RW_1	R_0	RC_0

注:R=可读;W=可写;C=清除;_后的值为复位值。

D15——Reserved,保留位。

D14——CLKSRC,CLKOUT引脚时钟源选择位。

0 CLKOUT引脚输出CPU时钟

1 CLKOUT引脚输出看门狗时钟

D13～D12——LMP,低功耗模式选择位,指明CPU在执行IDLE指令时进入哪一种低功耗方式。

D11～D9——CLKPS,PLL时钟预定标选择位,这3位对输入时钟频率fin选择PLL倍频系数。

D11	D10	D9	系统时钟频率
0	0	0	4×fin
0	0	1	2×fin
0	1	0	1.33×fin
0	1	1	1×fin
1	0	0	0.8×fin
1	0	1	0.66×fin
1	1	0	0.57×fin
1	1	1	0.5×fin

D8——Reserved,保留位。

D7——ADC CLKEN,模数转换(ADC)模块时钟使能控制位。

0 禁止ADC模块的时钟

1 使能ADC模块的时钟,且正常运行

D6——SCI CLKEN,串行通信接口(SCI)模块时钟使能控制位。

0 禁止SCI模块的时钟

1 使能SCI模块的时钟,且正常运行

D5——SPI CLKEN,串行外设接口(SPI)模块时钟使能控制位。

0 禁止SPI模块的时钟

1 使能SPI模块的时钟,且正常运行

D4——CAN CLKEN，控制器局域网(CAN)模块时钟使能控制位。

0　禁止 CAN 模块的时钟

1　使能 CAN 模块的时钟，且正常运行

D3——EVB CLKEN，事件管理器 B(EVB)模块时钟使能控制位。

0　禁止 EVB 模块的时钟

1　使能 EVB 模块的时钟，且正常运行

D2——EVA CLKEN，事件管理器 A(EVA)模块时钟使能控制位。

0　禁止 EVA 模块的时钟

1　使能 EVA 模块的时钟，且正常运行

D1——Reserved，保留位。

D0——ILLADR，无效地址检测位。在检测到一个无效的地址时，该位被置 1。被置 1 后该位需要用户软件清 0，向该位写 1 可将其清 0。在初始化程序中应将该位清 0。

说明：向 D7～D2 位写 0，可以禁止对应 DSP 外设模块的时钟，这样可以节约电能；在对任何外设模块寄存器进行修改或读取之前，必须向相应位写 1 来使能该模块的时钟。

(2)系统控制和状态寄存器 2(SCSR2)——地址 7019h

D15～D8
Reserved
RW_0

D7	D6	D5	D4	D3	D2	D1	D0
Reserved	I/P QUAL	WD OVERRIDE	XMIF HI－Z	$\overline{\text{BOOT\_EN}}$	MP/$\overline{\text{MC}}$	DON	PON
RW_0	RW_0	RW_0	RW_0	RW_1	RW_1	R_0	RC_0

注：R＝可读；W＝可写；C＝清除；_后的值为复位值。

D15～D7——Reserved，保留位。

D6——QUAL，输入时钟限定器。用来限定输入到 CAP1～6，XINT1～2，ADCSOC 及 $\overline{\text{PDPINTA/B}}$引脚上的信号被正确锁存需要的最少脉冲宽度，引脚内部的输入状态只有在脉冲达到这个宽度之后才改变。当这些引脚作 I/O 功能使用时该位无效。

0　至少 5 个时钟周期

1　至少 11 个时钟周期

(该位仅针对 240xA 器件，不针对 240x 器件。)

D5——WD OVERRIDE，WD 保护位。复位后为 1，向该位写 1 可对其清 0，但不能通过软件使该位为 1。该位用来控制是否允许用户用软件禁止 WD 工作(将程序监视控制器 WDCR 中的 WDDIS 位置 1)。

0　用户不能通过软件来禁止 WD

1　复位值，用户可以通过软件来禁止 WD 工作

D4——XMIF HI－Z，外部存储器接口信号(XMIF)高阻控制位。

0　所有 XMIF 信号为正常驱动模式

1　所有 XMIF 信号为高阻态

D3——$\overline{\text{BOOT\_EN}}$，引导 ROM 使能位。该位反映了$\overline{\text{BOOT_EN}}$/XF 引脚在复位时的状态，该位可被软件改变。

0　使能引导 ROM，地址空间 0000h～00FFh 被片内引导 ROM 块占用。该方式禁止使用 FLASH 存储器

1　禁止引导 ROM，对 TMS320LF2407A 和 TMS320LF2406A 片内 Flash 程序存储器映射地址范围为 0000h～7FFFh，对 TMS320LF2402A 地址范围为 0000h～1FFFh

D2——MP/$\overline{\text{MC}}$，微处理器/微控制器选择位。该位反映了器件复位时 MP/$\overline{\text{MC}}$引脚上的状态。复位之后，可通过软件来改变这一位以动态映射存储器到片内和片外。

0　器件设置为微控制器方式，程序地址 0000h～7FFFh 被映射到片内(即 FLASH)

1　器件设置为微处理器方式，程序地址 0000h～7FFFh 被映射到片外(用户需提供外部存储器)

D1～D0——SARAM，程序/数据空间选择位。

DON	PON	SARAM
0	0	地址空间不被映射，该空间被分配到外部存储器
0	1	SARAM 被映射到片内程序空间
1	0	SARAM 被映射到片内数据空间
1	1	SARAM 被映射到片内程序空间又被映射到片内数据空间

2.5　存储器和 I/O 空间

2.5.1　存储器概述

(1) 存储器和地址空间分配

存储器结构有两大类：冯・诺依曼结构(Von. Neumann)和哈佛结构(Harvard)。前者将程序与数据合用一个存储空间，通过地址分段来存放程序与数据，像 Intel8086 系列；后者将程序存储空间与数据存储空间分离开来，二者是不同的物理存储器，可以拥有相同的地址，通过不同的控制线(读、写、片选等信号)来对它们进行访问，像 Intel8051 系列。一般情况下，控制系统需要的程序存储容量较大而数据存储容量较小。这样一来，采用哈佛结构就可以单独将小容量的数据存储器以高速的 RAM 形式实现并集成到芯片内，以加快数据处理的速度。目前，大部分单片机和 DSP 控制器都采用哈佛结构。

I/O 端口与存储器一样，都可看作为数据源，从逻辑上讲二者没有本质的差异。有的微

处理器芯片，其存储空间与 I/O 空间是相互分离的，可以拥有相同的地址，它们的访问通过控制线来区分（对应不同类型的指令），如 Intel8086 系列及本书中讲述的 TMS320LF2407DSP 芯片；有的微处理器芯片，其存储空间与 I/O 空间是同一个地址空间，也就是把 I/O 空间映射到存储空间，二者通过地址来区分，这样一来对存储器和 I/O 端口的访问使用同类型的指令，如 Intel8051 系列。

DSP 控制器采用独立的程序存储器、数据存储器和 I/O 空间，即它们可以有相同的地址，而它们的访问通过控制线来区分。

DSP 控制器使用 16 位的地址总线，可访问的三种独立的选择空间是(共 192K 字)：

1)64K 字程序存储器空间，包含要执行的指令及程序执行时使用的数据；

2)64K 字局部数据存储器空间，保存指令使用的数据；

3)64K 字的 I/O 空间、用于外设接口，包括一些片内外设的寄存器。

上述 192K 字包括一定数量的片内存储器、外部存储器和 I/O 设备。

片内存储器操作的优点：速度快，功耗小。

外部存储器操作的优点：可以访问更大的地址空间。

对于各类存储子空间，每个 LF240x 器件内部都有对应的 16 位地址总线，从而使 CPU 可以并行访问位于不同存储空间中的地址单元。

(2) LF240x 系列 DSP 片内存储器类型

为了加快数据的处理，LF240x 系列 DSP 控制器中包含了下列大小、存取速度和类型各不相同的片内存储器：

1)双口 RAM(DARAM)，每个机器周期可被访问两次的存储器；

2)单口 RAM (SARAM)，每个机器周期仅能访问一次的存储器；

3)闪速存储器 Flash 或工厂掩膜 ROM。

为了满足设计者对存储空间的更多需求，该系列的一些芯片还提供了外部存储器接口(EMIF)，用来实现对外部存储器的访问。

2.5.2　程序存储器

TMS320LF2407 的程序存储器用于保存程序代码以及数据表信息和常量。它的寻址范围为 64K 字，包括片内 DARAM 和片内 FLASH EEPROM/ROM。当访问片外程序地址空间时，TMS320LF2407 自动产生一个访问外部程序地址空间的信号，如 $\overline{PS}$ 和 $\overline{DS}$ 等。图 2.9 所示为 TMS320LF2407 的程序存储器映射。有两个因素影响程序存储器的配置：

(1)CNF 位

CNF＝0：B0 块被映射为片外程序空间。

CNF＝1：B0 块被映射为片内程序空间。

(2)MP/$\overline{MC}$ 引脚

MP/$\overline{MC}$＝0：片内 ROM 或 FLASH 可以被访问，从片内程序存储器中读取复位向量，器件为微控制器模式。

MP/$\overline{MC}$＝1：禁止使用片内 Flash 器件，从外部程序存储器中读取复位向量，器件为微处理器方式。

无论 MP/$\overline{MC}$为何值，LF240x 系列都从程序存储器的 0000h 单元读取复位向量。只有带外部程序存储器接口的器件才有 MP/$\overline{MC}$引脚。

一般情况下，片内程序存储器的访问速度比片外程序存储器速度快，而且比片外程序存储器功耗低。采用片外程序存储器操作的优点是可访问更大的地址空间(64K 字)。

程序存储器的地址分配：

1)0000h～003Fh：用于存储中断入口地址。当有中断请求信号时，CPU 从这个地方取中断服务子程序的入口。0000h 是系统复位向量地址，任何程序都得从此开始运行，所以一般在此安排一条分支跳转指令，让 CPU 转入用户主程序的入口处。此块地址与中断服务有关，因此这个地方最好不要安排其他的程序指令。

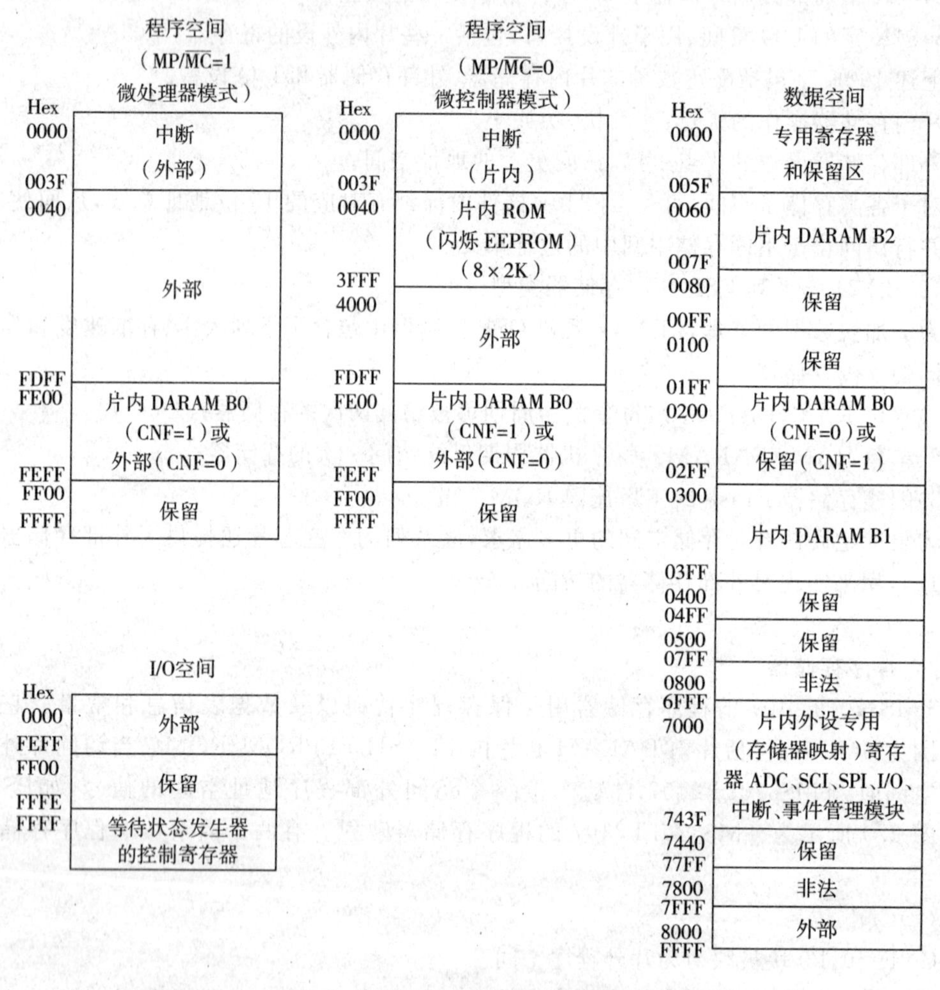

图 2.9 TMS320LF2407 的存储器映射

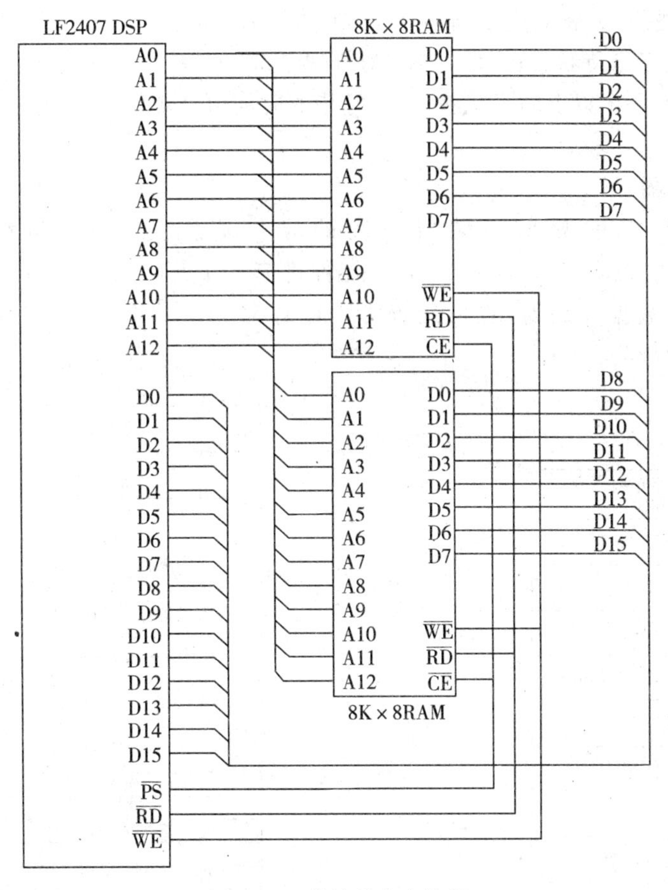

图2.10　外扩程序存储器

2)0040h～FDFFh:用户程序区。根据不同的型号,可以有4/8/16/32K字的片内FLASH/ROM;0/1/2/4/8/16K字的单口存储器SARAM;其余地址空间要使用的话,需要外扩。

3)FE00h～FFFFh:这是一个双口存储器DARAM区(B0),可以配置给程序存储器,也可以配置给数据存储器,由状态寄存器ST1的CNF位决定。CNF=0,配置给数据存储器;CNF=1,配置给程序存储器;复位时CNF=0。

如果片内程序存储器不够用或不能用(片内ROM需要厂家写入),就需要外扩程序存储器。图2.10是DSP控制器与外部程序存储器接口的一个例子。图中利用两片8K×8位EEPROM构成8K×16位的程序存储器,外部程序存储器的数据线、地址线与DSP控制器相应的数据线、地址线相连。由于DSP控制器访问片内程序存储器时,信号$\overline{PS}$处于高阻状态;DSP控制器访问外部程序存储器时,外部总线被激活,信号$\overline{PS}$有效,此时表明外部总线正用于程序存储器。因此,可以用信号线作为外部程序存储器的片选信号。如果还需扩展多片外部程序存储器,可以用高位地址线经译码后与信号$\overline{PS}$一起构成外部程序存储器的片选信号。DSP控制器的处理速度非常快,在外扩程序存储器时必须考虑其响应时间是否与DSP控制器匹配。若使用较慢的存储器,则需插入等待状态以匹配二者的速度。插入等待状态有两种方法:一是利用片内等待状态发生器在访问周期中自动插入一个等待状态;二是在外部产生等待逻辑，并将其连接到 DSP 控制器的引脚 READY 上。当信号 READY 为低时，DSP 控制器处于等待状态；当信号 READY 为高时，DSP 控制器处于工作状态。采用第二种方法可以产生一个以上的等待状态，其等待的时间由外部等待逻辑发生器控制。

2.5.3 数据存储器

TMS320LF2407 的数据存储器空间的寻址范围为 64K 字，图 2.11 给出了 TMS320LF2407 的数据存储器映射。每个器件都有 3 个片内 DARAM 块：B0、B1 和 B2。B0 块既可配置为数据存储器，也可配置为程序存储器；B1 和 B2 块只能配置为数据存储器。

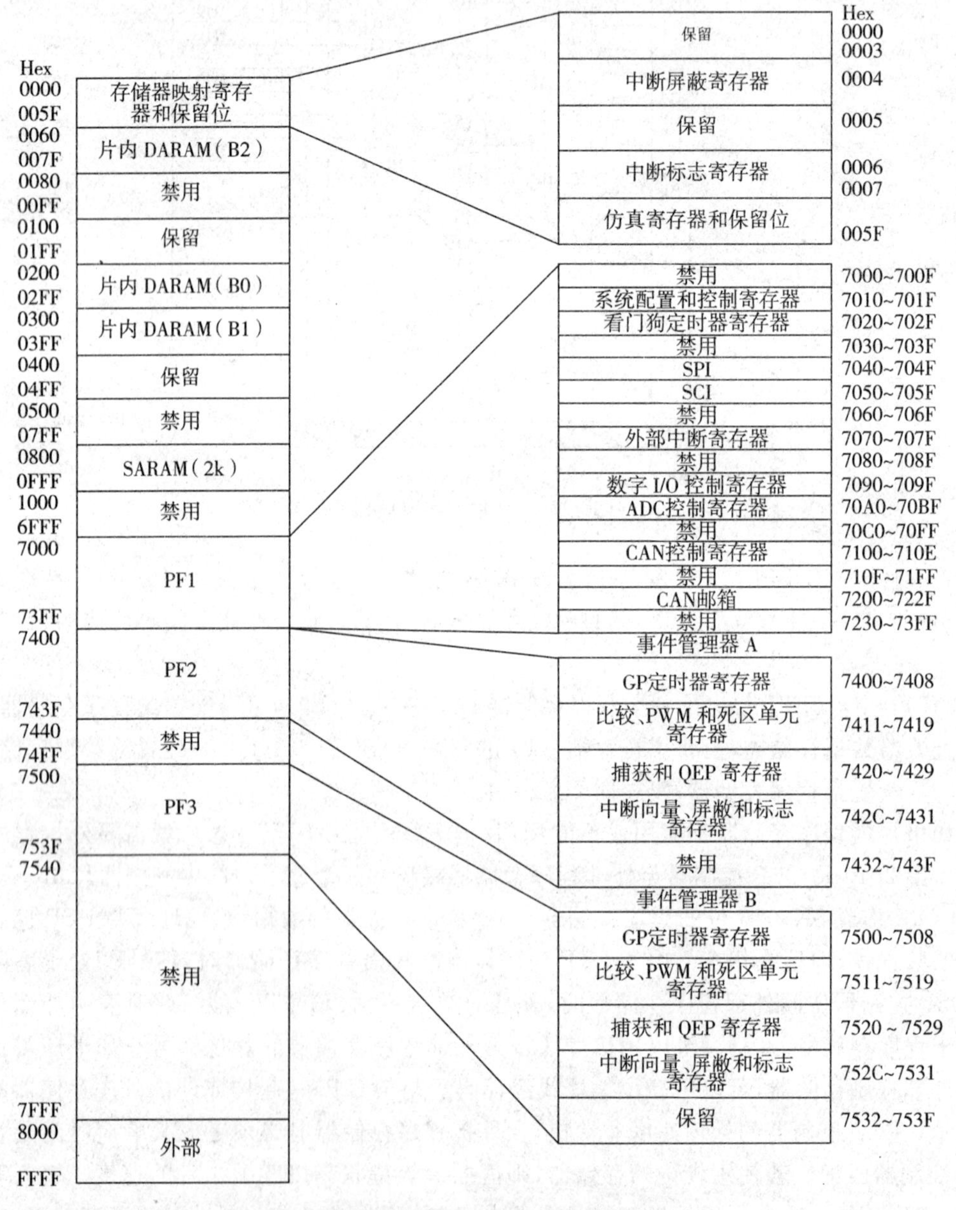

图 2.11 TMS320LF2407 的数据存储器映射

存储器可以采用两种寻址方式:直接寻址和间接寻址。

这些块如何被寻址如表 2.11 所示。全部 64KB 的数据存储器包含 512 个数据页,其标号从 0～511。当前页由状态寄存器 ST0 中的 9 位数据页指针(DP)的值来确定。需要注意的是:用户必须事先指定数据页,并在访问数据存储器的指令中指定偏移量才可以方便使用直接寻址指令。

2.5.4　I/O 空间

I/O 空间可寻址 64K 字,由以下 3 部分组成:

(1)0000h～FEFFh 用于访问片外外设;

(2)FF00h～FFFEh 保留;

(3)FFFFh,映射为等待状态发生器的控制寄存器。

所有 I/O 空间(外部 I/O 端口和片内 I/O 寄存器)都可用 IN 和 OUT 指令访问。当执行 IN 或 OUT 指令时,信号 IS 将变成有效,因此可用信号 IS 作为外围 I/O 设备的片选信号。访问外部并行 I/O 端口与访问程序、数据存储器复用相同的地址和数据总线,数据总线宽度为 16 位,若使用 8 位的外设,既可使用高 8 位数据总线,也可使用低 8 位数据总线,以适应特定应用的需要。图 2.12 给出了 TMS320LF2407 I/O 空间的映射图。图 2.13 是一个 16 位 I/O 端口接口电路。需指出,若所用 I/O 端很少,那么译码部分可以简化。

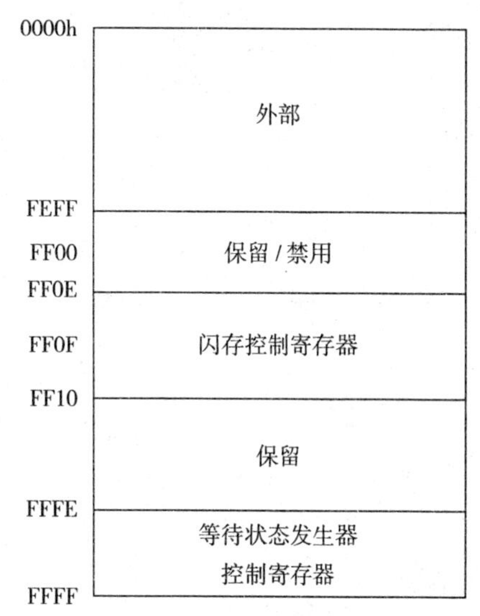

图 2.12　TMS320LF2407 的 I/O 空间地址映射图

表 2.11　数据存储页

DP Value	Offset	Dats Memory
000 0000 0 ⋮ 000 0000 0	000 0000 ⋮ 111 1111	Page0:0000h～007Fh
000 0000 1 ⋮ 000 0000 1	000 0000 ⋮ 111 1111	Page1:0080h～007FF
000 0001 0 ⋮ 000 0001 0	000 0000 ⋮ 111 1111	Page2:0100h～017Fh
⋮	⋮	⋮
1111 1111 1 ⋮ 1111 1111 1	000 0000 ⋮ 111 1111	Page511:FF80h～FFFFh

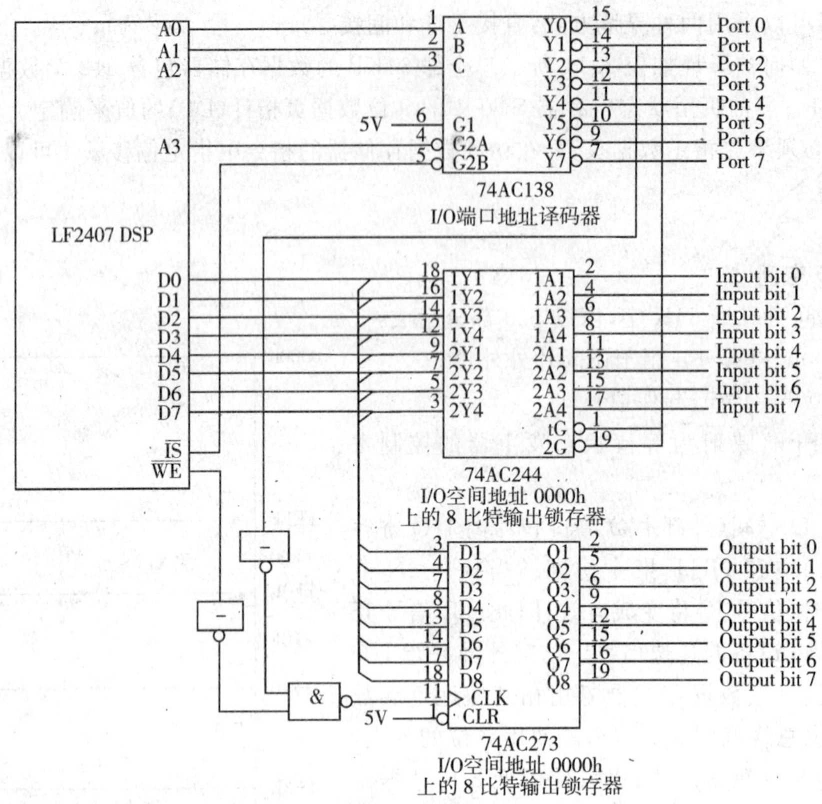

图 2.13 16位I/O端口接口电路

2.6 中断系统

2.6.1 中断简介

中断是计算机一种特殊的运行方式。在正常情况下,CPU按照程序预定的路线运行,当外围设备(片内或片外)有事件产生需要CPU来处理,即发出中断请求信号,CPU暂停工作,保存好现场,然后转到该中断请求对应的服务子程序的入口处,待中断服务子程序运行完毕,CPU恢复现场,从原断点处继续往下运行。

本节主要介绍LF240x中断系统结构、中断服务流程及编程方法。

(1)中断的概念

中断就是CPU对系统发生的某事件作出的一种反应,CPU暂停正在执行的程序,保留现场后自动转去执行相应事件的处理程序,处理完成后返回断点,继续执行被打断的程序。

计算机采用中断方式可以节省CPU资源,CPU可以不花时间去查寻外围设备是否需要服务。每一种计算机都有多个中断源,CPU对中断的响应也需要按序进行,因此需要一个中断管理系统模块对中断源进行管理控制。中断的使用是系统设计中十分重要的问题,中断的设计是一个系统正常运行的关键之一,所以中断的问题不容忽视。

(2)中断的分类

TMS320LF240x系列DSP支持软件中断和硬件中断两大类。

1)软件中断

由指令(软件)INTR、NMI 和 TRAP 引起的中断(属于非屏蔽中断)。

2)硬件中断

由硬件引起的中断。根据引起中断的硬件位置不同,硬件中断又有两种形式,分别为受外部中断引脚信号触发的外部硬件中断和受片内外设信号触发的内部硬件中断。例如,当外部需要送一个数至 DSP(如 A/D 变换),或者从 DSP 取走一个数(如 D/A 变换)时,就通过硬件向 DSP 发出中断请求信号。中断也可以是发出特殊事件的信号,如定时器已经完成计数。

从 CPU 处理中断的角度看,TMS320LF240x 系列 DSP 中断又分为两大类:

1)可屏蔽中断

可屏蔽中断是指可以通过软件将其禁止(屏蔽)或允许(使能)的中断。

LF240x 系列 DSP 可屏蔽中断都是硬件中断,可由软件加以屏蔽或使能。LF240x 最多可以支持 16 个用户可屏蔽中断(INT15～INT0),但处理器只用了其中一部分,即 LF240x 只有 6 个可屏蔽中断,这 6 个中断的硬件即为 INT1～INT6。当同时有很多个硬件中断出现时,LF240x 按照中断优先级别的高低进行对应服务,INTl 优先级最高。

2)不可屏蔽中断

这些中断是不能够屏蔽的,LF240x 对这一类中断总是响应的,并从主程序转移到中断服务程序。

LF240x 的非屏蔽中断包括所有的软件中断和两种重要的硬件中断(复位中断和不可屏蔽中断 NMI)。$\overline{RS}$是一个对该 DSP 所有操作方式产生影响的非屏蔽中断,而 NMI 中断不会对该 DSP 的任何操作方式发生影响。当 NMI 中断响应时,所有其他的中断将被禁止。

2.6.2　中断的执行过程

(1)TMS320LF240x 系列 DSP 可屏蔽中断

1)中断扩展模块

TMS320LF240x 器件的 CPU 提供了 6 个可屏蔽中断:INTl～INT6,INT1 优先级别最高,INT6 最低。LF240x 系列 DSP 有丰富的片内外设模块,每个外设模块都可以产生一个或者多个中断,其中断数量很多(46 个)。为处理众多中断,LF240x 系列 DSP 采用二级中断处理方法,通过集中化的中断扩展(PIE)设计使得 LF240x 器件能够管理 46 个可屏蔽中断请求,并归于 INTl～INT6 6 个中断级,46 个中断作为底层中断,INTl～INT6 作为顶层中断。图 2.14 为外设中断扩展模块图。

TMS320LF240x 器件的中断管理是一个二级的中断系统。46 个外设中断请求信号 PIRQ 通过中断请求模块 Level 1～6 IRQ GEN 引入,在中断控制器处相或后,按中断请求信号优先级别产生一个到 CPU 的中断请求 INTn,INTn 信号是只有两个 CPU 时钟脉冲的低电平脉冲。

2)可屏蔽中断处理过程

在外设配置寄存器中,对每一个外设中断请求都有一个对应的中断使能位和中断标志位。

当一个引起中断的外设事件发生且相应的中断使能位置 1 时,则会产生一个从外设到中断控制器的中断请求,同时中断优先级的值也被送到中断控制器,由中断控制器将中断级别高的外设中断请求送到 CPU 的 INTn 端。

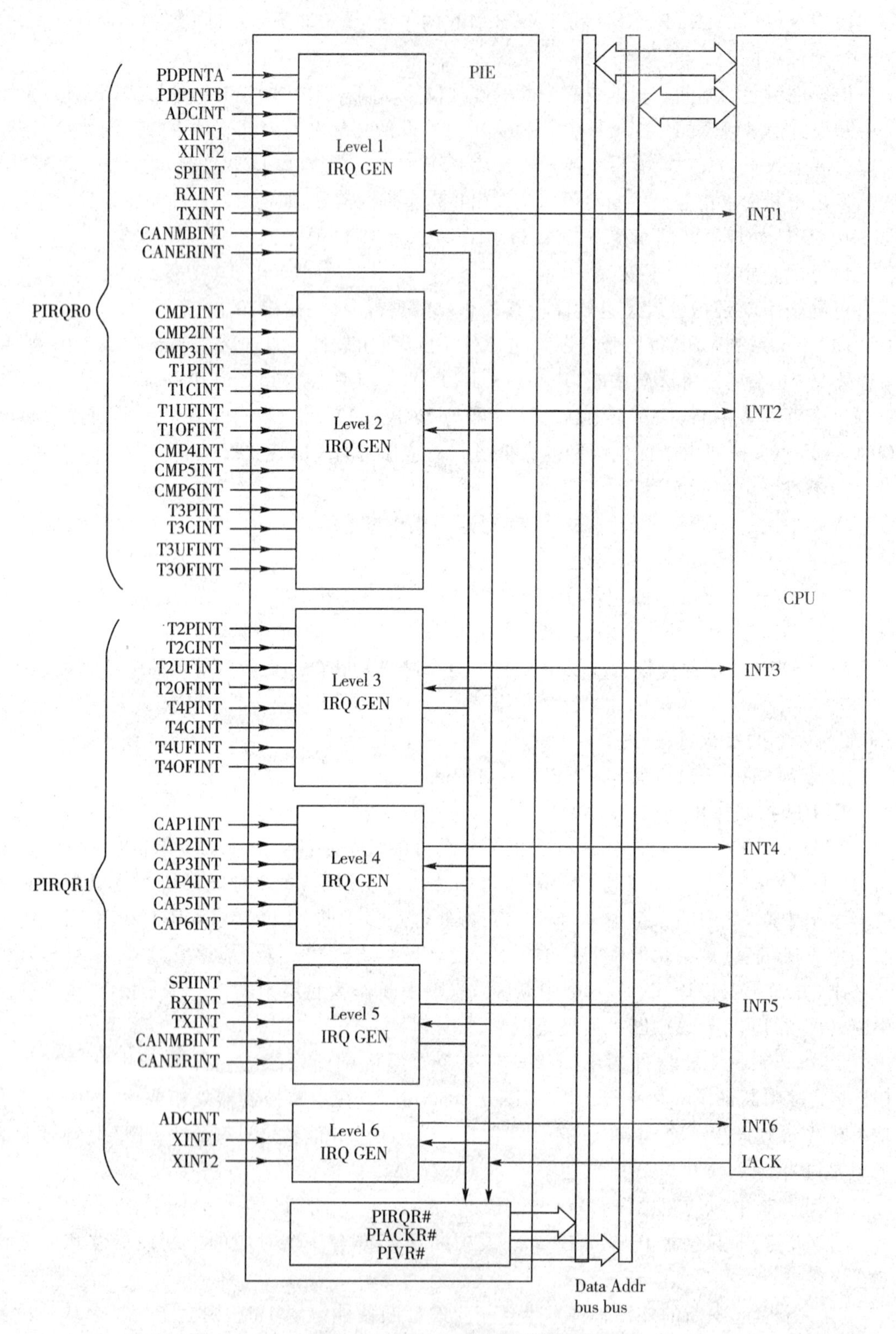

图 2.14　外设中断扩展模块图

在每个外设中断请求有效时都会产生一个唯一的外设中断矢量，并被装入外设中断矢量寄存器(PIVR)中。当 CPU 接受并响应一个中断请求时，先从相应的 CPU 中断矢量地址中取出一条转移指令，该指令将转入执行这一 CPU 中断的通用中断服务程序(GISRx)，在 GISRx 中保存必要的上下文后，从外设中断矢量寄存器(PIVR)中读取外设中断矢量，并将其左移一个预定的值，再加上偏移量，所得到的值就是这个外设中断事件的中断服务程序(SISR)的入口地址。对每一个从外设来的中断控制器的中断都有一个特定的 SISR，在 SISR 中执行对该外设中断事件的服务。图 2.15 为 CPU 响应外设中断的流程图。

例如，CMP1INT 和 T3PINT 同时申请中断，由于 CMP1INT 优先级高，所以获得优先权。如果此时 CMP1INT 未被屏蔽，将向 INT2 发出申请，并将外设中断标志位置 1，INT2 中断标志置 1。CPU 接受 INT2 中断申请，INT2 中断标志清 0，INTM 位置 1，禁止所有可屏蔽中断，将 CMP1INT 的中断向量偏移地址 0021h 装入 PIVR，并转向 INT2 入口地址 0004h。在 0004h 处执行那个跳转指令，转向 INT2 中断服务子程序(GISR)，从 PIVR 中读取外设中断向量偏移地址，转向该外设中断服务子程序(SISR)。执行外设中断服务子程序，软件清除外设中断标志和 INTM，中断返回。

(2)TMS320LF240x 系列 DSP 不可屏蔽中断

不可屏蔽中断可分为硬件非屏蔽中断与所有的软件中断。其中硬件非屏蔽中断由复位引脚$\overline{\text{RS}}$及不可屏蔽中断引脚 NMI 引起，而对于 LF240x 芯片没有 NMI 引脚。这里主要介绍硬件非屏蔽中断，对于软件中断将在第 3 章指令系统中做详细介绍。

1)$\overline{\text{RS}}$复位

$\overline{\text{RS}}$引起的中断将停止程序流程，使处理器回到一个预定的状态，然后从地址 0000h 开始执行程序。

响应$\overline{\text{RS}}$中断时，状态寄存器 ST0 中的中断模式(INTM)位置 1 以禁止可屏蔽中断。

2)NMI 中断

LF240x 芯片没有 NMI 引脚，当器件访问一个无效地址时，将产生非屏蔽中断请求 NMI，程序则转移到非屏蔽中断矢量地址 0024h 处，从中取出一条转移指令，然后转向相应的中断服务程序。

无效地址的检测由译码逻辑完成，系统和外设模块寄存器地址映射包含不可访问单元，译码逻辑能够检测到对于这些无效地址的任何访问。当检测到对无效地址的访问时，就将系统控制和标志寄存器 SCSR1 中的无效地址标志位(ILLADR)置 1(该标志位必须用软件将其清除)，从而产生一个非屏蔽中断 NMI。

2.6.3　中断向量与中断向量表

(1)中断向量

当 CPU 接受中断请求时，它并不知道是哪一个外设事件引起的中断请求。为了让 CPU 能够区别这些引起中断的外设事件，DSP 控制器给每个中断分配了一个特定的入口地址，即相应中断服务程序的起始地址，称为中断向量。在每个外设中断请求有效时都会产生一个唯一的外设中断向量，这个外设中断向量被装载到外设中断向量寄存器(PIVR)里。CPU 应答外设中断时，从 PIVR 寄存器中读取相应中断的向量，并产生一个转到该中断服

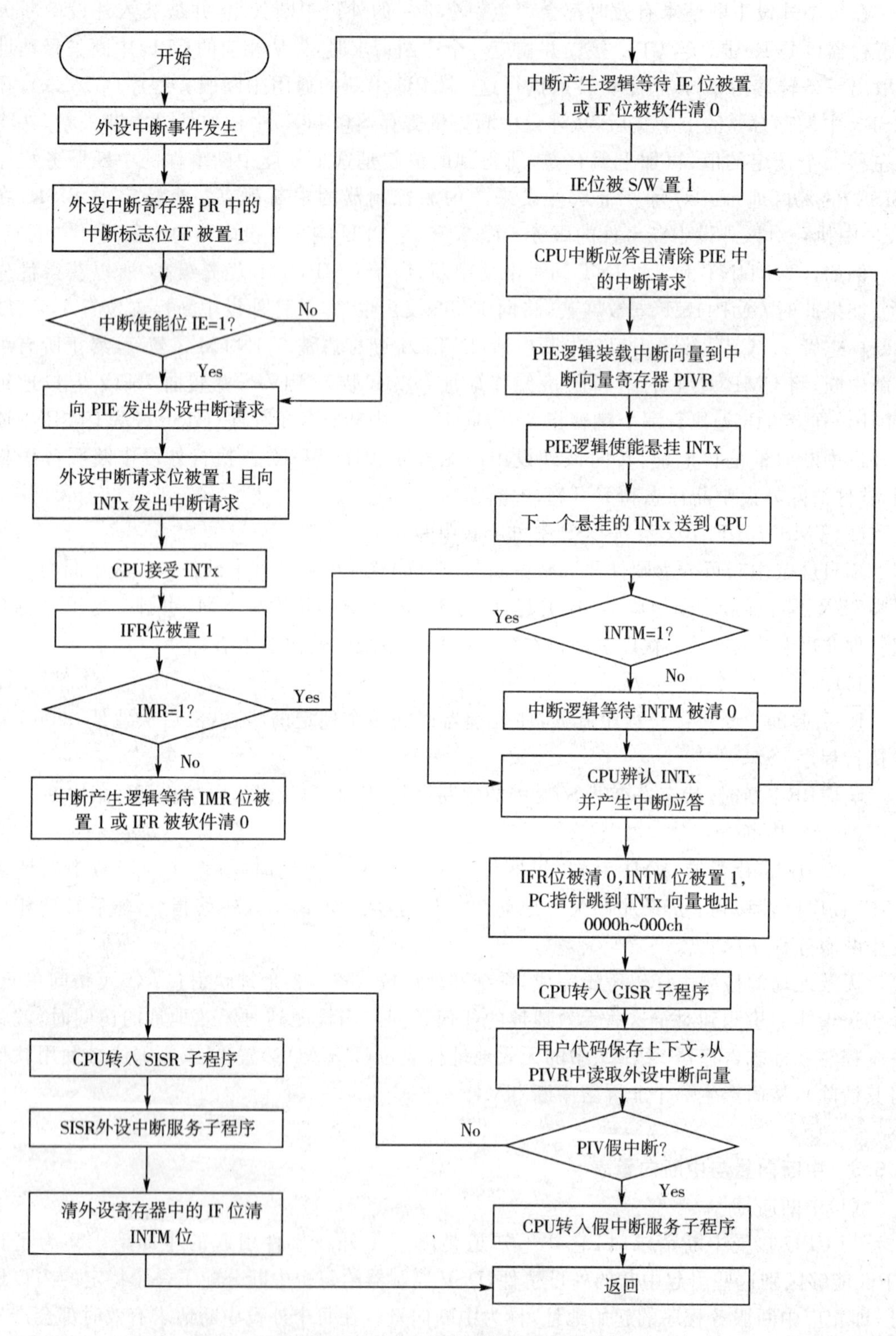

图 2.15 CPU 响应外设中断流程图

务程序入口的向量。当某个中断发出请求，而且允许它中断，则 CPU 先将当前的 PC 加 1 压入堆栈，即保护返回（断点）地址；然后，CPU 自动地将该请求中断的向量地址送入 PC，CPU 便转入该请求中断的服务子程序运行；当碰到服务子程序的返回指令 RET 时，CPU 自动将堆栈中的返回地址弹出到 PC 中，恢复中断前的程序继续运行。

LF240x 系列 DSP 具有两个中断矢量表。CPU 的矢量表用来获取响应 CPU 中断请求（INT1～INT6）的一级通用中断服务子程序（GISR），外设矢量表用来获取响应某一个特定外设事件的特定中断服务子程序（SISR）。GISR 在完成现场保护后，读取 PIVR 中的值并用作中断矢量跳至特定中断服务子程序。

中断向量表见附录 2。

（2）假中断向量

假中断向量是保持中断系统完整性的一个特性。当一个中断已被响应，但无外设将中断向量地址偏移量装入外设中断向量寄存器 PIVR 中时，假中断向量 0000h 被装入 PIVR。这种缺省保证了系统按照可控的方式进行处理。产生假中断的原因有：

1）CPU 执行一个软件中断指令 INTR，使用参数 1～6，用于请求服务 6 个可屏蔽中断级（INT1～INT6）时；

2）中断请求线发生故障，外设发出中断请求，而其 INTn 标志位却在 CPU 应答之前被清 0，因此中断响应时，没有外设向 PIVR 装入中断向量地址偏移量，此时向 PIVR 中装入假中断向量。

在中断服务子程序中要注意这种情况。

2.6.4　CPU 中断控制寄存器

为了对各个中断源实现灵活管理，LF240x 系列控制器提供了两个用于中断控制的寄存器，分别是：

（1）中断标志寄存器（IFR）

包含了 6 个中断请求标志位，用于指示是否有可屏蔽中断请求被送至 CPU 的 INT1～INT6 中断级上。

16 位中断标志寄存器（IFR）位于数据存储空间的 0006h 地址单元处。IFR 中包含了用于所有可屏蔽中断源的中断请求标志位，通过对它进行读写，可识别和清楚挂起的中断请求。

当任意可屏蔽中断请求发生时，相应的中断源控制寄存器中的对应中断标志位被置 1。如果该中断源对应中断控制寄存器中对应中断屏蔽位也为 1，则这个中断请求被送至 CPU，且设置 IFR 中与该中断源对应的中断请求标志位。IFR 中标志位的设定则向 CPU 指出当前有中断请求被挂起或有中断请求等待响应。

当 LF240x 系统复位或 CPU 响应挂起的中断请求时，都将使中断标志清零；用户可读取 IFR，判定是否有挂起的中断以及判定是哪一级中断被挂起；也可向 IFR 中写入合适的值，清除挂起的中断请求。

需要注意的是，当 CPU 响应挂起的中断请求时，仅有 IFR 中的特定中断请求标志位被自动清除，而相应的中断源控制寄存器中的对应标志位不会被自动清除；另外，当通过 INTR 指令来请求中断且相应 IFR 被设置时，CPU 的响应不会自动清除 IFR 中的这个中断请求标志位。这两种情况下,通常用户在中断服务子程序中用软件处理。

下面给出了 IFR 各位的具体定义。

D15～D6	D5	D4	D3	D2	D1	D0
Reserved	INT6	INT5	INT4	INT3	INT2	INT1
0	R/W1C_0	R/W1C	R/W1C_0	R/W1C_0	R/W1C_0	R/W1C_0

注:R/W1C_0=读出为 0;R=可读;W1C=写 1 清除该位;_后的值为复位值。

D15～D6 位——Reserved,保留位,总是读 0。

D5～D0 位——INTx 位,DSP 核上的第 x 级中断 INTx 的中断请求标志位。

INTx=0,无第 INTx 中断请求被挂起;

INTx=1,至少有一个 INTx 级中断请求被挂起。

向该位写 1 可将其清为 0,即中断请求被清除,复位后为 0。

(2)中断屏蔽寄存器(IMR)

包含了用于使能或禁止每一中断级(INT1～INT6)的屏蔽位。通过向这些中断控制寄存器写入适当的值,用户可以实现对 LF240x 系统各个可屏蔽中断的灵活控制。

16 位中断屏蔽寄存器(IMR)位于数据存储空间的 0004h 地址单元处。IMR 包含了用于所有可屏蔽中断源的中断屏蔽位,对于不可屏蔽中断源没影响。通过对它们进行读写,用户可判定 DSP 核上的中断等级 INT1～INT6 是否处于屏蔽状态,也可以将 INT1～INT6 分别进行屏蔽或使能。

下面给出了 IMR 各位的具体定义。

D15～D6	D5	D4	D3	D2	D1	D0
Reserved	INT6	INT5	INT4	INT3	INT2	INT1
0	RW	RW	RW	RW	RW	RW

注:0=读出为 0;R=可读;W=可写。

D15～D6 位——Reserved,保留位,总是读 0。

D5～D0 位——INTx 位,DSP 核上的第 x 级中断 INTx 的中断屏蔽位。

INTx=0,第 INTx 中断被屏蔽,CPU 不响应;

INTx=1,第 INTx 中断被使能。

复位后保持不变。

2.6.5 外设中断寄存器

外设中断寄存器包括:

(1)外设中断向量寄存器(PIVR);

(2)外设中断请求寄存器 0/1/2(PIRQR0/1/2),其各位定义见表所示;

(3)外设中断应答寄存器 0/1/2(PIACKR0/1/2),其各位定义见表所示。

外设中断请求寄存器 0/1/2 和外设中断应答寄存器 0/1/2 都属于外设中断扩展模块,用来向 CPU 产生 INT1～INT6 中断请求的内部寄存器。这些寄存器用于测试目的,非用户应用目的,因此在编程时可忽略。

(1)外设中断向量寄存器(PIVR)——地址 701Eh

D15	D14	D13	D12	D11	D10	D9	D8
V15	V14	V13	V12	V11	V10	V9	V8
R_0	R_0	R_0	R_0	R_0	R_0	R_0	R_0

D7	D6	D5	D4	D3	D2	D1	D0
V7	V6	V5	V4	V3	V2	V1	V0
R_0	R_0	R_0	R_0	R_0	R_0	R_0	R_0

注:R=可读;_后的值为复位值。

D15～D0——V15～V0,中断向量 V15～V0 位。该寄存器存有最近一次应答的外设中断的地址向量。

(2)外设中断请求寄存器 0(PIRQR0)——地址 7010h

D15	D14	D13	D12	D11	D10	D9	D8
IRQ0.15	IRQ0.14	IRQ0.13	IRQ0.12	IRQ0.11	IRQ0.10	IRQ0.9	IRQ0.8
RW_0	RW_0	RW_0	RW_0	RW_0	RW_0	RW_0	RW_0

D7	D6	D5	D4	D3	D2	D1	D0
IRQ0.7	IRQ0.6	IRQ0.5	IRQ0.4	IRQ0.3	IRQ0.2	IRQ0.1	IRQ0.0
RW_0	RW_0	RW_0	RW_0	RW_0	RW_0	RW_0	RW_0

注:写入 1 会发出一个中断请求到 DSP 内核,写入 0 没有影响。
有中断请求而未被响应,称为悬挂。
R=可读;W=可写;_后的值为复位值。

D15～D0——IRQ0.15～IRQ0.0 位。

0　相应的中断请求未被悬挂

1　悬挂中断请求

表 2.12　外设中断请求寄存器 PIRQR0 各位的定义

位的位置	中断	中断描述	中断优先级
IRQ0.0	PDPINTA	功率驱动保护引脚中断	INT1
IRQ0.1	ADCINT	高优先级模式的 ADC 中断	INT1
IRQ0.2	XINT1	高优先级模式的外部引脚 1 中断	INT1
IRQ0.3	XINT2	高优先级模式的外部引脚 2 中断	INT1
IRQ0.4	SPIINT	高优先级模式的 SPI 中断	INT1
IRQ0.5	RXINT	高优先级模式的 SCI 接收中断	INT1
IRQ0.6	TXINT	高优先级模式的 SCI 发送中断	INT1
IRQ0.7	CANMBINT	高优先级模式的 CAN 邮箱中断	INT1
IRQ0.8	CANERINT	高优先级模式的 CAN 错误中断	INT1
IRQ0.9	CMP1INT	Compare1 中断	INT2

（续表）

位的位置	中断	中断描述	中断优先级
IRQ0.10	CMP2INT	Compare2 中断	INT2
IRQ0.11	CMP3INT	Compare3 中断	INT2
IRQ0.12	T1PINT	Timer1 周期中断	INT2
IRQ0.13	T1CINTT	Timer1 比较中断	INT2
IRQ0.14	T1UFINT	Timer1 下溢中断	INT2
IRQ0.15	T1OFINT	Timer1 上溢中断	INT2

(3)外设中断请求寄存器1(PIRQR1)——地址7011h

D15	D14	D13	D12	D11	D10	D9	D8
Reserved	IRQ1.14	IRQ1.13	IRQ1.12	IRQ1.11	IRQ1.10	IRQ1.9	IRQ1.8
R_0	RW_0	RW_0	RW_0	RW_0	RW_0	RW_0	RW_0

D7	D6	D5	D4	D3	D2	D1	D0
IRQ1.7	IRQ1.6	IRQ1.5	IRQ1.4	IRQ1.3	IRQ1.2	IRQ1.1	IRQ1.0
RW_0	RW_0	RW_0	RW_0	RW_0	RW_0	RW_0	RW_0

注:写入1会发出一个中断请求到DSP内核,写入0没有影响。

R=可读;W=可写;_后的值为复位值。

D15——保留位。读出为0,写入没影响。

D14～D0——IRQ1.14～IRQ1.0位。

0 相应的中断请求未悬挂

1 悬挂中断请求

表2.13 外设中断请求寄存器PIRQR1各位的定义

位的位置	中断	中断描述	中断优先级
IRQ1.0	T2PINT	Timer2 周期中断	INT3
IRQ1.1	T2CINT	Timer2 比较中断	INT3
IRQ1.2	T2UFINT	Timer2 下溢中断	INT3
IRQ1.3	T2OFINT	Timer2 上溢中断	INT3
IRQ1.4	CAP1INT	Captuer1 中断	INT4
IRQ1.5	CAP2INT	Captuer2 中断	INT4
IRQ1.6	CAP3INT	Captuer3 中断	INT4
IRQ1.7	SPIINT	低优先级模式的SPI中断	INT5
IRQ1.8	RXINT	低优先级模式的SCI接收中断	INT5
IRQ1.9	TXINT	低优先级模式的SCI发送中断	INT5
IRQ1.10	CANMBINT	低优先级模式的CAN邮箱中断	INT5

（续表）

位的位置	中断	中断描述	中断优先级
IRQ1.11	CANERINT	低优先级模式的 CAN 错误中断	INT5
IRQ1.12	ADCINT	低优先级模式的 ADC 中断	INT6
IRQ1.13	XINT1	低优先级模式的外部引脚 1 中断	INT6
IRQ1.14	XINT2	低优先级模式的外部引脚 2 中断	INT6

(4)外设中断请求寄存器 2(PIRQR2)——地址 7012h

D15	D14	D13	D12	D11	D10	D9	D8
Reserved	IRQ2.14	IRQ2.13	IRQ2.12	IRQ2.11	IRQ2.10	IRQ2.9	IRQ2.8
R_0	RW_0	RW_0	RW_0	RW_0	RW_0	RW_0	RW_0

D7	D6	D5	D4	D3	D2	D1	D0
IRQ2.7	IRQ2.6	IRQ2.5	IRQ2.4	IRQ2.3	IRQ2.2	IRQ2.1	IRQ2.0
RW_0	RW_0	RW_0	RW_0	RW_0	RW_0	RW_0	RW_0

注:写入 1 会发出一个中断请求到 DSP 内核,写入 0 没有影响。

R=可读;W=可写;_后的值为复位值。

D15——保留位。

D14—D0——IRQ2.14～IRQ2.0 位。

0　相应的中断请求未悬挂

1　悬挂中断请求

表 2.14　外设中断请求寄存器 PIRQR2 各位的定义

位的位置	中断	中断描述	中断优先级
IRQ2.0	PDPINTB	功率驱动保护引脚中断	INT1
IRQ2.1	CMP4INT	Compare4 中断	INT2
IRQ2.2	CMP5INT	Compare5 中断	INT2
IRQ2.3	CMP6INT	Compare6 中断	INT2
IRQ2.4	T3PINT	Timer3 周期中断	INT2
IRQ2.5	T3CINT	Timer3 比较中断	INT2
IRQ2.6	T3UFINT	Timer3 下溢中断	INT2
IRQ2.7	T3OFINT	Timer3 上溢中断	INT2
IRQ2.8	T4PINT	Timer4 周期中断	INT3
IRQ2.9	T4CINT	Timer4 比较中断	INT3
IRQ2.10	T4UFINT	Timer4 下溢中断	INT3

（续表）

位的位置	中断	中断描述	中断优先级
IRQ2.11	T4OFINT	Timer4 上溢中断	INT3
IRQ2.12	CAP4INT	Captuer4 中断	INT4
IRQ2.13	CAP5INT	Captuer5 中断	INT4
IRQ2.14	CAP6INT	Captuer6 中断	INT4

（5）外设中断应答寄存器 0(PIACKR0)——地址 7014h

D15	D14	D13	D12	D11	D10	D9	D8
IAK0.15	IAK 0.14	IAK 0.13	IAK 0.12	IAK 0.11	IAK 0.10	IAK 0.9	IAK 0.8
RW_0	RW_0	RW_0	RW_0	RW_0	RW_0	RW_0	RW_0

D7	D6	D5	D4	D3	D2	D1	D0
IAK 0.7	IAK 0.6	IAK 0.5	IAK 0.4	IAK 0.3	IAK 0.2	IAK 0.1	IAK 0.0
RW_0	RW_0	RW_0	RW_0	RW_0	RW_0	RW_0	RW_0

注：R=可读；W=可写；_后的值为复位值。

D15～D0——IAK 0.15～IAK 0.0 位。外设中断应答位，写入 1 引起相应的外设中断应答位被插入，从而将相应的外设中断请求位清 0。

注意：通过向该寄存器写入 1 来插入的中断应答并不更新 PIVR 寄存器的内容，读这个寄存器得到的结果通常是 0。

表 2.15 外设中断请求寄存器 PIACKR0 各位的定义

位的位置	中断	中断描述	中断优先级
IAK 0.0	PDPINT	功率驱动保护中断	INT1
IAK 0.1	ADCINT	高优先级模式的 ADC 中断	INT1
IAK 0.2	XINT1	高优先级模式的外部引脚 1 中断	INT1
IAK 0.3	XINT2	高优先级模式的外部引脚 2 中断	INT1
IAK 0.4	SPIINT	高优先级模式的 SPI 中断	INT1
IAK 0.5	RXINT	高优先级模式的 SCI 接收中断	INT1
IAK 0.6	TXINT	高优先级模式的 SCI 发送中断	INT1
IAK 0.7	CANMBINT	高优先级模式的 CAN 邮箱中断	INT1
IAK 0.8	CANERINT	高优先级模式的 CAN 错误中断	INT1
IAK 0.9	CMP1INT	Compare1 中断	INT2
IAK 0.10	CMP2INT	Compare2 中断	INT2

（续表）

位的位置	中断	中断描述	中断优先级
IAK 0.11	CMP3INT	Compare3 中断	INT2
IAK 0.12	T1PINT	Timer1 周期中断	INT2
IAK 0.13	T1CINT	Timer1 比较中断	INT2
IAK 0.14	T1UFINT	Timer1 下溢中断	INT2
IAK 0.15	T1OFINT	Timer1 上溢中断	INT2

（6）外设中断应答寄存器 1(PIACKR1)——地址 7015h

D15	D14	D13	D12	D11	D10	D9	D8
Reserved	IAK1.14	IAK 1.13	IAK 1.12	IAK 1.11	IAK 1.10	IAK 1.9	IAK 1.8
R_0	RW_0	RW_0	RW_0	RW_0	RW_0	RW_0	RW_0

D7	D6	D5	D4	D3	D2	D1	D0
IAK 1.7	IAK 1.6	IAK 1.5	IAK 1.4	IAK 1.3	IAK 1.2	IAK 1.1	IAK 1.0
RW_0	RW_0	RW_0	RW_0	RW_0	RW_0	RW_0	RW_0

注:R=可读;W=可写;_后的值为复位值。

D15——保留位。读出为 0,写入没影响。

D14～0——IAK 1.14～IAK 1.0 位。作用与 PIACKR0 寄存器一样。

表 2.16　外设中断请求寄存器 PIACKR1 各位的定义

位的位置	中断	中断描述	中断优先级
IAK1.0	T2PINT	Timer2 周期中断	INT3
IAK 1.1	T2CINT	Timer2 比较中断	INT3
IAK 1.2	T2UFINT	Timer2 下溢中断	INT3
IAK 1.3	T2OFINT	Timer2 上溢中断	INT3
IAK 1.4	CAPINT1	Captuer1 中断	INT4
IAK 1.5	CAPINT2	Captuer2 中断	INT4
IAK 1.6	CAPINT3	Captuer3 中断	INT4
IAK 1.7	SPIINT	低优先级模式的 SPI 中断	INT5
IAK 1.8	RXINT	低优先级模式的 SCI 接收中断	INT5
IAK 1.9	TXINT	低优先级模式的 SCI 发送中断	INT5
IAK 1.10	CANMBINT	低优先级模式的 CAN 邮箱中断	INT5
IAK 1.11	CANERINT	低优先级模式的 CAN 错误中断	INT5
IAK 1.12	ADCINT	低优先级模式的 ADC 中断	INT6
IAK 1.13	XINT1	低优先级模式的外部引脚 1 中断	INT6
IAK 1.14	XINT2	低优先级模式的外部引脚 2 中断	INT6

(7) 外设中断应答寄存器 2(PIACKR2)——地址 7016h

D15	D14	D13	D12	D11	D10	D9	D8
Reserved	IAK 2.14	IAK 2.13	IAK 2.12	IAK 2.11	IAK 2.10	IAK 2.9	IAK 2.8
R_0	R/W_0	R/W_0	R/W_0	R/W_0	R/W_0	R/W_0	R/W_0

D7	D6	D5	D4	D3	D2	D1	D0
IAK 2.7	IAK 2.6	IAK 2.5	IAK 2.4	IAK 2.3	IAK 2.2	IAK 2.1	IAK 2.0
R/W_0	R/W_0	R/W_0	R/W_0	R/W_0	R/W_0	R/W_0	R/W_0

注:R=可读;W=可写;_后的值为复位值。

D15——保留位。

D14～0——IAK2.14～IAK2.0 位。作用与 PIACKR0 寄存器一样。

表 2.17 外设中断应答寄存器 PIACKR2 各位的定义

位的位置	中断	中断描述	中断优先级
IAK2.0	PDPINTB	功率驱动保护中断	INT1
IAK 2.1	CMP4INT	Compare4 中断	INT2
IAK 2.2	CMP5INT	Compare5 中断	INT2
IAK 2.3	CMP6INT	Compare6 中断	INT2
IAK 2.4	T3PINT	Timer3 周期中断	INT2
IAK 2.5	T3CINT	Timer3 比较中断	INT2
IAK 2.6	T3UFINT	Timer3 下溢中断	INT2
IAK 2.7	T3OFINT	Timer3 上溢中断	INT2
IAK 2.8	T4PINT	Timer4 周期中断	INT3
IAK 2.9	T4CINT	Timer4 比较中断	INT3
IAK 2.10	T4UFINT	Timer4 下溢中断	INT3
IAK 2.11	T4OFINT	Timer4 上溢中断	INT3
IAK 2.12	CAP4INT	Captuer4 中断	INT4
IAK 2.13	CAP5INT	Captuer5 中断	INT4
IAK 2.14	CAP6INT	Captuer6 中断	INT4

2.6.6 中断响应延时

有 3 种因素导致中断响应的延时:外设同步接口时间、CPU 响应时间和 ISR 转移时间。

(1)外设同步接口时间是指从外设接口识别出从外设发来的中断请求,经判优、转换后将请求发送至 CPU 的时间;

(2)CPU 响应时间是指 CPU 识别出已经被使能的中断、响应中断、清除流水线到从 CPU 的中断向量表中获得第一条指令的时间;

(3)ISR 转移时间是指为了转移 ISR 中的特定部分而必须执行一些转移所需要的时间。该时间长度根据用户所实现的 ISR 的不同而有所变化。

2.6.7 可屏蔽外部中断

LF240x 系列器件有两个可屏蔽外部中断引脚 XINT1 和 XINT2，对其使用是通过相应的外部中断控制寄存器 XINT1CR、XINT2CR 来进行设置的。LF240x 系列器件中 XINT1 和 XINT2 引脚必须至少被拉低 6 个(或 12 个)CLKOUT 周期，CPU 才能认可。

(1)外部中断 1 控制寄存器(XINT1CR)——地址 7070h

D15	D14～D3	D2	D1	D0
XINT1 flag	Reserved	XINT1 polarity	XINT1 priority	XINT1 enable
RC_0	R_0	RW_0	RW_0	RW_0

注：R=可读；W=可写；C=清除；_后的值为复位值。

D15——XINT1 标志位。这一位指示在 XINT1 引脚上是否检测到一个所选的跳变，无论外部中断 1 是否被使能，该位都可以被置位。当相应的中断被应答时，这一位被自动清 0。通过软件向该位写 1(写 0 无效)或者器件复位时，该位也被清 0。

0　未检测到跳变

1　检测到跳变

D14～D3——Reserved，保留位。读出为 0，写入不影响。

D2——XINT1 极性。读/写该位决定了中断是在 XINT1 引脚信号的上升沿还是下降沿产生中断。

0　在下降沿(由高到低跳变)产生中断

1　在上升沿(由低到高跳变)产生中断

D1——XINT1 优先级。读/写该位决定了哪一个中断优先级被请求。CPU 的优先层次和相应的高低优先级已经被编码到外设中断扩展寄存器中，可参见中断优先级和向量表。

0　高优先级

1　低优先级

D0——XINT1 使能位。读/写该位使能或屏蔽外部中断 XINT1。

0　屏蔽中断

1　使能中断

(2)外部中断 2 控制寄存器(XINT2CR)——地址 7071h

D15	D14～D3	D2	D1	D0
XINT2 flag	Reserved	XINT2 polarity	XINT2 priority	XINT2 enable
RC_0	R_0	RW_0	RW_0	RW_0

注：R=可读；W=可写；C=清除；_后的值为复位值。

D15——XINT2 标志位。这一位指示在 XINT2 引脚上是否检测到一个所选的跳变，无论外部中断 2 是否被使能，该位都可以被置位。当相应的中断被应答时，这一位被自动清0。通过软件向该位写1(写0无效)或者器件复位时，该位也被清0。

0　未检测到跳变

1　检测到跳变

D14～D3——Reserved，保留位。读出为0，写入不影响。

D2——XINT2极性。读/写该位决定了中断是在XINT2引脚信号的上升沿还是下降沿产生中断。

0　在下降沿(由高到低跳变)产生中断

1　在上升沿(由低到高跳变)产生中断

D1——XINT2优先级。读/写该位决定了哪一个中断优先级被请求。CPU的优先层次和相应的高低优先级已经被编码到外设中断扩展寄存器中，可参见中断优先级和向量表。

0　高优先级

1　低优先级

D0——XINT2使能位。读/写该位使能或屏蔽外部中断XINT2。

0　屏蔽中断

1　使能中断

2.7 复位操作

复位信号实际上是一个不可屏蔽的中断。当系统收到复位信号后，将复位中断向量0000h加载到程序计数器PC中。一般情况下，该处设有一条分支指令，以跳转到主程序入口上。系统复位后：

(1)CNF=0，双口存储器DARAM(B0)分配给数据空间；

(2)INTM=1，禁止可屏蔽中断；

(3)系统状态：OV=0，XF=1，SXM=1，PM=00，C=1；

(4)全局存储器分配寄存器GREG=××××××××00000000；

(5)重复计数器RPTC=0；

(6)等待状态的周期设为最大。

2.8 程序控制

程序控制即控制程序的执行顺序，通常程序是顺序执行的，但有时候程序必须转移到其他地址，并在新地址处开始顺序执行那个指令，LF240x支持调用、返回和中断。

2.8.1 程序地址的产生

对于那些以LF240x系列DSP控制器为硬件核心的系统来说，在系统运行过程中，CPU会按照一定的次序执行用户编制的控制程序。通常，用户编写的程序指令存放在LF240x芯片的程序存储器中。因此，如果希望系统连续运行，CPU必须能够按照一定的规则找到用户指令在程序存储器中的位置，也就是说，系统必须能够自动产生程序指令的访问地址。

与其他微处理器类似，在程序执行过程中，DSP 控制器必须能够在执行当前指令的同时自动产生下一条指令的存放地址，即访问地址（顺序或非顺序），只有这样才能保证系统的连续运转。在 LF240x 系列控制器中，程序指令存放地址的产生方式如图 2.16 所示。

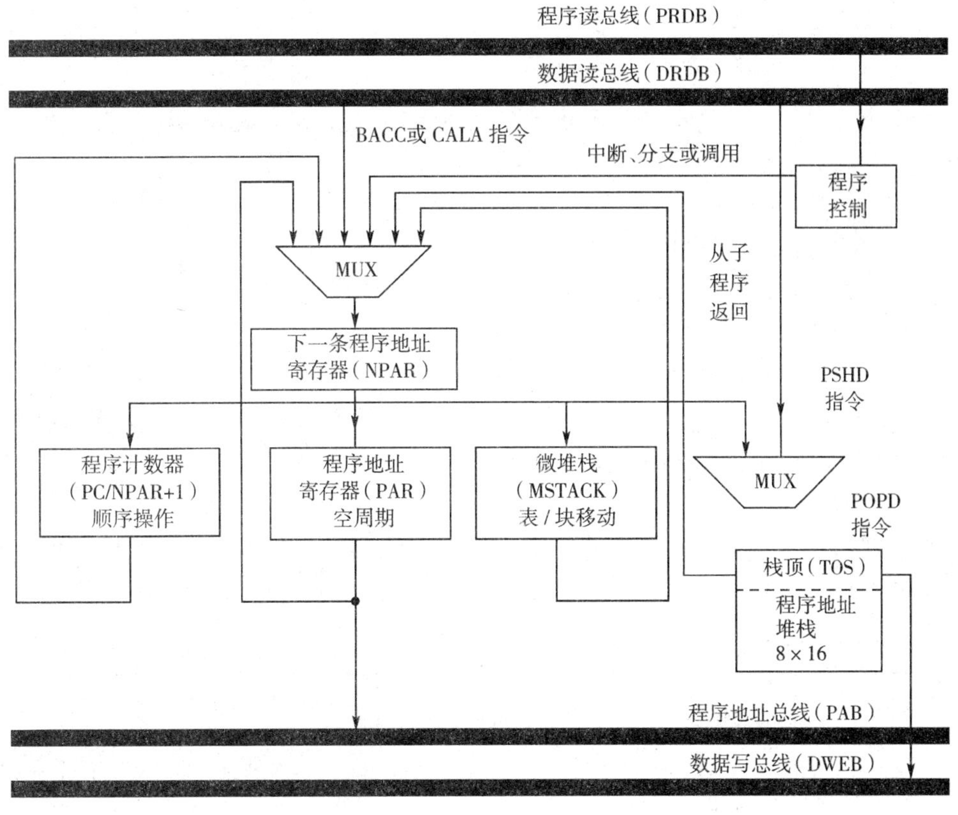

图 2.16　程序地址产生方式图

从图中可以看到，对于 LF240x 系统中不同指令的操作，如顺序访问、跳转指令、调用子程序等，指令存放地址的产生也各不相同。表 2.18 列出了与 LF240x 系统中所有操作相对应的指令地址来源。

表 2.18　程序地址产生小结表

操作	程序源
顺序操作	PC(包含程序地址+1)
空周期	PAR(包含程序地址)
从子程序返回	栈顶(TOS)
从表移动或块移动返回	栈底(MSTACK)
转移或调用至指令规定的地址	使用程序读总线(PRDB)的转移或调用指令
转移或调用至累加器低位字规定的地址	使用数据读总线(DRDB)的累加器低位字
转移至中断服务子程序	使用程序读总线(PRDB)的中断向量存储单元

LF240x 系列 DSP 控制器的程序地址产生逻辑使用以下硬件：

(1)16 位程序计数器(PC)。取指时，PC 对 LF240x 系统的内部和外部程序存储器进行寻址；

(2)程序地址寄存器(PAR)。PAR 用来驱动程序地址总线(PAB)，PAB 是 16 位总线，它同时为读/写程序提供地址；

(3)8 级硬件堆栈。16 位、8 级硬件堆栈可以存储最多 8 个返回地址，也可用于数据的暂时存储；

(4)微堆栈(MSTACK)。有时程序地址产生逻辑使用 16 位宽、1 级 MSTACK 堆栈来存储一个返回地址；

(5)重复计数器(RPTC)。16 位的 RPTC 与重复指令(RPT)一起使用，以确定在 RPT 之后的那条指令需要重复执行多少次。

接下来对这些构成程序地址产生逻辑的硬件设备进行详细讨论。

(1)程序计数器(PC)

程序地址产生逻辑使用 16 位的程序计数器(PC)对内部和外部程序存储器进行寻址。当 CPU 执行当前指令时，PC 指向将要执行的下一条指令的地址。通过程序地址总线(PAB)，CPU 从 PC 指向的程序存储器地址单元处取出指令，然后装入内部指令寄存器。当装载指令寄存器时，PC 指向下一条指令的存放地址。由于程序流的执行不一定总是顺序进行，因此，TMS320LF24x 提供了多种修改 PC 的方法来适应程序执行过程中的变化，表 2.19 对此做了总结。

表 2.19　装入 PC 的地址

代码操作	装入 PC 的地址
顺序执行	如果当前指令只有一个字，那么 PC 装入 PC+1；如果当前指令具有两个字，那么 PC 将装入 PC+2
转移	PC 装入直接跟随在转移指令之后的长立即数的值
子程序调用和返回	对于调用，下一指令的地址从 PC 中压入堆栈，然后直接跟随在调用指令之后的长立即数被装入 PC。返回指令把返回地址弹回到 PC 内，从而返回到调用处的代码
软件和硬件中断	PC 装入适当的中断向量单元地址。在此单元中存放一条转移指令，该指令将把相应的中断向量服务子程序的地址装入 PC
计算转移	累加器低 16 位内容装入 PC。利用 BACC(转移到累加器中的地址)或 CALA(调用累加器所规定的地址单元中的子程序)指令可实现计算转移操作

(2)堆栈

LF240x 系列 DSP 控制器中具有 16 位宽、8 级深度的硬件堆栈。当执行子程序调用或发生中断时，程序地址产生逻辑使用堆栈来存储程序的返回地址。

当子程序调用指令使 CPU 进入子程序或中断事件使 CPU 进入中断服务子程序时，PC 中保存的程序返回地址被自动压入堆栈顶部，该操作不需要附加的时钟周期。当子程序或中断服务子程序执行完毕时，返回指令将把返回地址从堆栈顶部弹回到程序计数器，以继续执行原来的程序。

当 8 级硬件堆栈没有被全部用于保存程序返回地址时，在子程序或中断服务子程序执行期间内，堆栈可用于暂时保存上下文数据，或用于其他存储用途。

用户可以使用以下两组指令访问堆栈：

1)PUSH(入栈)和 POP(出栈)指令。PUSH 指令把累加器的低位字复制到堆栈顶部，而 POP 指令把堆栈顶部的数值复制到累加器的低位字；

2)PSHD 和 POPD 指令。这两条指令允许用户在数据存储器中为超过 8 级的子程序或中断嵌套建立堆栈，PSHD 指令把数据存储器的值压入堆栈的顶部，而 POPD 指令把数值从堆栈顶部弹出至数据存储器。

无论何时，利用指令或利用地址产生逻辑把数值压入堆栈顶部时，堆栈的每一级内容都将下推一级，而堆栈底部(第 8 级)单元的内容将丢失。如果在弹出堆栈之前发生了多于 8 次的连续压栈操作，那么将会发生堆栈溢出。图 2.17 给出了一个压栈操作的例子。

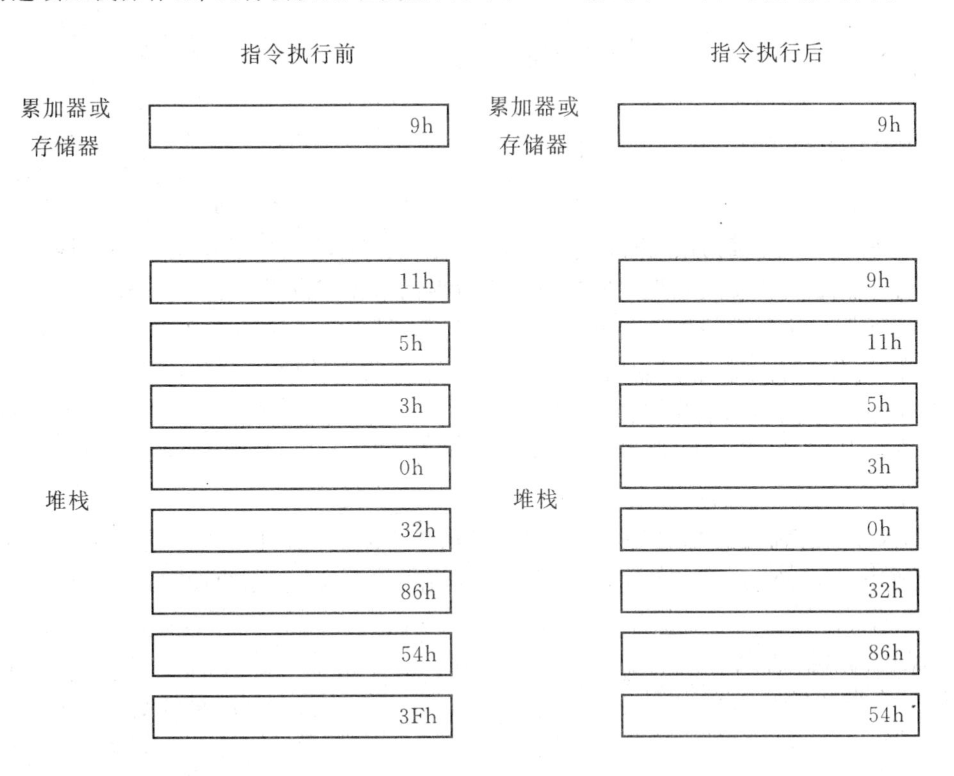

图 2.17　压栈操作图

弹栈操作与压栈操作正好相反。它把堆栈每一级的数值都复制到相邻的较高一级，在连续执行 7 次弹出操作之后，因为此时最底层的数值已被向上复制到堆栈的所有级，所以此时执行任何堆栈弹出操作都将与堆栈底部的值相同。图 2.18 给出一个弹栈操作的示意图。

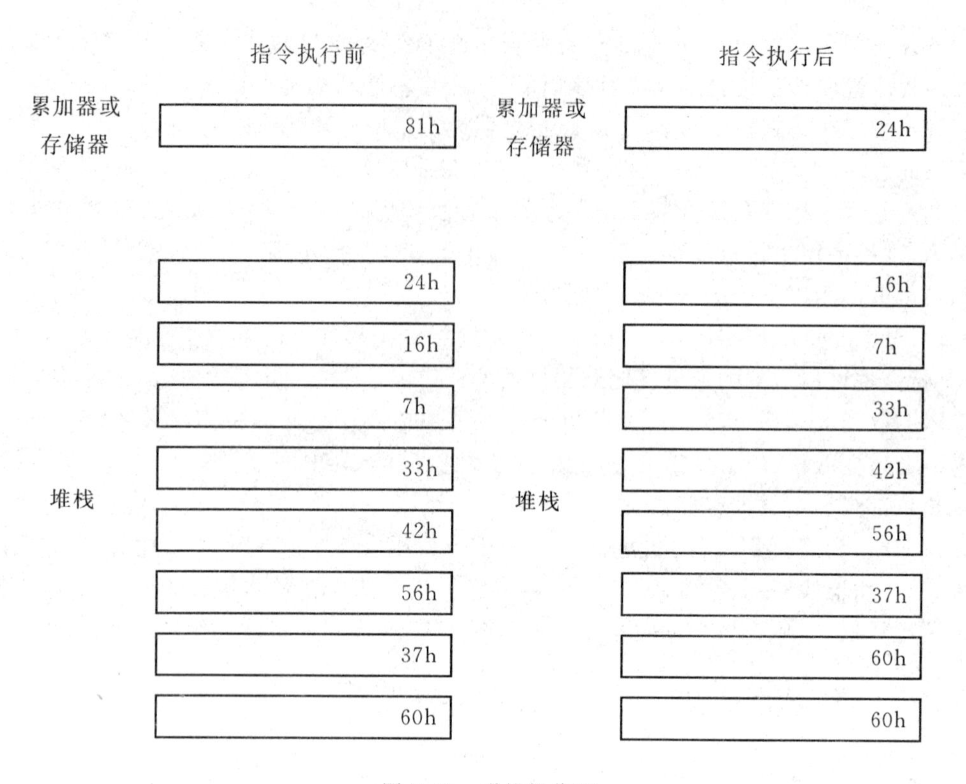

图 2.18 弹栈操作图

(3)微堆栈

在执行某些指令之前,程序地址产生逻辑使用16位宽、1级深的微堆栈(MSTACK)来存储返回地址。这些指令使用程序地址产生逻辑提供双操作数指令的第二地址。

这些指令主要是数据块移动指令(BLDD、BLPD、MAC、MACD、TBLR和TBLW等),当这些指令被重复执行时,它们利用PC使第一操作数的存储地址增1,使用辅助寄存器算术单元(ARAU)产生第二个操作数的存储地址。在使用这些指令时,返回地址(将被取出的下一指令的地址)被压入MSTACK。重复指令执行完后,MSTACK中的值被弹出并送至程序地址产生逻辑。

MSTACK操作对用户来说是不可见的。与堆栈不同的是,MSTACK只能被程序地址产生逻辑使用,不允许用户把MSTACK用于存储指令,即不允许用户访问。

2.8.2 跳转、调用和返回

事实上,程序不可能总是按照其存放地址的先后次序运行。有时候,CPU将顺序执行的主程序打断而去执行另外一段程序,在这段程序执行完毕以后,继续执行原先顺序运行的主程序。这就涉及了程序的跳转、调用和子程序返回操作。

程序跳转操作将中断CPU当前正在执行的程序,而去执行位于新地址的指令。子程序调用与程序跳转操作类似,但是它还要将返回地址(跟随在调用指令之后的指令地址)保存到硬件堆栈的顶部。每一个被调用的子程序或中断服务子程序以返回指令结束,该指令可以把返回地址弹出堆栈并送至程序计数器(PC)中。

在LF240x系列器件中,存在两种类型的程序跳转、子程序调用和返回操作,它们分别是:无条件执行和条件执行。

(1)无条件跳转、调用和返回

当 CPU 遇到无条件程序跳转、子程序调用或返回指令时,总是立即执行该指令。

1)无条件跳转

当 CPU 遇到无条件程序跳转指令时,它总是被立即执行。在执行期间内,PC 装入程序跳转指令中指定的目标程序地址,然后从该地址处开始执行;装入 PC 的地址可以来自跳转指令的第二个操作数或累加器的低 16 位字。

由于 LF240x 控制器采用流水线方式运行,因此,当程序跳转指令到达流水线的执行节拍时,紧随其后的两个指令字已被装入 CPU 的指令队列中。此时,这两个指令字将从流水线中清除,然后 CPU 从目标地址单元处继续执行。

无条件转移指令是 B(转移)和 BACC(转移到累加器指定的存储单元)。

2)无条件调用

当 CPU 遇到无条件子程序调用指令时,它总是被立即执行。在执行无条件子程序调用指令时,PC 装入由子程序调用指令指定的目标程序地址,然后从该地址处开始执行。装入 PC 的地址可以来自调用指令的第二个操作数或累加器的低 16 位字。在目标地址装入 PC 之前,存放在 PC 中的指令地址(即返回地址)由硬件自动压入堆栈中保存。

与无条件程序跳转指令的执行类似,当无条件子程序调用指令到达流水线的执行节拍时,紧随其后的两个指令字已被装入 CPU 的指令队列中。此时,这两个指令字将从流水线中清除,存储返回地址,然后 CPU 从目标地址单元处继续执行。

无条件调用指令是 CALL 和 CALA(调用累加器指定地址单元处的子程序)。

3)无条件返回

当 CPU 遇到无条件返回指令(RET)时,它总是被立即执行。当无条件返回指令被执行时,堆栈顶部的返回地址装入 PC,然后从该地址处恢复原程序的执行。

当无条件返回指令到达流水线的执行节拍时,紧随其后的两个指令字已被装入 CPU 的指令队列中。此时,这两个指令字将从流水线中清除,然后 CPU 从返回地址单元处继续执行。

(2)条件跳转、调用和返回

当 CPU 遇到条件程序跳转、子程序调用或返回指令时,需要先判断指令中指定的某种条件是否满足,如果满足,则执行这些条件指令;否则,跳过这些条件指令,继续执行后续的指令。表 2.20 列出了用户可以与条件指令一起使用的条件及其对应的操作数符号。

表 2.20　用于条件调用和返回的条件

操作数符号	条件	说明
EQ	ACC=0	累加器值等于零
NEQ	ACC≠0	累加器值不等于零
LT	ACC < 0	累加器值小于零
LEQ	ACC≤0	累加器值小于等于零
GT	ACC > 0	累加器值大于零

（续表）

操作数符号	条件	说明
GEQ	ACC≥0	累加器值大于等于零
C	C=1	进位位被设置为 1
NC	C=0	进位位被清除为 0
OV	OV=1	检测到累加器溢出
NOV	OV=0	未检测到累加器溢出
BIO	BIO 为低	BIO 引脚为低电平
TC	TC=1	测试/控制标志位被设置为 1
NTC	TC=0	测试/控制标志位被清除为 0

多个条件的组合也可作为条件指令的操作数。此时，如果要执行这些指令，所有的条件必须都得到满足。应该注意的是，并不是每个条件都可以进行组合。表 2.20 列出了可以进行组合的条件，如果需要进行条件组合，必须从表 2.21 所列出的组 1 和组 2 中进行选择。

表 2.21　条件分组

组 1		组 2		
A 类	B 类	A 类	B 类	C 类
EQ	OV	TC	C	BIO
NEQ	NOV	NTC	NC	
LT				
LEQ				
GT				
GEQ				

用户可以从组 1 中最多选择两个检测条件，而这两个条件必须来自不同的类（A 或 B）。例如，可同时测试 EQ 和 OV，但不能同时测试 GT 和 NEQ；同样，用户可以从组 2 中最多选择 3 个条件，这 3 个条件出必须来自不同的类（A、B 或 C）。例如，用户可以同时测试 TC、C 和 BIO，但是不能同时测试 C 和 NC。

由于检测条件测试的是内部状态寄存器或累加器的状态，因此，被检测状态的稳定性决定了检测结果的正确性。为了保证状态的稳定，在 LF240x 系列 DSP 控制器中，在条件稳定之前，内部的流水线控制器将停止条件指令之后任何指令的译码。

1）条件跳转

条件跳转指令仅当满足一个或多个用户规定的条件时才被执行。如果所有的检测条件都得到满足，那么 PC 装入程序跳转指令中指定的目标程序地址，然后从该地址处开始执行。装入 PC 的地址来自跳转指令的第二个操作数（将要转移的地址）。

当条件被测试时，条件跳转指令后面的两个指令字也被装入 CPU 的指令队列中。如果满足所有的条件，那么这两个指令字将从流水线中清除，然后 CPU 从目标地址单元处继续执行；如果任一个条件不满足，那么这两个指令字将被执行。因为条件跳转操作使用由前面指令的执行结果所确定的条件，所以条件跳转操作比无条件跳转操作要多用一个时钟周期。

条件程序跳转指令主要有 BCND(条件跳转)和 BANZ(若当前辅助寄存器不等于 0，则跳转)。

2)条件调用

条件调用指令(CC)仅在满足用户指定的一个或多个条件时才被执行，这允许用户程序可以根据被处理的数据在多个子程序入口之间作出选择。如果满足所有的条件，那么调用指令的第二操作数将被装入 PC，它指明了子程序的起始地址。在子程序起始地址装入 PC 之前，存放在 PC 中的指令地址(即返回地址)由硬件自动压入堆栈中保存。

当条件被测试时，条件调用指令后面的两个指令字也被装入 CPU 的指令队列中。如果所有的条件都得到满足，那么这两个指令字将从流水线中清除，然后 CPU 从子程序起始地址单元处继续执行；如果任一个条件不满足，那么这两个指令字将被执行。

因为等待条件的稳定需要一个时钟周期，所以子程序的条件调用操作比子程序的无条件调用操作要多用一个周期。

3)条件返回

返回指令和调用与中断一起使用。调用或中断把返回地址压入堆栈，然后将子程序的起始地址装入 PC。被调用的子程序或中断服务子程序以返回指令结束，该指令把返回地址从堆栈顶部弹出并送至程序计数器(PC)中。

条件返回指令(RETC)仅在一个或多个条件得到满足时才被执行。通过使用 RETC 指令，用户可在子程序和中断服务子程序中提供多于一条的返回路径，被选择的返回路径取决于所处理的数据。如果满足 RETC 指令的所有条件，那么处理器将把返回地址从堆栈顶部装载到 PC 中并恢复调用或被中断程序的执行。

与 RET 一样，RETC 也是单字指令。但是，它的有效执行时间却与条件跳转指令(BC-ND)或条件调用指令(CC)的执行时间相同。当条件返回指令的条件被测试时，紧随其后的两个指令字已被装入 CPU 的指令队列中。如果所有的条件都得到满足，那么这两个指令字将从流水线中清除，然后 CPU 执行返回操作；如果任一个条件不满足，那么这两个指令字将被执行。因为等待条件的稳定需要一个时钟周期，所以子程序的条件返回操作比子程序的无条件返回操作要多用一个周期。

2.8.3　单指令重复操作

有时可能需要将某条指令确定的操作重复多次。为了实现这种功能，在 LF240x 系列 DSP 控制器中提供了重复指令(RPT)，它可以将紧随其后的那条指令连续执行 N+1 次，其中，N 为 RPTC 寄存器的值，也是 RPT 指令的操作数。

当执行 RPT 指令时，重复计数器 RPTC 中装入 N。重复指令每执行一次，RPTC 便减 1，直到 RPTC 等于零为止。当计数值来自数据存储单元时，RPTC 可以用作 16 位计数器；如果计数值规定为常量操作数，那么它是 8 位计数器。

重复指令可以与 NORM(规格化累加器的内容)、MACD(乘加并带数据移动)以及

SUBC(条件减)等指令一起使用。当指令被重复时,为了加快指令的执行速度,原先用于程序存储器的地址和数据总线被用来访问指令的第二个操作数,从而实现了与数据存储器的地址和数据总线的并行工作。

习 题

1. TMS320LF2407 DSP 中央处理单元主要包括哪些部件?

2. TMS320LF2407 DSP 状态寄存器中各位的作用是什么?

3. TMS320LF2407 DSP 内部有几条总线,各自作用是什么?

4. 试说出 TMS320LF2407 DSP 中断分类及中断的处理过程。

5. TMS320LF2407 DSP 的有条件指令中所需满足条件当为多个条件时,应注意什么问题?

6. 试举例说明 TMS320LF2407 DSP 的堆栈操作(压栈与弹栈)。

第 3 章　指令系统和程序编写

TMS320LF240x 系列 DSP 芯片与 TMS320C2xx 采用相同的内核，两者的指令系统是相同的。前面内容详细介绍了 DSP 控制器的硬件结构，DSP 独特的硬件结构使得其具有丰富的寻址方式和强大的指令系统。本章主要介绍 TMS320LF240x 系列 DSP 芯片的寻址方式、指令系统及运算基础。

3.1　寻址方式

寻址方式是指 CPU 按照什么方式方法找到操作数所在地址，即操作数的地址在指令中是如何规定的。LF240x 系列 DSP 有三种寻址方式：立即寻址、直接寻址和间接寻址。后两种为存储器寻址方式，即指令的操作数在数据存储器中。下面分别介绍这三种寻址方式。

3.1.1　立即寻址

立即寻址，指需要寻找的操作数就在指令中，即在指令中直接给出了操作数。该操作数称为立即数，指令中加前缀“#”表示。立即寻址包括短立即寻址和长立即寻址。

(1)短立即寻址

短立即寻址方式下，指令中包含一个 8、9 或 13 位的操作数。短立即寻址方式的指令是单字指令，立即数就包含在指令中。

【例 3.1】 采用短立即寻址的 RPT 指令，需要重复执行的次数直接跟在指令操作码后。

RPT　#99；将紧跟 RPT 指令后的那条指令执行 100 次。

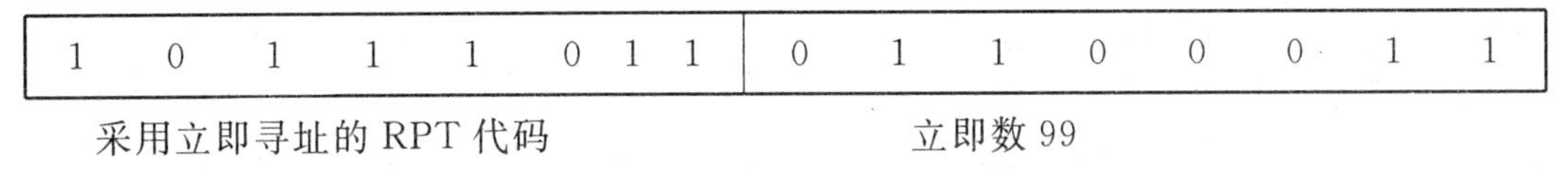

(2)长立即寻址

长立即寻址方式下，指令中包含一个 16 位的操作数。长立即寻址方式的指令是双字指令，立即数就是第二个字。

【例 3.2】 采用长立即寻址的 ADD 指令。

ADD　#12354，2；将数值 12354 左移 2 位后与累加器内存相加，结果在累加器中。

1	0	1	1	1	1	1	1	1	0	0	1	0	0	1	0

采用长立即寻址的 ADD 代码　　　　左移位数

0	0	1	1	0	1	0	0	0	0	0	0	0	1	0	0

16 位长立即数 12354

3.1.2 直接寻址

直接寻址，即指令给出的是需要寻找的数的地址，按此地址直接去访问便可。LF240x系列DSP的直接寻址方式是将指令字中的7位操作数与数据存储器页面指针(DP)的9位连在一起，形成16位数据存储器地址。

直接寻址是一种常用的寻址方式，可以访问64K字数据存储器。在DSP控制器中，数据存储器按页进行管理，整个64K字数据存储器分为512个数据页，每个数据页含有128个字单元。在访问数据存储器时，首先确定当前数据页(通过LDP等指令)，它由状态寄存器ST0中的9位数据页面指针(DP)值确定，例如DP值为000000011b，即当前数据页为3。确定当前数据页后，该数据页128个字中的哪一个字则由指令寄存器的低7位偏移量指定。DSP控制器的直接寻址指令中的直接地址就是该低7位偏移量。中央处理单元将当前DP值与偏移量拼接，就变成16位的存储器地址。使用直接寻址方式访问数据存储器时，必须首先对DP进行设置，然后再书写进行某种操作的指令。步骤如下：

(1)设置数据页

将当前数据页面(0～511)装入DP。可通过LDP指令或其他能向ST0装入值的任意指令来装载DP。LDP指令仅加载DP而不影响ST0的其他位，并明确指出装入的DP值。

【例3.3】 指定数据页面为31，则使用 LDP #31。

(2)设置偏移量

给出7位偏移量作为指令的一个操作数。

【例3.4】 要求ADDC指令使用当前数据页面中的3Ah单元的值

则使用指令：ADDC 3Ah

将上述两条指令连起来即可达到用直接寻址方式访问数据存储器的目的。

这里要注意3个问题：

1)在所有程序中必须初始化DP。没有初始化DP的程序是不能正确执行的，因为加电和复位时，DP是不确定的；

2)如果一个程序中所有指令均访问同一个数据页，只需在采用直接寻址方式的第一条指令前装载DP，而不必在采用直接寻址方式的每个指令之前设置数据页。若访问新的数据页，需重新装载DP；

3)用直接寻址方式的指令其操作数不加前缀“#”。

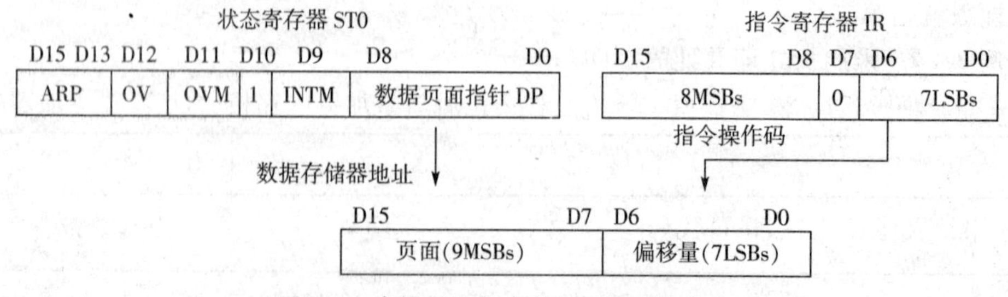

图3.1 直接寻址方式下数据地址的形成

图3.1中，指令寄存器(IR)的高8位(8MSBs)指出指令类型(如ADDC)和本指令所访问的数据的有关移位信息；第7位为0指出直接寻址；低7位指出本指令所访问的数据存储

器的偏移量。

【例3.5】 LDP　#500　;将数据页面设置为500(地址FA00h～FA7Fh)
ADDC　6h　;数据存储器地址FA06h中的内容加进位位C的值再加
;累加器的内容,结果存入累加器

上例中,立即数500＝1F4h＝111110100B装入DP,与第二条指令的操作数6h＝0000110B连接成16位地址1111101000000110B＝FA06h。如图3.2所示。

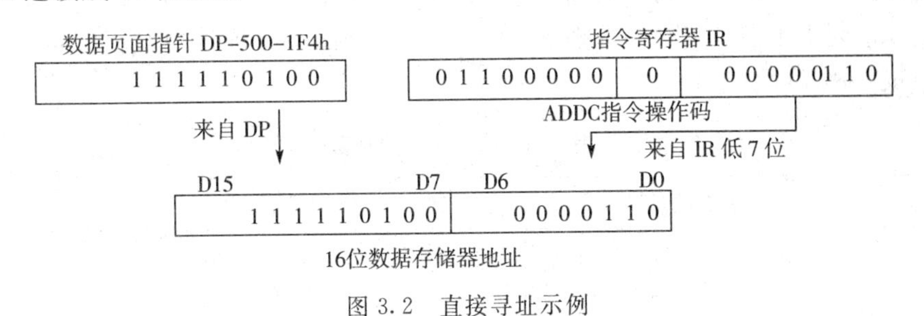

图3.2　直接寻址示例

3.1.3　间接寻址

间接寻址是通过16位辅助寄存器间接访问数据存储器。

间接寻址的能力在很大的程度上反映了指令系统的灵活性和方便性。DSP控制器内含8个辅助寄存器(AR0～AR7)和辅助寄存器算术单元(ARAU),专用于间接寻址的操作,不但提供了灵活而强大的间接寻址能力,而且使得间接寻址的速度非常快。

DSP控制器用16位辅助寄存器的内容作为间接的地址,因此DSP控制器的间接寻址可以访问64K字数据存储器空间的任一单元,不受当前数据页的限制。除了具有立即数或没有操作数的指令外,所有的指令都能使用间接寻址方式。

8个辅助寄存器(AR0～AR7)都可以参与间接寻址,但是每次寻址只能使用其中的一个,它由状态寄存器ST0中的3位辅助寄存器指针(ARP)来指定。ARP指定的辅助寄存器称为当前辅助寄存器或当前AR。

(1)辅助寄存器的选择

将数值0～7装入状态寄存器ST0的高3位(D15～D13),该3位为辅助寄存器指针ARP,其编码值即对应8个辅助寄存器AR0～AR7。可使用LST和MAR指令装载ARP值,也可使用支持间接寻址方式的任意指令作为装置ARP的辅助操作方式。

(2)间接寻址的选择

由于DSP控制器中设置了辅助寄存器算术单元(ARAU),因此在进行间接寻址操作的同时可以对辅助寄存器的内容进行运算,甚至修改ARP的值,为下次的间接寻址作准备,从而极大地提高间接寻址的速度。LF240xDSP提供了4种方式供间接寻址选择:

1)不增不减。指令使用当前辅助寄存器的内容作为数据存储器地址,指令执行后,当前辅助寄存器的内容保持不变,不增也不减;

2)增1或减1。指令使用当前辅助寄存器的内容作为数据存储器地址,指令执行后将当前辅助寄存器的内容增1或减1;

3)增或减一个变址量。将AR0中的值作为变址量。指令使用当前辅助寄存器的内容作为数据存储器地址,指令执行后将当前辅助寄存器的内容增加或减去这个变址量,结果送到当前辅助寄存器；

4)按反向进位方式增或减一个变址量。将AR0中的值作为变址量。指令使用当前辅助寄存器的内容作为数据存储器地址，指令执行后将当前辅助寄存器的内容按反向进位方式增加或减去这个变址量，结果送到当前辅助寄存器，反向进位方式的加或减是从最高位开始运算，有进位(或借位)给低位。这适用于FFT算法。

上述四种方式均由辅助寄存器算术单元(ARAU)在流水线中指令译码的同一周期内完成。表3.1列出了七种间接寻址选项，还给出了每种间接寻址选项对应的指令操作数符号及使用每种选项的例子。

表3.1 间接寻址操作数

选项	操作数符号	例子
不增不减	*	LT *用当前AR所指的数据存储器地址内容装载暂时寄存器(TREG)
增1	*+	LT *+用当前AR所指的数据存储器地址内容装载暂时寄存器(TREG)，然后当前AR内容加1
减1	*-	LT *-用当前AR所指的数据存储器地址内容装载暂时寄存器(TREG)，然后当前AR内容减1
增变址量	*0+	LT *0+用当前AR所指的数据存储器地址内容装载暂时寄存器(TREG)，然后当前AR内容加AR0内容
减变址量	*0-	LT *0-用当前AR所指的数据存储器地址内容装载暂时寄存器(TREG)，然后当前AR内容减AR0内容
反向进位方式增变址量	*BR0+	LT *BR0+用当前AR所指的数据存储器地址内容装载暂时寄存器(TREG)，然后按反向进位方式将当前AR内容加AR0内容
反向进位方式减变址量	*BR0-	LT *BR0-用当前AR所指的数据存储器地址内容装载暂时寄存器(TREG)，然后按反向进位方式将当前AR内容减AR0内容

【例3.6】

```
ADD  *,  8    ;把当前辅助寄存器指向的数据存储器地址的内容左移8位后加至
              ;累加器
ADD  *+, 8    ;把当前辅助寄存器指向的数据存储器地址的内容左移8位后加至
              ;累加器，将当前辅助寄存器内容加1
```

(3)间接寻址操作码格式

间接寻址方式中，指令寄存器(IR)的内容如下：

D15～D8——用于指示指令类型和指令所访问的数据值的移位信息。

D7—— 直接/间接指示符。0表示直接寻址，1表示间接寻址。

D6～D4—— 辅助寄存器更新代码ARU。该3位决定当前辅助寄存器是否以及如何进行增或减。

D3——　　下一辅助寄存器指示符 N。该位说明该指令是否改变辅助寄存器指针 ARP 的值。N=0,辅助寄存器指针 ARP 内容保持不变;N=1,下一辅助寄存器 AR 被装入辅助寄存器指针 ARP。

D2～D0——　下一辅助寄存器的值。该 3 位包括下一辅助寄存器的值。

(4)下次使用的辅助寄存器

除了改变当前辅助寄存器的内容外,许多指令还可以指定下次使用的辅助寄存器(或称为下一个 AR)。当这些指令执行完毕时,指定的 AR 成为下一条指令的当前辅助寄存器,即为下次使用的辅助寄存器。指定下次使用的辅助寄存器的指令实际上是将一个 0～7 的值装入当前辅助寄存器的指针 ARP 中,先前的 ARP 值则被复制到辅助寄存器指针缓冲器(ARB)中。

【例 3.7】 选择新的当前辅助寄存器。

```
MAR    *,     AR3   ;将 3 装入 ARP,使 AR3 成为下次使用的辅助寄存器
LT     *+,    AR2   ;将当前辅助寄存器 AR3 的内容作为地址,把该地址单元的
                    ;内容装入暂时寄存器(TREG);然后将 AR3 内容加 1;再使
                    ;AR2 成为下次使用的辅助寄存器
MPY    *            ;将 AR2 的内容作为地址,把该地址单元内容与 TREG 的内
                    ;容相乘,乘积送入乘积寄存器 PREG 中,下次使用的辅助寄
                    ;存器仍为 AR2
```

(5)修改辅助寄存器内容

1)使用专用指令修改辅助寄存器

LAR 指令:直接将操作数指定的内容装入 AR。

ADRK 指令:将当前 AR 值加一个立即数。

SBRK 指令:将当前 AR 值减一个立即数。

MAR 指令:将当前 AR 值加、减 1 或加、减一个变址量。

2)利用任何一条支持间接寻址操作数的指令都能修改辅助寄存器

3.2 指令系统

本节介绍 TMS320LF240x 系列 DSP 汇编语言格式并按照指令功能分类对每条指令进行较详细的描述,此外本书在附录 3 中对所有指令按照字母顺序进行排列,以方便用户阅读和查找。

3.2.1 汇编句法格式

DSP 指令的汇编句法格式为:

指令助记符　[操作数]　　;[注释]

TMS320LF240x 系列 DSP 指令中所用到的典型格式如下:

指令助记符	操作数缺省	注释
指令助记符　dma,	[,shift]	;左移 0～15 位直接寻址
指令助记符　dma,	16	;左移 16 位直接寻址

指令助记符 ind, [,shift[,ARn]] ;左移0～15位间接寻址
指令助记符 ind, 16[,ARn] ;左移16位间接寻址
指令助记符 #k ;短立即数寻址
指令助记符 #lk [,shift] ;左移0～15位长立即数寻址

指令助记符:由可描述指令特征的助记符表示,它规定了指令的操作功能,不能缺省。以上7种格式基本包含了所有指令的类型,但不是所有的指令都具备这7种格式。

操作数:在操作数中定义了该句法表达式中所用的变量,以及寻址方式。

注释:为便于阅读,对指令做的说明。

此外,指令助记符与操作数之间要用空格分开,各操作数之间要用","号分开,操作数可缺省。黑体字符表示在该类型的指令中必须写出的字符,其他字符为变量,指令中用数字或字符代替。

为了后面指令功能叙述方便,现将指令中常用到的有关符号列于表3.2中。

表3.2 指令中常用到的有关符号

符号	说明
dma	数据存储器地址的低7位(7LSB)
shift	左移位数0～15(缺省为0)
shift2	左移位数0～7(缺省为0)
ind	选择以下7种间接寻址方式之一: *、*+、*-、*0+、*0-、*BR0+、*BR0-
[, x]	带方括号表示x为可选项,但在含有可选项的句法中,可选项前的变量必须提供,例如:ADD dval [,mov],必须提供dval
[, x1 [, x2]]	表示x1和x2都是可选项,可选项前的变量必须提供,若没有x1,就不能有x2。例如指令ADD *+,3,AR2,*+必须提供,先有选项3,才能有选项AR2
#	立即寻址方式中表示后面跟的是立即数,以避免与直接寻址方式混淆
n	数值0～7,指定下次的辅助寄存器
k	8位短立即数值
lk	16位长立即数值
pma	16位程序存储器地址
x	用以指示被装载的辅助寄存器的值:0至7
bit code	用以指示被测试位置的值:0至15
PA	16位I/O端口或I/O映射的寄存器地址
Control bit	选择以下控制位之一:C、CNF、INTM、OVM、SXM、TC、XF

（续表）

<table>
<tr><th>符号</th><th>说明</th></tr>
<tr><td>ACC</td><td>累加器</td></tr>
<tr><td>AR</td><td>辅助寄存器</td></tr>
<tr><td>ARx</td><td>用于 LAR 和 SAR 指令的 3 位数字，用以指定哪一个寄存器将被装载(LAR)，或被储存(SAR)</td></tr>
<tr><td>BITx</td><td>4 位数字，用以决定指令数据存储器数值中的哪一位将被 BIT 所测试</td></tr>
<tr><td>CM</td><td>2 位数字。CMPR 指令执行 CM 值所定义的比较：
CM=00，测试当前 AR=AR0 否；
CM=01，测试当前 AR<AR0 否；
CM=10，测试当前 AR>AR0 否；
CM=11，测试当前 AR≠AR0 否；</td></tr>
<tr><td>|AAA AAAA</td><td>(一个|后面 7 个 A)左边的|代表直接寻址(|=0)还是间接寻址(|=1)，当使用直接寻址时，7 个 A 就是数据存储器地址的 7 位最低有效位(LSB)；对于间接寻址，7 个 A 则是用于控制辅助寄存器使用的位(见间接寻址方式)</td></tr>
<tr><td>| | | | | | | |</td><td>(8 个|)用于短立即寻址的 8 位常数</td></tr>
<tr><td>| | | | | | | | |</td><td>(9 个|)用于短立即寻址方式下 LDP 指令的 9 位常数</td></tr>
<tr><td>| | | | | | | | | | | | |</td><td>(13 个|)用于短立即寻址方式下 MPY 指令的 13 位常数</td></tr>
<tr><td>INTR #</td><td>5 位数值，代表数字 0 至 31。INTR 指令使用该数值将程序控制转移至 32 个中断向量地址中的一个</td></tr>
<tr><td>PM</td><td>2 位数值，被 SPM 指令复制到状态寄存器 ST1 中的 PM 位</td></tr>
</table>

3.2.2　指令集

TMS320LF240x 系列 DSP 指令按功能可分为 6 大类。

(1)累加器、算术和逻辑运算指令 26 条；

(2)辅助寄存器指令 6 条；

(3)TREG、PREG 和乘法指令 20 条；

(4)转移指令 12 条；

(5)控制指令 14 条；

(6)I/O 和存储器指令 8 条。

下面对每类指令按字母顺序排列，详细描述每条指令的格式、操作数范围、功能、状态位等。

(1)累加器、算术和逻辑运算指令

1)ABS　取累加器绝对值

语法:ABS

说明:对累加器 ACC 的内容取绝对值后送回累加器,并将进位位 C 清 0。指令影响 C 和 OV 状态位,不受 SXM 影响,受 OVM 影响。

注意:①累加器中的值为 16 位的带符号数,若其大于或等于 0,执行 ABS 后内容不变;若小于 0,执行 ABS 后,为其对 2 的补码。

②对 80000000h 取绝对值时的特殊情况:

当溢出模式为 0(OVM=0)时,执行 ABS 指令,对 80000000h 取绝对值结果是对 80000000h;

当溢出模式为 1(OVM=1)时,执行 ABS 指令,对 80000000h 取绝对值结果是对 7FFFFFFFh。

上述两种情况状态位 OV 均置 1。

【例 3.8】

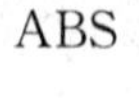

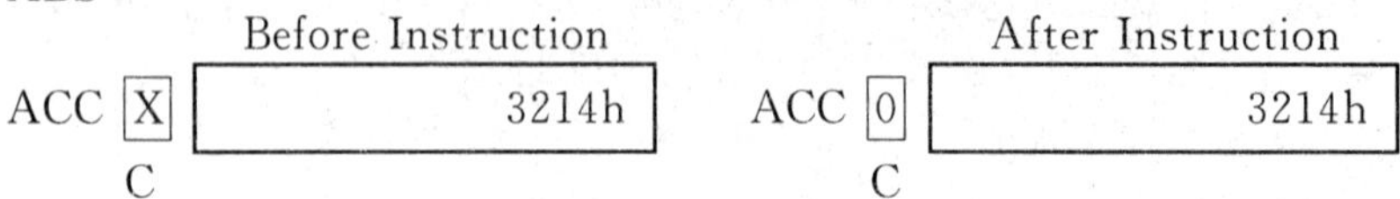

ABS

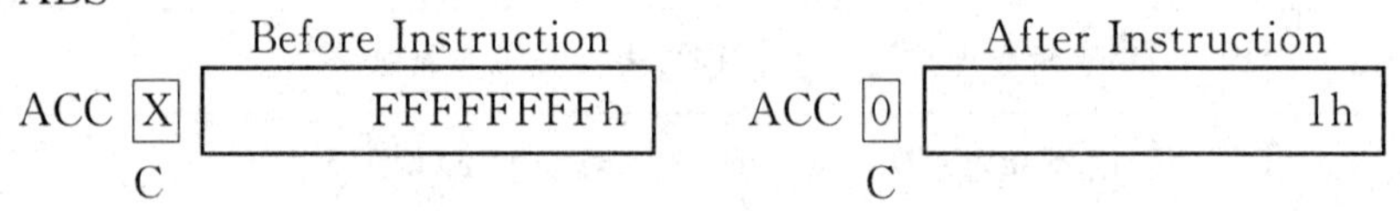

ABS

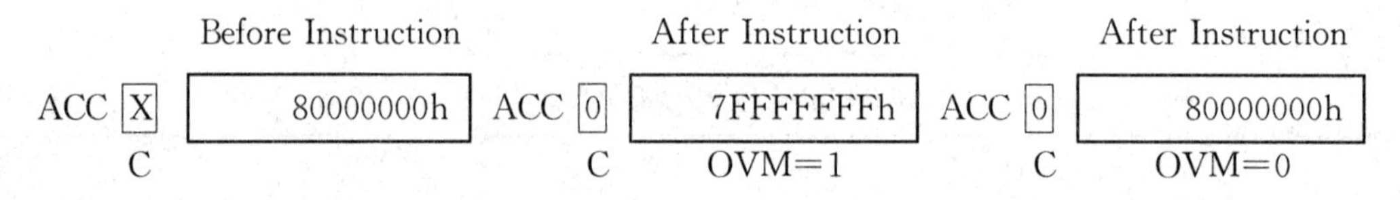

2)ADD　带移位的加法

语法:① ADD dma [,shift]

② ADD dma,16

③ ADD ind [,shift [,ARn]]

④ ADD ind,16 [,ARn]

⑤ ADD # k

⑥ ADD # lk [,shift]

说明:将被寻址的数据存储单元的内容或立即数左移 0~16 位后加到累加器中,移位时低位填 0,高位填 0(SXM=0)或符号扩展(SXM=1)。指令影响 C 和 OV,当左移 16 位做加法时,如果加法结果有进位,则 C=1;如果无进位,则 C 不变。指令受 SXM 和 OVM 影响,但短立即数寻址时,仅受 SXM 影响,不受 OVM 影响。

【例 3.9】

ADD　＃1111h,1　;(ACC)＋＃1111h×2→ACC

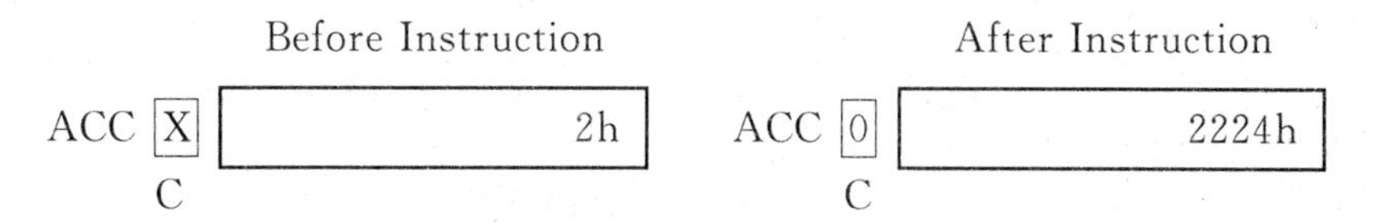

3)ADDC　带进位加法

语法:① ADDC dma

② ADDC ind [,ARn]

说明:被寻址的数据存储单元的内容与累加器的内容(高位填0)及进位位的值相加,结果送累加器。该指令可实现多精度运算。指令影响C和OV,受OVM影响,不受SXM影响,若相加结果有进位,则C=1;若无进位,则C=0。

【例 3.10】

ADDC　*－ ,AR4　;设OVM=0,将当前AR指定的数据存储单元的内容与累
;加器的内容及进位位相加后送累加器,并将当前AR内容
;减1,然后将AR4指定为下次的辅助存储器

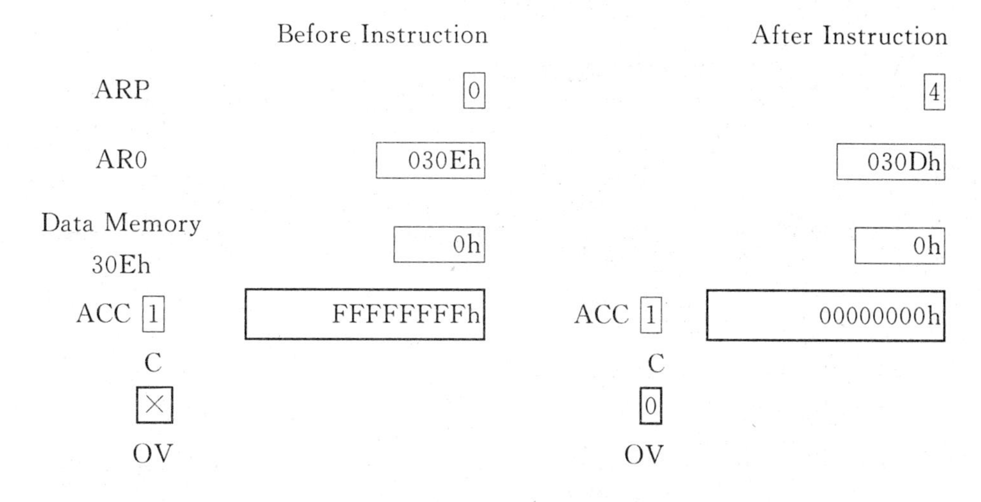

4)ADDS　加法

语法:① ADDS dma

② ADDS ind [,ARn]

说明:被寻址的数据存储单元的内容与累加器的内容(高位填0)相加,结果送累加器。当SXM=0,移位次数为0时,ADD指令与ADDS的结果相同。指令影响C和OV,受OVM影响,不受SXM影响,若相加结果有进位,则C=1;若无进位,则C=0。

【例 3.11】

ADDS　6　;设DP=5,则数据存储器地址范围为280h～2FFh
;(ACC)＋(数据存储器286h) →ACC

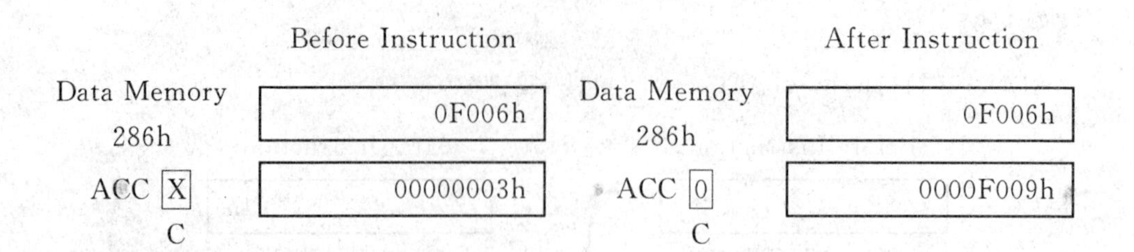

5)ADDT　移位次数由 TREG 指定的加法

语法:① ADDT dma

② ADDT ind [,ARn]

说明:被寻址的数据存储单元的内容左移 0～15 位(由 TREG 低 4 位决定)与累加器的内容相加,结果送累加器。移位时,低位填 0,高位填 0(当 SXM=0)或符号扩展(当 SXM=1)。指令影响 C 和 OV,受 OVM 和 SXM 影响,若相加结果有进位,则 C=1;若无进位,则 C=0。

【例 3.12】

ADDT　　7Dh　　;设 DP=4,SXM=0

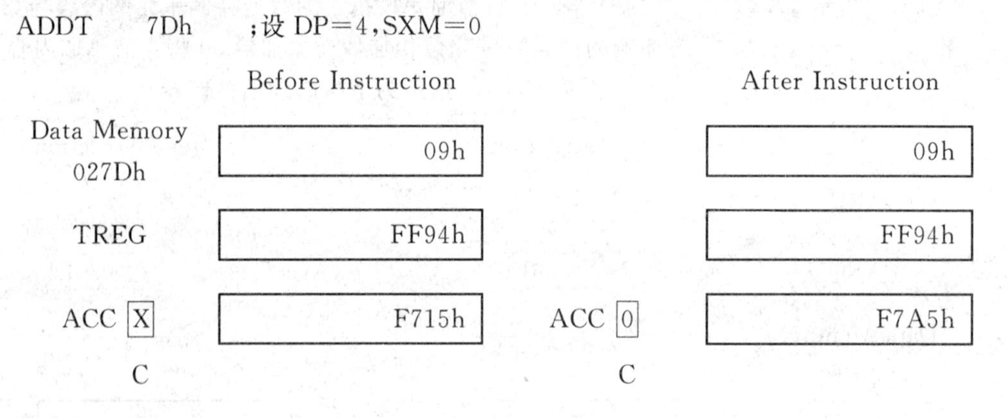

6)AND　逻辑与

语法:① AND dma

② AND ind [,ARn]

③ AND ＃ lk [,shift]

④ AND ＃ lk,16

说明:如果使用直接或间接寻址,ACC 的低 16 位与被寻址的数据存储单元中的内容进行逻辑与操作,结果送 ACC 低 16 位,ACC 的高 16 位清 0。如果使用长立即数,则 16 位长立即数左移 0～16 位(移位时低位、高位均补 0)后和 32 位 ACC 相与,结果送 ACC。指令不影响任何状态位,也不受任何状态位和 SXM 的影响。

【例 3.13】

AND　　　　＃00FFh,4

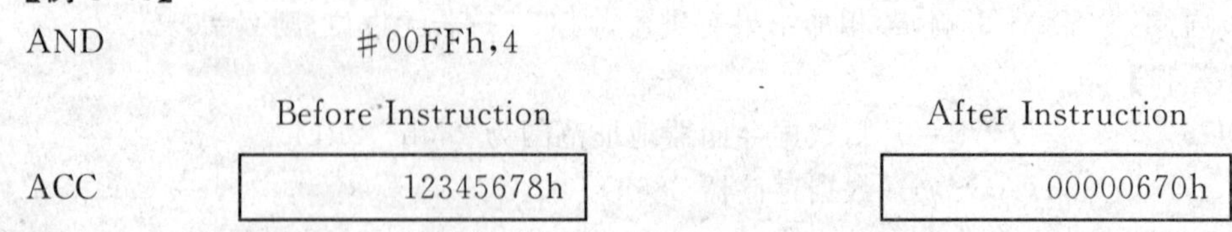

7)CMPL　累加器逻辑取反

语法:CMPL

说明:将累加器逻辑取反。进位位不受影响。

【例3.14】

CMPL

	Before Instruction		After Instruction
ACC X C	0F7982513h	ACC X C	0867DAECh

8)LACC　带移位的累加器装载

语法:① LACC dma [,shift]

② LACC dma,16

③ LACC ind [,shift [,ARn]]

④ LACC ind,16 [,ARn]

⑤ LACC # 1k [,shift]

说明:指定的数据存储单元的内容或一个立即数左移后装入累加器。指令受SXM影响。左移时,低位填0,如果SXM=1,高位符号扩展,如果SXM=0,高位填0。

【例3.15】

LACC　　#0F000h,1　　;(SXM=1)

	Before Instruction		After Instruction
ACC X C	012345678h	ACC X C	0FFFFE000h

9)LACL　装载累加器低16位,高16位清0

语法:① LACL dma

② LACL ind [,ARn]

③ LACL # k

说明:指定的数据存储单元的内容或一个短立即数装入到累加器的低16位。操作数看作无符号数,指令不受SXM影响,不论SXM为何值,都不进行符号扩展。操作数为8位短立即数时,高8位为0,因此,装入到ACC后,ACC的高24位为0。

【例3.16】

LACL　　#10h

	Before Instruction		After Instruction
ACC X	7FFFFFFFh	ACC X	00000010h

10)LACT　由TREG指定左移位数的累加器装载

语法:① LACT dma

② LACT ind [,ARn]

说明：指定的数据存储单元的内容左移后装入累加器，左移位数由 TREG 寄存器的低 4 位确定，即左移位数可以为 0～15。指令受 SXM 影响。左移时，低位填 0，如果 SXM=1，高位符号扩展，如果 SXM=0，高位填 0。

【例 3.17】

LACT 1；(DP=6：addresses 0300h－037Fh，SXM=0)

	Before Instruction		After Instruction
Data Memory 301h	1376h	Data Memay 301h	1376h
TREG	14h	TREG	14h
ACC [X] C	98F7EC83h	ACC [X] C	13760h

11)NEG 累加器取补码

语法：NEG

说明：计算 ACC 的二进制补码，并把结果存放在 ACC 中。如果累加器的值不为零，则指令将进位位 C 清 0；如果累加器的值等于零，则指令将进位位 C 置 1。如果 ACC 值为 8000 0000h，NEG 指令计算其补码时超过了累加器允许的最大值，此时若 OVM=1，则结果为 7FFF FFFFh；若 OVM=0，则结果为 8000 0000h，OV 位在这两种情况下都设置为 1，指示结果溢出。指令受 OVM 的影响，结果影响 C 和 OV。

【例 3.18】

NEG ；(OVM=X)Convert － 3544 to ＋3544

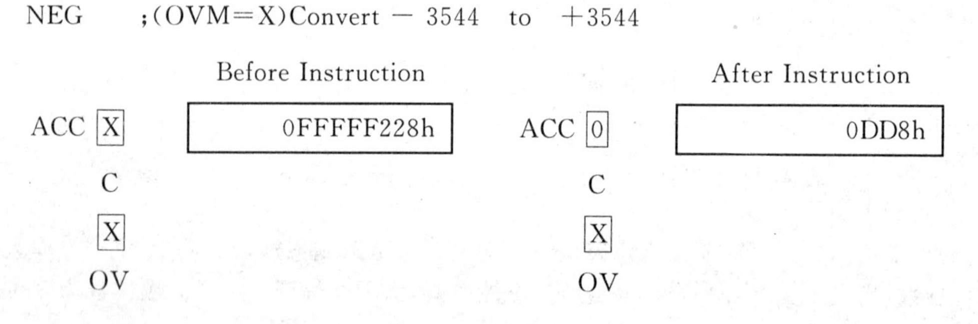

12)NORM 累加器内容归一化

语法：NORM ind

说明：该指令用于对 ACC 中有符号数归一化。通过寻找返回扩展数的最高位，并将数分为尾数和指数两部分来对定点数进行归一化。对 ACC 的第 31 位(最高位)和第 30 位进行异或，来确定第 30 位是数的一部分还是扩展符号的一部分，如果两者相同，说明两者都是符号位，对 ACC 左移一位，以去除额外的符号位。

如果 ACC=0，则指令仅对 TC 位置 1。如果 ACC 不等于 0，则对 ACC 的第 31 位(最高位)和第 30 位进行异或，如异或结果为 0(即两者相同)，则 TC 位置 0，ACC 左移一位，并根据指令修改当前 AR(如 ind 缺省，则当前 AR 内容加 1)。当前 AR 中包含了指数值，因此

AR 必须在归一化前进行初始化。

为了实现对 ACC 中 32 位数的归一化，可能需要执行多次 NORM 指令。如果采用 RPT 重复指令，虽然在归一化完成后不能自动退出循环，但归一化完成后移位将自动停止，剩下的循环执行空操作。NORM 指令对正数和二进制补码的负数都有效。指令执行结果影响 TC 位。

需要注意的是，为了防止流水线冲突，NORM 后面的两条指令不能修改 ARP 和当前 AR 中的值。

【例 3.19】

```
MAR *,AR1           ;采用 AR1 存储指数值
LAR    AR1, #0FH;初始化指数计数器
RPT    #14          ;15 位归一化，产生 4 位的指数和 16 位的尾数
NORM *-             ;归一化。当发现数值的最高位后，自动停止移位
                    ;并在接下来的循环中执行空操作
```

13)OR　与累加器进行或操作

语法：① OR　dma

② OR　ind [,ARn]

③ OR　# lk [,shift]

④ OR　# lk,16

说明：ACC 与指定的数据存储单元中的数或一个长立即数进行或操作，结果在 ACC 中。长立即数在或操作之前可以进行左移。对于直接寻址、间接寻址或不左移的长立即数，ACC 的高 16 位不受影响。而对于左移位数不为 0 的长立即数，移位时，低位填零，高位不进行符号扩展。指令不受 SXM 的影响。

【例 3.20】

OR　　#08111h,8

	Before Instruction		After Instruction
ACC X (C)	0FF0000h	ACC X (C)	0FF1100h

14)ROL　累加器循环左移

语法：ROL

说明：ACC 循环左移 1 位，进位位 C 的值移到 ACC 的最低位，ACC 的最高位移到 C 中。指令不受 SXM 影响，结果影响 C。

【例 3.21】

ROL

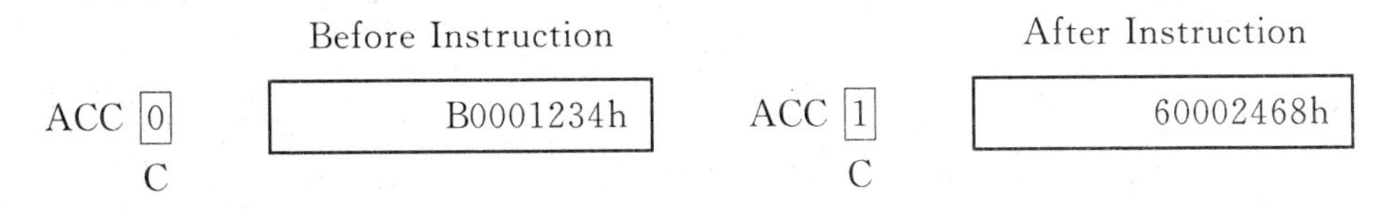

15)ROR　累加器循环右移

语法:ROR

说明:ACC 循环右移 1 位,进位位 C 的值移到 ACC 的最高位,ACC 的最低位移到 C 中。指令不受 SXM 影响,结果影响 C。

【例 3.22】

ROR

	Before Instruction		After Instruction
ACC [0] C	B0001235h	ACC [1] C	5800091Ah

16)SACH　存储累加器移位后的高 16 位

语法:① SACH dma [,shift2]

　　② SACH ind [,shift2 [,ARn]]

说明:指令先将 ACC 复制到输出移位器,输出移位器先根据指令左移 0～7 位,移位时低位填 0,高位丢失。shift2 缺省时不左移。然后将移位后数值的高 16 位复制到指定的数据存储单元。注意,指令执行后,ACC 的内容不变。指令不受 SXM 的影响。

【例 3.23】

SACH　*+,0,AR2　;(No shift)

	Before Instruction		After Instruction
ARP	1	ARP	2
AR1	300h	AR1	301h
ACC [X] C	4208001h	ACC [X] C	4208001h
Data Memory 300h	0h	Data Memory 300h	0420h

17)SACL　存储累加器移位后的低 16 位

语法:① SACL dma [,shift2]

　　② SACL ind [,shift2 [,ARn]]

说明:指令先将 ACC 复制到输出移位器,输出移位器先根据指令左移 0～7 位,移位时低位填 0,高位丢失。shift2 缺省时不左移。然后将移位后数值的低 16 位复制到指定的数据存储单元。注意,指令执行后,ACC 的内容保持不变。指令不受 SXM 的影响。

【例 3.24】

```
SACL   1                ;(DP=4:addresses 0200h-027Fh,
       DATA11,11        ;Left shift of 1)
```

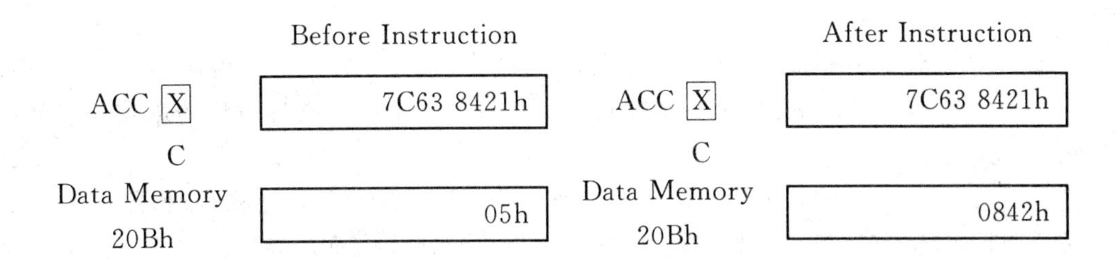

18)SFL　累加器左移

语法:SFL

说明:ACC 左移 1 位,ACC 的最高位移到 C,ACC 的最低位填 0。与 SFR 指令不同,SFL 不受 SXM 影响。结果影响 C。

【例 3.25】

SFL

Before Instruction　　After Instruction

ACC X (C)　B0001234h　　ACC 1 (C)　60002468h

19)SFR　累加器右移

语法:SFR

说明:ACC 右移 1 位。如果 SXM=1,指令进行算术右移,符号位(最高位)保持不变,且复制到第 30 位,第 0 位移到 C 中;如果 SXM=0,指令进行逻辑右移,最高位填 0,第 0 位移到 C 中。SFR 受 SXM 影响。结果影响 C。

【例 3.26】

SFR　;(SXM=1:sign extend)

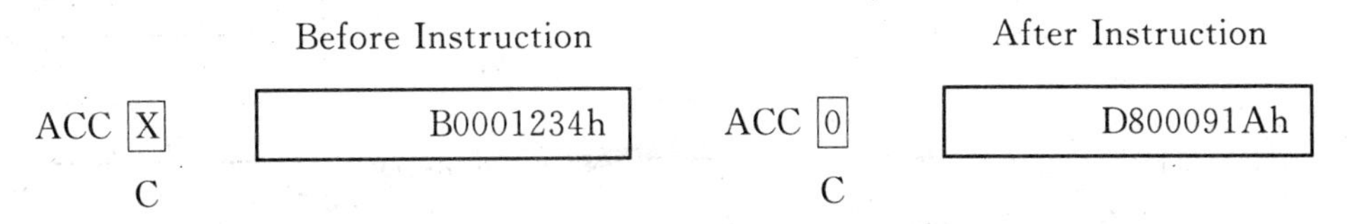

20)SUB　累加器减

语法:① SUB　dma [,shift]

② SUB　dma,16

③ SUB　ind [,shift [,ARn]]

④ SUB　ind,16 [,ARn]

⑤ SUB　# k

⑥ SUB　# lk [,shift]

说明:在直接、间接和长立即数寻址时,ACC 减去左移后的数据存储单元内容或左移后的长立即数,减的结果在累加器中。左移时,低位填 0,若 SXM=1,则高位进行符号扩展;若 SXM=0,则高位填 0。此时,指令受 OVM 和 SXM 状态标志位的影响,执行结果影响 C

和 OV。

如果采用短立即数寻址，ACC 减去一个 8 位的正整数。在这种情况下，不能指定移位值，减法不受 SXM 的影响，且指令不能重复。指令受 OVM 状态标志位的影响，执行结果影响 C 和 OV。

一般情况下，当减的结果产生借位时，C=0，而当减的结果不产生借位时，C=1。然而，当指令中指定 16 位左移时，如果减的结果产生借位时，C=0，而当减的结果不产生借位时，C 不受影响。

【例 3.27】

SUB #0FFFh,4 ;(Left shift by four,SXM=0)

	C	Before Instruction		C	After Instruction
ACC	X	0FFFFh	ACC	1	0Fh

21)SUBB 带借位的累加器减

语法：① SUBB dma

② SUBB ind [,ARn]

说明：当 ACC 减去指定数据存储单元值，再减去进位位 C 的逻辑反，存入 ACC 中，符号不扩展。指令受 OVM 状态标志位的影响，执行结果影响 C 和 OV。SUBB 常用于多精度的算术操作。

【例 3.28】

SUBB *

	Before Instruction		After Instruction
ARP	6	ARP	6
AR6	301h	AR6	301h
Data Memory 301h	02h	Data Memory 301h	02h
ACC (C=1)	04h	ACC (C=1)	02h

22)SUBC 条件减

语法：① SUBC dma

② SUBC ind [,ARn]

说明：指令要求 ACC 和指定的数据存储单元的值必须大于或等于 0。指令首先用 ACC 减去左移 15 位后的数据存储单元的值，若减的结果大于或等于 0，则结果左移 1 位再加 1 后存入 ACC，否则 ACC 左移 1 位。

该指令常用于实现除法运算(用移位减实现除法)：将正的 16 位被除数放到 ACC 的低

16位，ACC高16位清0，将正的16位除数放到数据存储单元，连续执行SUBC指令16次，在最后一次SUBC完成后，除法结果的商保存在ACC的低16位，余数保存在ACC的高16位。注意，被除数和除数必须为正，否则不能实现除法。指令不受SXM和OVM的影响，执行结果影响C和OV。

指令执行时如产生溢出，累加器不进行溢出保护操作。对C的影响与SUB相同。

【例3.29】

```
RPT    #15
SUBC   *
```

	Before Instruction		After Instruction
ARP	3	ARP	3
AR3	1000h	AR3	1000h
Data Memory 1000h	07h	Data Memory 1000h	07h
ACC [X] C	41h	ACC [1] C	20009h

在这个例子中，被除数65在ACC的低16位，除数7在数据存储单元1000h中。除的结果在ACC中，商9在ACC的低16位，余数2在ACC的高16位。

23)SUBS 符号扩展抑制的累加器减

语法：① SUBS dma

② SUBS ind [,ARn]

说明：ACC减去指定数据存储单元内容，抑制符号扩展。无论SXM取值多少，数据存储单元的数据都被视为16位无符号数，ACC作为有符号数。指令受OVM状态标志位的影响，执行结果影响C和OV。SUBS指令与SXM=0和移位数为0时的SUB指令的功能相同。指令受OVM影响，结果影响C和OV。

【例3.30】

```
SUBS  2H   ;(DP=16,SXM=1)
```

	Before Instruction		After Instruction
Data Memory 802h	0F003h	Data Memory 802h	0F003h
ACC [X] C	0F105h	ACC [1] C	102h

24)SUBT TREG确定移位的累加器减

语法：① SUBT dma

② SUBT ind [,ARn]

说明:累加器减去左移后的数据存储单元中的数,结果存入累加器。左移的位数由TREG寄存器的低4位确定,即左移的位数可以是0~15。数据存储单元中数值的符号扩展受SXM控制。指令受SXM和OVM位影响,结果影响C和OV。

【例3.31】

SUBT *

	Before Instruction		After Instruction
ARP	1	ARP	1
AR1	800h	AR1	800h
Data Memory 800h	01h	Data Memory 800h	01h
TREG	08h	TREG	08h
ACC [X] C	0h	ACC [0] C	FFFFFF00h

25)XOR 与累加器进行异或操作

语法:① XOR dma

② XOR ind [,ARn]

③ XOR # lk [,shift]

④ XOR # lk, 16

说明:ACC与指定的数据存储单元中的数或一个长立即数进行异或操作,结果在ACC中。对于直接寻址或间接寻址,数据与ACC的低16位异或,ACC的高16位不受影响。对于立即数寻址,移位时高低位均填零,并与ACC的32位进行异或。指令不受SXM的影响,结果不影响C。

【例3.32】

XOR #0F0F0h,4 ;(First shift data value left by four)

C C

	Before Instruction		After Instruction
ACC [X] C	11111010h	ACC [X] C	111E1F10h

26)ZALR 累加器低位字清0,高位字带舍入装载

语法:① ZALR dma

② ZALR ind [,ARn]

说明:指定数据存储单元中的16位字装载到ACC的高16位,8000h装载到ACC的低16位。指令通过对数据的最低位加0.5(即在ACC的第15位置1)实现对数的舍入操作。ACC的其余15位清0。

【例 3.33】

ZALR 3H ;(DP=32:addresses 1000h－107Fh)

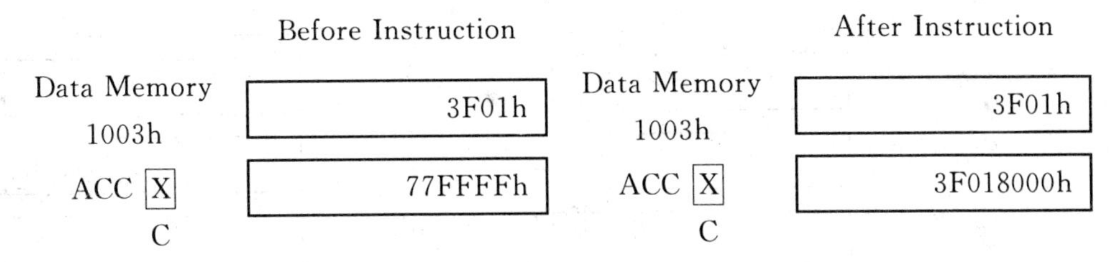

(2)辅助寄存器指令

1)ADRK 辅助寄存器增量指令

语法:ADRK# k ;短立即数

说明:将8位立即数按右对齐方式与当前辅助寄存器 AR 的内容相加,结果送当前辅助寄存器。立即数按正整数处理。

【例 3.34】

ADRK#80h;

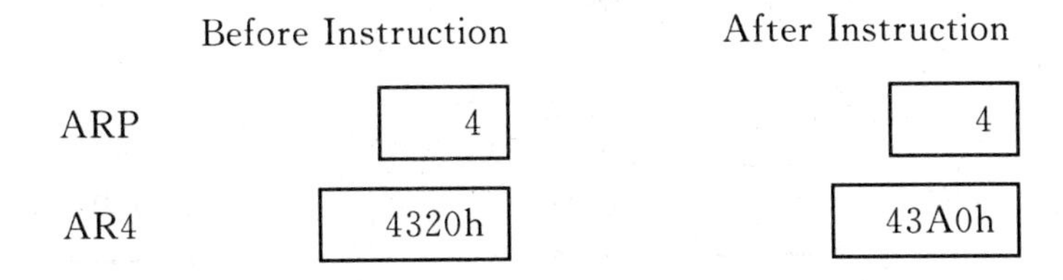

2)CMPR 辅助寄存器与 AR0 比较

语法:CMPR CM

说明:根据 CM 值指定的比较条件,比较当前辅助寄存器和 AR0 的大小,比较结果存入状态寄存器 ST1 的 TC 位。如果比较条件成立,TC=1,否则,TC=0。注意,比较时辅助寄存器中的值以无符号操作数形式参与运算。表 3.3 列出了 CM 值所对应的比较条件。

【例 3.35】

CMPR 2 ;(current AR)>(AR0)?

表 3.3 CMPR 指令的比较条件

CM	说明
0	测试当前 AR 是否等于 AR0
1	测试当前 AR 是否小于 AR0
2	测试当前 AR 是否大于 AR0
3	测试当前 AR 是否不等于 AR0

	Before Instruction		After Instruction
ARP	4	ARP	4
AR0	0FFFFh	AR0	0FFFFh
AR4	7FFFh	AR4	7FFFh
TC	1	TC	0

3)LAR 辅助寄存器装载

语法:① LAR ARx,dma

② LAR ARx,ind [,ARn]

③ LAR ARx,# k

④ LAR ARx,# lk

说明:指定的数据存储单元的内容或8/16位立即数装入指定的辅助寄存器中。装载时,数据看作无符号数,不受SXM的影响。

【例3.36】

LAR AR6,#3FFFh

	Before Instruction		After Instruction
AR6	0h	AR6	3FFFh

4)MAR 修改辅助寄存器

语法:① MAR dma

② MAR ind [,ARn]

说明:对于直接寻址,该指令等同于NOP指令。对于间接寻址,指令可修改辅助寄存器和ARP的值。MAR修改ARP后,原来的ARP复制到ST1的ARB域中。

【例3.37】

MAR *,AR1 ;(Load the ARP with 1)

	Before Instruction		After Instruction
ARP	0	ARP	1
ARB	7	ARB	0

5)SAR 存储辅助寄存器

语法:① SAR ARx,dma

② SAR ARx,ind [,ARn]

说明:将指定辅助寄存器(ARx)中的内容复制到指定的数据存储单元。在间接寻址模式中，如果指定的辅助寄存器同时被指令修改，则先将辅助寄存器中的内容复制到指定的数据存储单元，然后修改寄存器。

【例 3.38】

SAR　AR0，* +

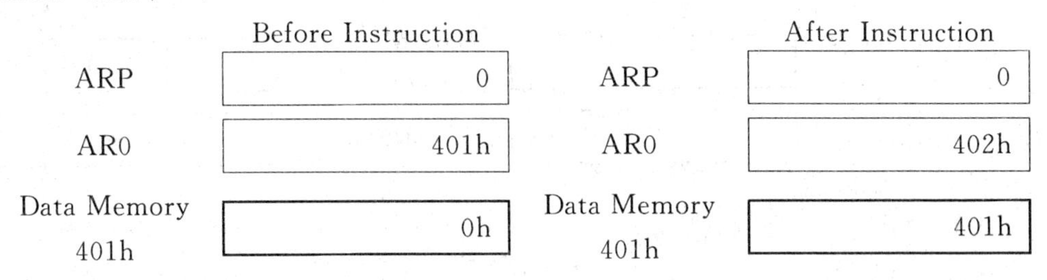

6）SBRK　辅助寄存器减去短立即数

语法：SBRK　# k

说明：当前辅助寄存器减去一个 8 位的正整数，结果存入当前辅助寄存器。

（3）TREG、PREG 和乘法指令

1）APAC　累加器与 PREG 相加

语法：APAC

说明：将累加器内容与移位后的乘积寄存器（PREG）的内容相加，结果送累加器，PREG 的移位方式由 ST1 状态寄存器中的 PM 位的值决定，见表 3.4 所列。指令影响 C 和 OV 位，受 PM 和 OVM 影响，不受 SXM 影响。

表 3.4　乘积移位模式

PM 位		移位
D1	D0	
0	0	不移位
0	1	左移 1 位
1	0	左移 4 位
1	1	右移 6 位（高位符号扩展）

【例 3.39】

APAC　；（设 PM=01）

	Before Instruction		After Instruction
PREG	40h	PREG	40h
ACC [X] (C)	20h	ACC [0] (C)	A0h

2）LPH　乘积寄存器高位字装载

语法：① LPH dma

　　　② LPH ind [，ARn]

说明：指定的数据存储单元的内容装载到 PREG 寄存器的高 16 位，PREG 寄存器的低

16位保持不变。

【例3.40】

LPH 0H ;(DP=4)

	Before Instruction		After Instruction
Data Memory 200h	0F79Ch	Data Memory 200h	0F79Ch
PREG	30079844h	PREG	0F79C9844h

3)LT TREG寄存器装载

语法:① LT dma

② LT ind [,ARn]

说明:指定的数据存储单元的内容装载到TREG寄存器。

【例3.41】

LT 24 ;(DP=8:addresses 0400h—047Fh)

	Before Instruction		After Instruction
Data Memory 418h	62h	Data Memory 418h	62h
TREG	3h	TREG	62h

4)LTA TREG寄存器装载并累加前一次乘积

语法:① LTA dma

② LTA ind [,ARn]

说明:指定的数据存储单元的内容装载到TREG寄存器,乘积寄存器中的值根据PM状态位移位后加到累加器ACC,结果存在ACC中。指令受PM和OVM影响,结果影响C和OV位。如果累加结果产生进位,则C=1,否则C=0。

【例3.42】

LTA *,AR5 ;(PM=0)

	Before Instruction		After Instruction
ARP	4	ARP	5
AR4	324h	AR4	324h
Data Memory 324h	62h	Data Memory 324h	62h
TREG	3h	TREG	62h
PREG	0Fh	PREG	0Fh
ACC (C = X)	5h	ACC (C = 0)	14h

5)LTD　TREG 寄存器装载、累加前一次乘积并数据移动

语法:① LTD dma

　　② LTD ind [,ARn]

说明:指定的数据存储单元的内容装载到 TREG 寄存器,乘积寄存器中的值根据 PM 状态位移位后加到累加器 ACC,结果存在 ACC 中。指定的数据存储单元的内容同时复制到下一个存储单元。指令受 PM 和 OVM 影响,结果影响 C 和 OV 位。如果累加器结果产生进位,则 C=1,否则 C=0。需要注意的是,指令中的数据移动功能仅对片内的数据 RAM 有效,对片外的数据存储单元和存储器映射寄存器无效。如果该指令用于外部数据单元的操作,则该指令等同于 LTA 指令,数据移动无效。

【例 3.43】

```
LTD     126     ;(DP=7:addresses 0380h-03FFh,
                ;PM=0:no shift of product).
```

	Before Instruction		After Instruction
Data Memory 3FEh	62h	Data Memory 3FEh	62h
Data Memory 3FFh	0h	Data Memory 3FFh	62h
TREG	3h	TREG	62h
PREG	0Fh	PREG	0Fh
ACC (C = X)	5h	ACC (C = 0)	14h

6)LTP　TREG 寄存器装载并将乘积寄存器内容存入累加器

语法:① LTP dma

　　② LTP ind [,ARn]

说明:指定的数据存储单元的内容装载到 TREG 寄存器,乘积寄存器中的值根据 PM 状态位移位后存入 ACC 中。指令受 PM 影响。

【例 3.44】

```
LTP     36  ;(DP=6:addresses 0300h-037Fh,
            ;PM=0:no shift of product).
```

	Before Instruction		After Instruction
Data Memory 324h	62h	Data Memory 324h	62h
TREG	3h	TREG	62h
PREG	0Fh	PREG	0Fh
ACC [X] C	5h	ACC [X] C	0Fh

7)LTS　TREG 寄存器装载、累加器减去前一次乘积

语法:① LTS dma

② LTS ind [,ARn]

说明:指定的数据存储单元的内容装载到 TREG 寄存器,乘积寄存器中的值根据 PM 状态位移位后被累加器 ACC 减,结果存在累加器 ACC 中。指令受 PM 和 OVM 影响,结果影响进位位。如果相减结果产生借位,则 C=0,否则 C=1。

【例 3.45】

```
LTS     *,AR2     ;(PM=0)
```

	Before Instruction		After Instruction
ARP	1	ARP	2
AR1	324h	AR1	324h
324h	62h	324h	62h
TREG	3h	TREG	62h
PREG	0Fh	PREG	0Fh
ACC [X] C	05h	ACC [0] C	0FFFFFF6h

8)MAC　乘累加

语法:① MAC pma,dma

② MAC pma,ind [,ARn]

说明:该指令实现乘累加运算,指令中 pma 是程序存储区的地址。具体功能如下:

· ACC 与乘积寄存器内容移位后的值相加,移位由 PM 控制,结果存入 ACC 中。如果相加结果产生进位,则 C=1,否则 C=0。

· 指定的数据存储单元的内容装载到 TREG 寄存器。

· TREG 寄存器与指定的程序存储单元内容相乘。

MAC 支持重复指令操作,与重复指令 RPT 一起使用,可用于连续的乘和累加操作。

由于 pma 地址存储在 PC 中，且每次重复 PC+1，因此可访问连续的程序存储单元。如果采用间接寻址指定数据存储单元的地址，每次重复可访问更新后的数据存储单元。但如果采用直接寻址，则每次重复不能自动修改数据存储单元的地址。指令受 PM 和 OVM 影响，结果影响 C 和 OV 位。

指令中的程序和数据存储单元可以是片内或片外，如果程序区为片内的 B0 块，注意必须将 CNF 位置为 1。

一旦启动了 RPT 流水线，则 MAC 成为单周期指令。

【例 3.46】

```
MAC     0FF00h,*,AR5     ;(PM=0,CNF=1)
```

	Before Instruction		After Instruction
ARP	4	ARP	5
AR4	302h	AR4	302h
Data Memory 302h	23h	Data Memory 302h	23h
Program Memory FF00h	4h	Program Memory FF00h	4h
TREG	45h	TREG	23h
PREG	458972h	PREG	8Ch
ACC (C = X)	723EC41h	ACC (C = 0)	76975B3h

9）MACD　乘累加并数据移动

语法：① MACD pma,dma

　　　② MACD pma,ind [,ARn]

说明：该指令除了实现 MAC 的功能之外，增加了片内数据移动功能，即将指定的数据存储单元的内容复制到下一个高地址单元（即 DMOV 的功能）。需要注意的是，数据移动功能仅对片内 RAM 起作用，如果 MACD 指令访问的是片外数据存储单元或存储器映射寄存器，则数据移动功能无效，此时 MACD 与 MAC 功能完全一样。MACD 的功能使得该指令特别适用于进行卷积和横向滤波器等应用的计算。指令受 PM 和 OVM 影响，结果影响 C 和 OV 位。

指令中的程序和数据存储单元可以是片内或片外，如果程序区为片内的 B0 块，注意必须将 CNF 位置为 1。

一旦启动了 RPT 流水线，则 MACD 成为单周期指令。

【例 3.47】

```
MACD    0FF00h,08h      ;(DP=6:addresses 0300h-037Fh,
                        ;PM=0:no shift of product,
                        ;CNF=1:RAM B0 configured to
```

;program memory)

	Before Instruction		After Instruction
Data Memory 308h	23h	Data Memory 308h	23h
Data Memory 309h	18h	Data Memory 309h	23h
Program Memory FF00h	4h	Program Memory FF00h	4h
TREG	45h	TREG	23h
PREG	458972h	PREG	8Ch
ACC X (C)	723EC41h	ACC 0 (C)	76975B3h

10)MPY 乘

语法:① MPY dma

② MPY ind [,ARn]

③ MPY # k

说明:指令中的 # k 是一个 13 位的立即数。采用直接或间接寻址时,该指令实现 TREG 寄存器与指定的数据寄存器单元的乘,相乘的结果存入 PREG 寄存器中。采用短立即数寻址时,该指令实现 TREG 寄存器与一个有符号的 13 位常数相乘,相乘的结果存入 PREG 寄存器中,这里,13 位常数是右对齐的,且不论 SXM 为何值,都进行符号扩展。

【例 3.48】

MPY 0H ;(DP=8)

	Before Instruction		After Instruction
Data Memory 400h	7h	Data Memory 400h	7h
TREG	6h	TREG	6h
PREG	36h	PREG	2Ah

11)MPYA 乘并累加前一次乘积

语法:① MPYA dma

② MPYA ind [,ARn]

说明:首先,ACC 与乘积寄存器内容移位后的值相加,移位由 PM 控制,结果存入 ACC 中;然后,TREG 寄存器与指定的数据存储单元的内容相乘,乘积存入 PREG。指令受 PM 和 OVM 的影响,结果影响 C 和 OV。

【例 3.49】

MPYA * ,AR4 ;(PM=0)

	Before Instruction		After Instruction
ARP	3	ARP	4
AR3	30Dh	AR3	30Dh
Data Memory 30Dh	7h	Data Memory 30Dh	7h
TREG	6h	TREG	6h
PREG	36h	PREG	2Ah
ACC [X] C	54h	ACC [0] C	8Ah

12)MPYS　乘并减去前一次乘积

语法:① MPYS dma

　　② MPYS ind [,ARn]

说明:首先,ACC 减去乘积寄存器内容移位后的值,移位由 PM 控制,结果存入 ACC 中;然后,TREG 寄存器与指定的数据存储单元的内容相乘,乘积存入 PREG。指令受 PM 和 OVM 的影响,结果影响 C 和 OV。

【例 3.50】

MPYS　　13,　;(DP=6,PM=0)

	Before Instruction		After Instruction
Data Memory 30Dh	7h	Data Memory 30Dh	7h
TREG	6h	TREG	6h
PREG	36h	PREG	2Ah
ACC [X] C	54h	ACC [1] C	1Eh

13)MPYU　乘无符号数

语法:① MPYU dma

　　② MPYU ind [,ARn]

说明:TREG 中的无符号数与指定数据存储单元中的无符号数相乘,结果存入 PREG。指令不受 SXM 的影响。

【例 3.51】

MPYU *,AR6

	Before Instruction		After Instruction
ARP	5	ARP	6
AR5	210h	AR5	210h
Data Memory 210h	0FFFFh	Data Memory 210h	0FFFFh
TREG	0FFFFh	TREG	0FFFFh
PREG	1h	PREG	0FFFE0001h

14)PAC　乘积寄存器内容装载到累加器

语法:PAC

说明:PREG的内容根据PM移位后装载到ACC中。指令受PM状态标志位的影响。

【例3.52】

PAC　;(PM=0:no shift of product)

	C	Before Instruction		C	After Instruction
PREG		144h	PREG		144h
ACC	X	23h	ACC	X	144h

15)SPAC　累加器减乘积寄存器

语法:SPAC

说明:ACC减去移位后的乘积寄存器(PREG)的值,结果存入ACC中,移位由PM控制,见表3.5。指令不受SXM的影响,PREG的值总是进行符号扩展,但受PM和OVM的影响,结果影响C和OV。

【例3.53】

SPAC　;(PM=0)

	C	Before Instruction		C	After Instruction
PREG		10000000h	PREG		10000000h
ACC	X	70000000h	ACC	1	60000000h

16)SPH　存储乘积寄存器的高16位

语法:① SPH　dma

　　② SPH　ind [,ARn]

说明:移位后的PREG值的高16位存储到指定的数据存储单元,移位由PM控制,见

表 3.5。指令首先将 PREG 的内容复制到乘积移位器，移位器根据 PM 进行移位：如果是右移 6 位，则高位符号扩展，低位丢弃；如果是左移，则高位丢弃，低位填 0；如果 PM=00，则不移位。移位后的高 16 位存入指定的数据存储单元。指令受 PM 影响。注意，该指令执行后不改变 PREG 和 ACC 的内容。

【例 3.54】

SPH　*，AR7　；(PM=2：left shift of four)

	Before Instruction		After Instruction
ARP	6	ARP	7
AR6	203h	AR6	203h
PREG	FE079844h	PREG	FE079844h
Data Memory 203h	4567h	Data Memory 203h	E079h

17)SPL　存储乘积寄存器的低 16 位

语法：① SPL　dma

　　② SPL　ind [，ARn]

说明：移位后的 PREG 值的低 16 位存储到指定的数据存储单元，移位由 PM 控制，见表 3.5 所列。指令首先将 PREG 的内容复制到乘积移位器，移位器根据 PM 进行移位：如果是右移 6 位，则高位符号扩展，低位丢弃；如果是左移，则高位丢弃，低位填 0；如果 PM=00，则不移位。移位后的低 16 位存入指定的数据存储单元。指令受 PM 影响。注意，该指令执行后不改变 PREG 和 ACC 的内容。

表 3.5　乘积移位模式

PM 位	乘积移位模式
00	PREG 输出不移位
01	PREG 输出左移 1 位
10	PREG 输出左移 4 位
11	PREG 输出右移 6 位，符号扩展

18)SPM　设置 PREG 输出的移位模式

语法：SPM　常数

说明：指令用于设置状态寄存器 ST1 中的乘积移位模式位(PM)，指令中的常数可以是 0～3。PM 控制乘积移位器的移位模式，PM 共有 2 位，有四种模式，见表 3.5。

当指令访问 PREG 时，PREG 值首先通过乘积移位器，并在移位器中完成指定模式的移位。

【例 3.55】

SPM 3;设置移位模式3,使得后续从PREG取值都右移6位

19)SQRA 数值平方并累加前一次乘积

语法:① SQRA dma

② SQRA ind [,ARn]

说明:PREG移位后的值加到ACC,结果存入ACC,移位由PM控制。指定数据存储单元的值装入TREG寄存器,求平方后存入PREG。指令受OVM和PM影响,结果影响C和OV。

【例 3.56】

SQRA *,AR4 ;(PM=0)

	Before Instruction		After Instruction
ARP	3	ARP	4
AR3	31Eh	AR3	31Eh
Data Memory 30Eh	0Fh	Data Memory 31Eh	0Fh
TREG	3h	TREG	0Fh
PREG	12Ch	PREG	0E1h
ACC [X] C	1F	ACC [0] C	320h

20)SQRS 数值平方并减去前一次乘积

语法:① SQRS dma

② SQRS ind [,ARn]

说明:ACC减去PREG移位后的值,结果存入ACC,移位由PM控制,见表3.5。指定数据存储单元的值装入TREG寄存器,求平方后存入PREG。指令受OVM和PM影响,结果影响C和OV。

【例 3.57】

SQRS 1EH ;(DP=6,数据存储器地址范围0300h~037Fh;PM=0,PREG无移位)

	Before Instruction		After Instruction
Data Memory 31Eh	08h	Data Memory 31Eh	08h
TREG	1124h	TREG	08h
PREG	190h	PREG	40h
ACC [X] C	1450h	ACC [1] C	12C0h

(4)转移指令

1)B　无条件转移指令

语法:B pma [,ind [,ARn]]

说明:程序无条件转移到指令指定的程序存储器地址(pma),并按指令要求修改 ARP 和当前 AR 的值。

【例 3.58】

```
B      191,*+,AR1      ;191(=BFh)→PC,程序转移到 191 地址处继续执行,
                       ;当前辅助寄存器的内容加 1,下次的辅助寄存器为 AR1
```

	Before Instruction		After Instruction
PC	0040h	PC	00BFh
ARP	2	ARP	1
AR2	100h	AR2	101h

2)BACC　按累加器内容转移

语法:BACC

说明:程序无条件转移到累加器的低 16 位指定的地址处执行。

【例 3.59】

BACC;(设累加器的值为 0200h)0200h→PC,程序转移到 0200h 地址处继续执行。

3)BANZ　辅助寄存器不等于 0 转移指令

语法:BANZ pma [,ind [,ARn]]

说明:若当前辅助寄存器(AR)内容不为 0,则转移到 pma 指定的程序存储器地址处继续执行;若当前辅助寄存器(AR)内容为 0,则执行下一条指令;根据要求修改 ARP 和当前 AR 的值。

【例 3.60】

```
BANZ     K1      ;K1 是地址标号,若当前 AR≠0,则程序转移到 K1 处,若
                 ;当前 AR=0,则执行下一条指令
                 ;(当前 AR)-1=0→当前 AR;
```

4)BCND　条件转移指令

语法:BCND pma cond1,[,cond2] [,…]

操作数中的 cond1,cond2,…为需满足的条件,具体见表 3.6 所列。

表 3.6　条件说明

条件符号	条件说明	条件符号	条件说明
EQ	ACC=0	NEQ	ACC≠0
LT	ACC<0	LEQ	ACC≤0
GT	ACC>0	GEQ	ACC≥0
NC	C=0	C	C=1

（续表）

条件符号	条件说明	条件符号	条件说明
NOV	OV=0	OV	OV=1
BIO	BIO引脚为低	NTC	TC=0
TC	TC=1	UNC	无条件

说明：若指令中指定的条件都满足，则程序转移到指令给出的程序存储器地址 pma 处执行，只要有一个条件不满足就顺序执行下面的指令。

注意有些条件不能组合在一起使用，条件组合规则参阅第 2 章表 2.21。

【例 3.61】

```
BCND  PGM119 , LEQ, C  ;若累加器内容小于或等于0，且进位位为1，则程序
                       ;转移到PGM119处执行；只要有一个条件不满足就
                       ;顺序执行下面的指令。
```

5）CALA　累加器指定地址的子程序调用

语法：CALA

说明：首先将返回地址压入栈顶，然后将累加器的低 16 位赋给 PC 实现子程序调用。

【例 3.62】

CALA

	Before Instruction		After Instruction
PC	25h	PC	83h
ACC	83h	ACC	83h
TOS	100h	TOS	26h

6）CALL　无条件调用

语法：CALL pma [,ind [,ARn]]

说明：首先将返回地址压入栈顶保存，然后将 pma 值赋给 PC 实现子程序调用。根据要求修改 ARP 和当前 AR 的值。

【例 3.63】

CALL　191,*+,AR0

	Before Instruction		After Instruction
ARP	1	ARP	0
AR1	05h	AR1	06h
PC	30h	PC	0BFh
TOS	100h	TOS	32h

7)CC　条件调用

语法:CC pma,cond 1 [,cond 2][…]

说明:如果满足指定的条件,则将返回地址压入栈顶,把 pma 值赋给 PC 实现子程序调用。若不满足条件,则 PC 加 2。该指令可以测试多个条件,条件代码及所对应的条件见第 2 章表 2.20。

【例 3.64】

```
CC      PGM191,LEQ,C
```

8)INTR　软件中断

语法:INTR K

说明:软中断指令,K=0～31。首先将返回地址(PC+1)压入栈顶,然后程序跳转到由 K 所确定的程序存储区的地址。中断标志寄存器(IFR)对应位清零且 INTM=1。该指令允许用户使用应用软件来执行任何中断服务子程序。注意中断屏蔽寄存器(IMR)和 INTM 取值都不影响 INTR 指令。该指令影响 INTM 位。

【例 3.65】

```
INTR    3   ;PC+1 is pushed onto the stack.
            ;Then control is passed to program
            ;memory location 6h.
```

9)NMI　非屏蔽中断

语法:NMI

说明:指令使程序计数器 PC 跳转到非屏蔽中断矢量地址 24h。该指令与硬件产生 NMI 中断功能相同。指令不受 INTM 的影响,执行后置 INTM=1。

10)RET　子程序返回

语法:RET

说明:栈顶内容弹出到 PC 中,堆栈值依次向上复制一级。RET 指令用于子程序或中断服务程序返回到程序调用处。

11)RETC　条件返回

语法:RETC cond1 [,cond2] [,…]

说明:如果满足指令所列的条件,则执行标准的返回(RET),否则执行下一条指令。条件代码见第 2 章表 2.20。

12)TRAP　软件中断

语法:TRAP

说明:将返回地址(PC+1)压入栈顶后,PC 指向程序存储地址 22h,在 22h 地址单元一般应放置一条跳转到相应子程序的指令。子程序最后的返回指令使程序正确跳转到 TRAP 指令的下一条。该指令是非屏蔽的,不受 INTM 影响也不会影响 INTM。

(5)控制指令

1)BIT　测试指令

语法:① BIT dma,bit code

　　　② BIT ind ,bit code [,ARn]

说明:把数据存储单元中被指定位(即测试位)的值送到状态寄存器 ST1 中的 TC 位,

即如果测试该位为 1,则 TC 就置 1。指令中 bit code 的值与数据存储单元指定的测试位的关系式:bit number=15－ bit code。指令影响 TC 位。

【例 3.66】

```
BIT   *,0,AR2       ;测试当前 AR 指向的数据存储单元中最高位(15－0=15 位)
                    ;的值,指定下次 AR 为 AR2
```

2)BITT　由 TREG 指定测定位数的测试指令

语法:① BITT dma

② BITT ind [,ARn]

说明:把数据存储单元中被指定位(即测试位)的值送到状态寄存器 ST1 中的 TC 位,即如果测试该位为 1,则 TC 就置 1。TREG 低 4 位(D3～D0)表示的 bit code 值与数据存储单元指定的测试位的关系与 BIT 指令相同。指令影响 TC 位。

【例 3.67】

```
BITT   01h   ;(设 DP=6,则数据地址为 300h～37Fh)TREG=1h,测试 301h 单元中
             ;的 D14 位
```

	Before Instruction	After Instruction
Data Memory 301h	4DC8h	4DC8h
TREG	1h	1h
TC	0h	1h

3)CLRC　控制位清 0

语法:CLRC 控制位

说明:将指定的控制位清 0,控制位包括 C、CNF、INTM、OVM、SXM、TC 和 XF。

【例 3.68】

```
CLRC      SXM   ;将 SXM 位清 0
```

4)IDLE　等待中断

语法:IDLE

说明:该指令强迫程序执行等待操作直到 CPU 接收到没有屏蔽的硬件中断、NMI 中断或者复位操作。执行 IDLE 指令使 DSP 进入低功耗模式,此时片内的外设仍处于激活状态,它们所产生的中断可以唤醒处理器。

就是 INTM=1(即中断不使能),只要出现屏蔽的可屏蔽中断,DSP 也退出空闲状态。DSP 退出空闲状态后的操作将取决于 INTM 的值:若 INTM=1,程序继续执行紧接着 IDLE 的指令;若 INTM=0,程序跳转到相应的中断服务子程序。

5)LDP　数据页指针装载

语法:① LDP dma

② LDP ind [,ARn]

③ LDP # k

说明:指定的数据存储单元内容的低 9 位或一个 9 位立即数装入到数据页指针 DP 中

(在 ST0 状态寄存器),DP 也可由 LST 指令装载。DP 用于直接数据寻址,9 位的 DP 和 7 位的 dma 值组成一个 16 位字,确定数据存储单元的地址。

【例 3.69】

LDP * ,AR5

	Before Instruction		After Instruction
ARP	4	ARP	5
AR4	300h	AR4	300h
Data Memory 300h	06h	Data Memory 300h	06h
DP	1FFh	DP	06h

6)LST　状态寄存器装载

语法:① LST ＃ m,dma

② LST ＃ m,ind [,ARn]

说明:指定的数据存储单元的内容装载到指定的状态寄存器,m=0 时,装载到 ST0;m=1 时,装载到 ST1。指令影响 ARB、ARP、OV、OVM、DP、CNF、TC、SXM、C、XF 和 PM 状态位,但不影响 INTM 位。需要注意以下几点:

① LST ＃ 0 指令不影响 ST1 中的 ARB 比特域,即使在 ST0 中装入新的 ARP 值。

② LST ＃ 1 指令执行时,装入到 ARB 的值同时装入到 ST0 中的 ARP。

③ 在间接寻址模式中,如果操作数中指定下一个 AR,这个 AR 将被忽略。ARP 用指定数据存储单元中的内容的高 3 位装入。

④ 状态寄存器中的保留位的读出值为 1,对这些位进行写操作不起作用。

【例 3.70】

LST　＃0, * -,AR7

	Before Instruction		After Instruction
ARP	4	ARP	7
AR4	3FFh	AR4	3FEh
Data Memory 3FFh	EE04h	Data Memory 3FFh	EE04h
ST0	8E00h	ST0	EE04h
ST1	97ECh	ST1	97ECh

7)NOP　空操作

语法:NOP

说明：该指令除了执行 PC 值加 1 以外不执行任何操作。该指令常用于延迟和解决流水线冲突。

8)POP　栈顶内容弹出到累加器低 16 位

语法：POP

说明：堆栈顶的内容复制到累加器的低 16 位，累加器高 16 位清 0，堆栈值依次向上复制一级。

【例 3.71】

POP

	Before Instruction		After Instruction
ACC X C	82h	ACC X C	45h
STACK	45h	STACK	16h
	16h		7h
	7h		33h
	33h		42h
	42h		56h
	56h		37h
	37h		61h
	61h		61h

9)POPD　栈顶内容弹出到数据存储单元

语法：① POPD　dma

　　② POPD　ind[,ARn]

说明：堆栈顶的内容复制到指定的数据存储单元中，堆栈值依次向上复制一级。

10)PSHD　数据存储单元内容压入堆栈

语法：① PSHD　dma

　　② PSHD　ind [,ARn]

说明：堆栈依次向下移动一级，指定数据存储单元中的内容复制到堆栈顶部，堆栈底部的值丢失。

【例 3.72】

PSHD　　* AR1

	Before Instruction		After Instruction
ARP	0	ARP	1
AR0	1FFh	AR0	1FFh
Data Memory 1FFh	12h	Data Memory 1FFh	12h
STACK	2h	STACK	12h
	33h		2h
	78h		33h
	99h		78h
	42h		99h
	50h		42h
	0h		50h
	0h		0h

11)PUSH　累加器低 16 位压入堆栈

语法:PUSH

说明:堆栈依次向下移动一级,ACC 低 16 位复制到堆栈顶部,堆栈底部的值丢失。

12)RPT　重复执行下一条指令

语法:① RPT　dma

　　② RPT　ind [,ARn]

　　③ RPT　# k

说明:指定数据存储单元中的内容或 8 位短立即数装载到重复计数器(RPTC)中,使得 RPT 后的一条指令被重复执行 n 次,n 等于 RPTC 值加 1。RPT 指令本身不能循环执行,RPT 循环不能被中断。RPTC 的复位值为 0。

RPT 指令特别适用于数据块的移动、乘累加和归一化。

【例 3.73】

```
RPT   127   ;(DP=31,数据存储器地址范围 0F80h~0FFFh)
            ;重复执行下一条指令 13 次
```

	Before Instruction		After Instruction
Data Memory 0FFFh	0Ch	Data Memory 0FFFh	0Ch
RPTC	0h	RPTC	0Ch

13)SETC　控制位置位

语法:SETC　控制位

说明:将指定的控制位置 1,控制位包括 C、CNF、INTM、OVM、SXM、TC 和 XF。

【例 3.74】

SETC　OVM;将 OVM 位置 1

14)SST　存储状态寄存器

语法:① SST　# m,dma

　　② SST　# m,ind [,ARn]

说明:将状态寄存器的值存储到指定的数据存储单元。指令中的 m 为 0,表示 ST0 状态寄存器;m 为 1,表示 ST1 状态寄存器。需要注意的是,如果采用直接寻址模式,指令将不管页指针 DP 为何值,都将状态寄存器存储到第 0 页的数据存储单元,DP 值保持不变。如果采用间接寻址模式,则存储地址从辅助寄存器得到,这使得状态寄存器的内容可以存储到数据区的任意页中。

【例 3.75】

SST　#0,96　;直接指向第 0 页地址为 96=60h 的数据存储单元

	Before Instruction		After Instruction
ST0	0A408h	ST0	0A408h
Data Memory 60h	0Ah	Data Memory 60h	0A408h

(6)I/O 和存储器指令

1)BLDD　数据存储器串传送指令

语法:BLDD　源地址,目的地址

　　① BLDD # lk,dma

　　② BLDD # lk,ind [,ARn]

　　③ BLDD dma, # lk

　　④ BLDD ind [,ARn], # lk

说明:将"源地址"指定的数据存储单元内容传送到"目的地址"指定的数据存储单元。

2)BLPD　程序区到数据区的块移动

语法:① BLPD # pma,dma

　　② BLPD # pma,ind [,ARn]

说明:BLPD 指令用于从程序存储区搬移数据到数据存储区,长立即数指定源地址,第 2 个数指定目的地址。指令先保存下一条指令的地址,然后将指令中的长立即数(1k)

存入PC,并将源地址中的内容搬移到目的地址。如果是间接寻址,修改ARP和当前的AR,PC值加1,为下一个搬移做准备。接着,判断重复计数器(RPTC)是否为0,如果不为0,再做一次将源地址中的内容搬移到目的地址,如果是间接寻址,修改ARP和当前的AR,PC值加1,RPTC内容减1,上述过程重复进行中断RPTC为0。最后,从堆栈中恢复PC值。

BLPD常与重复指令RPT一起使用,用于将一块连续的程序区的数据搬移到数据区,注意搬移的个数比RPTC中的数多1,重复执行BLPD指令时,中断被禁止。还需要注意的是,BLPD指令重复时,由于长立即数存放在PC中,且每次重复时PC加1,因此由长立即数指定的源地址或目的地址可自动增长。如果采用间接寻址,指令可根据要求修改AR和ARP,但如果采用直接寻址,则不能自动修改地址。

一旦启动了RPT流水线,则BLPD成为单周期指令。

【例3.76】

BLPD　　# 800h,00h　　;(DP=6)

	Before Instruction		After Instruction
Program Memory 800h	0Fh	Program Memory 800h	0Fh
Data Memory 300h	0h	Data Memory 300h	0Fh

3)DMOV　数据移动

语法:① DMOV dma,PA

② DMOV ind,PA [,ARn]

说明:将指定的数据存储单元的内容复制到下一个数据存储单元,原单元的内容不变。需要注意的是,DMOV指令仅对片内的DARAM有效,对片外的数据存储单元无效。该指令常用于数字滤波器中的单位延迟。受CNF标志位影响。

【例3.77】

DMOV *,AR1

	Before Instruction		After Instruction
ARP	0	ARP	1
AR0	30Ah	AR0	30Ah
Data Memory 30Ah	40h	Data Memory 30Ah	40h
Data Memory 30Bh	41h	Data Memory 30Bh	40h

4)IN　从端口读入数据

语法:① IN dma,PA

② IN ind,PA [,ARn]

说明：指令用于从 I/O 端口将数据读入到数据存储单元。指令中的 PA 是 16 位的 I/O 端口或 I/O 映射寄存器的地址。指令执行时，$\overline{IS}$信号线呈低电平，指示 I/O 访问。

【例 3.78】

IN *，6h　　;从地址为 6h 的 I/O 端口读数，并存到当前 AR 指定的地址

5）OUT　输出数据到端口

语法：① OUT dma，PA

② OUT ind，PA [，ARn]

说明：将指定的数据存储单元中的 16 位数输出到 I/O 端口。指令中的 PA 是 16 位的 I/O 端口地址。指令执行时，$\overline{IS}$ 信号线呈低电平，指示 I/O 访问。

6）SPLK　长立即数存储到数据存储单元

语法：① SPLK　# k，dma

② SPLK　# k，ind [，ARn]

说明：将 16 位长立即数 lk 存储到指定的数据存储单元。

【例 3.79】

SPLK　#1111h，* +，AR4

	Before Instruction		After Instruction
ARP	0	ARP	4
AR0	300h	AR0	301h
Data Memory 300h	07h	Data Memory 300h	1111h

7）TBLR　表读

语法：① TBLR　dma

② TBLR　ind [，ARn]

说明：指令将程序存储单元中的内容复制到指定的数据存储单元。其中，程序存储单元的地址由 ACC 的低 16 位确定。该指令先从程序存储单元中读数，接着将数写到数据存储单元。TBLR 指令支持重复操作，与 RPT 一起使用时，该指令成为单周期指令。指令执行过程中，程序存储单元的地址保存在 PC 中，每次重复 PC 自动增 1。

8）TBLW　表写

语法：① TBLW　dma

② TBLW　ind [，ARn]

说明：指令将指定的数据存储单元中的内容复制到指定的程序存储单元。其中，程序存储单元的地址由 ACC 的低 16 位确定。该指令先从数据存储单元中读数，接着将数写到程序存储单元。TBLW 指令支持重复操作，与 RPT 一起使用时，该指令成为单周期指令。指令执行过程中，程序存储单元的地址保存在 PC 中，每次重复 PC 自动增 1。

3.3　伪指令

汇编语言包括指令性语句和指示性语句(伪指令)。指令性语句就是上面介绍的用各种助记符表示的机器指令,每条指令都有机器代码或指令代码;伪指令语句(汇编指令)是指示性语句,简称伪指令。恰当地使用伪指令,将能极大地方便应用汇编语言进行编程。伪指令一般不产生指令代码,这类指令在汇编过程中与汇编程序"通信",说明源程序的起止、分段情况,安排各类信息的存储结构以及有关的变量说明等。具体实现以下任务:

(1)将数据和代码汇编进特定的段;

(2)为初始化的变量保留存储器空间;

(3)展开列表的形式;

(4)汇编条件块;

(5)定义全局变量;

(6)指定汇编器可以获得宏的定义库;

(7)检查符号调试信息。

LF240x系列芯片的伪指令极为丰富,限于本书篇幅,现仅列举几个伪指令如下,其他LF240x伪指令的信息介绍,请参见"TMS320C1X/C2X/C2XX/C5X Assembly Language Tools User's Guide"。

几个常用汇编伪指令介绍如下:

(1)定义段的伪指令

定义段的伪指令把汇编语句程序的各部分与适当的段联系起来。

1).asect　创建具有绝对地址的初始化命名段。用.asect定义的段可以包含代码和数据。在绝对段内,用户可以使用.label伪指令来定义可重定位标号。

2).bss　为未初始化的变量在.bss段内保留空间。

3).sect　定义初始化命名段并把后续代码或数据与该段联系。用.sect定义的段可包含代码或数据。

4).text　标示.text段内代码部分。.text段通常包含可执行代码。

5).usect　在未初始化命名段内保留空间。.usect伪指令和.bss伪指令相类似,但是它允许用户与段.bss分开保留空间。

(2)初始化常数的伪指令

1).bes和.space　在当前段中保留特定的位。汇编器用0填充这些保留位。用户可以通过把位数乘16来保留规定的字数。当使用.space的标号时,它指向保留位的第一个字;当使用.bes标号时,它指向保留位的最后一个字。

2).byte　将一个或多个8位的数值置入当前段连续的字中。除了每个数值的宽度被限制为8位以外,此伪指令与.word相类似。

3).field　将单个数值置入当前字规定的位数中。用户可以用.field伪指令将多个域(field)组装到单个字中。在字被填满之前,汇编器将不使SPC增量。

4).float和.bfloat　计算单精度32位IEEE格式浮点数,并会存入当前段两个连续的字中,先存储低字,后存储高字。.bfloat伪指令保证定义的浮点数不跨越数据页边界,这是

float 前加 b 的含义。

5).int 和 .word　将一个或多个 16 位值置入当前段的连续字中。

6).long 和 .blong　将 32 位数值放入当前段的连续两个字块中，低位字优先存放。.blong 伪指令保证目标不会跨越数据页边界。

7).string　将 8 位字符从一个或多个字符串置入当前段。除了把两个字符组装入每一个字外，这个伪指令类似于 .byte。需要时，字符串中最后一个字用空字符(0)填充。

(3)调准段程序计数器的伪指令

1).align　把 SPC 调准在 128 个字的边界。这确保了跟随在 .align 伪指令之后的代码从数据页边界处开始。如果 SPC 已调至数据页边界，那么它不再增量。

2).even　调准 SPC，使其指向下一个完整字。在使用 .field 伪指令之后，用户应当使用 .even。如果 .field 伪指令未填满一个字，那么 .even 伪指令将使汇编器填满全字，并把未用到的位填 0。

(4)引用其他文件的伪指令

1).copy 和 .include　告诉汇编器开始从其他文件中读入源语句。当汇编器完成从 copy(复制)或者 include(包含)文件内读源语句时，恢复从当前文件读源语句。

2).def　识别在当前模块中定义且可以被其他模块使用的符号。

3).global　声明外部符号以便在链接时可将其用至其他模块。.global 伪指令对于已定义符号起 .def 的作用，对于未定义符号起 .ref 的作用。

4).ref　识别在当前模块中使用，但在其他模块中定义的符号。

(5)条件汇编伪指令

条件汇编伪指令使用户能指示汇编器根据表达式求值结果的"真"或"假"来汇编代码的某些段。共有两组伪指令允许用户汇编代码的条件快。

1).if/.elseif/.else/.endif　告诉汇编器根据表达式的值有条件地汇编代码块。

.if expression 标志条件块的开始。如果 .if 条件为"真"，那么汇编后面的代码块。

.elseif expression 如果 .if 条件为"假"且 .elseif 为"真"，那么汇编后面的代码块。

.else 如果 .if 为"假"，那么汇编后面的代码块。

.endif 标志条件块的末尾并结束条件块。

2).loop/.break/.endloop　告诉汇编器根据表达式的值来重复地汇编代码块。

.loop expression　标志可重复代码块的开始。

.break expression　告诉汇编器如果 .break 表达式为"假"，那么继续重复汇编；如果表达式为"真"，那么转移到紧接在 .endloop 之后的代码。

.endloop　标志可重复块的末尾。

(6)汇编时(Assembly－Time)符号伪指令

1).asg　把字符串赋给替代符号。

2).set 和 .equ　把常量值赋予符号。

3).struct /.endstruct　建立类 C 语言的结构定义。.tag 伪指令把类 C 的结构特性赋给标号。

类 C 的结构定义使用户能把类似的元素组合在一起，然后把元素偏移量(offset)的计算留给汇编器。.struct /.endstruct 伪指令不分配存储器，它们简单的创建可重复使用的符号模板。

通过把结构特性赋给标号，.tag 伪指令简化了符号表示，并提供了定义结构的能力。该结构可包含其他结构。.tag 伪指令不分配存储器，结构标记必须在使用之前定义。

4).eval　对表达式求值，把结果转化为字符，并把字符赋给替代符号。

(7)其他伪指令

1).end　终止汇编。它是一个程序的最后一条源语句。此伪指令与文件结束符具有同样的效果。

2).label　定义特定的一个标号。它表示当前段的装载地址。当段在一个地址处装载，但在另一个地址处运行，该指令特别有用。

3).version　告诉汇编器该代码是属于哪一种处理器。.version 伪指令必须出现在指令之前，否则将出错。

3.4　运算基础

本节主要讲述定点 DSP 芯片中数的定标的方法，重点是 Q 格式的定标方法和应用，在定点 DSP 进行一些浮点运算时，Q 格式显得尤为重要。通过本节的学习，应该能够用 Q 格式的方法进行简单的小数加法、减法及乘法运算。

3.4.1　数的定标

(1)数的定标

在定点 DSP 芯片中，采用定点数进行数值运算，其操作数一般采用整型数来表示。一个整型数的最大变化范围取决于 DSP 芯片所给定的字长，一般为 16 位或 24 位。显然，字长越长，所能表示的数的范围越大。如无特别说明，本书均以 16 位字长为例。

DSP 芯片的数以 2 的补码形式表示。每个 16 位数用一个符号位来表示数的正负，0 表示正数，1 表示负数。其余 15 位表示数值的大小。因此

二进制数 0011000100000010b＝12546

二进制数 1111111111111100b＝－4

对 DSP 芯片而言，参与数值运算的数就是 16 位的整数，但数学运算过程中的数除了整数还有小数。DSP 芯片处理各种小数的关键就是由程序员来确定一个数的小数点处于 16 位中的哪一位，即设定小数点在 16 位中的位置，这就是数的定标。

(2)小数的表示方法

LF240x 采用基于 2 的补码小数表示形式。每个 16 位数用 1 个符号位(最高位)、i 个整数位、$15-i$ 个小数位来表示。采用 2 的补码小数(Q15 格式)，其位权值为：

MSB	…	…	LSB	
-1	2^{-1}	2^{-2}	2^{-3}	2^{-15}

如：00000010.10100000B 表示的值为 $2^1+2^{-2}+2^{-3}=2.625$。

2 的补码小数表示方法：将十进制小数乘以 32768，并将整数乘积转换成 16 进制数。正数乘以 32768，整数转换成 16 进制数；负数其绝对值乘以 32768，整数取反加 1。

如：在汇编程序中要定义一个系数 0.907，可以写成：.word　32768＊907/1000。

小数点在16位中的不同位置可以表示不同大小和不同精度的小数。数的定标有Q表示法和S表示法两种，如Q0,Q1,…,Q15。表3.7列出了一个16位数的16种Q表示、S表示及它们所能表示的十进制数值范围。

从表3.7中可以看出，同样一个16位数，若小数点设定的位置不同，它所表示的数也就不同。不同的Q所表示的数的范围不同，精度也不相同。Q越大，数值范围越小，但精度越高；相反，Q越小，数值范围越大，但精度越低。对定点数来说，数值范围和精度是一对矛盾，在具体的定点程序中，必须根据具体情况适当选择合适的定标，以获取最佳的运算结果。

例如：

16进制数2000h＝8192，用Q0表示

16进制数2000h＝0.25，用Q15表示

表3.7　Q表示、S表示及数值范围

Q表示	S表示	小数点位置	整数位	小数位	精度	十进制数标表示范围
Q15	S0.15	在D15位之后	0	15	2^{-15}	$-1\leqslant X\leqslant 0.9999695$
Q14	S1.14	在D14位之后	1	14	2^{-14}	$-2\leqslant X\leqslant 1.9999390$
Q13	S2.13	在D13位之后	2	13	2^{-13}	$-4\leqslant X\leqslant 3.9998779$
Q12	S3.12	在D12位之后	3	12	2^{-12}	$-8\leqslant X\leqslant 7.9997559$
Q11	S4.11	在D11位之后	4	11	2^{-11}	$-16\leqslant X\leqslant 15.9995117$
Q10	S5.10	在D10位之后	5	10	2^{-10}	$-32\leqslant X\leqslant 31.9990234$
Q9	S6.9	在D9位之后	6	9	2^{-9}	$-64\leqslant X\leqslant 63.9980469$
Q8	S7.8	在D8位之后	7	8	2^{-8}	$-128\leqslant X\leqslant 127.9960938$
Q7	S8.7	在D7位之后	8	7	2^{-7}	$-256\leqslant X\leqslant 255.9921875$
Q6	S9.6	在D6位之后	9	6	2^{-6}	$-512\leqslant X\leqslant 511.9804375$
Q5	S10.5	在D5位之后	10	5	2^{-5}	$-1024\leqslant X\leqslant 1023.96875$
Q4	S11.4	在D4位之后	11	4	2^{-4}	$-2048\leqslant X\leqslant 2047.9375$
Q3	S12.3	在D3位之后	12	3	2^{-3}	$-4096\leqslant X\leqslant 4095.875$
Q2	S13.2	在D2位之后	13	2	2^{-2}	$-8192\leqslant X\leqslant 8191.75$
Q1	S14.1	在D1位之后	14	1	2^{-1}	$-16384\leqslant X\leqslant 16383.5$
Q0	S15.0	在D0位之后	15	0	2^{0}	$-32768\leqslant X\leqslant 32767$

【例3.80】　Q0将小数点设置在D0位之后，则

可表示的数值范围是：－32768～＋32767(8000h～7FFFh)

最大负数：　　－1(FFFFh)

最小负数：　　－32768(8000h)

精度：　　　　2^{0}

【例3.81】　Q15将小数点设置在D15位之后，则

可表示的数值范围是：－1～＋0.9999695(8000h～7FFFh)

最大负数：　　-2^{-15}(FFFFh)

最小负数：　-1(8000h)

最大正数：　$+2^{-1}+2^{-2}+\cdots+2^{-15}=0.9999695$(7FFFh)

精度：　2^{-15}

【例3.82】 Q7将小数点设置在D7位之后，则

可表示的数值范围是：$-256\sim+255.9921875$(8000h～7FFFh)

最大负数：　-2^{-7}(FFFFh)

最小负数：　-256(8000h)

最大正数：　255.9921875 (7FFFh)

精度：　2^{-7}

(3)浮点数与定点数的转换关系

浮点数与定点数的转换关系可表示为：

浮点数(x)转换为定点数(x_q)：$x_q=(\text{int})x*2^Q$

定点数(x_q)转换为浮点数(x)：$x=(\text{float})x_q*2^{-Q}$

【例3.83】 浮点数$x=0.5$，定标$Q=15$，则定点数$x_q=[0.5\times32768]=16384$，式中[　]表示取整。反之，用一个$Q=15$表示的定点数16384，其浮点数为$16384\times2^{-15}=16384/32768=0.5$。

(4)程序变量的Q值确定

在实际的DSP应用中，程序中参与运算的都是变量，那么如何确定浮点程序中变量的Q值呢？从前面的分析可以知道，确定变量的Q值实际上就是确定变量的动态范围，动态范围确定了，Q值也就确定了。

设变量的绝对值的最大值为$|\max|$，注意$|\max|$必须小于或等于32767。取一个整数n，使它满足

$$2^{n-1}<|\max|<2^n$$

则有

$$2^{-Q}=2^{-15}\times2^n=2^{-(15-n)}$$

$$Q=15-n$$

例如，某变量的值在-1至$+1$之间，即$|\max|<1$，因此$n=0$，$Q=15-n=15$；某变量取值范围为-1到1，那么变量的$\max=1$，$n=0$，则$Q=15$。

确定了变量的$|\max|$就可以确定其Q值，那么变量的$|\max|$又是如何确定的呢？一般来说，确定变量的$|\max|$有两种方法：一种是理论分析法，另一种是统计分析法。

1)理论分析法

有些变量的动态范围通过理论分析是可以确定的。例如：

① 三角函数，$y=\sin(x)$或$y=\cos(x)$，由三角函数知识可知，$|y|\leqslant1$；

② 汉明窗，$y(n)=0.54-0.46\cos[2\pi n/(N-1)]$，$0\leqslant n\leqslant N-1$。因为$-1\leqslant\cos[2\pi n/(N-1)]\leqslant1$，所以$0.08\leqslant y(n)\leqslant1.0$；

③ FIR卷积，$y(n)=\sum_{k=0}^{N-1}h(k)x(n-k)$，设$\sum_{k=0}^{N-1}|h(k)|=1.0$，且$x(n)$是模拟信号12位量

化值,即有 $|x(n)| \leqslant 211$,则$|y(n)| \leqslant 211$;

④ 理论已经证明,在自相关线性预测编码(LPC)的程序设计中,反射系数 k_i 满足下列不等式:

$|k_i| < 1.0, i=1,2,\cdots,p$,$p$ 为 LPC 的阶数。

2)统计分析法

对于理论上无法确定范围的变量,一般采用统计分析的方法来确定其动态范围。所谓统计分析,就是用足够多的输入信号样值来确定程序中变量的动态范围,这里输入信号一方面要有一定的数量,另一方面必须尽可能地涉及各种情况。例如,在语音信号分析中,统计分析时就必须采集足够多的语音信号样值,并且在所采集的语音样值中,应尽可能地包含各种情况,如音量的大小、声音的种类(男声、女声) 等。只有这样,统计出来的结果才具有典型性。

当然,统计分析毕竟不可能涉及所有可能发生的情况,因此,对统计得出的结果在程序设计时可采取一些保护措施,如适当牺牲一些精度,Q 取值比统计值稍大些,使用 DSP 芯片提供的溢出保护功能等。

3.4.2 DSP 定点算术运算

(1)DSP 定点加减法运算

定点加/减法必须保证两个操作数的定标值一样。如果两个数据的 Q 值不同,在保证数据准确性的前提下调整 Q 值使数据精度最高,即尽量将 Q 值小的数调整为与另一个数的 Q 一样大。另外,做加/减运算时,必须注意运算结果可能超出 16 位的表示范围。

【例 3.84】 $x=0.4, y=0.2$,计算 $x+y$ 。

根据 Q 法的表示范围,采用 $Q15$ 表示两个数据可以得到最高精度的运算结果。

x,y 的 $Q15$ 定点表示分别为:$x_q=13107, y_q=6553$。

则 $x_q+y_q=13107+6553=19660$。

将运算结果转换为浮点数为:$19660\times 2^{-15} \approx 0.5999756$。

(2)DSP 定点乘法运算

两个 16 位定点数的乘法分以下几种情况:

1)小数乘小数

$Q15\times Q15=Q30$

【例 3.85】 $0.5\times 0.5=0.25$

```
    0.100000000000000
×   0.100000000000000
─────────────────────
   00.010000000000000000000000000000=0.25          ;Q30
```

两个 $Q15$ 的小数相乘后得到一个 $Q30$ 的小数,即有两个符号位。一般情况下相乘后得到的满精度数不必全部保留,而只需保留 16 位单精度数。由于相乘后得到的高 16 位不满 15 位的小数精度,为了达到 15 位精度,可将乘积左移 1 位。程序实现如下:

```
LT    OP1     ;OP1=0.5×2^15=4000h(0.5/Q15)
MPY   OP2     ;OP2=0.5×2^15=4000h(0.5/Q15)
PAC
```

```
SACH   ANS,   1 ;ANS=0.25×2^15=2000h(0.25/Q15)
```

2)整数乘整数

$Q0 \times Q0 = Q0$

【例3.86】 17×(−5)=−85

```
      0000000000010001
×       1111111111111011
------------------------
      11111111111111111111111110101011=−85          ;Q0
```

3)混合表示

许多情况下,在运算过程中为了既满足数值的动态范围又保证一定的精度,必须采用 $Q0$ 与 $Q15$ 之间的表示法。比如,数值1.2345,显然 $Q15$ 无法表示,若用 $Q0$ 表示,则最接近的数是1,精度无法保证。因此,数1.2345最佳的表示法是 $Q14$。

$Q15 \times Q0 = Qx$,x 的值应根据具体数值范围选取。

【例3.87】 1.5×0.75=1.125

```
      01.10000000000000=1.5                         ;Q14
×     00.11000000000000=0.75                        ;Q14
------------------------------------------------------
      0001.0010000000000000000000000000=−1.125      ;Q28
```

$Q14$ 的最大值不大于2,因此两个 $Q14$ 数相乘得到的乘积不大于4。

一般情况下,若一个数的整数位为 i 位,小数位为 j 位,另一个数的整数位为 m 位,小数位为 n 位,则这两个数的相乘积为 $(i+m)$ 位整数位和 $(j+n)$ 位小数位。这个乘积的最高16位可能的精度为 $(i+m)$ 整数位和 $(15-i-m)$ 小数位。

若事先能够了解数的动态范围,就可以增加数的精度。如,程序员了解到上述乘积不会大于1.8,就能用 $Q14$ 数表示乘积,而不是理论上的最佳情况 $Q13$。

程序如下:

```
LT     OP1         ;OP1=1.5×2^14=6000h(1.5/Q14)
MPY    OP2         ;OP2=0.75×2^14=3000h(0.75/Q14)
PAC
SACH   ANS,   1    ;ANS=2400h(1.125/Q13)
```

上述方法为了提高精度均对乘积的结果舍位,结果产生的误差相当于减去一个LSB(最低位)。采用下面简单的舍入方法,可使误差减少二分之一。

```
LT     #OP1        ;OP1=1.5×2^14=6000h(1.5/Q14)
MPY    #OP2        ;OP2=0.75×2^14=3000h(0.75/Q14)
PAC
ADD    ONE,   14   ;上舍入
SACH   ANS,   1    ;ANS=2400h(1.125/Q13)
```

上述程序说明,不管ANS为正还是负,所产生的误差都是1/2LSB,其中存储单元ONE的值为1。

(3)DSP定点除法运算

在通用DSP芯片中,一般不提供单周期的除法指令,为此必须采用除法子程序来实现。二进制除法是乘法的逆运算,乘法包括一系列的移位和加法,而除法可分解为一系列的减法

和移位。下面我们来说明除法的实现过程。

设累加器为8位，且除法运算为10除以3。除的过程就是除数逐步移位并与被除数比较的过程，在每一步进行减法运算，如果能减则将位插入商中。

1)除数的最低有效位对齐被除数的最高有效位。

```
   00001010
-  00011000
-----------
   11110010
```

2)由于减法结果为负，放弃减法结果，将被除数左移一位，再减。

```
   00010100
-  00011000
-----------
   11111000
```

3)减法结果仍为负，放弃减法结果，将被除数左移一位，再减。

```
   00101000
-  00011000
-----------
   00010000
```

4)结果为正，将减法结果左移一位后加1，作最后一次减。

```
   00100001
-  00011000
-----------
   00001001
```

5)结果为正，将结果左移一位加1得最后结果00010011。

用高4位代表余数，低4位表示商，即商为0011B=3，余数为0001B=1。

TMS320LF240x没有专门的除法指令，但使用条件减指令SUBC可以有效灵活地完成除法功能。使用这一指令的唯一限制是两个操作数都必须为正。因此，程序员必须事先了解参与运算数据的特性，例如其商是否可以用小数表示且商的精度是否可被计算出来。这里每一种考虑都会影响如何使用SUBC指令的问题。

3.5 DSP算术运算程序

基本算术运算包括：加减法运算、乘法运算、除法运算、长字和并行运算等。在数据处理中，这些运算必不可少。本节分别对各类运算举例说明。

3.5.1 加法和乘法运算

在数字信号处理中，加法和乘法运算是最常见的算术运算。

【例3.88】 编程实现 $y=a'x+b$

程序如下：

```
LT   a          ;取a值，T=a
MPY  x          ;完成ax乘积
PAC             ;输出到累加器
ADD  b          ;完成ax+b运算
```

```
SACL    y              ;将计算结果存入 y 中
```

【例 3.89】 编程实现无符号双字加法。

该程序将数据寄存储器 300h 单元开始的一个多位无符号数与 310h 单元开始的一个多位无符号数相加(两个数的位数可能不同),结果存在从 320h 单元开始的数据存储器中。

在处理多字运算时,应注意低字向高字的进位,用进位位 C 判别,DSP 执行加法运算时,C=0 表示无进位,反之则表示有进位。

程序如下:

```
A0      .set   2036h
A1      .set   702ah
B0      .set   1045h
B1      .set   0f53h
        .text
ADD:    LDP     #6h            ;数据地址:300h~37fh
        SPLK    #A0,0h         ;将 A0 放 300h 单元
        SPLK    #A1,1h         ;将 A1 放 301h 单元
        SPLK    #B0,10h        ;将 B0 放 310h 单元
        SPLK    #B1,11h        ;将 B1 放 311h 单元
        LACL    0h             ;将 A0 送累加器
        ADDC    10h            ;将 A0+B0 值送累加器
        SACL    20h            ;结果放 320h
        LACL    1h             ;将 A1 送累加器
        ADDC    11h            ;将 A1+B1 值送累加器
        SACL    21h            ;结果放 321h
        RET
```

【例 3.90】 编程实现无符号双字乘法运算。

该程序将数据寄存储器 300h 单元开始的一个双字无符号数与 380h 单元开始的一个双字无符号数相乘,结果存在从 390h 单元开始的数据存储器中(高位在前,低位在后)。

DSP 中的乘法指令只能完成两个单字相乘,两个单字相乘,结果为双字。因此双字求积必须将其分解成四个单字相乘来实现,即可以用字为单位的竖式乘法扩展其为四字的乘法,采用乘法和加法结合实现乘法运算。双字乘法原理见图 3.3。

$$
\begin{array}{cccc}
 & & a & b \\
 & \times & c & d \\
\hline
 & & bd_H & bd_L \\
 & ad_H & ad_L & \\
 & bc_H & bc_L & \\
ac_H & ac_L & & \\
\hline
H & G & F & E
\end{array}
$$

图 3.3　采用乘法和加法结合实现双字乘法运算

图 3.3 中,a、b 为双字被乘数(a 为高字,b 为低字),c、d 为双字乘数(c 为高字,d 为低

字)。第一次乘法完成 $b\times d$,其积为 bd_H、bd_L(bd_H为高字,bd_L为低字);第二次乘法完成 $a\times d$,其积为 ad_H、ad_L(ad_H 为高字,ad_L为低字);同理可以得到第三次和第四次乘积 bc_H、bc_L、ac_H、ac_L其中 bc_H、ac_H为高字,bc_L、ac_L为低字。$ab\times cd$ 的积共为四字,分别存放在内存单元中。

程序如下:

```
A0     .set   2036h
A1     .set   702ah
B0     .set   1045h
B1     .set   0f53h
       .text
MUL:   LDP         #6h          ;数据地址:300h～37fh
       SPLK        #A0,0h       ;将 A0 放 300h 单元
       SPLK        #A1,1h       ;将 A1 放 301h 单元
       LDP         #7h          ;数据地址:380h～3ffh
       SPLK        #B0,0h       ;将 B0 放 380h 单元
       SPLK        #B1,1h       ;将 B1 放 381h 单元
       LDP         #6h
       LT          1h           ;将 A1 送 TREG
       LDP         #7h
       MPYU        1h           ;A1 * B1
       SPH         10h          ;高位结果放 310h
       SPL         30h          ;低位结果放 330h
       LT          0h           ;将 A0 送 TREG
       LDP         #7h
       MPYU        0h           ;A0 * B1
       SPH         12h          ;高位结果放 312h
       SPL         13h          ;低位结果放 313h
       LACL        10h
       ADDC        13h          ;(310h)+(313h)
       SACL        14h
       LT          1h           ;将 A1 送 TREG
       LDP         #7h
       MPYU        0h           ;A1 * B0
       SPH         15h          ;高位结果放 315h
       SPL         16h          ;低位结果放 316h
       LACL        14H
       ADDC        16H
       SACL        31H
       LACL        12H
```

```
        ADDC    15H
        SACL    17H
        BCND    LOOP,NC
        ADDC    17H
        SACL    18H
LOOP :  LT      0h          ;将 A0 送 TREG
        LDP     #7h
        MPYU    0h          ;A0 * B0
        SPH     19h         ;高位结果放 319h
        SPL     20h         ;低位结果放 320h
        LACL    17H
        ADDS    20H
        SACL    32H
        LACL    18H
        ADDC    19H
        SACL    33H
        RET
```

3.5.2 减法运算

【例 3.91】 编程实现无符号双字减法程序。

该程序将数据寄存储器300h单元开始的一个多位无符号数与310h单元开始的一个多位无符号数相减(两个数的位数可能不同),结果存在从320h单元开始的数据存储器中。

在处理多字运算时,应注意低字向高字的借位,用进位位C判别,DSP执行减法运算时,$C=0$表示有借位,反之则表示无借位。

```
A0    .set  2036h
A1    .set  702ah
B0    .set  1045h
B1    .set  0f53h
      .text
SUB:  LDP     #6h         ;数据地址:300h～37fh
      SPLK    #A0,0h      ;将 A0 放 300h 单元
      SPLK    #A1,1h      ;将 A1 放 301h 单元
      SPLK    #B0,10h     ;将 B0 放 310h 单元
      SPLK    #B1,11h     ;将 B1 放 311h 单元
      SETC    C
      LACL    0h          ;将 A0 送累加器
      SUBB    10h         ;将 A0-B0 值送累加器
      SACL    20h         ;结果放 320h
```

```
    LACL   1h          ;将A1送累加器
    SUBB   11h         ;将A1－B1值送累加器
    SACL   21h         ;结果放321h
    RET
```

3.5.3 除法运算

在LF240x中没有除法器硬件，也没有专门的除法指令，但使用条件减指令SUBC可以完成有效灵活的除法功能。利用条件减法指令(SUBC)和重复指令(RPT)可实现两个无符号数的除法运算。

【例3.92】 编程实现无符号多字除法程序。

除法是乘法的逆运算，用移位、相减的方法完成。根据手算除法，上商前先比较被除数与除数，如果被除数大于除数，商上1，然后做减法，否则商上0，说明不够减，不执行减法。

在计算机中，判断够减不够减，做一次减法，由余数的符号决定，如果余数为正说明够减，商为1，否则商上0。程序流程图如图3.4所示。

该程序将数据存储器300h单元开始的一个64位无符号数与380h单元开始的一个32位无符号数相除，结果存在从390h单元开始的数据存储器中(高位在前，低位在后)。

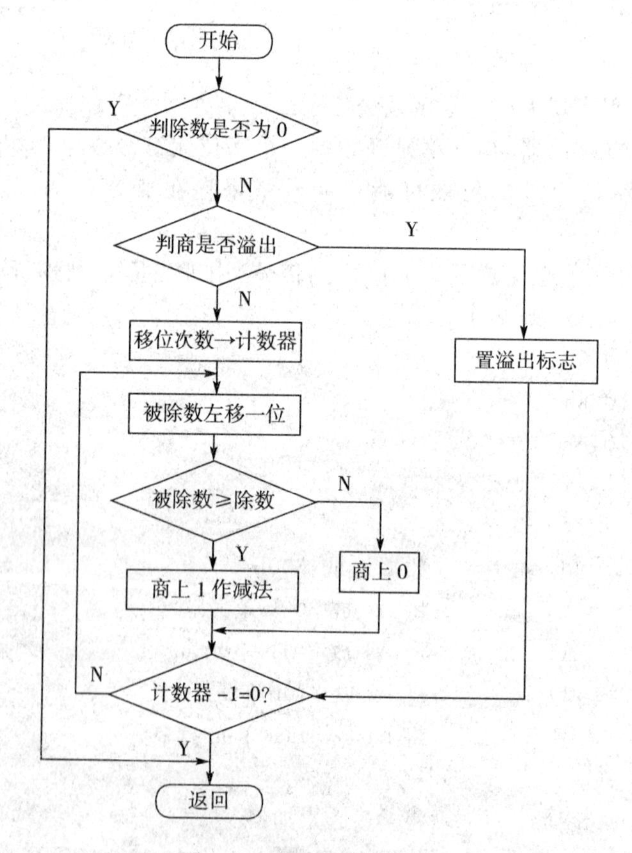

图3.4 除法程序流程图

本例中商为32位，若商大于32位称为溢出。在进行除法前，判断除数是否为零，若除数为零，则不执行除法，程序返回；若除数不为零，应该检查是否发生溢出。先比较300h、301h和310h、311h的内容，如被除数高字节（两个字节）大于等于除数，则溢出，不执行除法，否则执行除法。

程序如下：

```
A0      .set   1045h
A1      .set   702ah
X2      .set   310fh
X3      .set   220ah
B0      .set   2036h
B1      .set   0f53h
        .text
DIV:     LDP      #6             ;数据地址:300H～37fH
         SPLK     #X0,0H         ;将X0放300H单元
         SPLK     #X1,1H         ;将X1放301H单元
         SPLK     #X2,2H         ;将X0放302H单元
         SPLK     #X3,3H         ;将X1放303H单元
         SPLK     #Y0,10H        ;将Y0放310H单元
         SPLK     #Y1,11H        ;将Y1放311H单元
         SETC     C
         LACL     1H
         SUBB     11H
         LACC     11H
         BCND     START,NEQ      ;若除数不等于0则转START
         LACC     10H
         BCND     LOOP3,EQ       ;若除数等于0,则转ERR
START:   LACL     0H
         SUB      10H
         BCND     LOOP3,GT       ;若300h>310h,溢出,则转LOOP3
         LAR      AR0,#32        ;否则除法运算,除法指针
         LAR      AR1,#0
LOOP:    CLRC     C              ;清C
         LDP      #6
         LACC     2H,16
         OR       3H
         ROL                     ;低字左移一位,低位补零
         SACH     2H             ;送回保存
         SACL     3H
         LACC     0H,16
```

```
        OR      1H
        ROL                     ;高字左移一位
        SACH    0H              ;送回保存
        SACL    1H
        SST     #1,60H          ;被除数最高位送 60H 保存
        SETC    C               ;置标志位
        LACL    1H              ;301H～311H
        SUB     11H
        SACL    21H
        LACL    0H              ;300H～310H～(C 的逻辑反)
        SUBB    10H
        SACL    20H
        LDP     #0
        BIT     60H,6           ;若够减(60H.9=1),则 LOOP1
        BCND    LOOP1,TC
        BCND    LOOP2,NC        ;若不够减,则 LOOP2
LOOP1:  LACC    20H
        SACL    0H              ;余数高字节送 0H
        LACC    21H
        SACL    1H              ;余数低字节送 1H
        LACC    3H
        ADD     #1              ;上商 1
        SACL    3H
LOOP2:  MAR     *,AR1
        ADRK    #1
        CMPR    00
        BCND    LOOP,NTC
LOOP3:  RET
```

3.5.4 BCD 数转二进制程序

【例 3.93】 已知 300h～305h 单元中有一个五位 BCD 数,高位在前,低位在后,最大值不超过 65535,把 BCD 数转换为二进制整数并存入 310h 单元中。

设五位 BCD 码 a4～a0,y 为相应十六位二进制数,则以下算式成立:

$$y = a_4 \times 10^4 + a_3 \times 10^3 + a_2 \times 10^2 + a_1 \times 10^1 + a_0$$

$$= ((((a_4 \times 10) + a_3) \times 10 + a_2) \times 10 + a_1) \times 10 + a_0$$

程序流程图如图 3.5 所示。

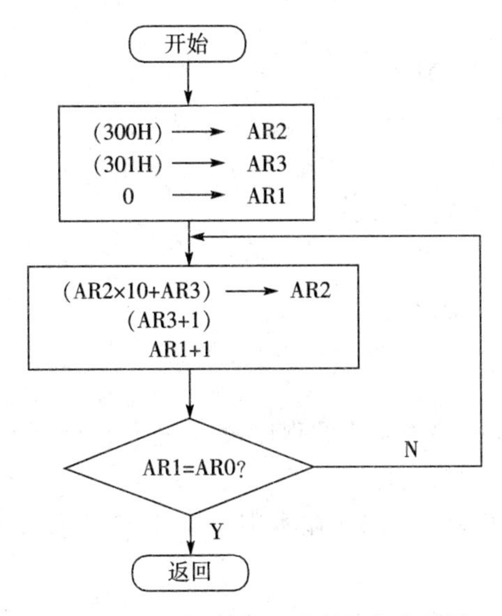

图 3.5　BCD 数转二进制程序流程图

程序如下：

```
X0       .set   0H
X1       .set   6H
X2       .set   5H
X3       .set   5H
X4       .set   3H
X5       .set   5H
         .text
bcd_sec:  LDP     #6          ;数据地址:300H~37fH
          SPLK    #X0,0H      ;将 X0 放 300H 单元
          SPLK    #X1,1H      ;将 X1 放 301H 单元
          SPLK    #X2,2H      ;将 X2 放 302H 单元
          SPLK    #X3,3H      ;将 X3 放 303H 单元
          SPLK    #X4,4H      ;将 X4 放 304H 单元
          SPLK    #X5,5H      ;将 X5 放 305H 单元
          LAR     AR0,#5
          LAR     AR1,#0
          LAR     AR3,#301H
LOOP:     MAR     *,AR2
          LAR     AR2,#300H
          LT      *,AR3
          MPY     #10
          LACC    *+
          APAC
```

```
        SACL    0H
        MAR     *,AR1
        ADRK    #1
        CMPR    00
        BCND    LOOP,NTC
        RET
```

3.6 几种基本文件

若要使用汇编语言编写一些模块化的程序块，在进行调试之前，一般需要3种格式的文件：汇编语言文件、命令文件和头文件。

对使用C语言编写的程序的情况，在本书第6章C语言在DSP编程中的应用章节介绍。

(1)汇编语言文件

汇编语言文件名为.asm(或字母大写)。书写该文件应使用LF240x支持的汇编语言指令集(本章第2节中做了详细说明)，该文件对应的程序实现DSP要完成的功能。通常在该文件的最开始写上.include“F2407REGS.H”，表明该程序包含了F2407REGS.H头文件里面定义的一些寄存器。

(2)命令文件

命令文件后缀名为.cmd，该文件实现对程序存储空间和数据存储空间的分配。该文件中常用到伪指令，如memory、sections。

memory伪指令用来标示实际存在目标系统中且可被使用的存储器范围，每个存储器范围具有名字、起始地址和长度。memory伪指令的一般语法为：

```
memory
{
  PAGE0:  name1[(attr)]:     origin=constant,     length=constant;
  PAGEn:  namen[(attr)]:     origin=constant,     length=constant;
}
```

PAGE 标示存储器空间。用户规定可以多达255页，通常PAGE0规定程序存储器，PAGE1规定数据存储器。

name 命名存储器名。存储器名可以是1～8个字符，不同页上的存储器可以具有相同的名字，但是在一页之内所有的存储器必须具有唯一的名字且不能重复。

Attr 规定与已命名范围有关的1～4个属性。未规定属性的存储器具有所有4个属性。有效的4个属性包括：

R——规定存储器可以被读出；

W——规定存储器可以被写入；

X——规定存储器可以包含可执行代码；

I——规定存储器可以被初始化。

origin 规定存储器范围的起始地址。

Length　规定存储器范围的长度。

SECTIONS 伪指令的作用是：描述输入段怎样被组合到输出段内，在可执行程序内定义输出段，规定在存储器内何处放置输出段，允许重命名输出段。SECTIONS 伪指令的一般语法是：

```
SECTIONS
{
    name:[property, property, property,…]
    name:[property, property, property,…]
    name:[property, property, property,…]
}
```

每一个以 name(名字)开始的段的规格说明定义了一个输出段。在段名之后是特性列表、定义段的内容，以及它们是怎样被分配的。特性可以用逗号分开，段可能具有的特性是：

1)装载位置，规定段将被装载存储器内何处；

2)运行位置，定义段在存储器内何处运行；

3)输入段，定义组成输出段的输入段；

4)段类型，定义特定段类型的标志；

5)填充值，定义用于填充未初始化空位的数值。

有了头文件、命令文件和汇编文件(或 c 文件)，就可以在调试环境里将汇编程序编译，连接最后生成可执行文件进行仿真调试。

TMS320LF2407A 命令文件示例：

```
MEMORY
{
PAGE0:      // Program Memory
    VECS:     org=00000h,  len=00040h  // internal FLASH
    PVECS:    org=00044h,  len=00100h  // internal FLASH
EXTPROG:      org=08800h,  len=03000h  // external SRAM

PAGE1:      // Data Memory
    B2:       org=00060h,  len=00020h  // internal DARAM
    B0B1:     org=00200h,  len=00200h  // internal DARAM
    SARAM:    org=00800h,  len=00800h  // internal SARAM
}

SECTIONS
{
// Sections generated by the C—compiler
. text:   >     EXTPROG  PAGE 0   // initialized
. cinit:  >     EXTPROG  PAGE 0   // initialized
. const:  >     EXTPROGPAGE 0'  // initialized
```

```
.switch: >    B2      PAGE 1   // initialized
.bss:    >    SARAM        PAGE 1   // uninitialized
.stack:  >    B0B1      PAGE 1   // uninitialized
// Sections declared by the user
vectors: >    VECS        PAGE 0   // initialized
}
```

对.CMD文件的配置是DSP应用程序开发中比较重要的一个步骤，并且.CMD文件必须和.ASM文件对应。如果不对应，语法完全正确的ASM程序代码也不会编译通过。在配置.CMD文件时，用户必须对DSP的数据存储空间、程序存储空间和汇编伪指令十分熟悉。所有的空间分配都必须建立在DSP的物理结构的基础上，用户不能通过.CMD文件虚拟出DSP在物理结构上不存在或不合法的空间。数据存储空间、程序存储空间的详细资料可参考本书第2章内容，汇编伪指令的使用在本章第3节作了较详尽的说明。

(3)TMS320LF2407头文件(内容见附录1)

需要说明的是，编写汇编程序调用的头文件与C程序文件调用的头文件是不同的，使用C编写的程序时需要调用C语言定义编写的头文件。

习　题

1. TMS320LF240x指令系统提供了哪几种寻址方式？试举例说明。
2. TMS320LF240x的指令集包含了哪几种基本类型的操作？
3. 使用汇编语言编写一些模块化的程序块，在进行调试之前，一般需要哪几种格式的文件？各自有什么作用？
4. 直接寻址方式中，数据存储器16位地址是如何生成的？
5. 已知十六进制数2000H，若该数分别用$Q0$、$Q5$、$Q15$表示，计算该数的大小。
6. 若某一变量用$Q12$表示，计算该变量所能表示的数值范围和精度。

第 4 章 DSP 片内外设

TMS320LF240x 芯片内含大量的片内外围设备，给用户提供了丰富的硬件资源和系统操作能力。TMS320LF240x 芯片的片内外围设备主要包括看门狗定时器模块、数字 I/O 端口、事件管理器模块、模数转换模块、串行通信模块、串行外设模块、局域网控制器模块。

本章对 TMS320LF240x 的片内外围设备的结构、工作原理，以及它们的操作控制、编程等进行讲述。

4.1 看门狗(WD)定时器模块

在 DSP 应用系统中，由于干扰因素或硬件设备故障，常常会出现程序“跑飞”或“死机”现象，使系统不能正常工作。为了解决这个问题，在 DSP 中采用看门狗(WD)定时器是一个很好的办法。

看门狗(WD)实际上就是一个定时器，它独立地运行，一旦定时器溢出就会复位系统。因此，用看门狗(WD)定时器模块监视软件和硬件操作，在软件进入一个不正确的循环或者 CPU 出现暂时性异常时，看门狗(WD)定时器溢出以产生一个系统复位。大多数芯片的异常操作和 CPU 非正常工作的情况都能通过看门狗的功能清除和复位，因此看门狗的监视功能可增强 CPU 的可靠性，确保系统运行的安全和稳定。

4.1.1 看门狗(WD)定时器模块的结构

看门狗(WD)定时器模块的结构如图 4.1 所示。WD 模块的所有寄存器都是 8 位长，该模块与 CPU 的 16 位外设总线的低 8 位相连。

看门狗定时器的时钟(WDCLK)是一个低频时钟，由 CPU 的 CLKOUT 产生。当 CPU 处于低功耗模式 IDLE1 和 IDLE2 时，仍能保证看门狗继续计数。仅当看门狗使用时，WD-CLK 才有效。WDCLK 的频率由下式计算：

$$WDCLK=(CLKOUT)/512$$

当 CLKOUT=40MHz，WDCLK=78125Hz 是一个典型值。

除 HALT 低功耗模式外，无论片内任一寄存器的状态如何，WDCLK 都将使能 WD 定时器模块。

WD 模块有 3 个控制寄存器进行控制和管理。

(1)WD 计数寄存器(WDCNTR)——地址 7023h

8 位 WD 计数寄存器存放 WD 计数器的当前值 D7～D0。WDCNTR 是一个只读寄存器，复位后为 0，写寄存器无效，由预定标器的输出提供计数时钟。

D7	D6	D5	D4	D3	D2	D1	D0
D7	D6	D5	D4	D3	D2	D1	D0
R_0	R_0	R_0	R_0	R_0	R_0	R_0	R_0

注:R=可读;_后的值为复位值。

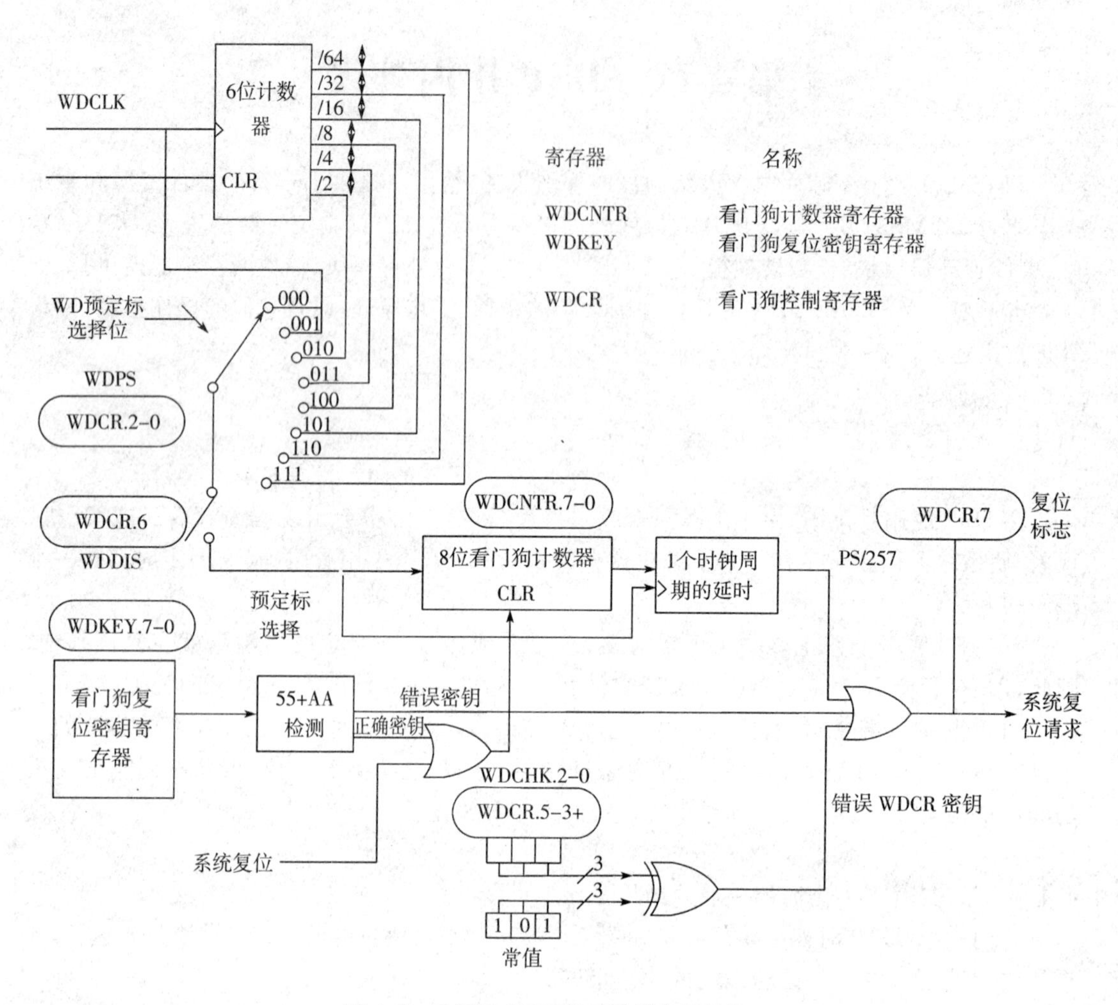

图 4.1 看门狗(WD)定时器模块的结构

D7～D0——数据值。这些只读位包含 8 位 WD 计数器值,向寄存器写无效。

(2)WD 复位关键字寄存器(WDKEY)——地址 7025h

当 55h 及紧接其后的 AAh(复位关键字)写入 WDKEY 时,将清除 WDCNTR。其他任何值的结合写入或写入任何值都不能清除 WDCNTR。

8 位 WDKEY 是一个可读写寄存器,复位后为 0。读该寄存器 WDKEY 并不返回最近的关键字值,而是返回 WDCR 的内容。

D7	D6	D5	D4	D3	D2	D1	D0
D7	D6	D5	D4	D3	D2	D1	D0
RW_0	RW_0	RW_0	RW_0	RW_0	RW_0	RW_0	RW_0

注:R=可读;_后的值为复位值。

D7～D0——数据值。这些只读数据位包含 8 位 WD 复位关键字值,若读该寄存器,WDKEY 不返回上次关键字值,而返回 WDCR 寄存器的内容。

(3)WD 定时器控制寄存器(WDCR)——地址 7029h

8 位 WDCR 用来存放看门狗配置的控制位。

D7	D6	D5	D4	D3	D2	D1	D0
WDFLAG	WDDIS	WDCHK2	WDCHK1	WDCHK0	WDPS2	WDPS1	WDPS0
RC_x	RWC_0	RW_0	RW_0	RW_0	RW_0	RW_0	RW_0

注:R=可读;W=可写;C=写 1 则清零;WC=当系统控制寄存器 SCSR2 的 WD OVERRIDE 位为 1 时可写;_后的值为复位值;"x"为不确定值。

D7——WDFLAG,看门狗标志位。该位指出 WD 定时器是否要求了一个系统复位。该位由 WD 产生的复位来置 1,其他任何系统复位对该位无效。

0　WD 定时器没有要求一个复位

1　WD 定时器要求一个复位

D6——WDDIS,禁止看门狗。只有当 SCSR2 中的 WD OVERRIDE 位为 1 时,向该位写有效。

0　使能看门狗

1　禁止看门狗

D5～D3——WDCHK2～WDCHK0,看门狗检查位。必须向这 3 位写入 101,系统才能继续正常工作,否则将要求一个系统复位,读这 3 位总是 000。

D2～D0——WDPS2～WDPS0,看门狗预定标因子选择位。这 3 位旋转产生用于 WD 计数器 CLK 的计数器溢出抽头(表 4.1 列出了 WD 溢出时间的选择)。由于 WD 计数器在溢出前计数 257 个时钟,所以给出的时间是溢出的最小值。因为预定标因子未被清除而产生了附加的不精确性,所以最大溢出的时间比表列出的时间长 1/256。

表 4.1　WD 溢出时间选择

WD 预定标因子选择位			WDCLK 驱动器	WDCLK=78125Hz(由 40MHzCLOCK 产生)	
WDPS2	WDPS1	WDPS0		溢出频率/Hz	最小溢出时间/ms
0	0	x	1	305.2	3.28
0	1	0	2	152.6	6.6
0	1	1	4	76.3	13.1
1	0	0	8	38.1	26.1
1	0	1	16	19.1	52.4
1	1	0	32	9.5	104.9
1	1	1	64	4.8	209.7

注:"x"为任意值。

功能。数字 I/O 端口模块采用了一种灵活的方法，以控制专用 I/O 和复用 I/O 引脚的功能，所有 I/O 和复用引脚的功能可通过 9 个 16 位控制寄存器来设置，这些寄存器可分为两类：

(1)I/O 口复用控制寄存器(MCRx)。用来控制选择 I/O 引脚作为特殊功能或一般 I/O 引脚功能；

(2)数据和方向控制寄存器(PxDATDIR)。当 I/O 引脚用作一般 I/O 引脚功能时，用数据和方向控制寄存器可控制数据和 I/O 引脚的数据方向，这些寄存器直接和 I/O 引脚相连。

4.2.2　数字 I/O 端口寄存器

图 4.2 给出了 TMS320LF240x 系列 I/O 端口复用引脚结构图，从图上可以看出一些寄存器单元的配置与实际 I/O 引脚的内部结构之间的联系。

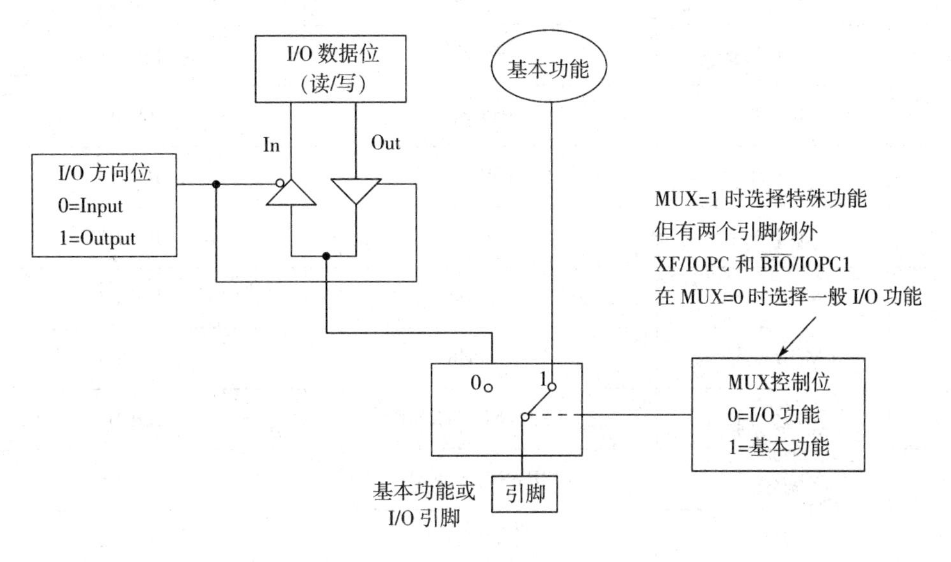

图 4.2　I/O 复用引脚结构图

I/O 复用控制寄存器用来控制多路选择器，选择功能复用引脚是作为特殊功能(MCRx. n＝1)还是通用 I/O 功能(MCRx. n＝0)。

(1)I/O 复用控制寄存器 A(MCRA)——地址 7090h

D15	D14	D13	D12	D11	D10	D9	D8
MCRA. 15	MCRA. 14	MCRA. 13	MCRA. 12	MCRA. 11	MCRA. 10	MCRA. 9	MCRA. 8
RW_0	RW_0	RW_0	RW_0	RW_0	RW_0	RW_0	RW_0

D7	D6	D5	D4	D3	D2	D1	D0
MCRA. 7	MCRA. 6	MCRA. 5	MCRA. 4	MCRA. 3	MCRA. 2	MCRA. 1	MCRA. 0
RW_0	RW_0	RW_0	RW_0	RW_0	RW_0	RW_0	RW_0

注：R＝可读；W＝可写；_后的值为复位值。各位的功能见表 4.2 所列。

表 4.2 I/O 端口复用控制寄存器 A(MCRA)配置

位	名称.位	引脚功能选择	
		特殊功能(MXRA.n=1)	一般 I/O 功能(MXRA.n=0)
0	MCRA.0	SCITXD	IOPA0
1	MCRA.1	SCIRXD	IOPA1
2	MCRA.2	XINT1	IOPA2
3	MCRA.3	CAP1/QEP1	IOPA3
4	MCRA.4	CAP2/QEP2	IOPA4
5	MCRA.5	CAP3	IOPA5
6	MCRA.6	PWM1	IOPA6
7	MCRA.7	PWM2	IOPA7
8	MCRA.8	PWM3	IOPB0
9	MCRA.9	PWM4	IOPB1
10	MCRA.10	PWM5	IOPB2
11	MCRA.11	PWM6	IOPB3
12	MCRA.12	T1PWM/T1CMP	IOPB4
13	MCRA.13	T2PWM/T2CMP	IOPB5
14	MCRA.14	TDIRA	IOPB6
15	MCRA.15	TCLKINA	IOPB7

(2)I/O 复用控制寄存器 B(MCRB)——地址 7092h

D15	D14	D13	D12	D11	D10	D9	D8
MCRB.15	MCRB.14	MCRB.13	MCRB.12	MCRB.11	MCRB.10	MCRB.9	MCRB.8
RW_0	RW_0	RW_0	RW_0	RW_0	RW_0	RW_0	RW_0

D7	D6	D5	D4	D3	D2	D1	D0
MCRB.7	MCRB.6	MCRB.5	MCRB.4	MCRB.3	MCRB.2	MCRB.1	MCRB.0
RW_0	RW_0	RW_0	RW_0	RW_0	RW_0	RW_0	RW_0

注:R=可读;W=可写;_后的值为复位值。各位的功能见表 4.3 所列。

表 4.3　I/O 端口复用控制寄存器 B(MCRB)配置

位	名称.位	引脚功能选择	
		特殊功能(MXRB. n=1)	一般 I/O 功能(MXRB. n=0)
0	MCRB. 0	W/R	IOPC0
1	MCRB. 1	BIO	IOPC1
2	MCRB. 2	SPISIMO	IOPC2
3	MCRB. 3	SPISOMI	IOPC3
4	MCRB. 4	SPICLK	IOPC4
5	MCRB. 5	SPISTE	IOPC5
6	MCRB. 6	CANTX	IOPC6
7	MCRB. 7	CANRX	IOPC7
8	MCRB. 8	XINT2/ADCSOC	IOPD0
9	MCRB. 9	EMU0	保留位
10	MCRB. 10	EMU1	保留位
11	MCRB. 11	TCK	保留位
12	MCRB. 12	TDI	保留位
13	MCRB. 13	TDO	保留位
14	MCRB. 14	TMS	保留位
15	MCRB. 15	TMS2	保留位

(3)I/O 复用控制寄存器 C(MCRC)——地址 7090h

D15	D14	D13	D12	D11	D10	D9	D8
MCRC. 15	MCRC. 14	MCRC. 13	MCRC. 12	MCRC. 11	MCRC. 10	MCRC. 9	MCRC. 8
RW_0	RW_0	RW_0	RW_0	RW_0	RW_0	RW_0	RW_0

D7	D6	D5	D4	D3	D2	D1	D0
MCRC. 7	MCRC. 6	MCRC. 5	MCRC. 4	MCRC. 3	MCRC. 2	MCRC. 1	MCRC. 0
RW_0	RW_0	RW_0	RW_0	RW_0	RW_0	RW_0	RW_0

注:R=可读;W=可写;_后的值为复位值。各位的功能见表 4.4 所列。

表 4.4 I/O 端口复用控制寄存器 C(MCRC)配置

位	名称.位	引脚功能选择	
		特殊功能(MCRC. n=1)	一般 I/O 功能(MCRC. n=0)
0	MCRC. 0	CLKOUT	IOPE0
1	MCRC. 1	PWM7	IOPE1
2	MCRC. 2	PWM8	IOPE2
3	MCRC. 3	PWM9	IOPE3
4	MCRC. 4	PWM10	IOPE4
5	MCRC. 5	PWM11	IOPE5
6	MCRC. 6	PWM12	IOPE6
7	MCRC. 7	CAP4/QEP3	IOPE7
8	MCRC. 8	CAP5/QEP4	IOPF0
9	MCRC. 9	CAP6	IOPF1
10	MCRC. 10	T3PWM/T3CMP	IOPF2
11	MCRC. 11	T4PWM/T4CMP	IOPF3
12	MCRC. 12	TDIRB	IOPF4
13	MCRC. 13	TCLKINB	IOPF5
14	MCRC. 14	保留位	IOPF6
15	MCRC. 15	保留位	保留位

4.2.3 数据和方向控制寄存器

TMS320LF2407 有 6 个端口 A、B、C、D、E、F,其中 A、B、C、E 端口有 8 个数字 I/O 引脚;F 端口有 7 个数字 I/O 引脚;D 端口有 1 个数字 I/O 引脚。6 个数据和方向控制寄存器 PxDATDIR(x=A、B、C、D、E、F)用来设置数字 I/O 口的数值和方向,当 MCRx 寄存器的相应位为 0 时,I/O 口用做通用 I/O 引脚功能,这时就需要确定它的方向是输入还是输出;如果这些引脚作为特殊功能使用(MCRX 寄存器的相应位为 1),则这些寄存器的设置对相应引脚没有影响。

对于 I/O 功能的输入或输出是通过读写 I/O 数据方向寄存器来实现的:输入引脚对应读操作;输出引脚对应写操作。

(1)端口 A 数据和方向控制寄存器(PADATDIR)——地址 7098h

D15	D14	D13	D12	D11	D10	D9	D8
A7DIR	A6DIR	A5DIR	A4DIR	A3DIR	A2DIR	A1DIR	A0DIR
RW_0	RW_0	RW_0	RW_0	RW_0	RW_0	RW_0	RW_0

D7	D6	D5	D4	D3	D2	D1	D0
IOPA7	IOPA6	IOPA5	IOPA4	IOPA3	IOPA2	IOPA1	IOPA0
RW_*	RW_*	RW_*	RW_*	RW_*	RW_*	RW_*	RW_*

注:R=可读;W=可写;_后的值为复位值;_*=复位后的值和相应引脚的状态有关。

D15～D8——AnDIR,定义 IOPAn(n=7～0)引脚的方向和电平。

0　定义对应的引脚 IOPA7～IOPA0 为输入

1　定义对应的引脚 IOPA7～IOPA0 为输出

D7～D0——IOPAn,I/O 引脚名(n=7～0)。

如果 AnDIR=0 即引脚 IOPAn(n=7～0)为输入时:

0　对应的 I/O 引脚输入的值为低电平

1　对应的 I/O 引脚输入的值为高电平

如果 AnDIR=1 即引脚 IOPAn(n=7～0)为输出时:

0　设置相应的引脚输出为低电平

1　设置相应的引脚输出为高电平

(2)端口 B 数据和方向控制寄存器(PBDATDIR)——地址 709Ah

D15	D14	D13	D12	D11	D10	D9	D8
B7DIR	B6DIR	B5DIR	B4DIR	B3DIR	B2DIR	B1DIR	B0DIR
RW_0	RW_0	RW_0	RW_0	RW_0	RW_0	RW_0	RW_0

D7	D6	D5	D4	D3	D2	D1	D0
IOPB7	IOPB6	IOPB5	IOPB4	IOPB3	IOPB2	IOPB1	IOPB0
RW_*	RW_*	RW_*	RW_*	RW_*	RW_*	RW_*	RW_*

D15～D8 和 D7～D0 的描述与 PADATDIR 寄存器相同,只是将“A”换成“B”。

(3)端口 C 数据和方向控制寄存器(PCDATDIR)——地址 709Ch

D15	D14	D13	D12	D11	D10	D9	D8
C7DIR	C6DIR	C5DIR	C4DIR	C3DIR	C2DIR	C1DIR	C0DIR
RW_0	RW_0	RW_0	RW_0	RW_0	RW_0	RW_0	RW_0

D7	D6	D5	D4	D3	D2	D1	D0
IOPC7	IOPC6	IOPC5	IOPC4	IOPC3	IOPC2	IOPC1	IOPC0
RW_*	RW_*	RW_*	RW_*	RW_*	RW_*	RW_*	RW_*

D15～D8 和 D7～D0 的描述与 PADATDIR 寄存器相同,只是将“A”换成“C”。

(4)端口D数据和方向控制寄存器(PDDATDIR)——地址709Eh

D15～D9	D8
Reserved	D0DIR
	RW_0

D7～D1	D0
Reserved	IOPB0
	RW_*

D8和D0的描述与PADATDIR寄存器相同,只是将“A”换成“D”。

(5)端口E数据和方向控制寄存器(PEDATDIR)——地址7095h

D15	D14	D13	D12	D11	D10	D9	D8
E7DIR	E6DIR	E5DIR	E4DIR	E3DIR	E2DIR	E1DIR	E0DIR
RW_0	RW_0	RW_0	RW_0	RW_0	RW_0	RW_0	RW_0

D7	D6	D5	D4	D3	D2	D1	D0
IOPE7	IOPE6	IOPE5	IOPE4	IOPE3	IOPE2	IOPE1	IOPE0
RW_*	RW_*	RW_*	RW_*	RW_*	RW_*	RW_*	RW_*

D15～D8和D7～D0的描述与PADATDIR寄存器相同,只是将“A”换成“E”。

(6)端口F数据和方向控制寄存器(PFDATDIR)——地址7096h

D15	D14	D13	D12	D11	D10	D9	D8
Reserved	F6DIR	F5DIR	F4DIR	F3DIR	F2DIR	F1DIR	F0DIR
RW_0	RW_0	RW_0	RW_0	RW_0	RW_0	RW_0	RW_0

D7	D6	D5	D4	D3	D2	D1	D0
Reserved	IOPF6	IOPF5	IOPF4	IOPF3	IOPF2	IOPF1	IOPF0
RW_*	RW_*	RW_*	RW_*	RW_*	RW_*	RW_*	RW_*

D15～D8和D7～D0的描述与PADATDIR寄存器相同,只是将“A”换成“F”。

4.2.4 应用举例

(1)I/O端口作为输出

DSP外部输入时钟为10MHz,经DSP内部锁相环4倍频为40MHz,用IOPA0～IOPA3口控制4个发光二极管LED,LED一端和I/O端口直接相连,另外一端通过上拉电阻与3.3V电源相连。当IOPA0～IOPA3端口之一为低电平时,相应的LED点亮;反之,当为高电平时,相应的LED熄灭。

下面给出循环点亮4个发光二极管的程序,用软件延时的方法来实现发光二极管的时间间隔。

```
MOV_COUNT       .usect    ".data0",1
           .include f2407regs.h
```

```
            .def     _c_int0
;主程序
.text
_c_int0:    CALL     SYSINIT
            CALL     IO_INIT
LOOP:       CLRC     C
LOOP1:      LDP      #5
            LACC     MOV_COUNT
            ROL
            SACL     MOV_COUNT
            LDP      #DP_PF2
            SACL     PADATDIR
            CALL     DELAY
            BIT      MOV_COUNT,12
            BCND     LOOP2,NTC
            B        LOOP1
LOOP2:      LDP      #5
            SPLK     #0FFFFH,MOV_COUNT
            B        LOOP
;系统初始化子程序
SYSINIT:    SETC     INTM
            SETC     SXM
            CLRC     OVM
            CLRC     CNF              ;B0 区被配置为数据空间
            LDP      #0E0H            ;指向 7000h～7080h 区
            SPLK     #80FEH,SCSR1     ;时钟 4 倍频,CLKIN=10M,CLKOUT=40M
            SPLK     #0E8H,WDCR       ;不使能 WDT
            RET
;I/O 口初始化子程序
IO_INIT:    LDP      #DP_PF2          ;指向 7080h～7100h
            LACL     MCRA
            AND      #0FFF0H          ;IOPA0～3 配置为一般 I/O 功能
            SACL     MCRA
            LACL     PADATDIR
            OR       #0FFFFH          ;IOPA0～3 配置为输出方式
            SACL     PADATDIR
            LDP      #5
            SPLK     #0FFFFH,MOV_COUNT
            RET
;延时子程序
DELAY:      MAR      *,AR4
            LAR      AR4,#0FFFFH
            LAR      AR0,#00H
```

```
DELAY1:    SBRK    #1
           NOP
           CMPR    00
           BCND    DELAY1,NTC
           RET
           .END
```

(2)I/O 端口作为输入

DSP 外部输入时钟为 10MHz，经 DSP 内部锁相环 4 倍频为 40MHz，用 IOPB0～IOPB3 口控制 4 个按键，按键一端和 I/O 端口直接相连，并通过上拉电阻与 3.3V 电源相连，另外一端和地直接相连。当任意一个按键按下时，对应的 IOPA0～IOPA3 端口输出为低电平时，相应的 LED 点亮；反之，则输出高电平时，相应的 LED 熄灭。以下是程序代码：

```
KEY_VALUE     .usect    ".data0",1
           .include f2407regs.h
           .def       _c_int0
;主程序
           .text
_c_int0:   CALL    SYSINIT
           CALL    IO_INIT
LOOP:      CALL    KEYSCAN
           CALL    DIS
           B       LOOP
;系统初始化子程序
SYSINIT:   SETC    INTM
           CLRC    SXM
           CLRC    OVM
           CLRC    CNF              ;B0 区被配置为数据空间
           LDP     #0E0H            ;指向 7000h～7080h 区
           SPLK    #80FEH,SCSR1     ;时钟 4 倍频，CLKIN=10M，CLKOUT=40M
           SPLK    #0E8H,WDCR       ;不使能 WDT
           RET
;I/O 口初始化子程序
IO_INIT:   LDP     #DP_PF2          ;指向 7080h～7100h
           LACL    MCRA
           AND     #0F0F0H          ;IOPA0～4 配置为一般 I/O 功能
           SACL    MCRA
           LACL    PADATDIR
           OR      #0FFFFH          ;IOPA0～4 配置为输出方式
           SACL    PADATDIR
           LACL    MCRA
           AND     #000FFH          ;IOPB0～4 配置为一般 I/O 功能
           SACL    MCRA
           LACL    PBDATDIR
```

```
            AND     #0000H          ;IOPB0～4 配置为输入方式
            SACL    PBDATDIR
            LDP     #5
            SPLK    #0, KEY_VALUE
            RET
;LED点亮子程序
DIS:        LDP     #5
            LACL    KEY_VALUE
            CMPL
            LDP     #DP_PF2
            SACL    PADATDIR
            RET
;按键扫描子程序
KEYSCAN:    CALL    KEYREAD
            LACL    KEY_VALUE
            BCND    KEYSCAN,EQ
            CALL    DELAY
            LACL    KEY_VALUE
            BCND    KEYSCAN,EQ
            RET
;读键值子程序
KEYREAD:    LDP     #DP_PF2         ;指向 7080h～7100h
            LACL    PBDATDIR
            LDP     #5
            SACL    KEY_VALUE
            OR      #0FF00H
            CMPL
            SACL    KEY_VALUE
            RET
;延时子程序
DELAY:      MAR     *,AR4
            LAR     AR4,#0FFFFH
            LAR     AR0,#00H
DELAY1:     SBRK    #1
            NOP
            CMPR    00
            BCND    DELAY1,NTC
            RET
            .END
```

(3)输入口与外部中断配合使用

DSP外部输入时钟为10MHz,经DSP内部锁相环4倍频为40MHz,用IOPB0口控制1个发光二极管LED,LED一端和I/O端口直接相连,另外一端通过上拉电阻与3.3V电源相连。IOPA2 外接一个按键，当按键按下时产生中断，控制 IOPB0 端口输出低电平时，LED 点亮；反之 LED 熄灭。以下是程序代码：

```
;建立中断向量表
            .sect    ".vectors"          ;定义主向量段
RESVECT     B        _c_into             ;PM0 复位向量         1
INT1        B        EXT_INT             ;PM2 中断优先级 1     4
INT2        B        PHANTOM             ;PM4 中断优先级 2     5
INT3        B        PHANTOM             ;PM6 中断优先级 3     6
INT4        B        PHANTOM             ;PM8 中断优先级 4     7
INT5        B        PHANTOM             ;PMA 中断优先级 5     8
INT6        B        PHANTOM             ;PMC 中断优先级 6     9
        .include f2407regs.h             ;引用头部文件
            .def _c_int0
;主程序
            .text
_c_int0:    CALL     SYSINIT
            CALL     IO_INIT
LOOP:       B        LOOP
;系统初始化子程序
SYSINIT:    SETC     INTM
            CLRC     SXM
            CLRC     OVM
            CLRC     CNF                 ;B0 区被配置为数据空间
            LDP      #0E0H               ;指向 7000h～7080h 区
            SPLK     #80FEH,SCSR1        ;时钟 4 倍频,CLKIN=10M,CLKOUT=40M
            SPLK     #0E8H,WDCR          ;不使能 WDT
            SPLK     #8001,XINT1CR       ;下降沿中断,高优先级,XINT1 中断使能
            LDP      #0
            SPLK     #01H,IMR            ;使能 INT1 中断
            SPLK     #0FFFFH,IFR         ;清全部中断标识
            CLRC     INTM
            RET
;I/O 口初始化子程序
IO_INIT:    LDP      #DP_PF2             ;指向 7080h～7100h
            LACL     MCRA
            OR       #0004H              ;IOPA2 配置为外部中断 1 输入口,IOPB0 配置为 IO
            SACL     MCRA
            LACL     PBDATDIR
            OR       #0FF01H             ;IOPB0 配置为输出方式,高电平输出
            SACL     PBDATDIR
            RET
;外部中断子程序
EXT_INT:    MAR      *,AR1               ;保护现场
```

```
            MAR     *+
            SST     #1,*+
            SST     #0,*
            LDP     #0E0H
            LACC    PIVR,1
            ADD     #PVECTORS
            BACC
EXT_ISR:    LDP     #DP_PF2
            LACL    PBDATDIR
            AND     #0FF00H
            SACL    PBDATDIR
            CALL    DELAY
            LACL    PBDATDIR
            OR      #0FF01H
            SACL    PBDATDIR
            LDP     #DP_PF1                 ;指向 7000h～7080h 区
            SPLK    #8001H,XINT1CR          ;下降沿中断,高优先级,XINT1 中断使能
EXT_RET:    MAR     *,AR1                   ;恢复现场
            MAR     *+
            LST     #0,*-
            LST     #1,*-
            CLRC    INTM
            RET
;假中断子程序
PHANTOM:    KICK_DOG                        ;复位看门狗
            RET
;延时子程序
DELAY:      MAR     *,AR4
            LAR     AR4,#0FFFFH
            LAR     AR0,#00H
DELAY1:     SBRK    #1
            NOP
            CMPR    00
            BCND    DELAY1,NTC
            RET
            .END
```

4.3　事件管理器(EV)模块

事件管理器(EV)是专为电机控制而设计的专用模块,它属于片内外设,但是一个复杂的片内外设。TMS320LF2407A 包含有两个事件管理器,分别为事件管理器 A(EVA)和事件管理器 B(EVB)。事件管理器 A 结构如图 4.3 所示,从图中可以看出每个事件管理器模

块都含有：

(1)两个 16 位通用可编程定时器 GP time1,GP time2；

(2)3 个全比较单元；

(3)脉宽调制 PWM 电路；

(4)3 个捕获单元 CAP；

(5)正交编码(QEP)电路；

(6)中断逻辑。

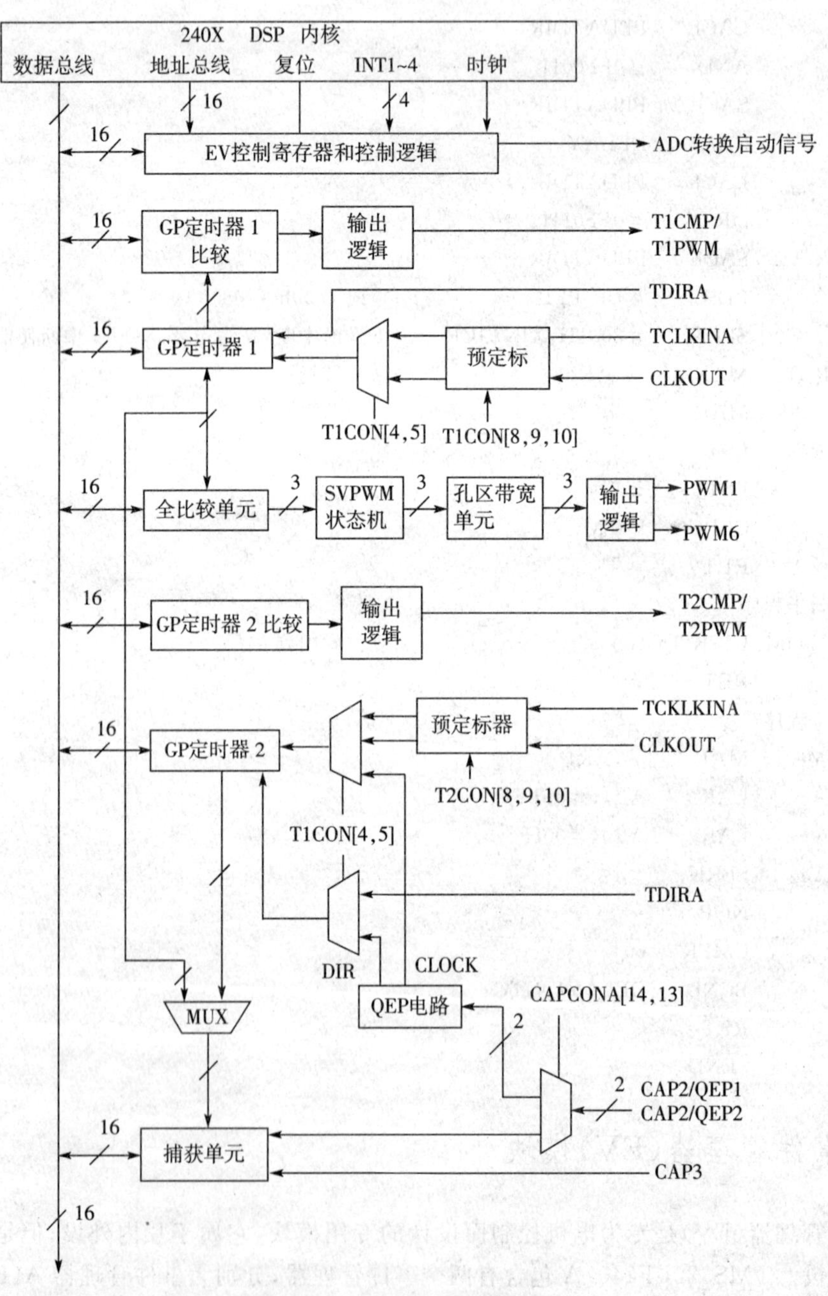

图 4.3 事件管理器 A 结构图

EVA 和 EVB 的定时器、比较单元和捕获单元的功能都相同，它们的寄存器映射和寄存器位定义一致，只是模块的外部接口和信号有所不同以及单元的名称不同，EVA 和 EVB 模块名称见表 4.5 所列。

表 4.5 事件管理器模块名称

事件管理器模块	事件管理器 A		事件管理器 B	
	模块	信号	模块	信号
通用定时器	GP 定时器 1	T1PWM/T1CMP	GP 定时器 3	T3PWM/T3CMP
	GP 定时器 2	T2PWM/T2CMP	GP 定时器 4	T4PWM/T4CMP
比较单元	比较器 1	PWM1/2	比较器 4	PWM7/8
	比较器 2	PWM3/4	比较器 5	PWM9/10
	比较器 3	PWM5/6	比较器 6	PWM11/12
捕获单元	捕获单元 1	CAP1	捕获单元 4	CAP4
	捕获单元 2	CAP2	捕获单元 5	CAP5
	捕获单元 3	CAP3	捕获单元 6	CAP6
正交编码脉冲电路 QEP	QEP1	QEP1	QEP3	QEP3
	QEP2	QEP2	QEP4	QEP4
外部输入	计数方向	TDIRA	计数方向	TDIRB
	外部时钟	TCLKINA	外部时钟	TCLKINB

4.3.1 通用定时器的结构和相关寄存器

（1）通用定时器的结构

事件管理器 EVA 和 EVB 内部均有两个通用定时器（GP），EVA 中为通用定时器 1（GP1）和通用定时器 2（GP2）；EVB 中为通用定时器 3（GP3）和通用定时器 4（GP4）。每个通用定时器可以各自独立工作，也可以相互同步工作。16 位的全局通用定时控制寄存器 GPTCONA（EVA 中）和 GPTCONB（EVB 中）用来规定这 4 个通用定时器在不同定时器事件中所采取的操作，并记录它们的计数方向。通用定时器的结构如图 4.4 所示，从图中可以看出每个通用定时器包括：

1）一个 16 位可读/写的定时器计数器 TxCNT（x=1，2，3，4）。该寄存器存储了计数器的当前值，并根据计数方向增加或减少；

2）一个 16 位可读/写的定时器比较寄存器 TxCMPR（x=1，2，3，4）。该寄存器带有影子寄存器，或称具有双缓冲结构；

3）一个 16 位可读/写的定时器周期寄存器 TxPR（x=1，2，3，4）。该寄存器带有影子寄存器，或称具有双缓冲结构；

4）一个 16 位可读/写的定时器控制寄存器 TxCON（x=1，2，3，4）。该寄存器主要对各自定时器实施控制；

5)一个通用定时器比较输出引脚 TxCMP,或写为 TxPWM(x=1,2,3,4)；

6)可编程的预定标器,通过设置用于对内部或外部时钟进行分频计数；

7)控制和中断逻辑。用于 4 个可屏蔽中断:下溢中断、上溢中断、比较中断和周期中断。

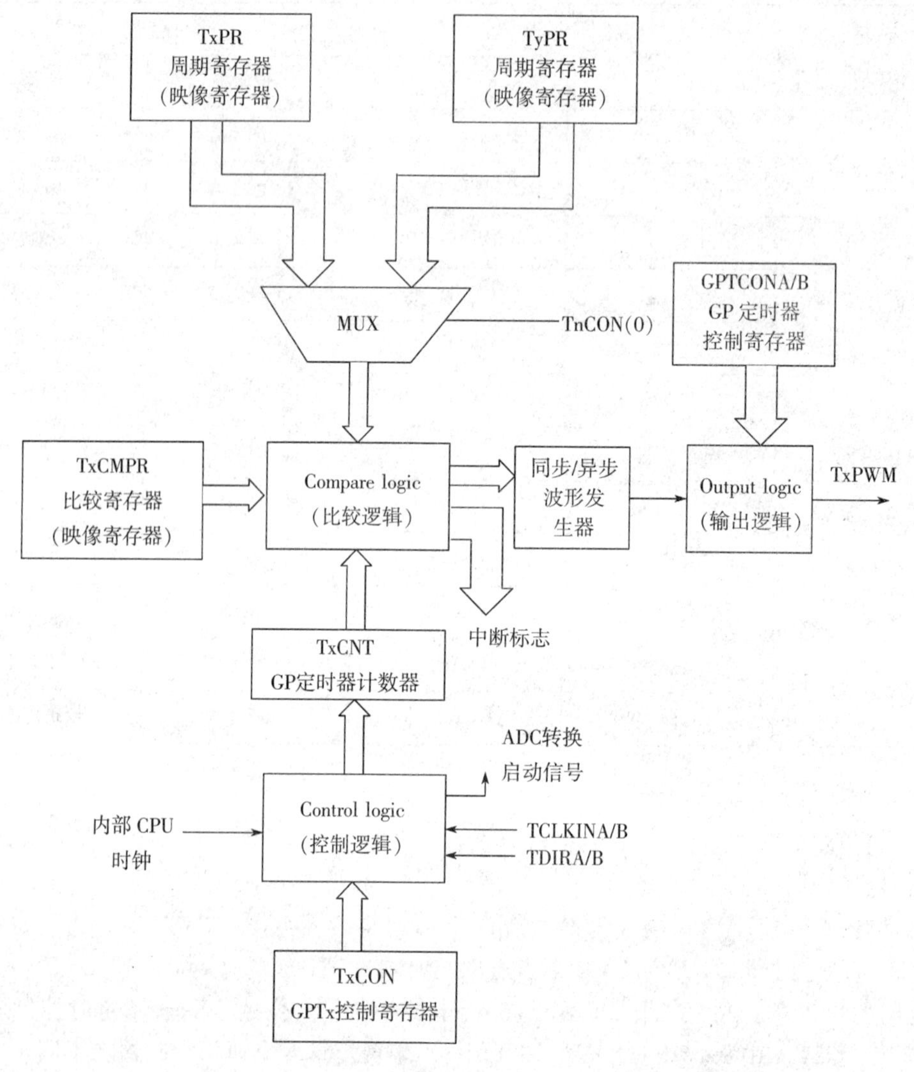

图 4.4　通用定时器的结构框图(x=2 或 x=4)

注:当 x=2 时,y=1 且 n=2;当 x=4 时,y=3 且 n=4

(2)通用定时器的相关寄存器

1)通用定时器寄存器

事件管理器中的各寄存器均映射在数据存储区域。EVA 中通用定时器的 9 个寄存器分别映射在 7400h～7408h 的地址范围中,EVB 中通用定时器的 9 个寄存器分别映射在 7500h～7508h 的地址范围中,表 4.6 给出了通用定时器的所有寄存器的地址分配情况。

表 4.6　通用定时器的寄存器

名称	地址	功能描述
T1CNT	7401H	定时器 1 计数寄存器
T1CMPR	7402H	定时器 1 比较寄存器
T1PR	7403H	定时器 1 周期寄存器
T2CNT	7405H	定时器 2 计数寄存器
T2CMPR	7406H	定时器 2 比较寄存器
T2PR	7407H	定时器 2 周期寄存器
T3CNT	7501H	定时器 3 计数寄存器
T3CMPR	7502H	定时器 3 比较寄存器
T3PR	7503H	定时器 3 周期寄存器
T4CNT	7505H	定时器 4 计数寄存器
T4CMPR	7506H	定时器 4 比较寄存器
T4PR	7507H	定时器 4 周期寄存器
T1CON	7404H	定时器 1 控制寄存器
T2CON	7408H	定时器 2 控制寄存器
T3CON	7504H	定时器 3 控制寄存器
T4CON	7508H	定时器 4 控制寄存器

2)全局通用定时器控制寄存器 A/B(GPTCONA/B)——映射地址 7400h/7500h

GPTCONA 规定 EVA 中通用定时器 1 和 2 针对不同定时事件所采取的操作及它们的计数方向,GPTCONB 规定 EVB 中通用定时器 3 和 4 针对不同定时事件所采取的操作及它们的计数方向。两个控制寄存器的内容基本相同。

D15	D14	D13	D12～D11	D10～D9
Reserved	T2STAT /T4STAT	T1STAT /T3STAT	Reserved	T2TOADC/T4TOADC
RW_0	RW_0	RW_0	RW_0	RW_0

D8～D7	D6	D5～D4	D3～D2	D1～D0
T1TOADC/T3TOADC	TCOMPOE	Reserved	T2PIN/T4PIN	T1PIN/T3PIN
RW_0	RW_0	RW_0	RW_0	RW_0

注:R=可读;W=可写;_后的值为复位值。

D15——Reserved,保留位。

D14——T2STAT/T4STAT,通用定时器 2/4 的计数状态,只能读。

0　减计数

1　增计数

D13——T1STAT/T3STAT,通用定时器 1/3 的计数状态,只能读。

0　减计数

1　增计数

D12～D11——Reserved，保留位。

D10～D9——T2TOADC/T4TOADC，设置通用定时器 2/4 启动模数转换事件。

00　不启动模数转换

01　下溢中断标志启动

10　周期中断标志启动

11　比较中断标志启动

D8～D7——T1TOADC/T3TOADC，设置通用定时器 1/3 启动模数转换事件。

00　不启动模数转换

01　下溢中断标志启动

10　周期中断标志启动

11　比较中断标志启动

D6——TCOMPOE，比较输出允许。

0　禁止所有通用定时器比较输出（比较输出都置成高阻态）

1　使能所有通用定时器比较输出

D5～D4——Reserved，保留位。

D3～D2——T2PIN/T4PIN，设置通用定时器 2/4 比较输出极性。

00　强制为低电平

01　低电平有效

10　高电平有效

11　强制为高电平

D1～D0——T1PIN/T3PIN，设置通用定时器 1/3 比较输出极性。

00　强制为低电平

01　低电平有效

10　高电平有效

11　强制为高电平

3）通用定时器控制寄存器 TxCON（x=1,2,3,4）

每个通用定时器的操作模式由它的控制寄存器 TxCON 定义：EVA 中的两个通用定时器 1 和 2 由控制寄存器 T1CON 和 T2CON 定义；EVB 中的两个通用定时器 3 和 4 由控制寄存器 T3CON 和 T4CON 定义。

D15	D14	D13	D12～D11	D10～D8
Free	Soft	Reserved	TMODE	TPS
RW_0	RW_0	RW_0	RW_0	RW_0

D7	D6	D5～D4	D3～D2	D1	D0
T2SWT1/T4SWT3 *	TENABLE	TCLKS	TCLD	TECMPR	SELT1PR/SELT3PR *
RW_0	RW_0	RW_0	RW_0	RW_0	RW_0

注：R=可读；W=可写；_后的值为复位值；"*"表示在 T1CON 和 T3CON 中的保留位。

D15～D14——Free,Soft,仿真控制位。

00　仿真悬挂时立即停止

01　仿真悬挂时在当前定时器周期结束后停止

1x　操作不受仿真悬挂的影响

D13——Reserved,保留位。

D12～D11——TMODE,计数模式选择。

00　停止/保持

01　连续增/减计数模式

10　连续增计数模式

11　定向增/减计数模式

D10～D8——TPS,输入时钟预定标系数。(设 x=CPU 时钟频率)

000	x/1	001	x/2
010	x/4	011	x/8
100	x/16	101	x/32
110	x/64	111	x/128

D7——T2SWT1/T4SWT1,通用定时器 2(EVA)或定时器 4(EVB)使能选择位。

0　使用自己的寄存器使能位

1　使用 T1CON(EVA)或 T3CON(EVB)中的定时器使能位或禁止相应操作,忽略了自己的定时器使能位

D6——TENABLE,定时器使能位。

0　禁止定时器操作,即定时器保持原状态且复位预定标器

1　使能定时器操作

D5～D4——TCLKS,时钟源选择。

00　内部时钟

01　外部时钟

10　保留

11　由正交编码脉冲电路提供定时器 2 和定时器 4 的时钟。在定时器 1 和定时器 3 中为保留位

D3～D2——TCLD,定时器比较寄存器的重装载条件。

00　当计数值为 0 时

01　当计数值为 0 或等于周期寄存器值时

10　立即重装载

11　保留

D1——TECMPR,定时器比较使能位。

0　禁止定时器比较操作

1　使能定时器比较操作

D0——SELT1PR/SELT3PR,周期寄存器选择,在定时器 2 和定时器 4 中有效,在定时器 1 和定时器 3 中为保留位。

0　使用自身的周期寄存器

1　使用SELT1PR(EVA)或SELT3PR(EVB)作为周期寄存器，忽略自身的周期寄存器

4)通用定时器计数器TxCNT(x=1,2,3,4)

每个通用定时器都有一个计数器，其映射地址为T1CNT(7401h)、T2CNT(7405h)、T3CNT(7501h)、T4CNT(7505h)。

计数器的初值可以是0000h～FFFFh中的任意值。通用定时器中的计数器用来存放开始计数时的初值，当进行计数时存放当前计数值。

计数器可以进行增1或减1计数，由控制寄存器TxCON的D12～D11确定其计数模式。

5)比较寄存器TxCMPR(x=1,2,3,4)

每个通用定时器都有一个比较寄存器，其映射地址为T1CMPR(7402h)、T2CMPR(7406h)、T3CMPR(7502h)、T4CMPR(7506h)。

通用定时器中的比较寄存器TxCMPR存放着与计数器TxCNT进行比较的值。如果设置控制寄存器TxCON中的D1位为1，允许比较操作，当计数器的值计到与比较寄存器值相等时产生比较匹配，将有以下事件发生：

① EVA/EVB中断标志寄存器中相应的比较中断标志位在匹配后的一个CPU时钟周期后被置位；

② 在匹配后的一个CPU时钟周期后，根据全局通用定时器控制器CPTCONA/B中的D3～D2或D1～D0位的配置，相应地比较输出TxPWM引脚将发生跳变；

③ 当全局通用定时器控制器CPTCONA/B的D10～D9或D8～D7位设置为由周期中断标志启动模数转换ADC时，模数转换被启动；

④ 如果比较中断被屏蔽，则产生另外一个外设中断请求。

6)周期寄存器TxPR(x=1,2,3,4)

每个通用定时器都对应一个周期寄存器，其映射地址为T1PR(7403h)、T2PR(7407h)、T3PR(7503h)、T4PR(7507h)。

周期寄存器的值决定了定时器的周期，根据计数器所处的计数模式的不同，当定时器的计数值与周期寄存器的值相等时产生周期匹配，此时通用定时器停止操作并保持当前计数值，然后根据计数器的计数方式执行复位操作或递减计数。

每个比较寄存器和周期寄存器都有一个暂存单元(称为影子寄存器)存放它们的新值，任何时刻都可对比较寄存器和周期寄存器写入新的比较值或周期值，这些新值被存放在影子寄存器中。对比较寄存器，仅当计数寄存器TxCNT为0时，才能装入新值，之后被装载新值的寄存器按新的设置工作，从而改变了下一个周期的定时器周期和PWM脉冲宽度。

(3)通用定时器中的仿真挂起和中断

通用定时器在模块EVA和EVB的中断标志寄存器EVAIFRA、EVAIFRB、EVBIFRA、EVBIFRB中有16个中断标志。

每个通用定时器可根据以下4种事件产生中断：

上溢——定时器计数器的值达到FFFFh时，产生上溢事件中断。此时标志寄存器中的TxOFINF位(x=1,2,3,4)置1。

下溢——定时器计数器的值达到0000h时，产生下溢事件中断。此时标志寄存器中的

TxUFINF位(x=1,2,3,4)置1。

比较匹配——当通用定时计数器的值与比较寄存器的值相等时，产生定时器比较匹配事件中断。此时标志寄存器中的TxCINT位(x=1,2,3,4)置1。

周期匹配——当通用定时计数器的值与周期寄存器的值相等时，产生定时器周期匹配事件中断。此时标志寄存器中的TxPINT位(x=1,2,3,4)置1。

各中断标志位在每个事件中断发生后的两个CPU周期后(如果未被屏蔽)被置1。

上述4种事件中断还可由全局定时器控制寄存器GPTCONA/B的D10～D7位规定作为模数转换器的启动转换信号。

仿真中断期间的通用定时器操作模式由通用定时器的控制寄存器(TxCON的D15～D14)定义。当仿真中断发生时，通用定时器可被设置为立即停止计数、当前计数周期完成后停止计数或不受仿真中断影响持续运行三种状态中的任一种。

4.3.2 通用定时器的工作模式

通用定时器有4种工作模式：停止/保持模式、连续增计数模式、定向增/减计数模式、连续增/减计数模式。

相应的定时器控制寄存器TxCON的D12～D11位定义了每个通用定时器的计数模式。如果TxCON的D6位为1即允许定时器操作，计数器按上述模式之一开始计数。

(1)停止/保持模式

在这种模式下，通用定时器的操作停止并保持当前状态，定时器的计数器、比较输出和预定标计数器都保持不变。

(2)连续增计数模式

在此模式下，通用定时器在定标的输入时钟的上升沿从初始值开始进行加1计数，直到计数器的值与周期寄存器的值相等为止，之后在下一个输入时钟的上升沿，通用定时器复位为0并开始另一个计数周期。

如果设定计数器的初值(0000h～FFFFh中的任意值)大于周期寄存器的值，则计数器进行加1计数至FFFFh后置上溢中断标志，再加1计满为0后，从0开始计数直到等于周期寄存器的值，此时产生周期匹配，并设置周期中断标志和下溢中断标志，重复上述操作。

在定时计数器与周期寄存器匹配之后的CPU时钟周期后，周期中断标志被置位。如果外设中断没有被屏蔽的话，将产生外设中断请求，如果该周期中断已通过GPTCONA/B寄存器中的相应位设置去启动模数转换器，那么在中断标志被设置的同时，模数转换启动信号就启动模数转换模块。

通用定时器变为0的两个时钟周期之后，定时器的下溢中断标志位被置位。如果该周期中断已通过GPTCONA/B寄存器中相应位设置去启动模数转换器，那么在中断标志被设置的同时，模数转换启动信号就被送到模数转换模块。

在定时计数器的值达到FFFFh后，定时器的上溢中断标志位在CPU时钟周期后被置位。如果外设中断没有被屏蔽的话，将产生外设中断请求。

除了第一个周期外，定时器周期时间为TxPR+1个定标的时钟输入周期。如果定时器计数器开始计数为0，那么第一个周期的时间也和以后的周期时间相同。

通用定时器的初始值可以是0000h～FFFFh中任意值。当该初始值大于周期寄存器的值时，定时器将计数至 FFFFh，复位为 0 后继续以上操作，好像初始值是 0 一样；当该初始值等于周期寄存器的值时，定时器将置位周期中断标志，计数器复位为 0，设置下溢中断标志并继续以上操作，好像初始值是 0 一样；如果定时器的值在 0 和周期寄存器的值之间，定时器将计数到周期寄存器的值并且继续完成该计数周期，好像计数器的初始值与周期寄存器的值相同一样。

在该模式下，GPTCONA/B 寄存器中的定时器计数方向指示位为 1。无论是内部 CPU 时钟或是外部时钟输入都可选作定时器的输入时钟。在这种计数模式下，TDIRA/B 引脚输入将被通用定时器忽略。

通用定时器的连续增计数模式特别适用于边沿触发或异步 PWM 波形的产生，也适用于许多电机和运动控制系统的采样周期的产生。

通用定时器连续增计数模式（TxPR＝3 或 2）如图 4.5 所示，从计数器达到周期寄存器时到它开始另一个计数周期的过程中没有丢失一个时钟周期。

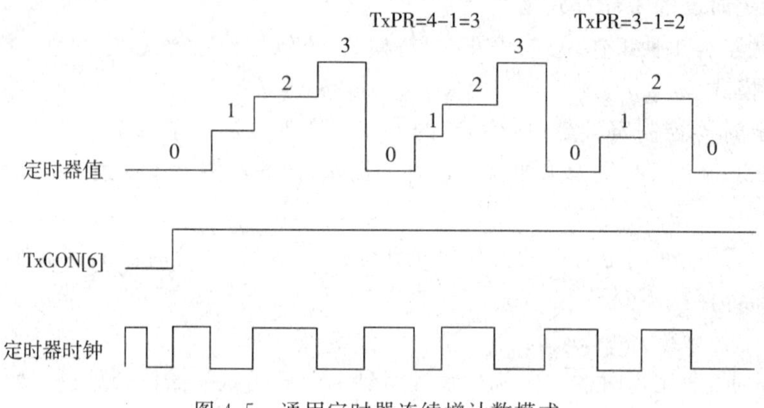

图 4.5　通用定时器连续增计数模式

（3）定向增/减计数模式

在此模式下，通用定时器在定标的输入时钟的上升沿开始计数，计数方向由输入引脚 TDIRA/B 确定：引脚为高时，进行增计数，增计数与连续增计数模式完全相同；引脚为低时，进行减计数，从初值（0000h～FFFFh 中的任意值）开始减计数直到计数值为 0，此时如果 TDIRA/B 引脚仍保持为低，定时器的计数器将重新装入周期寄存器的值，开始新的减计数。读 GPTCONA/B 寄存器中的 D14 和 D13 位，可以监测定时器的计数方向。

周期下溢和上溢中断的产生与连续增计数模式相同，定向增/减计数模式的初始化编程与连续增计数模式方法相同，仅 TxCON 寄存器的 TMODE 为 11。

通用定时器在定向增/减计数模式中将根据定标的时钟和 TDIRA/B 引脚的输入来增或减计数。当引脚 TDIRA/B 保持为高时，通用定时器将增计数直到计数值达到周期寄存器的值（当计数器初值大于周期寄存器的值或计数值达到 FFFFh 时），当定时器达到的值等于周期寄存器的值或 FFFFh，并且引脚 TDIRA/B 保持高时，定时器的计数器复位到 0 并继续增计数到周期寄存器的值。当引脚 TDIRA/B 保持低时，通用定时器将减计数直到计数值为 0。当定时器的值为 0，并且引脚 TDIRA/B 保持为低时，定时器的计数器重新载入周期寄存器的值，开始新的减计数。

定时器的初始值可以为 0000h～FFFFh 中的任何值，当定时器的初始值大于周期寄存器的值时，如果引脚 TDIRA/B 保持高，定时器的计数器增计数到 FFFFh，才自复位到 0，并继续计数直到周期寄存器的值；如果引脚 TDIRA/B 保持为低，且定时器的初始值大于周期寄存器的值时，计数器减计数到周期寄存器的值后，再减计数直到 0，当计数器的值为 0 后，重新装入周期寄存器的值，开始新的减计数。

周期、下溢和上溢中断标志位、中断和相关的事件都由各自的匹配产生，其产生方式与连续增计数模式下的一样。

从引脚 TDIRA/B 的变化到计数方向的变化之间的延时是当前计数结束后的两个 CPU 时钟周期，即当前预定标的计数器周期结束之后的两个 CPU 时钟周期。

定时器在这种模式下的计数方向由 GPTCONA/B 寄存器中的方向指示位给出：1 表示增计数；0 表示减计数。无论是从引脚 TCLKINA/B 输入的外部时钟还是内部 CPU 时钟都可以作为该模式下的定时器输入时钟。

通用定时器定向增/减计数模式如图 4.6 所示，图中预定标因子为 1，TxPR=3。

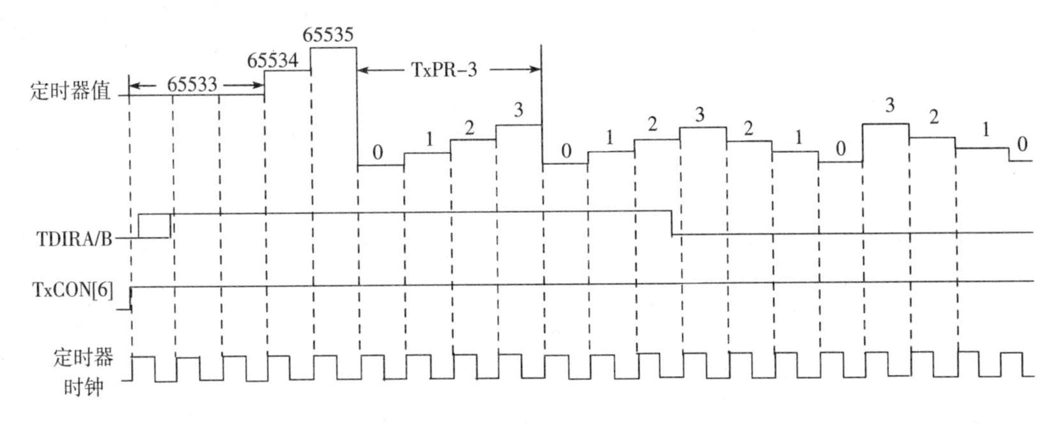

图 4.6 通用定时器定向增/减计数模式

通用定时器的定向增/减计数模式能够用于事件管理模块中的正交编码脉冲电路，在这种情况下，正交编码脉冲电路的定时器 2 和 4 提供计数时钟和方向。这种工作方式也用于控制运动/电机控制和电力电子设备中的外部事件定时。

(4)连续增/减计数模式

该模式与定向增减计数模式基本相同。区别是：计数方向不受 TDIRA/B 的状态影响，而是在计数值达到周期寄存器的值时或 FFFFh(初值大于周期寄存器的值)时，才从增计数变为减计数；在计数值为 0 时，从减计数变为增计数。

连续增/减计数模式适用于产生对称的 PWM 波形，该波形广泛应用于电机/运动控制和电力电子设备中。

这种计数模式与定向增/减计数模式基本相同，只是在连续增/减计数模式下，引脚 TDIRA/B 的状态不再影响计数方向。定时器的计数方向仅在计数器的值达到周期寄存器的值时或在 FFFFh 时(定时器的初始值大于周期寄存器的值)，才从增计数变为减计数。定时器的计数方向仅在计数器的值为 0 时才从减计数变为增计数。

除了第一个周期外，定时器周期都是 2×(TxPR)个定标输入时钟周期。如果定时器初始值为 0，那么第一个计数周期的时间就与其他的周期一样。

通用定时器的计数器初始值可以是 0000h～FFFFh 中的任何值，当计数器初始值不同时,其第一个周期的计数方向和周期也不同。当计数器初始值大于周期寄存器的值时,定时器将增计数到FFFFh,然后复位为0,开始正常的连续增/减计数,就好像初始值为0一样。当计数器初始值与周期寄存器的值相同时,定时器将减计数至0,然后开始正常的连续增/减计数,就好像初始值为0一样。当计数器初始值在0与周期寄存器之间时,定时器将增计数至周期寄存器的并继续完成该周期,就好像计数器初始值与周期寄存器的值相同一样。

周期、下溢和上溢中断标志位、中断和相关的事件都由各自的匹配产生,其产生方式与连续增计数模式下的一样。

定时器在这种模式下的计数方向由GPTCONA/B寄存器中的方向指示位给出:1表示增计数;0表示减计数。无论从引脚TCLKINA/B输入的外部时钟还是内部CPU时钟都可以作为该模式下的定时器输入时钟。只是该模式下定时器忽略了引脚TDIRA/B的输入。

连续增/减计数模式如图4.7所示,这种计数模式尤其适用于产生对称的PWM波形,该波形广泛用于电机/运动控制和电力电子设备中。

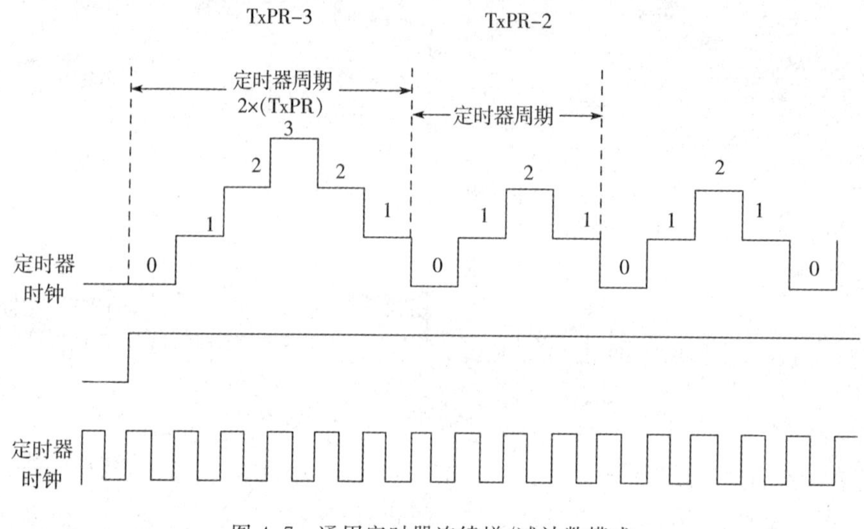

图4.7　通用定时器连续增/减计数模式

4.3.3　事件管理器中断

(1)中断分组

事件管理器中断事件分为3组:事件管理器中断组A、B和C。每一个组都有各自不同的中断标志、中断使能寄存器和一些外设时间中断请求。表4.7给出了EVA模块的相关的中断、中断优先级和中断组。表4.8给出了EVB模块的相关的中断、中断优先级和中断组。每个EV中断组都有一个中断标志寄存器和相应的中断屏蔽寄存器,见表4.9所列。如果EVAIMRx(x=A、B和C)相应位是0,则EVAIFRx中的标志位被屏蔽(即不产生中断请求信号)。

当外设中断请求信号被CPU接受时,PIE控制器将相应的外设中断向量装入到外设中断向量寄存器(PIVR)中,外设中断向量寄存器(PIVR)中的值可以区分该组哪一个挂起的中断具有最高优先级,外设中断向量寄存器中的值可以从中断服务子程序(ISR)中读出。

表 4.7　事件管理器 A(EVA)中断

中断组	中断	优先级	中断向量(ID)	描述/中断源	INT
	PDPINTA	1(最高)	0020h	功率驱动保护中断 A	1
A	CMP1INT	2	0021h	比较单元 1 比较中断	2
	CMP2INT	3	0022h	比较单元 2 比较中断	
	CMP3INT	4	0023h	比较单元 3 比较中断	
	T1PINT	5	0027h	通用定时器 1 周期中断	
	T1CINT	6	0028h	通用定时器 1 比较中断	
	T1UFINT	7	0029h	通用定时器 1 下溢中断	
	T1OFINT	8(最低)	002Ah	通用定时器 1 上溢中断	
B	T2PINT	1(最高)	002Bh	通用定时器 2 周期中断	3
	T2CINT	2	002Ch	通用定时器 2 比较中断	
	T2UFINT	3	002Dh	通用定时器 2 下溢中断	
	T2OFINT	4	002Eh	通用定时器 2 上溢中断	
C	CAP1INT	1(最高)	0033h	捕获单元 1 中断	4
	CAP2INT	2	0034h	捕获单元 2 中断	
	CAP3INT	3	0035h	捕获单元 3 中断	

表 4.8　事件管理器 B(EVB)中断

中断组	中断	优先级	中断向量(ID)	描述/中断源	INT
	PDPINTA	1(最高)	0019h	功率驱动保护中断 B	1
A	CMP4INT	2	0024h	比较单元 4 比较中断	2
	CMP5INT	3	0025h	比较单元 5 比较中断	
	CMP6INT	4	0026h	比较单元 6 比较中断	
	T3PINT	5	002Fh	通用定时器 3 周期中断	
	T3CINT	6	0030h	通用定时器 3 比较中断	
	T3UFINT	7	0031h	通用定时器 3 下溢中断	
	T3OFINT	8(最低)	0032h	通用定时器 3 上溢中断	
B	T4PINT	1(最高)	0039h	通用定时器 4 周期中断	3
	T4CINT	2	003Ah	通用定时器 4 比较中断	
	T4UFINT	3	003Bh	通用定时器 4 下溢中断	
	T4OFINT	4	003Ch	通用定时器 4 上溢中断	
C	CAP4INT	1(最高)	0036h	捕获单元 4 中断	4
	CAP5INT	2	0037h	捕获单元 5 中断	
	CAP6INT	3	0038h	捕获单元 6 中断	

表 4.9 EV 中断标志寄存器及相应的中断屏蔽寄存器

标志寄存器	屏蔽寄存器	EV 模块
EVAIFRA	EVAIMRA	EVA
EVAIFRB	EVAIMRB	
EVAIFRC	EVAIMRC	
EVBIFRA	EVBIMRA	EVB
EVBIFRB	EVBIMRB	
EVBIFRC	EVBIMRC	

(2)功率驱动保护中断

LF2407A 有两个中断引脚$\overline{\text{PDPINTA}}$(EVA)和$\overline{\text{PDPINTB}}$(EVB)。当这两个引脚上的任何一个发生由高向低的电平跳变时,将产生一个外部中断,同时自动禁止相应的 PWM 输出。这两个中断为一些功率转换、电动机驱动和运动控制等系统的运行提供了安全保护。

(3)中断使能及中断向量

当事件管理器模块中产生一个中断事件,则其中一个事件管理器中断标志寄存器的相应标志位就被置为 1。如果标志位局部未被屏蔽(EVAIMRx 中的相应位置 1),外设中断扩展控制器(PIE)就产生一个外设中断请求。

当中断请求被 CPU 接受时,已置位的中断标志中具有最高优先级的中断标志相应的那个中断向量被装载到累加器中。在中断服务程序(ISR)中读取中断向量,中断标志位必须在中断服务程序中用软件直接向中断标志寄存器中的相应位置 1 来清除。如果中断标志位未被清除,则以后该中断就不再产生中断请求。

(4)中断处理

当事件管理器中断请求接受后,必须将外设中断向量寄存器(PIVR)读入累加器并左移一位或几位,然后将偏移地址(中断子向量入口表的开始地址)加至累加器。使用 BACC 指令跳转到相应的中断地址,另有一条指令从表中转移到相应的中断源的中断服务子程序。这一处理过程将引起一个典型 20 个 CPU 周期的延迟,该延迟是指从中断产生到相应的中断服务程序中的第一条指令被执行之间的时间。如果需要进行最小的保护现场,则该延迟为 25 个 CPU 周期。如果一个事件管理器中断组只有一个中断,则这个延迟可以减少到最少 8 个 CPU 周期。如果不考虑存储器空间,则可将延迟减少到 16 个 CPU 周期,而无需要求每个事件管理器中断组只允许一个中断。

(5)事件管理器中断标志寄存器

事件管理器中断标志寄存器是 16 位的存储器影子寄存器。当软件读这些寄存器时,未使用的位读出值为 0,向未使用的位写则无影响。因为事件管理器中断标志寄存器(EVxI-FRx)是可读存储器,所以当中断被屏蔽时,可以通过软件查询事件管理器中断标志寄存器中相应的位来监测中断事件的发生。

每个定时器有 4 种中断:上溢、下溢、比较和周期中断

上溢中断是指定时器计数器(TxCNT)的值达到 FFFFH 时所引发的中断。

下溢中断是指定时器计数器(TxCNT)的值达到 0000H 时所引发的中断。

比较中断是指定时器计数器(TxCNT)的值与比较值相等时所引发的中断。

周期中断是指定时器计数器(TxCNT)的值与周期值相等时所引发的中断。

1)EVA 中断标志寄存器 A(EVAIFRA)——地址 742Fh

D15～D11	D10	D9	D8
Reserved	T1OFINT FLAG	T1UFINT FLAG	T1CINT FLAG
R_0	RW1C_0	RW1C_0	RW1C_0

D7	D6～D4	D3	D2	D1	D0
T1PINT FLAG	Reserved	CMP3INT FLAG	CMP2INT FLAG	CMP1INT FLAG	$\overline{\text{PDPINTA}}$ FLAG
RW1C_0	RW1C_0	RW1C_0	RW1C_0	RW1C_0	RW1C_0

注:R=可读;W1C=写 1 清除;__后的值为复位值。

D15～D11——Reserved,保留位。

D10——T1OFINT FLAG,通用定时器 1 上溢中断标志位。

读:0　标志被复位
　　1　标志被置位
写:0　无效
　　1　复位标志位

D9——T1UFINT FLAG,通用定时器 1 下溢中断标志位。

读:0　标志被复位
　　1　标志被置位
写:0　无效
　　1　复位标志位

D8——T1CINT FLAG,通用定时器 1 比较中断标志位。

读:0　标志被复位
　　1　标志被置位
写:0　无效
　　1　复位标志位

D7——T1PINT FLAG,通用定时器 1 周期中断标志位。

读:0　标志被复位
　　1　标志被置位
写:0　无效
　　1　复位标志位

D6～D4——保留位。

D3——CMP3INT FLAG,比较单元 3 中断标志位。

读:0　标志被复位
　　1　标志被置位
写:0　无效
　　1　复位标志位

D2——CMP2INT FLAG,比较单元 2 中断标志位。

读:0　标志被复位

　1　标志被置位

写:0　无效

　1　复位标志位

D1——CMP1INT FLAG,比较单元1中断标志位。

读:0　标志被复位

　1　标志被置位

写:0　无效

　1　复位标志位

D0——$\overline{\text{PDPINT}}$A,FLAG,功率驱动保护中断标志位。

读:0　标志被复位

　1　标志被置位

写:0　无效

　1　复位标志位

2)EVA中断标志寄存器B(EVAIFRB)——地址7430h

D15～D4	D3	D2	D1	D0
Reserved	T2OFINT FLAG	T2UFINT FLAG	T2CINT FLAG	T2PINT FLAG
R_0	RW1C_0	RW1C_0	RW1C_0	RW1C_0

D15～D4——Reserved,保留位。

D3——T2OFINT FLAG,通用定时器2上溢中断标志位。

读:0　标志被复位

　1　标志被置位

写:0　无效

　1　复位标志位

D2——T2UFINT FLAG,通用定时器2下溢中断标志位。

读:0　标志被复位

　1　标志被置位

写:0　无效

　1　复位标志位

D1——T2CINT FLAG,通用定时器2比较中断标志位。

读:0　标志被复位

　1　标志被置位

写:0　无效

　1　复位标志位

D0——T2PINT FLAG,通用定时器2周期中断标志位。

读:0　标志被复位

　1　标志被置位

写:0　无效
　1　复位标志位

3)EVA 中断标志寄存器 C(EVAIFRC)——地址 7431h

D15～D3	D2	D1	D0
Reserved	CAP3INT FLAG	CAP2INT FLAG	CAP1INT FLAG
R_0	RW1C_0	RW1C_0	RW1C_0

D15～D3——Reserved,保留位。

D2——CAP3INT FLAG,捕获单元 3 中断标志位。

读:0　标志被复位
　1　标志被置位
写:0　无效
　1　复位标志位

D1——CAP2INT FLAG,捕获单元 2 中断标志位。

读:0　标志被复位
　1　标志被置位
写:0　无效
　1　复位标志位
　2　无效

D0——CAP1INT FLAG,捕获单元 1 中断标志位。

读:0　标志被复位
　1　标志被置位
写:0　无效
　1　复位标志位

4)EVA 中断屏蔽寄存器 A(EVAIMRA)——地址 742Ch

D15～D11	D10	D9	D8
Reserved	T1OFINT ENABLE	T1UFINT ENABLE	T1CINT ENABLE
R_0	RW_0	RW_0	RW_0

D7	D6～D4	D3	D2	D1	D0
T1PINT ENABLE	Reserved	CMP3INT ENABLE	CMP2INT ENABLE	CMP1INT ENABLE	$\overline{\text{PDPINTA}}$ ENABLE
RW_0	RW_0	RW_0	RW_0	RW_0	RW_0

D15～D11——Reserved,保留位。

D10——T1OFINT ENABLE,通用定时器 1 上溢中断使能位。

0　禁止
1　使能

D9——T1UFINT ENABLE,通用定时器 1 下溢中断使能位。

0 禁止

1 使能

D8——T1CINT ENABLE,通用定时器1比较中断使能位。

0 禁止

1 使能

D7——TPINT ENABLE,通用定时器1周期中断使能位。

0 禁止

1 使能

D6～4——Reserved,保留位。

D3——CMP3INT ENABLE,比较单元3中断使能位。

0 禁止

1 使能

D2——CMP2INT ENABLE,比较单元2中断使能位。

0 禁止

1 使能

D1——CMP1INT ENABLE,比较单元1中断使能位。

0 禁止

1 使能

D0——$\overline{\text{PDPINTA}}$ ENABLE,功率驱动保护中断使能位。

0 禁止

1 使能

5)EVA中断屏蔽寄存器B(EVAIMRB)——地址742Dh

D15～D4	D3	D2	D1	D0
Reserved	T2OFINT ENABLE	T2UFINT ENABLE	T2CINT ENABLE	T2PINT ENABLE
R_0	RW1C_0	RW1C_0	RW1C_0	RW1C_0

D15～D4——Reserved,保留位。

D3——T2OFINT ENABLE,通用定时器2上溢中断使能位。

0 禁止

1 使能

D2——T2UFINT ENABLE,通用定时器2下溢中断使能位。

0 禁止

1 使能

D1——T2CINT ENABLE,通用定时器2比较中断使能位。

0 禁止

1 使能

D0——T2PINT ENABLE,通用定时器2周期中断使能位。

0 禁止

1　　使能

6)EVA 中断屏蔽寄存器 C(EVAIMRC)——地址 742Eh

D15～D3	D2	D1	D0
Reserved	CAP3INT ENBALE	CAP2INT ENABLE	CAP1INT ENABLE
R_0	RW_0	RW_0	RW_0

D15～D3——Reserved，保留位。

D2——CAP3INT ENABLE，捕获单元 3 中断使能位。

0　　禁止

1　　使能

D1——CAP2INT ENABLE，捕获单元 2 中断使能位。

0　　禁止

1　　使能

D0——CAP1INT ENABLE，捕获单元 1 中断使能位。

0　　禁止

1　　使能

由于事件管理器中 EVB 模块功能与 EVA 模块一样，只是把定时器 1、2 改为定时器 3、4，比较单元 1、2、3 改为比较单元 4、5、6，捕获单元 1、2、3 改为捕获单元 4、5、6，因此在这里只给出了 EVB 模块中断寄存器单元地址。

7)EVB 中断标志寄存器 A(EVBIFRA)——地址 752Fh

D15～D11	D10	D9	D8
Reserved	T3OFINT FLAG	T3UFINT FLAG	T3CINT FLAG
R_0	RW1C_0	RW1C_0	RW1C_0

D7	D6～D4	D3	D2	D1	D0
T3PINT FLAG	Reserved	CMP6INT FLAG	CMP5INT FLAG	CMP4INT FLAG	PDPINTB FLAG
RW1C_0	R_0	RW1C_0	RW1C_0	RW1C_0	RW1C_0

8)EVB 中断标志寄存器 B(EVBIFRB)——地址 7530h

D15～D4	D3	D2	D1	D0
Reserved	T4OFINT FLAG	T4UFINT FLAG	T4CINT FLAG	T4PINT FLAG
R_0	RW1C_0	RW1C_0	RW1C_0	RW1C_0

9)EVB 中断标志寄存器 C(EVBIFRC)——地址 7531h

D15～D3	D2	D1	D0
Reserved	CAP6INT FLAG	CAP5INT FLAG	CAP4INT FLAG
R_0	RW1C_0	RW1C_0	RW1C_0

10)EVB中断屏蔽寄存器A(EVBIMRA)——地址752Ch

D15～D11	D10	D9	D8
Reserved	T3OFINT ENABLE	T3UFINT ENABLE	T3CINT ENABLE
R_0	RW_0	RW_0	RW_0

D7	D6～D4	D3	D2	D1	D0
T3PINT ENABLE	Reserved	CMP6INT ENABLE	CMP5INT ENABLE	CMP4INT ENABLE	PDPINTB ENABLE
RW_0	R_0	RW_0	RW_0	RW_0	RW_0

11)EVB中断屏蔽寄存器B(EVBIMRB)——地址752Dh

D15～D4	D3	D2	D1	D0
Reserved	T4OFINT ENABLE	T4UFINT ENABLE	T4CINT ENABLE	T4PINT ENABLE
R_0	RW1C_0	RW1C_0	RW1C_0	RW1C_0

12)EVB中断屏蔽寄存器C(EVBIMRC)——地址752Eh

D15～D4	D3	D2	D1
Reserved	CAP6INT ENABLE	CAP5INT ENABLE	CAP4INT ENABLE
R_0	RW_0	RW_0	RW_0

4.3.4 通用定时器的应用

(1)最大定时时间的计算

如DSP工作频率为40MHz,对于16位的计数器,当预分频为128时,定时的时间最长,定时时间为:

$$65535\times\left(\frac{1}{40\times10^{6}\,\mathrm{Hz}}\right)\times128=0.209712\mathrm{s}=209.712\mathrm{ms}$$

(2)定时器1使用实例

DSP外部输入时钟为10MHz,经DSP内部锁相环4倍频为40MHz,定时器1采用中断方式工作,128预分频,采用连续增计数模式,定时时间设置为200ms,使IOPA0引脚的LED点亮200ms,熄灭200ms。采用周期匹配中断,则周期寄存器的值为:

$$(x+1)\times\left(\frac{1}{40\times10^{6}\,\mathrm{Hz}}\right)\times128=0.2\mathrm{s}$$

$$x=62500-1=\mathrm{F423H}$$

程序如下:

```
.include    "F2407REGS.H"     ;引用头部文件
```

```
            .def        _c_int0
;建立中断向量表
            .sect       ".vectors"          ;定义主向量段
RESVECT     B           _c_into             ;PM0 复位向量        1
INT1        B           PHANTOM             ;PM2 中断优先级 1    4
INT2        B           T1_INT              ;PM4 中断优先级 2    5
INT3        B           PHANTOM             ;PM6 中断优先级 3    6
INT4        B           PHANTOM             ;PM8 中断优先级 4    7
INT5        B           PHANTOM             ;PMA 中断优先级 5    8
INT6        B           PHANTOM             ;PMC 中断优先级 6    9
RESERVED    B           PHANTOM             ;PME (保留位)        10
;中段子向量入口定义
            .sect       ".pvecs"            ;定义子向量段
PVECTOR     B           PHANTOM             ;保留向量地址偏移量  0000h
            B           PHANTOM             ;保留向量地址偏移量  0000h
                        ...
            B           T1INT_ISR           ;保留向量地址偏移量  0027h T1INT
            B           PHANTOM             ;保留向量地址偏移量  0028h
            B           PHANTOM             ;保留向量地址偏移量  0029h 中断
                        ...
            B           PHANTOM             ;保留向量地址偏移量  0041h
;主程序
            .text
_c_int0:    CALL        SYSINIT
            CALL        IO_INIT
            CALL        TIME_INIT
LOOP:       B           LOOP
;系统初始化子程序
SYSINIT:    SETC        INTM
            CLRC        SXM
            CLRC        OVM
            CLRC        CNF                 ;B0 区被配置为数据空间
            LDP         #0E0H               ;指向 7000h～7080h 区
            SPLK        #80FEH,SCSR1        ;时钟 4 倍频,CLKIN=10M,CLKOUT=40M
            SPLK        #0E8H,WDCR          ;不使能 WDT
            LDP         #0
            SPLK        #02H,IMR            ;使能 INT2 中断
            SPLK        #0FFFFH,IFR         ;清全部中断标志
            RET
;I/O 口初始化子程序
IO_INIT:    LDP         #DP_PF2             ;指向 7080h～7100h
            LACL        MCRA
            AND         #0FF00H             ;IOPA0 配置为一般 I/O 功能
```

```
          SACL    MCRA
          LACL    PADATDIR
          OR      #0FFFFH          ;IOPA0 配置为输出方式
          SACL    PADATDIR
          RET
;定时器初始化子程序
TIME_INIT:  LDP     #DP_EVA
          SPLK    #80H,EVAIMRA
          SPLK    #0FFFFH,EVAIFRA
          SPLK    #0F423H,T1PR     ;定时 200ms
          SPLK    #0,T1CNT
          SPLK    #1748H,T1CON     ;连续增计数模式,128 分频,内部 CPU 时钟,立即重装载
          CLRC    INTM
          RET
;T1 中断子程序
T1_INT:     MAR     *,AR1            ;保护现场
          MAR     *+
          SST     #1,*+
          SST     #0,*
          LDP     #0E0H
          LACC    PIVR,1
          ADD     #PVECTORS
          BACC
T1INT_ISR:  LDP     #DP_PF2
          LACL    PADATDIR
          CMPL
          OR      #0FFFEH
          SACL    PADATDIR
          LDP     #DP_EVA
          SPLK    #0,T1CNT         ;T1 的计数器重新赋 0
          LACL    EVAIFRA          ;清除 T1 的周期中断标志
          AND     #80H
          SACL    EVAIFRA
T1INT_RET:  MAR     *,AR1
          MAR     *+
          LST     #0,*-
          LST     #1,*-
          CLRC    INTM
          RET
;假中断子程序
PHANTOM:    KICK_DOG                 ;复位看门狗
          RET
          .END
```

4.3.5　通用定时器的输入和输出信号

通用定时器有以下几种输入和输出信号：

(1)时钟输入

通用定时器的时钟源可采用内部时钟或外部时钟输入 TCLKINA/B，或正交编码器脉冲电路 QEP，由每个通用定时器的控制寄存器 TxCON 的 D5～D4 位选择决定，并通过 D10～D8 位选择 8 种输入时钟的预定标系数。

当使用外部时钟时，要求其最大频率是 CPU 时钟频率的 1/4。

在定向增/减计数模式下，EVA 模块中的通用定时器 2 和 EVB 中的通用定时器 4 可用于正交编码脉冲(QEP)电路，此时正交编码脉冲电路不仅为定时器 2/4 提供时钟，而且还提供输入方向。

(2)方向输入

当通用定时器处于定向增/减计数模式时，输入引脚 TDIRA/B 决定了计数的方向：TDIRA/B 为高电平时，规定为增计数；为低电平时，规定为减计数。

读全局控制寄存器 GPTCONA/B 的 TxSTAT 位可检查通用定时器的计数状态。

(3)比较输出

每个通用计数器都可以独立地提供一个 PWM 输出通道，所以通用定时器可提供 4 个 PWM 输出——TxPWM(或称比较输出 TxCMP，x=1,2,3,4)。

比较输出引脚 TxPWM 由全局通用定时器控制寄存器 GPTCONA/B 的 D3～D2 位和 D1～D0 位规定为强制高、强制低、高有效或低有效。

强制高/低——若 GPTCONA/B 的相应位规定 PWM 输出为强制高/低后，输出引脚 TxPWM 立即变为高电平/低电平。

高有效/低有效——若 GPTCONA/B 的相应位规定 PWM 输出为高有效/低有效后，则可以产生非对称或对称波形。

当通用定时器工作在连续增/减计数模式时，产生对称波形；当通用定时器工作在连续增计数模式时，产生非对称波形，PWM 输出在以下事件的影响下发生变化：

1)计数操作开始前，输出引脚 TxPWM 保持无效状态；

2)当第一次比较匹配发生时，输出引脚 TxPWM 跳变为有效状态，同时产生触发；

3)如果通用定时器工作在连续增/减计数模式，则在第二次匹配时 TxPWM 变为无效状态，并一直保持到下一个周期的第一次匹配发生；

4)如果通用定时器工作在连续增计数模式，则在周期匹配时 TxPWM 变为无效状态，并一直保持到下一个周期的比较匹配发生；

5)如果比较值在一个周期开始时为 0，则在整个 PWM 输出为有效状态；

6)如果下一周期比较值仍为 0，则 PWM 输出不再改变，继续保持有效状态；

7)如果比较值大于或等于周期值，则在整个周期 PWM 输出为无效状态，直到比较值小于周期值并发生比较匹配时，PWM 输出才发生跳变。

基于定时器计数模式和输出逻辑的非对称和对称波形的产生同样适用于比较单元。

(4)通用定时器的同步

同一模块的通用定时器可以实现同步，即 EVA 模块中定时器 2 和 1 可以同步；EVB 模块中定时器 4 和 3 可以实现同步。方法如下：

1)置 T1CON(EVA 模块)或 T3CON(EVB 模块)寄存器中的 TENABLE 位为 1,且置 T2CON(EVA)中的 T2SWT1 或 T4CON(EVB)寄存器中的 T4SWT1 位为 1,此时将同时启动本模块中的两个计数器；

2)在启动同步操作前,可将本模块的两个计数器初始化成不同的值；

3)置 T2CON/T4CON 寄存器中的 SELT1PR/SELT3PR 位为 1。使通用定时器 1/3 的周期寄存器也作为通用定时器 2/4 的周期寄存器(忽略 2/4 自身的周期寄存器)。

4.3.6 比较单元和脉宽调制电路 PWM

在事件管理器(EVA)模块中有 3 个全比较单元(全比较单元 1、2 和 3),对应于 3 个 16 位的全比较寄存器(CMPR1、CMPR2 和 CMPR3)；在事件管理器模块(EVB)中有 3 个全比较单元(全比较单元 4、5 和 6),对应于 3 个 16 位的全比较比较寄存器(CMPR4、CMPR5 和 CMPR6)。

每个 EV 模块与比较单元相关的 PWM 电路带有可编程死区和输出极性控制,以产生独立的 3 对(即 6 路)PWM 输出。每个全比较单元(或全比较寄存器)对应于两个 PWM 输出,即全比较单元 1,2,3(EVA)对应于 PWM y(y=1,2,3,4,5,6)；全比较单元 4,5,6(EVB)对应于 PWM z(z=7,8,9,10,11,12)。

(1)全比较单元

比较单元中的 16 位比较寄存器(CMPR1～CMPR6)各带一个可读/写的影子寄存器,它们用于存放与通用定时器 1/3 相比较的值。

比较控制寄存器 COMCONA/B 控制全比较单元的操作；比较方式控制寄存器 TCTRA/B控制 12 个 PWM 输出引脚的输出方式。

各寄存器的位定义说明如下：

1)比较控制寄存器 A/B(COMCONA/B)——地址 7411h/7511h

COMCONA 规定 EVA 中比较单元的有关操作,COMCONB 规定 EVB 中比较单元的有关操作。两个控制寄存器的内容基本相同,不同之处用“/”符号区分。

D15	D14	D13	D12	D11	D10	D9	D8
CENABLE	CLD1	CLD0	SVENABLE	ACTRLD1	ACTRLD0	FCOMPOE	PDPINTA/PDPINTB STATUS
RW_0	RW_0	RW_0	RW_0	RW_0	RW_0	RW_0	RW_0

D7～D0
Reserved
R_0

注:R=可读;W=可写;_后的值为复位值。

D15——CENABLE,比较使能位。

0　禁止比较操作

1　使能比较操作

D14～D13——CLD1～CLD0，比较寄存器 CMPRx 重装条件。

00　当 T1CNT/T3CNT＝0 时（即下溢）

01　当 T1CNT/T3CNT＝0 或 T1CNT/T3CNT＝T1PR/T3PR（即下溢或周期匹配）时

10　立即重装

11　保留，结果不可预测

D12——SVENABLE，空间矢量 PWM 模式矢量位。

0　禁止空间矢量 PWM 模式

1　使能空间矢量 PWM 模式

D11～D10——ACTRLD1/ACTRLD0，方式控制寄存器重装条件。

00　当 T1CNT/T3CNT＝0 时（即下溢）

01　当 T1CNT/T3CNT＝0 或 T1CNT/T3CNT＝T1PR/T3PR（即下溢或周期匹配）时

10　立即重装

11　保留，结果不可预测

D9——PCOMPOE，比较输出使能位，有效的 $\overline{PDPINTA}/\overline{PDPINTB}$ 将该位清 0。

0　PWM 输出引脚为高阻态，即禁止

1　PWM 输出引脚使能

D8——$\overline{PDPINTA}/\overline{PDPINTB}$STATUS，该位反映了当前 $\overline{PDPINTA}/\overline{PDPINTB}$ 引脚的状态（该位只在 240xA 系列中应用，在 240x 系列中为保留位）。

D7～D0——Reserved，保留位。

2）比较方式控制寄存器（ACTRA/ACTRB）——地址 7413h/7513h

当比较控制寄存器 COMCONx 的 D15 使能比较操作时，比较方式控制寄存器控制比较输出引脚的输出方式：EVA 中的 ACTRA 控制 CMP1～CMP6（或称 PWM1～PWM6）6 个引脚；EVB 中的 ACTRB 控制 CMP7～CMP12（或称 PWM7～PWM12）6 个引脚；ACTRA 和 ACTRB 的 D15～D12 控制空间矢量的操作。ACTRB 与 ACTRA 除控制的 PWM 引脚名称不同外，内容基本相同，不同之处用“/”符号区分。

D15	D14	D13	D12	D11～D10	D9～D8
SVRDIR	D2	D1	D0	CMP6ACT/CMP12ACT	CMP5ACT/CMP11ACT
RW_0	RW_0	RW_0	RW_0	RW_0	RW_0

D7～D6	D5～D4	D3～D2	D1～D0
CMP4ACT/CMP10ACT	CMP3ACT/CMP9ACT	CMP2ACT/CMP8ACT	CMP1ACT/CMP7ACT
RW_0	RW_0	RW_0	RW_0

注：R＝可读；W＝可写；_后的值为复位值。

D15——SVRDIR，空间矢量 PWM 旋转方向位，仅用于空间矢量 PWM 输出的产生。

0　正向（CCW）

1　反向(CW)

D14～D12——D2～D0,基本的空间矢量位,仅用于空间矢量 PWM 输出的产生。

D11～D10——CMP6ACT/CMP12ACT,比较输出引脚 CMP6/CMP12 的输出方式。

00 强制低　01　低有效

10 高有效　11　强制高

D9～D8——CMP5ACT/CMP11ACT,比较输出引脚 CMP5/CMP11 的输出方式。

00 强制低　01　低有效

10 高有效　11　强制高

D7～D6——CMP4ACT/CMP10ACT,比较输出引脚 CMP4/CMP10 的输出方式。

00 强制低　01　低有效

10 高有效　11　强制高

D5～D4——CMP3ACT/CMP9ACT,比较输出引脚 CMP3/CMP9 的输出方式。

00 强制低　01　低有效

10 高有效　11　强制高

D3～D2——CMP2ACT/CMP8ACT,比较输出引脚 CMP2/CMP8 的输出方式。

00 强制低　01　低有效

10 高有效　11　强制高

D1～D0——CMP1ACT/CMP7ACT,比较输出引脚 CMP1/CMP7 的输出方式。

00 强制低　01　低有效

10 高有效　11　强制高

下面介绍一下比较单元的工作原理。比较单元操作前必须先对以下寄存器进行配置:设置通用定时器的周期寄存器 T1PR/T3PR,设置比较方式控制寄存器 ACTRA/ACTRB,初始化比较寄存器 CMPRx,设置比较控制寄存器 COMCONA/COMCONB,设置定时器控制寄存器 T1CON/T3CON。而后通用定时器计数器 1/3 按照所设定的模式计数,并不断与各比较寄存器 CMPRx 的值进行比较,当与某个比较寄存器的值相同时,该比较单元产生比较匹配,对应的两个 PWM 输出将按照比较方式控制寄存器 ACTRA/B 的设定进行跳变(不管在哪一种计数模式下)。此时如果比较使能(COMCONA/B 的 D15 位=0),比较单元的比较中断标志(在 EVAIFRA/B 中)将被置位;如果中断开放,则产生外设中断请求信号。输出跳变的时序、中断标志位的设置和中断请求的产生与通用定时器比较操作相同,输出逻辑、死区单元和空间矢量 PWM 单元可改变比较单元在比较模式下的输出。

当任何复位事件发生时,所有与比较单元相关的寄存器都复位为 0,所有的比较输出引脚被置成高阻态。

(2)PWM 电路

在数字控制系统中,通常需要将数字信号转换成模拟信号以控制外设对象,这种转换过程最常用的方法就是采用脉宽调制(PWM)技术。调制技术的核心就是产生周期不变但脉宽可变的信号,也就是说一个 PWM 信号是一串宽度变化的脉冲序列,这些脉冲平均分布在一段定长的周期中:在每个周期中有一个脉冲。这个定长的周期被称为 PWM(载波)周期,其倒数被称为 PWM(载波)频率。

在一个电机控制系统中,通过功率器件(大部分是开关型器件)将所需的电流和能量送到电机线圈绕组中，这些相电流的形状、频率及能量的大小控制着电机所需的速度和扭矩，而脉宽调制信号 PWM 就是用来控制功率器件的开启和关断时间的。在具体应用中，常将两个功率器件（一个正相导通，另一个负相导通）串联到一个功率转换器的引脚上，为了避免击穿，要求这两个器件的开启时间不能相同。死区就是为了使这两个器件的开启存在一定的时间间隔，即死区时间。

通用定时器的周期匹配可以保证 PWM 波形的周期不变，通用定时器比较匹配可以产生不同的 PWM 脉宽，因此，根据调制频率来设置通用定时器周期寄存器的值。根据已得到的脉宽变化规律在每个周期内修改通用定时器比较寄存器的值以得到不同的脉宽，通过设置死区控制寄存器可选择死区时间。

综上所述，与比较单元相关的 PWM 电路中 PWM 波形的产生由以下寄存器控制：通用定时器计数器 T1CON/T3CON，比较控制寄存器 COMCONA/B，比较方式控制寄存器 ACTRA/B 和死区控制寄存器 DBTCONA/B。

1）可编程的死区单元

死区单元主要用于控制每个比较单元相关的两路 PWM 输出不在同一时间内发生，从而保证了所控制的一对正向和负向设备在任何情况下不同时导通。

事件管理模块 EVA 和 EVB 都有各自的可编程死区单元，每个可编程死区单元都有一个 16 位的死区控制寄存器 DBTCONA/B（可读写），一个输入时钟预分频器（x/1，x/2，x/4，x/8，x/16，x/32，x 为器件 CPU 的钟输入），三个 4 位的减计数器和控制逻辑。

死区单元的操作方式由死区控制寄存器 DBTCONA/B 来控制。DBTCONA 和 DBTCONB 各位的定义完全相同，不同之处用“/”符号区分。

死区控制寄存器 A/B（DBTCONA/DBTCONB）——地址 7415h/7515h

D15～D12	D11	D10	D9	D8
Reserved	DBT3	DBT2	DBT1	DBT0
RW_0	RW_0	RW_0	RW_0	RW_0

D7	D6	D5	D4	D3	D2	D1～D0
EDBT3	EDBT2	EDBT1	DBTPS2	DBTPS1	DBTPS0	Reserved
RW_0	RW_0	RW_0	RW_0	RW_0	RW_0	RW_0

注：R＝可读；W＝可写；_后的值为复位值。

D15～D12——Resrved，保留位。

D11～D8——DBT3～DBT0，死区定时器周期，这 4 位定义了 3 个死区定时器的周期值。

D7——EDBT3，死区定时器 3 使能位（对应比较单元 3/6 的引脚 PWM5/PWM11 和 PWM6/PWM12）。

0　禁止

1　使能

D6——EDBT2，死区定时器 2 使能位（对应比较单元 2/5 的引脚 PWM3/PWM9 和 PWM4/PWM10）。

0 禁止

1 使能

D5——EDBT1,死区定时器1使能位(对应比较单元1/4的引脚PWM1/PWM7和PWM2/PWM8)。

0 禁止

1 使能

D4～D2——DBTPS2～DBTPS0,死区定时器的预分频器(x=CPU的时钟频率)。

000	x/1	001	x/2
010	x/4	011	x/8
100	x/16	101	x/32
110	x/32	111	x/32

D1～D0——Resrved,保留位。

死区的输入是PH1、PH2和PH3,分别由比较单元1、2和3对称/非对称波形发生器产生,与其相对应的死区单元的输出是DTPH1、DTPH1_;DTPH2、DTPH2_;DTPH3、DTPH3_。经过输出逻辑,DTPH1和DTPH1_对应于PWM输出PWM1和PWM2(EVB为PWM7和PWM8),DTPH2和DTPH2_对应于PWM3和PWM4(EVB为PWM9和PWM10),DTPH3和DTPH3_对应于PWM5和PWM6(EVB为PWM11和PWM12)。

上述每两个信号的跳变沿有一段时间间隔,该时间间隔称为死区,死区的值由DBTCONA/B寄存器中的相应位决定:假如DBTCONA/B的D11～D8位定义的值为m,D4～D2位中的值对应的预分频因子为x/p(x为CPU时钟周期),则死区值为(pxm)个CPU时钟周期。

2)比较单元和PWM电路中的PWM波形产生

比较单元的输出逻辑电路决定了比较发生匹配时,输出引脚PWM1～PWM12上的输出极性和方式。通过设置ACTRA/B寄存器中的相应位可使输出方式为低有效、高有效、强制低、强制高。

(3)产生PWM的寄存器设置

比较单元和相关电路的所有三种PWM波形的产生需对相同的事件管理寄存器进行配置,产生PWM输出的设置步骤如下:

1)设置和装载ACTRx寄存器;

2)如果使能死区,则设置和装载DBTCONx寄存器;

3)设置和装载T1PR或T3PR寄存器,即规定PWM波形的周期;

4)初始化CMPRX寄存器;

5)设置和装载COMCONx寄存器;

6)设置和装载T1CON或T3CON寄存器,来启动比较操作;

7)更新CMPRx寄存器的值,使输出的PWM波形的占空比发生变化。

(4)非对称PWM波形的产生

边沿触发或非对称PWM信号的特性由PWM周期中心非对称的调制脉冲决定,如图4.8所示,每个脉冲的宽度只能从脉冲的一边开始变化。

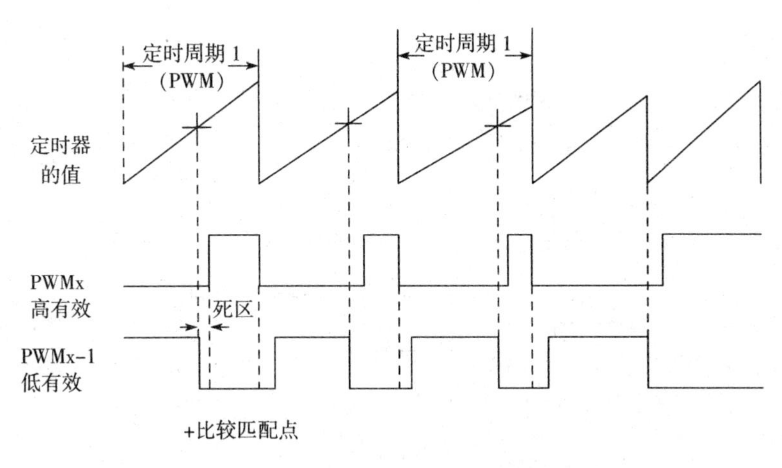

图 4.8　比较单元和 PWM 电路产生非对称的 PWM 波形

图 4.8 给出了 EVA 模块下的非对称的 PWM 波形，图中 x＝1，3，5，对于 EVB 模块也类似。为了产生非对称的 PWM 信号，需将通用定时器 1 设置为连续增计数模式。通用定时器 1 的周期寄存器装入了所需 PWM 载波周期的值。COMCONA 寄存器中的相应位用来设置比较操作使能，再将选中的输出引脚置成 PWM 输出并且使能这些输出。如果死区被使能，则通过软件将所需的死区值写入到 DBTCONA[11～8]中，并将它作为 4 位死区定时器的周期。一个死区值将用于所有的 PWM 输出通道。

用软件对 ACTRA 寄存器进行正确的配置后，与比较单元相关的一个 PWM 输出引脚上将产生 1 路正常的 PWM 信号，与此同时，另一个输出引脚可在 PWM 周期的开始、中间和末尾处保持低电平（关闭）或高电平（开启）。这种用软件可灵活控制 PWM 的输出尤其适用于对开关磁阻电机的控制。

通用定时器 1 启动后，比较寄存器在每个 PWM 周期中可重新写入新的比较值，以调整用于控制功率器件的导通和关断时间的 PWM 输出的宽度（即占空比发生变化）。因为比较寄存器是带影子寄存器的，所以在一个周期中的任何时候都可以将新值写入。同样，在周期的任何时候可以将新值写入到周期寄存器（T1PR）和比较方式控制寄存器（ACTRA）中，以改变 PWM 周期或强制改变 PWM 的输出方式。

（5）对称 PWM 波形的产生

对称 PWM 信号的特性由 PWM 周期中心对称的调制脉冲决定。对称 PWM 信号比非对称 PWM 信号的优势在于它在一个周期内有两个无效区段（每个 PWM 周期的开始和结束处）。当使用正弦波调整时，已经证明在交流电机（如感应电机）和直流无刷电机的相电流中对称的 PWM 信号比非对称的 PWM 信号引起的谐波失真更小。图 4.9 给出了对称 PWM 波形。

比较单元和 PWM 电路的 PWM 波形的产生与非对称的情况相似，唯一不同的是通用定时器的计数模式应设置为连续增/减计数模式。

在对称 PWM 波形发生一个周期内通常有两次比较匹配，一次在周期匹配前的增计数期间，另一次在周期匹配后的减计数期间。新的比较值在匹配后就更新了比较寄存器中的值，从而可以提前或推迟 PWM 脉冲的第二边沿的到来。这种修改 PWM 波形的特性可以弥补由交流电机控制中的死区所导致的误差。

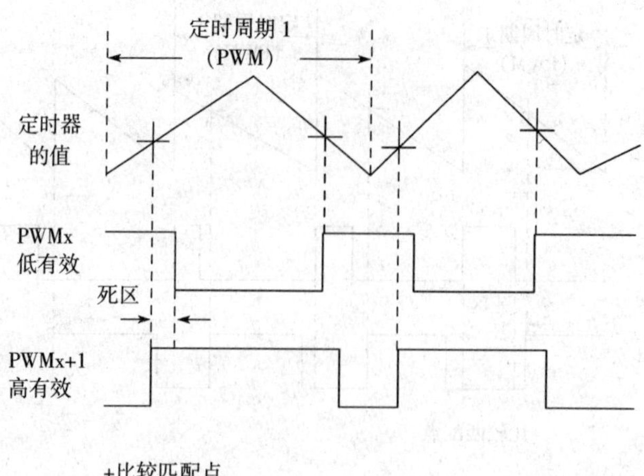

图 4.9　比较单元和 PWM 电路产生对称的 PWM 波形

4.3.7　事件管理的空间矢量 PWM 波形产生

空间矢量 PWM 是指三相功率转换器的 6 个功率晶体管的一种特殊转换机制，它可以使在三相交流电机的绕组中产生的电流谐波失真最小，它比用正弦波调制法更有效地利用电源电压。在这里对空间矢量 PWM 的原理不作介绍。

(1)产生空间矢量 PWM 波形的寄存器设置

每个 EV 模块都具有极大简化对称空间矢量 PWM 波形产生的内置硬件电路。为了输出空间矢量 PWM 波形，用户需要设置以下寄存器：

1)设置 ACTRx 寄存器用来定义比较输入引脚的输出方式；

2)设置 COMCONx 寄存器来使能比较操作和空间矢量 PWM 模式，并且把 CMPRx 的重装入条件设置为下溢；

3)将通用定时器 1 或 3 设置成连续增/减计数模式，并启动定时器；

而后，用户需确定在二维 $d-q$ 坐标系下输入到电机的电压 U_{out}，并分解 U_{out} 以确定每个 PWM 周期的以下参数：

4)两个相邻向量 U_x 和 U_{x+60}；

5)参数 T1、T2 和 T0；

6)将相应于 Ux 的开启方式写入到 ACTRx. 14～12 位中，并将 1 写入 ACTRx. 15 中，或者将 U_{x+60} 的开启方式写入 ACTRx. 14～12，并将 0 写入 ACTRx. 15 中；

7)将 T1/2 的值写入到 CMPR1 寄存器，将(T1＋T2)/2 值写入到 CMPR2 寄存器。

(2)空间矢量 PWM 硬件

为完成一个空间矢量 PWM 周期，每个 EV 模块的空间矢量 PWM 硬件工作如下：

1)在每个周期的开始，将 PWM 输出置成 ACTRx. 14～12 设置的新方式 Uy；

2)在增计数期间，当 CMPR1 和通用定时器 1 或 3 发生第一次匹配时，如果 ACTRx. 15 为 0，则 PWM 将输出方式 U_{y+60}；如果 ACTRx. 15 为 1，则 PWM 将输出方式 Uy($U_{0-60}=U_{300}$，$U_{360+60}=U_{60}$)；

3)在增计数期间，当CMPR2和通用定时器1或3发生第一次匹配时，即计数器达到(T1＋T2)/2时，PWM将输出开关方式000或111，它们与第二类输出方式之间只有1位的差别；

4)在减计数期间，当CMPR2和通用定时器1或3发生第二次匹配时，将PWM输出置回到第二类输出方式；

5)在减计数期间，当CMPR1和通用定时器1或3发生第二次匹配时，将PWM输出置回到第一类输出方式。

(3)未用到的比较寄存器

在产生空间矢量PWM输出中只用到了比较寄存器CMPR1和CMPR2。然而，CMPR3寄存器也一直在和通用定时器1进行比较，当发生一次比较匹配时，如相应的比较中断没有被屏蔽，则相应的比较标志将置位并发出中断请求信号。因此，没有用于空间矢量PWM输出的CMPR3寄存器仍可应用于其他定时器事件发生。同样地，由于状态机引入了附加延时，在空间矢量PWM模式中比较输出跳变被延时1个CPU脉冲周期。

(4)空间矢量PWM的边界条件

在空间矢量PWM模式中，当两个比较寄存器CMPR1和CMPR2装入的值都是0时，三个比较输出全部都变成无效。因此，在使用空间矢量PWM时应满足如下关系式：CMPR1≤CMPR2≤T1PR，否则将导致不可预测的情况发生。

(5)空间矢量PWM波形

生成的空间矢量PWM波形是关于每个PWM周期中心对称的，因此被称为对称空间矢量PWM生成法，图4.10给出了空间矢量PWM波形的示例。

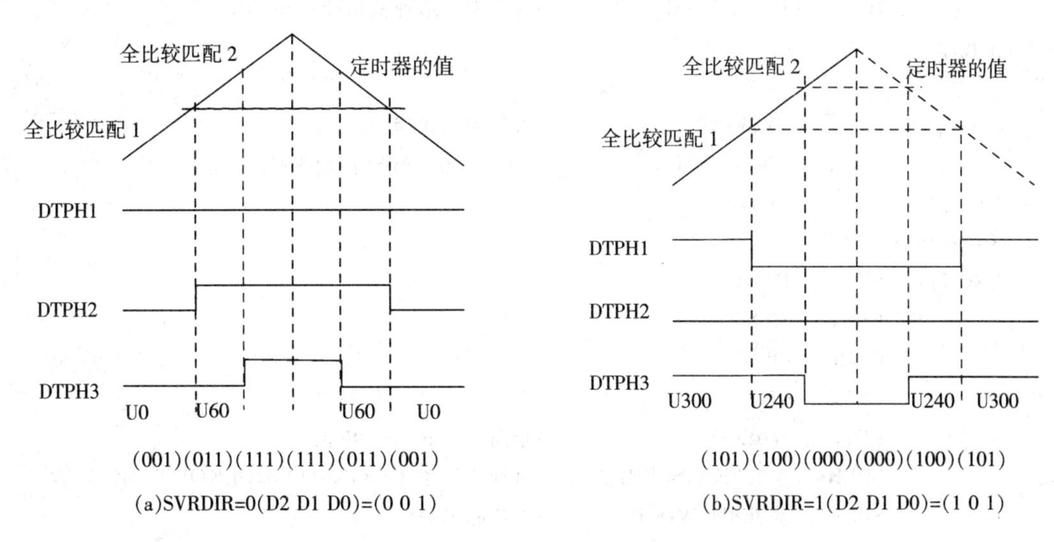

图4.10 对称空间矢量PWM波形

4.3.8 PWM波形产生举例

在PWM1～PWM6引脚上输出占空比不同的方波，PWM1、PWM3、PWM5引脚的PWM输出方式设置为高有效，PWM2、PWM4和PWM6引脚的PWM输出方式为低有效，死区时间为1.6us。采用EVA模块中的通用定时器1产生比较值。程序如下：

```
            .include "F2407REGS.H"          ;引用头部文件
            .def     _c_int0
;建立中断向量表
            .sect    ".vectors"             ;定义主向量段
RESVECT     B        _c_into                ;PM0 复位向量         1
INT1        B        PHANTOM                ;PM2 中断优先级 1     4
INT2        B        T1_INT                 ;PM4 中断优先级 2     5
INT3        B        PHANTOM                ;PM6 中断优先级 3     6
INT4        B        PHANTOM                ;PM8 中断优先级 4     7
INT5        B        PHANTOM                ;PMA 中断优先级 5     8
INT6        B        PHANTOM                ;PMC 中断优先级 6     9
RESERVED    B        PHANTOM                ;PME（保留位）        10
;中段子向量入口定义
            .sect    ".pvecs"               ;定义子向量段
PVECTOR     B        PHANTOM                ;保留向量地址偏移量   0000h
            B        PHANTOM                ;保留向量地址偏移量   0000h
                     ...
            B        PHANTOM                ;保留向量地址偏移量   0026H
            B        T3GP_ISR               ;保留向量地址偏移量   0027h T3PINT
            B        PHANTOM                ;保留向量地址偏移量   0028h 中断
                     ...
            B        PHANTOM                ;保留向量地址偏移量   0041h
;主程序
            .text
_c_int0:    CALL     SYSINIT                ;系统初始化程序
            CALL     PWM_INIT               ;EVA 模块 PWM 初始化程序
LOOP:       B        LOOP
;系统初始化子程序
SYSINIT:    SETC     INTM
            CLRC     SXM
            CLRC     OVM
            CLRC     CNF                    ;B0 区被配置为数据空间
            LDP      #0E0H                  ;指向 7000h～7080h 区
            SPLK     #80FEH,SCSR1           ;时钟 4 倍频,CLKIN=10M,CLKOUT=40M
            SPLK     #0E8H,WDCR             ;不使能 WDT
            LDP      #0
            SPLK     #02H,IMR               ;使能 INT2 中断
            SPLK     #0FFFFH,IFR            ;清全部中断标志
            RET
;PWM 初始化子程序
PWM_INIT:   LDP      #DP_PF2                ;指向 7080h～7100h 区
            LACL     MCRA
```

```
        OR      #0FC0H              ;IOPE[1～6] 被配置为基本功能方式
        SACL    MCRA
        LDP     #DP_EVA             ;指向 7500h～7580h 区;
        SPLK    #0666H,ACTRA        ;PWM2,4,6 低有效,PWM1,3,5 高有效
        SPLK    #02F4H,DBTCONA      ;使能死区控制
        SPLK    #400,CMPR1          ;设置 PWM1,2 的比较寄存器
        SPLK    #500,CMPR2          ;设置 PWM3,4 的比较寄存器
        SPLK    #600,CMPR3          ;设置 PWM5,6 的比较寄存器
        SPLK    #0A600H,COMCONA     ;使能比较操作
        SPLK    #80H,EVAIMRA
        SPLK    #0FFFFH,EVAIFRA     ;清 EVA 全部中断标志
        SPLK    #1000,T1PR          ;设置定时器 1 周期寄存器,PWM 周期为 1000 个
                                     CPU 时钟周期
        SPLK    #0,T1CNT
        SPLK    #1746H,T1CON        ;连续增计数模式,128 分频,内部 CPU 时钟,立即重装载
        SPLK    #41H,GPTCONA
        CLRC    INTM
        RET
;T1 中断子程序
T1_INT:     MAR     *,AR1           ;保护现场
            MAR     *+
            SST     #1,*+
            SST     #0,*
            LDP     #0E0H
            LACC    PIVR,1
            ADD     #PVECTORS
            BACC
T1INT_ISR:  LDP     #DP_EVA
            SPLK    #0,T1CNT        ;T1 的计数器重新赋 0
            LACL    EVAIFRA         ;清除 T1 的周期寄存器值
            AND     #80H
            SACL    EVAIFRA
GISR2_RET:  MAR     *,AR1           ;中断返回
            MAR     *+
            LST     #0,*-
            LST     #1,*-
            CLRC    INTM            ;开中断,因为一进中断就自动关闭中断
            RET
;假中断子程序
PHANTOM:    KICK_DOG                ;复位看门狗
            RET
            .END
```

4.4 捕获单元

4.4.1 捕获单元概述

捕获单元用于捕获引脚上电平的变化并记录它发生的时刻。事件管理器总共有6个捕获单元，对EVA模块，与它相关的捕获单元引脚有3个，它们分别是CAP1、CAP2和CAP3，它们可以选择通用定时器1或2作为它们的时基，然而CAP1和CAP2一定要选择相同的定时器作为它们的时基；对于EVB模块，与它们相关的捕获单元引脚也有3个，它们分别是CAP4、CAP5和CAP6，它们可以选择通用定时器3或4作为它们的时基，然而CAP4和CAP5一定要选择相同的定时器作为它们的时基。

当捕获输入引脚CAPx(对EVA，x=1,2,3；对EVB，x=4,5,6)上检测到所选的跳变时，所选的GP定时器的计数值被捕获并存入到一个2级深的FIFO栈中。EVA模块中的捕获单元结构如图4.11所示，对于EVB模块也类似，只是相应的通用定时器和寄存器的设置不同。

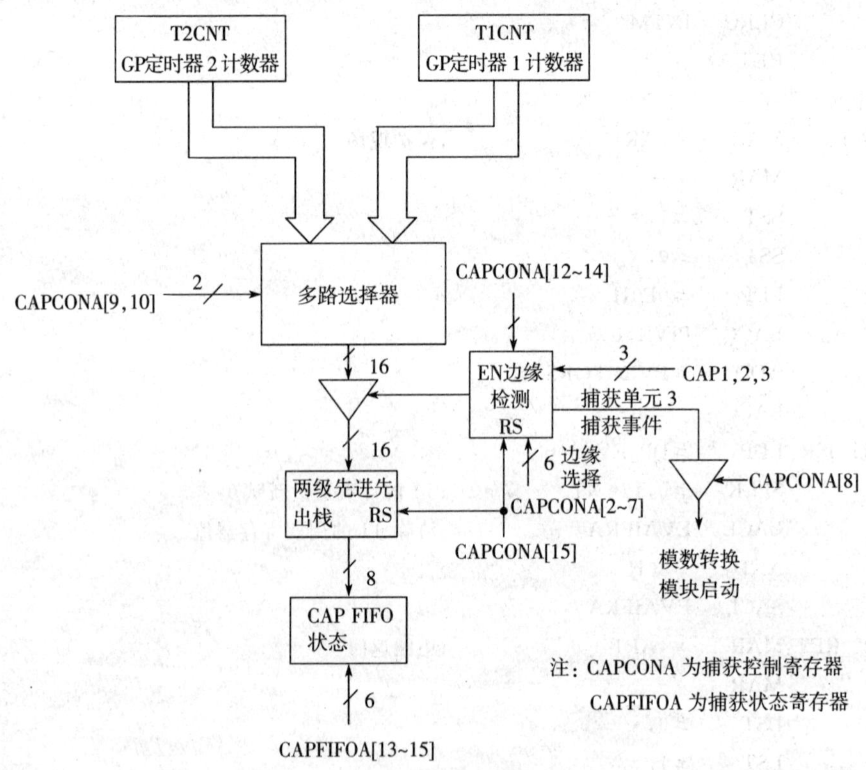

图4.11 EVA模块中的捕获单元结构图

捕获单元包括以下特性：

(1)1个16位的捕获控制寄存器CAPCONx；

(2)1个16位的捕获FIFO状态寄存器CAPFIFOx；

(3)可选择通用定时器1/2(对EVA)或者3/4(对EVB)作为时基；

(4)6 个 16 位 2 级深的 FIFO 栈(CAPxFIFO)，每个捕获单元一个；

(5)3 个施密特触发器输入引脚(对 EVA，CAP1/2/3；对于 EVB，CAP4/5/6)，每个捕获单元一个输入引脚(所有的输入和内部 CPU 时钟同步，为了使跳变被捕获，输入必须在当前电平保持两个 CPU 时钟周期。输入引脚 CAP1/2 和 CAP4/5 也可用作正交编码脉冲电路的正交编码脉冲输入)；

(6)用户可定义的跳变检测方式(上升沿，下降沿，或者上升下降沿)；

(7)6 个可屏蔽的中断标志位，每个捕获单元一个。

4.4.2　捕获单元操作

在捕获单元使能后，输入引脚上的指定跳变将所选通用定时器的计数值装入相应的 FIFO 栈。与此同时，相应的中断标志位被置位，如果该中断标志没有被屏蔽，则外设中断将产生一个中断请求信号。每当将捕获到的新计数值存入到 FIFO 栈时，捕获 FIFO 状态寄存器(CAPFIFOx)的相应位就进行调整以反映 FIFO 栈新的状态。从捕获单元输入引脚处发生跳变到通用定时器的计数值被锁存之间的延时需要两个 CPU 时钟周期。

(1)捕获单元时基的选择

对于 EVA 模块，捕获单元 CAP3 有自己的独立的时基选择位，而 CAP1、CAP2 有相同的时基选择位。即可以同时使用两个通用定时器，CAP1 和 CAP2 共用一个，而 CAP3 独立使用一个。在 EVB 模块，CAP6 有独立的时基选择位。

捕获单元的操作并不影响任何通用定时器或与通用定时器相关的比较/PWM 操作。

(2)捕获单元的设置

为使捕获单元正常工作，需要对寄存器进行以下设置：

1)初始化捕获 CAPFIFO，并将相应的状态位清 0；

2)设置通用定时器的一种操作模式；

3)如有必要，应设置相关通用定时器的比较寄存器或者周期寄存器；

4)设置相应的捕获控制寄存器 CAPCON。

(3)捕获单元的寄存器

捕获单元的操作由 4 个 16 位的寄存器 CAPCONA/B 和 CAPFIFOA/B 控制。由于使用了通用定时器 1～4 为捕获单元提供时基，因此也用到了寄存器 TxCON。寄存器 CAPCONA/B 也可以用于正交编码脉冲电路的检测。

1)捕获控制寄存器 A(CAPCONA)——地址 7420h

D15	D14～D13	D12	D11	D10	D9	D8
CAPRES	CAPQEPN	CAP3EN	Reserved	CAP3TSEL	CAP12TSEL	CAP3TOADC
RW_0	RW_0	RW_0	RW_0	RW_0	RW_0	RW_0

D7～D6	D5～D4	D3～D2	D1～D0
CAP1EDGE	CAP2EDGE	CAP3EDGE	Reserved
RW_0	RW_0	RW_0	RW_0

注:R＝可读；W＝可写；_后的值为复位值。

D15——CAPRES，捕获复位，读该位总为 0。

0　所有捕获单元和正交编码脉冲电路的寄存器清0

1　无操作

D14～D13——CAPQEPN,捕获单元1和2的控制位。

00　禁止捕获单元1和2,它们的FIFO栈保持原内容

01　使能捕获单元1和2

10　保留

11　保留

D12——CAP3EN,捕获单元3控制位。

0　禁止捕获单元3,它的FIFO栈保持原内容

1　使能捕获单元3

D11——Reserved,保留位。

D10——CAP3TSEL,捕获单元3的通用定时器选择位。

0　选择通用定时器2

1　选择通用定时器1

D9——CAP12TSEL,捕获单元1和2的通用定时器选择位。

0　选择通用定时器2

1　选择通用定时器1

D8——CAP3TOADC,捕获单元3事件启动模数转换。

0　无操作

1　当CAP3INT标志位时,启动模数转换

D7～D6——CAP1EDGE,捕获单元1的边沿检测控制位。

00　无检测　01　检测上升沿

10　检测下降沿　11　检测两个边沿

D5～D4——CAP2EDGE,捕获单元2的边沿检测控制位。

00　无检测　01　检测上升沿

10　检测下降沿　11　检测两个边沿

D3～D2——CAP3EDGE,捕获单元3的边沿检测控制位。

00　无检测　01　检测上升沿

10　检测下降沿　11　检测两个边沿

D1～D0——Reserved,保留位。

2)捕获FIFO状态寄存器A(CAPFIFOA)——地址7422h

D15～D14	D13～D12	D11～D10	D9～D8
Reserved	CAP3FIFO	CAP2FIFO	CAP1FIFO
RW_0	RW_0	RW_0	RW_0

D7～D0
Reserved
R_0

注:R=可读;W=可写;_后的值为复位值。

D15～D14——Reserved,保留位。

D13～D12——CAP3FIFO,捕获单元 3 的 FIFO 栈状态位。

00　空

01　已有一个值压入栈

10　已有两个值压入栈

11　栈中已有两个值且又压入一个值,则最先压入的值出栈,即丢弃

D11～D10——CAP2FIFO,捕获单元 2 的 FIFO 栈状态位。

00　空

01　有一个值压入栈

10　已有两个值压入栈

11　栈中已有两个值且又压入一个值,则最先压入的值出栈,即丢弃

D9～D8——CAP1FIFO,捕获单元 1 的 FIFO 栈状态位。

00　空

01　已有一个值压入栈

10　已有两个值压入栈

11　栈中已有两个值且又压入一个值,则最先压入的值出栈,即丢弃

D7～D0——Reserved,保留位。

由于 EVB 模块中的捕获单元寄存器(CAPCONB 和 CAPFIFOB)与 EVA 模块类似,这里只给出了它们的寄存器单元地址。

3)捕获控制寄存器 B(CAPCONB)——地址 7520h

D15	D14～D13	D12	D11	D10	D9	D8
CAPRES	CAPQEPN	CAP6EN	Reserved	CAP6TSEL	CAP45TSEL	CAP6TOADC
RW_0	RW_0	RW_0	RW_0	RW_0	RW_0	RW_0

D7～D6	D5～D4	D3～D2	D1～D0
CAP4EDGE	CAP5EDGE	CAP6EDGE	Reserved
RW_0	RW_0	RW_0	RW_0

注:R=可读;W=可写;_后的值为复位值。

4)捕获 FIFO 状态寄存器 B(CAPFIFOB)——地址 7522h

D15～D14	D13～D12	D11～10	D9～D8
Reserved	CAP3FIFO	CAP2FIFO	CAP1FIFO
RW_0	RW_0	RW_0	RW_0

D7～D0
Reserved
R_0

注:R=可读;W=可写;_后的值为复位值。

(4)捕获单元 FIFO 栈

每个捕获单元都具有一个专用的 2 级 FIFO 栈,顶层栈包括 CAP1FIFO、CAP2FIFO

和CAP3FIFO(对于EVA模块),CAP4FIFO、CAP5FIFO和CAP6FIFO(对于EVB模块);底层栈包括CAP1FBOT、CAP2FBOT和CAP3FBOT(对于EVA模块),CAP4FBOT、CAP5FBOT和CAP6FBOT(对于EVB模块)。这个FIFO堆栈可以装入两个值,第三个值装入时,会将第一个值挤出堆栈。

1)第1次捕获

当捕获单元的输入引脚出现指定跳变时,捕获单元就将捕获到的所选通用定时器的计数值写入到空栈的顶层寄存器。同时,CAPFIFOx寄存器中相应的FIFO状态位被置成01。如果在下一次捕获前对FIFO堆栈顶层寄存器进行了读访问,则FIFO状态位被复位成00,FIFO堆栈又成为空栈。

2)第2次捕获

如果在前次捕获计数值被读取之前产生了另一次捕获,则新的捕获到的计数值送至底层寄存器。同时,CAPFIFOx寄存器中相应的FIFO状态位被置成10。若在下一次捕获之前对FIFO堆栈进行了读访问,则顶层寄存器中的旧值被读取,底层寄存器中的新值被弹入到顶层寄存器中,则FIFO状态位被置成01。若此时再发生捕获,FIFO堆栈捕获溢出。

3)第3次捕获

如果发生了二次捕获而又未对顶层寄存器FIFO进行读访问,此时再发生捕获,则位于堆栈顶层寄存器中的旧值将被挤出丢弃,而堆栈底层寄存器中的计数值将弹入到顶层寄存器中,新捕获到的计数值被压入到底层寄存器中,并且FIFO的状态位置为11。

(5)捕获单元的中断

当进行捕获时捕获栈FIFO中至少有一个捕获到的计数值时,则相应的中断标志被置位。如果该中断没有被屏蔽,则会产生一个外设中断请求信号。如果使用了捕获中断,则可以从中断服务程序中读取捕获到的计数值。如果没有使用中断,则可以通过查询中断标志位和FIFO栈的状态位来确定是否发生了捕获事件,若已发生了捕获事件,则可从相应捕获单元的FIFO栈中读取捕获的计数值。

4.4.3 捕获单元应用举例

下面程序给出了用捕获单元3(CAP3)对脉冲进行捕获,事件管理器A(EVA)的通用定时器2对脉冲进行计数。捕获单元可捕获上升沿、下降沿和上升下降沿,在这里对脉冲的上升沿进行捕获,用中断的方式读取捕获值。

```
CAP3TEMP    .usect     ".data0",1          ;CAP3 临时寄存器
            .include   "F2407REGS.H"       ;引用头部文件
            .def       _c_int0
;建立中断向量
            .sect      ".vectors"          ;定义主向量段
RSECT       B          _c_int0             ;PM0 复位向量       1
INT1        B          PHANTOM             ;PM2 中断优先级 1    4
INT2        B          PHANTOM             ;PM4 中断优先级 2    5
INT3        B          PHANTOM             ;PM6 中断优先级 3    6
INT4        B          CAP3_INT            ;PM8 中断优先级 4    7
INT5        B          PHANTOM             ;PMA 中断优先级 5    8
```

```
INT6        B        PHANTOM          ;PMC中断优先级6      9
RESERVED    B        PHANTOM          ;PME（保留位）       10
;中断子向量入口定义    pvecs
            .sect    ".pvecs"         ;定义子向量段
PVECTORS    B        PHANTOM          ;保留向量地址偏移量   0000h
            B        PHANTOM          ;保留向量地址偏移量   0001h
                        ⋮
            B        PHANTOM          ;保留向量地址偏移量   0033h
            B        CAP3_ISR         ;保留向量地址偏移量   0034h  CAP3中断
            B        PHANTOM          ;保留向量地址偏移量   0035h
                        ⋮
            B        PHANTOM          ;保留向量地址偏移量   0041h
;主程序
            .text
_c_int0:    LDP      #5
            SPLK     #00H,CAP3TEMP
            CALL     SYSINIT          ;系统初始化程序
            CALL     CAP3INIT         ;CAP3初始化程序
            LOOP:    B                LOOP
;系统初始化子程序
SYSINIT:    SETC     INTM
            CLRC     SXM
            CLRC     OVM
            CLRC     CNF              ;B0区被配置为数据空间
            LDP      #0E0H            ;指向7000h~7080h区
            SPLK     #80FEH,SCSR1     ;时钟4倍频,CLKIN=10M,CLKOUT=40M
            SPLK     #0E8H,WDCR       ;不使能WDT
            LDP      #0
            SPLK     #0008H,IMR       ;使能INT4中断
            SPLK     #0FFFFH,IFR      ;清除全部中断标志
            RET
;CAP3初始化子程序
CAP3INIT:   LDP      #DP_PF2          ;指向7090h~7100h
            LACL     MCRA
            OR       #0020H           ;IOPA5被配置为特殊功能方式:CAP3
            SACL     MCRA
            LDP      #DP_EVA
            SPLK     #0FFFFH,T2PR     ;定时器周期比较寄存器设为最大
            SPLK     #1748H,T2CON     ;连续增计数模式,预分频为128,定时器计数使
                                       能,内部时钟
                                      ;定时器2比较使能
            SPLK     #0,T2CNT
            SPLK     #1004H,CAPCONA   ;CAP3捕获允许,捕获上升沿
```

```
          SPLK    #04H,EVAIMRC       ;CAP3 中断使能
          SPLK    #0FFFFh,EVAIFRC
          CLRC    INTM               ;开总中断
          RET
;CAP3 中断子程序
CAP3_INT: MAR     *,AR1              ;保护现场
          MAR     *+
          SST     #1,*+
          SST     #0,*
          LDP     #0E0H
          LACC    PIVR,1
          ADD     #PVECTORS
          BACC
CAP3_ISR: LDP     #DP_EVA
          LACL    CAP3FIFO
          LDP     #5
          SACL    CAP3TEMP           ;读出捕获的值
          LDP     #DP_EVA
          SPLK    #0,T2CNT           ;清 T2 计数值,使其重新计数
          LACL    EVAIFRC
          OR      #04H
          SACL    EVAIFRC
CAP3_RET: MAR     *,AR1              ;中断返回
          MAR     *+
          LST     #0,*-
          LST     #1,*-
          CLRC    INTM               ;开中断,因为一进中断就自动关闭中断
          RET
;假中断子程序
PHANTOM:  KICK_DOG                   ;复位看门狗
          RET
          .END
```

4.5 正交编码脉冲(QEP)电路

4.5.1 正交编码脉冲电路概述

许多运动控制系统都需要有正反两个方向的运动,为了对位置、速度进行控制,必须要测试出当前的运动方向。正交编码脉冲是两个频率变化且正交的(即相位相差 90°)脉冲,它可由电机轴上的光电编码器产生。通过两组脉冲的相位(上升沿的前后顺序)可以判断出运动的方向,通过记录脉冲的个数可以确定具体的位置,通过记录确定周期的脉冲个数可以计算出运动的速度。

每个事件管理器模块都有一个正交脉冲电路。该电路被使能后，可以在编码和记数引脚 CAP1/QEP1 和 CAP2/QEP2（对于 EVA 模块）或 CAP4/QEP3 和 CAP5/QEP4（对于 EVB 模块）上输入正交编码脉冲。正交编码脉冲可用于连接光电编码器以获得旋转机械的位置和速率等信息。两个 QEP 输入引脚与捕获单元 1 和 2（或 3 和 4）共享，因此需正确设置 CAPCONx 寄存器中相应的位来使能正交编码脉冲电路，并禁止捕获功能，从而将相关的输入引脚分配给正交编码脉冲电路。

4.5.2　正交编码脉冲电路的时基

通用定时器 2（或通用定时器 4）可单独作为正交编码脉冲电路的时基，作为正交编码脉冲电路的时基时，通用定时器的计数模式必须设置成定向增/减计数模式，并以正交编码脉冲电路作为时钟源。图 4.12 给出了 EVA 模块中正交编码脉冲电路的结构框图，对于 EVB 模块也类似。

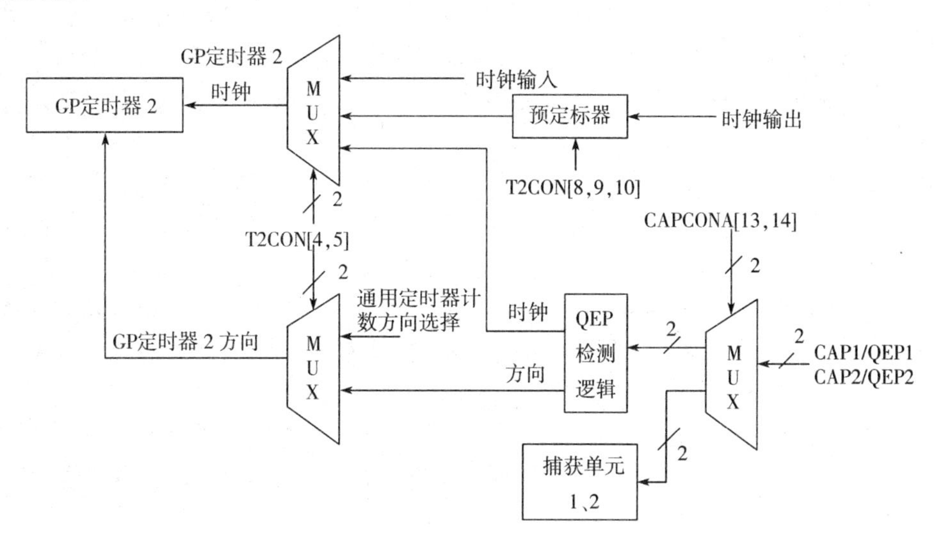

图 4.12　EVA 模块中正交编码脉冲电路的结构框图

注：MUX 为多路选择器；T2CON 为定时器控制寄存器；CAPCONA 为捕获控制寄存器

4.5.3　正交编码脉冲电路的编码

每个事件管理器模块中的正交编码脉冲电路的方向检测逻辑决定了两个序列中的哪一个是先导序列，接着它就产生方向信号作为通用定时器 2 或 4 的计数方向输入。CAP1/QEP1（CAP4/QEP3，对于 EVB 模块）输入是先导序列，则通用定时器进行增计数；如果 CAP2/QEP2（CAP5/QEP4，对于 EVB 模块）输入是先导序列，则通用计数器进行减计数。

两列正交输入脉冲的两个边沿都被正交编码脉冲电路计数，因此，产生的时钟频率是每个输入序列的 4 倍，并把这个时钟作为通用定时器 2 或 4 的输入时钟。

图 4.13 给出了正交编码脉冲、增/减计数方向及其时钟的波形。

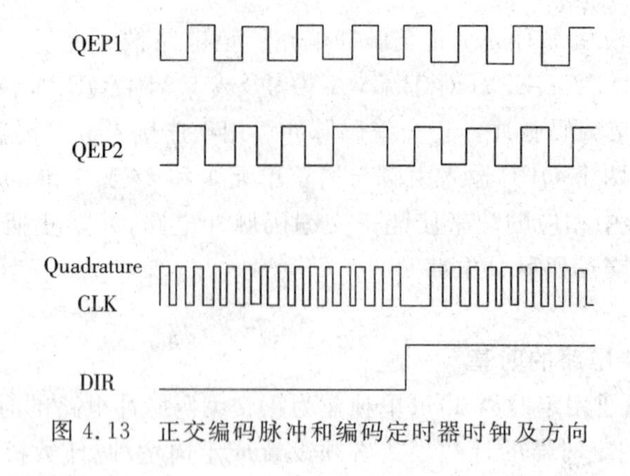

图 4.13　正交编码脉冲和编码定时器时钟及方向

4.5.4　正交编码脉冲电路的计数

通用定时器 2 或 4 总是从计数器中的当前值开始计数，因此可以在使能正交编码脉冲电路前将所需的值装载到所选通用定时器的计数器中。当正交编码脉冲电路的时钟作为通用定时器的时钟源时，选定的通用定时器将忽略输入引脚 TDIRA/B 和 TCLKINA/B(定时器方向和时钟)。

用正交编码脉冲电路作为时钟输入的通用定时器的周期、下溢、上溢和比较中断标志将产生于各自的匹配发生时。如果中断没有被屏蔽，将产生外设中断请求信号。

4.5.5　正交编码脉冲电路寄存器的设置

正交编码脉冲电路启动设置如下(以 EVA 模块为例，EVB 模块将定时器 2 改为定时器 4，将 CAPCONA 改为 CAPCONB)：

(1)将所需的值装载到通用定时器 2 的计数器、周期和比较寄存器中；

(2)设置 T2CON 寄存器，将通用定时器 2 设置成定向增/减计数模式，以正交编码脉冲电路作为时钟源并使能通用定时器 2；

(3)设置 CAPCONA 寄存器以使能正交编码脉冲电路。

4.5.6　应用实例

下面的程序为捕获单元的简单应用，在 CAP1/QEP1 和 CAP2/QEP2 引脚上接编码脉冲，采用定时器 2 作为正交编码脉冲的时钟源。

```
QEPTEMP   .usect     ".data0",1          ;QEP 临时寄存器
          .include   "F2407REGS.H"       ;引用头部文件
          .def       _c_int0
;主程序
          .text
_c_int0:  LDP        #5
          SPLK       #00H,QEPTEMP
          CALL       SYSINIT             ;系统初始化程序
          CALL       QEPINIT             ;QEP 初始化程序
LOOP:     LDP        #DP_EVA
```

```
            LACL    T2CNT
            LDP     #5
            SACL    QEPTEMP
            B       LOOP
;系统初始化子程序
SYSINIT:    SETC    INTM
            CLRC    SXM
            CLRC    OVM
            CLRC    CNF                 ;B0 区被配置为数据空间
            LDP     #0E0H               ;指向 7000h~7080h 区
            SPLK    #80FEH,SCSR1        ;时钟 4 倍频,CLKIN=10M,CLKOUT=40M
            SPLK    #0E8H,WDCR          ;不使能 WDT
            LDP     #0
            SPLK    #0000H,IMR          ;禁止中断
            SPLK    #0FFFFH,IFR
            RET
;QEP 初始化子程序
QEPINIT:    LDP     #DP_PF2             ;指向 7090h~7100h
            LACL    MCRA
            OR      #0018H              ;IOPA3、IOPA4 被配置为特殊功能方式:CAP1、CAP2
            SACL    MCRA
            LDP     #DP_EVA
            SPLK    #0FFFFH,T2PR        ;定时器周期比较寄存器设为最大
            SPLK    #1870H,T2CON        ;定向增减计数模式预分频为 128
                                        ;定时器记数使能,正交编码脉冲电路为时钟源
                                        ;定时器 2 比较使能
            SPLK    #0,T2CNT
            SPLK    #0000H,CAPCONA
            RET
            .END
```

4.6　模数转换模块(ADC)

4.6.1　模数转换模块(ADC)概述

LF2407 DSP 具有一个 16 位的模数转换(ADC)模块,能达到 500ns 以内的转换速度,可以直接用于电机或运动控制场合。TMS320LF240x 的模数转换模块 ADC 具有以下特性:

(1)带内置采样/保持(S/H)的 10 位模数转换模块 ADC 内核。

(2)多达 16 个的模拟输入通道(ADCIN0~ADCIN15)。

(3)自动排序的能力。在一次转换操作可最多执行 16 个通道的“自动转换”,而每次要转换的通道都可通过编程来选择。

(4)两个独立的 8 状态排序器(SEQ1 和 SEQ2)可以独立工作在双排序器模式,或者级

连之后工作在 16 状态排序器模式。

(5)在给定的排序方式下,4 个排序控制器(CHSELSEQn)决定了模拟通道转换的顺序。

(6)可单独访问的 16 个结果寄存器(RESULT0～RESULT15)用来存储转换结果。

(7)模数转换可由多个触发源启动:

1)软件:软件立即启动(使用 SOC 的 SEQn 位);

2)EVA:事件管理器 A(在 EVA 中有多个事件源);

3)EVB:事件管理器 B(在 EVB 中有多个事件源);

4)外部:ADCSOC 引脚。

(8)灵活的中断控制允许在每一个或每隔一个序列的结束时产生中断请求。

(9)排序器可工作在启动/停止模式,允许多个按时间排序的触发源同步转换。

(10)EVA 和 EVB 可分别独立地触发 SEQ1 和 SEQ2(仅用于双排序器模式)。

(11)采样/保持时间窗口有单独的预定标控制。

(12)校准模式。

(13)240xA 器件的 ADC 模块和 24x 器件的 ADC 模块不兼容,因此 24x 器件 ADC 程序代码不能被移植到 240xA 器件。

4.6.2 自动排序器的工作原理

模数转换模块 ADC 的排序器包括两个独立的 8 状态的排序器(SEQ1 和 SEQ2),这两个排序器可被级联成一个 16 状态的排序器(SEQ)。"状态"表示排序器可以执行的自动转换数目。单个排序器(16 状态 SEQ,级联)模式如图 4.14 所示,双排序器(两个 8 状态,SEQ1 和 SEQ2,独立的)模示如图 4.15 所示。

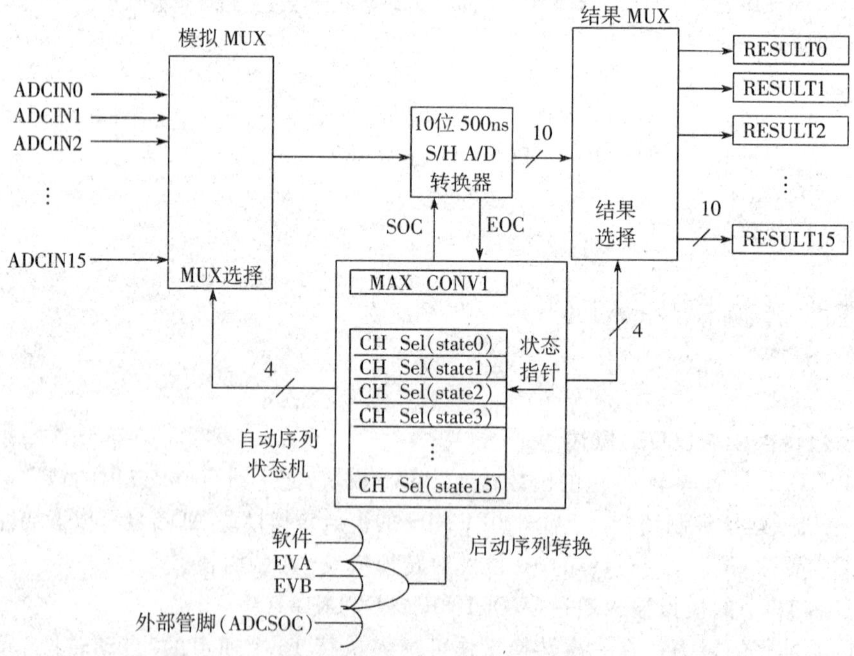

图 4.14 级连工作方式下自动排序 ADC 的结构框图

注:通道选择 0～15;MAXCONV=0～5

在这两种工作方式下，ADC 模块都能够对序列转换进行自动排序。对于每个转换，均可通过模拟输入通道的多路选择器来选择要转换的通道。转换结束后，转换后的数值结果保存在该通道相应的结果寄存器（RESULTn）中，即第 0 通道的转换结果保存在 RESULT0 中，第 1 通道的转换结果保存在 RESULT1 中，依此类推。而且，用户也可以对同一个通道进行多次采样，即对某一通道实行“过采样”，这样得到的采样结果比传统的采样结果分辨率高。

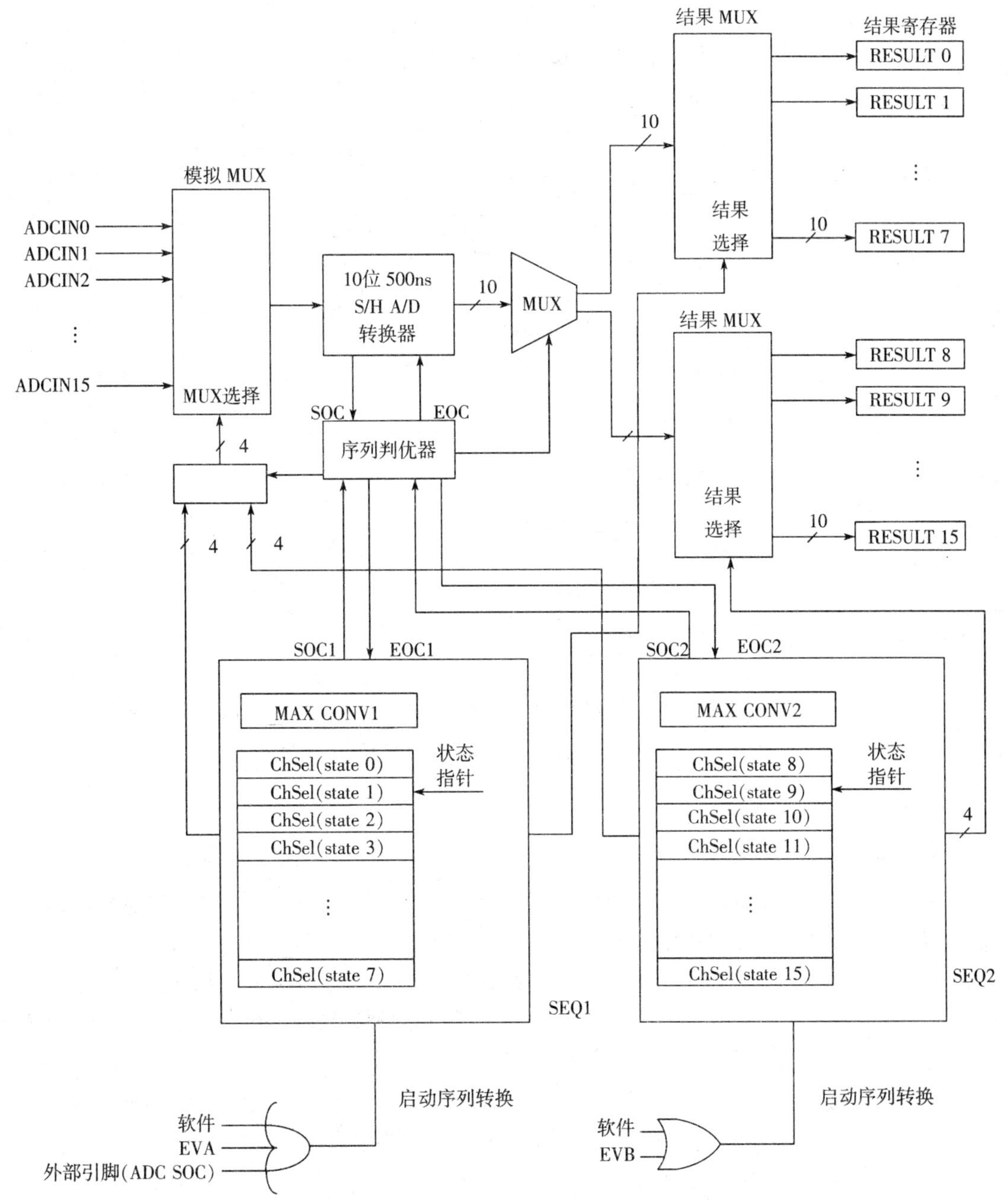

图 4.15 双排序器工作方式下自动排序 ADC 的结构框图

注：① 在 DSP 中只有一个 A/D 变换器，这个变换器由双排序器工作模式下的两个排序器共享。

② 可能的值为：通道选择：0～5；MAXCONV1：0～7；MAXCONV2：8～15

4.1.2 看门狗(WD)定时器的操作

看门狗WD定时器通过提供系统复位来解除系统软件错误和CPU故障。复位将使系统返回一个已知的起点。

看门狗用两种途径产生系统复位请求：

(1)WD计数器(WDCNTR)溢出或向WD复位关键字寄存器(WDKEY)写入一个不正常的值。

当系统正常工作时，WD计数器WDCNTR以WD控制寄存器所选的速率进行增计数，在WDCNTR溢出前，只要给复位关键字寄存器WDKEY写入一个正确值(先写入55h，紧接着写入AAh)就可以使WDCNTR清0，即从0开始计数而不会产生溢出。

当系统不正常时，也就不能给WDKEY写入正确值使WDCNTR清0，则WDCNTR将计满溢出，并在一个WDCLK(或用WDCLK除以预定标因子)时钟后发生系统复位操作。

任何其他次序的写入55h和AAh值或写入其他值都不能使WDCNTR清0，从而使系统复位。

(2)使用WD检查位。

WD定时器控制寄存器(WDCR)的检查位(WDCHK2～WDCHK0)一直和一个二进制常量101_2相比较。如果WD检查位与这个值不匹配，就会产生一个系统复位。所以一旦软件执行了错误的WDCR写操作或一个外部激励干扰(例如电压尖峰或其他干扰源)破坏了WDCR的内容，即除101_2以外的任何值写到WDCR的D5～D3位都会产生一个系统复位。

注意：向WDCR写入值时必须包括写到D5～D3的值101_2。

当系统上电复位时，看门狗就被使能。WD定时器被缺省为最快的WD速率(对于一个78125Hz的WDCLK，溢出频率为305.2Hz，溢出时间最小为3.28ms)。一旦复位由内部释放，CPU就开始执行程序，同时WD计数器就开始计数。因此为了避免过早发生复位，应在程序刚开始就对WD进行配置。

4.2 数字I/O端口

数字I/O是DSP与外界联系的接口。DSP芯片的数字I/O引脚大多数与其他功能模块引脚共享，既可作一般I/O用，也可作特殊功能使用。对于一般I/O，可作为输入也可作为输出。因此，DSP控制器的数字I/O引脚对应着两类寄存器：控制类寄存器和数据类寄存器。

通过编程DSP内部的数字I/O模块的这两类寄存器可以指定这些共享引脚是I/O还是功能引脚，指出作为一般I/O时的数据方向是输入还是输出，以及当前引脚对应的电平(数据)。

4.2.1 I/O端口概述

TMS320LF2407系列有多达40个通用、双向的数字I/O(GPIO)引脚，其中大多数都是特殊功能和一般I/O复用引脚，TMS320LF240x系列的大多数I/O引脚都可用来实现其他注意：在双排序器模式下，来自"非活动"的排序器的A/D启动请求将在"活动的"排序器完成采样之后自动开始执行，即假设A/D转换正在忙于处理SEQ2的任务，当SEQ1启动了一个SOC信号后，A/D转换器在完成SEQ2指定的排序的操作之后，立即开始响应SEQ1的排序请求，也即SEQ2转换完成后立即启动SEQ1转换。

8状态排序器工作方式和16状态排序器工作方式的操作大致相同。表4.10列出它们之间的对比情况。

为了描述方便，以后描述排序器时作以下规定：

1)排序器SEQ1指CONV00～CONV07；

2)排序器SEQ2指CONV08～CONV15；

3)级连排序器SEQ指CONV00～CONV15。

表4.10 双排序器和单排序器工作比较

特征	单8状态排序器1(SEQ1)	单8状态排序器2(SEQ2)	16状态级连排序器(SEQ)
开始转换触发方式	EVA、软件和外部引脚	EVB、软件	EVA、EVB、软件和外部引脚
最大自动转换通道数(排序器长度)	8	8	16
排序完成后自动停止	是	是	是
触发优先权	高	低	不适用
A/D转换结果寄存器分配	0～7	8～15	0～15
排序控制器位分配(CHSELSEQn)	CONV00～CONV07	CONV08～CONV15	CONV00～CONV15

(1)连续的自动排序模式

下面针对8状态排序器(SEQ1和SEQ2)讲解。在这种模式下，SEQ1/SEQ2在一次排序过程中可以对多达8个任意通道进行自动排序转换，每次转换结果被保存到8个结果寄存器(SEQ1为RESULT0～RESULT7，SEQ2为RESULT8～RESULT15)中。这些寄存器是从低到高进行写入值。

在一个排序中的转换个数受MAX CONVn(MAXCONV寄存器中的一个3位域或4位域)控制，它的值在自动排序转换开始时被装载到自动排序状态寄存器(AUTO_SEQ_SR)的排序计数器状态域(SEQCNTR3～0)。MAXCONVn域的值在0到7范围变化，当排序器从通道CONV00开始有循序的转换时，SEQCNTRn段域的值从装载值开始向下计数直到SEQ CNTRn为0。一次自动排序中完成的转换数为MAXCONVn+1。

连续的自动排序方式A/D转换流程图如图4.16所示。

一旦转换启动(SOC)触发器被排序器收到后，转换立刻开始，SOC触发器载入在SEQCNTRn位，在CHSEISEQn寄存器指定的通道已预先决定的顺序进行转换。每个转换结束后，SEQ CNTRn位自动减少1。在SEQ CNTRn达到0时，将根据ADCTRL1寄存器的连续运行(CONT RUN)位的状态，发生以下事情：

1)如果CONT RUN位置1，转换排序自动再次启动(SEQ CNTRn重载MAXCONV1中的初始值，并且SEQ1状态被置于CONV00)。在这种情况下，必须确保在下一次转换排序开始之前读取结果寄存器。在ADC模块向结果寄存器写入数据而用户却想从结果寄存器中读取数时，ADC的仲裁逻辑确保结果寄存器不会崩溃。

2）如果CONT RUN位没有置位，则排序会停留在过去的状态（例如CONV06），并且SEQCNTRn继续保持0值。

因为每次SEQCNTRn达到0时，中断标志会被置1。如果需要，用户可以使用ADCTRL2寄存器的RST SEQn位，在中断服务程序（ISR）中手动复位排序器，以便下一次转换启动时，SEQ CNTRn位可以重载MAX CONV1的初始值，并且SEQ1状态被设置为CONV00。

这一特性在排序器的启动/停止操作中很有用，本实例也可以用于SEQ2和级联的16状态排序器SEQ。

（2）排序器的启动/停止模式

除了不中断的自动排序模式外，任何一个排序器（SEQ1、SEQ2或SEQ）都可工作在启动/停止模式，在该方式下，可实现和多个转换启动触发器时间上同步。但是排序器完成第一个转换序列之后，可以在没有复位到初始状态CONV00情况下，被重触发。因此当一个转换排序结束后，排序器停留在当前的转换状态。ADCTRL1寄存器的连续运行位必须设置为0（禁止）。

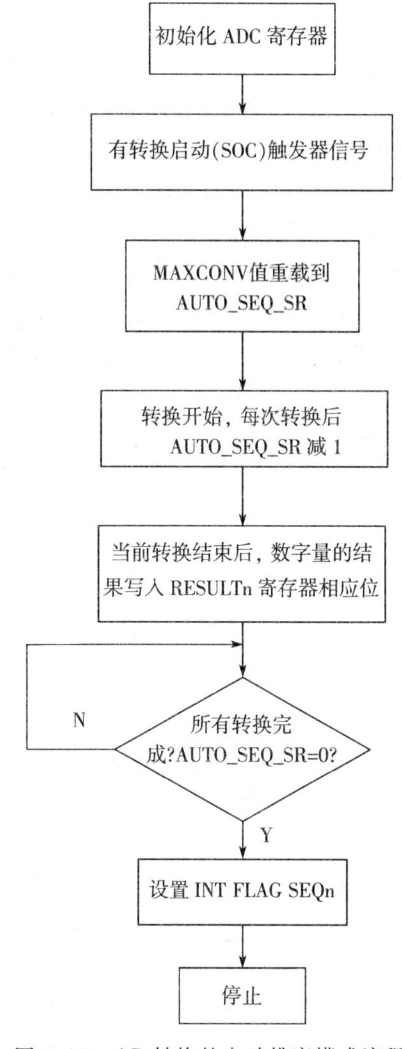

图4.16　AD转换的自动排序模式流程

【例4.1】 排序器的启动/停止操作

使用触发器1（下溢）启动3个自动转换（如5、2、3），使用触发器2（定时周期）启动4个自动转换（1、3、4、6）。触发器1和触发器2时间间隔为25us，并且由事件管理器A（EVA）提供。

在这种情况下，MAX CONV1的值被设置为2，并且ADC模块的输入通道选择排序控制寄存器（CHSELSEQn）应置1，见表4.11所列。

表4.11　CHESELQn寄存器填入值

	Bit 15～12	Bit 11～8	Bit 7～4	Bit 3～0	
70A3	1	3	2	5	CHSELSEQ1
70A4	x	6	4	3	CHSELSEQ2
70A5	x	x	x	x	CHSELSEQ3
70A6	x	x	x	x	CHSELSEQ4

注：表中数值为十进制，x为不需要关心的值。

复位和初始化之后，SEQ1 等待一个触发源信号。第一个触发源到来之后，执行通道选择值为 CONV00(5)、CONV01(2)和 CONV02(3)的 3 个转换，然后，SEQ1 在当前状态等待另一个触发源信号。当第二个触发源到来后 25us，ADC 模块开始另外 4 个转换，通道选择值为 CONV03(1)、CONV04(3)、CONV05(4)和 CONV06(6)。

在两种触发源的情况下，MAXCONV1 的值被自动装入 SEQ CNTR1 中。如果第二个触发源信号到来时要求转换的数目和第一个触发源时不一样，用户必须(在第二个触发源到来之前)用软件改变 MAX CONV1 的值，否则重新使用当前的 MAX CONV1 的值(初始载入的)，改变 MAX CONV1 的值可以在适当的时候由中断服务程序(ISR)来完成。

在第 2 个自动转换完成后，ADC 的结果寄存器的值见表 4.12 所列。

表 4.12 ADC 的结果寄存器的值

缓冲寄存器	ADC 结果缓存
RESULT0	5 号通道 A/D 转换结果
RESULT1	2 号通道 A/D 转换结果
RESULT2	3 号通道 A/D 转换结果
RESULT3	1 号通道 A/D 转换结果
RESULT4	3 号通道 A/D 转换结果
RESULT5	4 号通道 A/D 转换结果
RESULT6	6 号通道 A/D 转换结果
RESULT7	任意值
RESULT8	任意值
RESULT9	任意值
RESULT10	任意值
RESULT11	任意值
RESULT12	任意值
RESULT13	任意值
RESULT14	任意值
RESULT15	任意值

完成第二个触发源转换后，SEQ1 在当前状态等待另一个触发源到来。用户可以通过软件复位 SEQ1 到 CONV00，并重复同样的触发源 1、2 转换操作。

(3)输入触发器描述

每一个排序器都有一组能被使能或禁止的触发源。SEQ1、SEQ2 和 SEQ 的有效输入触发源见表 4.13 所列。

表 4.13　SEQ1、SEQ2 和 SEQ 的有效输入触发源

SEQ1(排序器 1)	SEQ2(排序器 2)	级联的 SEQ
软件触发器(软件 SOC) 事件管理器 A(EVASOC) 外部 SOC 引脚(ADCSOC)	软件触发器(软件 SOC) 事件管理器 B(EVBSOC)	软件触发器(软件 SOC) 事件管理器 A(EVASOC) 事件管理器 B(EVBSOC) 外部 SOC 引脚(ADCSOC)

1)当一个排序器处于空闲状态时,一个 SOC 触发器可以初始化一个自动转换排序。在接收到一个触发器之前,一个休眠状态既可以是 CONV00,也可以是当一个转换排序完成后的排序器所处的状态,也即当 SEQ CNTRn 已经达到 0 值。

2)如果当前转换排序正在进行时,一个新的启动触发信号到来,它可以设置 ADCTRL2 寄存器中 SOC SEQn 位为 1(该位在前一个转换开始时被清除)。如果另一个 SOC 触发器发生了,则该自动触发信号丢失。

3)一旦被触发后,排序器不能在转换中停止或中断,程序必须等待直到一个排序结束(EOS),或者使排序器复位。复位使排序器立即返回到空闲的初始状态(SEQ1 的为 CONV00,SEQ2 的为 CONV08)。

4)当 SEQ1/2 工作在级联模式下,到 SEQ2 的触发信号被忽略,而 SEQ1 触发器是有效的。级联方式看作 SEQ1 具有 16 个状态而不是 8 个状态。

(4)排序转换期间的中断操作

排序器可以工作在两种中断模式下,这两种方式由 ADCTRL2 寄存器中的中断模式使能控制位决定。

1)模式 1:每当转换结束时(EOS 到来时)产生中断请求,一般用于连续自动排序模式或启动/停止模式时两个序列的采样通道个数不相等的情况。

在连续自动排序模式时,可在相应的中断服务程序中从 ADC 结果寄存器读取转换值,然后排序器自动将转换指针指向 CONV00。

在启动/停止模式时,第一个序列转换结束产生中断请求,可在第一个中断服务程序中修改最大转换通道寄存器 MAXCONV 的值(为第二个转换序列的通道个数减 1);当第一个触发源到来进行的序列转换结束后,产生第二次中断请求,在第二个中断服务程序中,将完成修改 MAXCONV 的值(改为第一个转换序列的通道个数减 1);从 ADC 结果寄存器依次读出两个序列的转换值,复位排序器的操作;然后再等待第一个触发源的到来,进行重复转换操作。

2)模式 2:情况 2 为两个序列的采样个数相等。在这种情况下,使用中断方式 2(每隔一个 EOS 信号产生中断请求)。

每隔一次转换结束(第二次 EOS 信号到来)时产生中断请求。一般适用于启动/停止模式时两个序列的采样个数相等的情况。

当第一个序列转换结束时,仅将 ADC 中断标志位置 1(而中断请求被屏蔽),只有当第二个序列各通道转换结束才产生中断请求,在中断服务程序中完成读取两个序列转换值和排序器复位的操作。

4.6.3　ADC 时钟预定标

TMS320LF240x 的 ADC 的采样/保持(S/H)模块可以调节，以适应输入信号阻抗的变化，这可以通过改变 ADCTR1 寄存器 ACQ PS3～ACQ PS0 位和 CPS 位来实现，模数转换(ADC)过程可以分为两个时段，如图 4.17 所示。

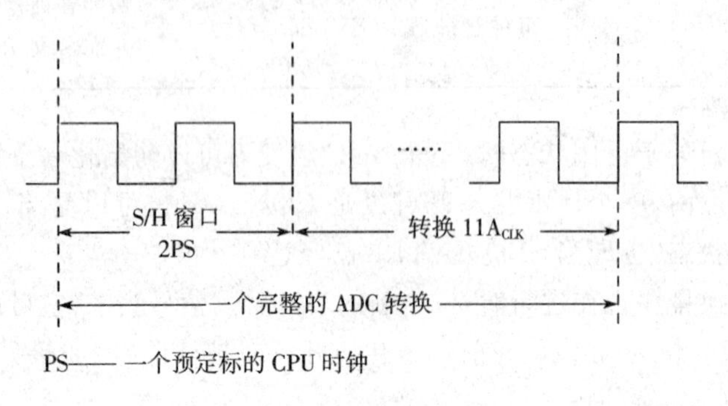

图 4.17　模数转换过程的时间段

如果预定标器 prescale＝1(ACQ PS3～ACQ PS0 位的值全为 0)，并且 CPS＝0，则 PS 将和 CPU 时钟一样，对于预定标器的其他任何值，PS 值将被放大(有效地增加采样/保持窗口的时间)，如 ACQ PS3～ACQ PS0 位的采样时间窗口所描述，如果 CPS 为 1，则采样/保持(S/H)窗口长度为原来的 2 倍。S/H 窗口的加倍再加上预定标器所提供的扩展才是最终的 PS 值。图 4.18 显示了 ADC 模块中预定标器位的作用。注意，如果 CPS＝0，PS 和 A_{CLK}将等于 CPU 时钟。

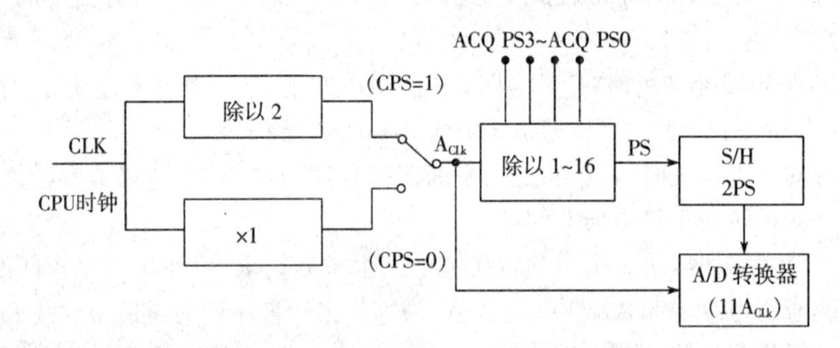

图 4.18　AD 模块中预定标器的作用

4.6.4　校准模式

在校准的方式下，ADCINn 引脚没有接到 A/D 转换器，且不能对排序器进行操作。接到 A/D 转换器输入端的信号由位 BRG ENA(桥使能)和位 HI/LO(VREFHI/VREFLO 选择)确定。这两位将 VREFHI、VREFLO 或者它们的中间值送到 A/D 转换器的输入端，然后 ADC 模块完成一次转换。校准模式可以计算 ADC 模块的零、中点和最大值的偏置误差，该误差值的二进制补码被保存在 CALIBRATION 寄存器(二进制补码操作只适用于误差值为负的情况)。在这基础上，ADC 硬件自动将偏移误差量加到转换值上。

校准寄存器 CALIBRATION——地址 70B8h

D15	D14	D13	D12	D11	D10	D9	D8
D9	D8	D7	D6	D5	D4	D3	D2

D7	D6	D5	D4	D3	D2	D1	D0
D1	D0	0	0	0	0	0	0

总之 CALIBRATION 寄存器中保存校准模式下的最终结果。在正常模式下，在 ADC 转换结果被保存到结果寄存器之前，CALIBRATION 寄存器中的值被自动加到 ADC 转换结果的输出。

4.6.5 自测试模式

自测试模式用来检测 ADC 引脚的短路/开路。在这种情况下，采样周期为正常模式的两倍。在采样周期的前半部分，除了用户提供的模拟输入信号外，VREFHI 或者 VREFLO 被接到 ADC 转换器的输入；在采样周期的后半部分，只有用户提供的信号被接到 ADC 转换器的输入。假设使用 VREFHI 作自测试，且 ADC 引脚为开路，则结果寄存器中只包含表示 VREFHI 的数字值。

自测试模式只能用来检测短路或开路，在正常工作模式下不能使用。而且正常模式和自测试模式不能同时使用。

4.6.6 ADC 模块的寄存器

ADC 模块寄存器地址见表 4.14 所列。

表 4.14　ADC 模块寄存器地址列表

地　址	寄存器	名称
70A0h	ADCTRL1	ADC 控制寄存器 1
70A1h	ADCTRL2	ADC 控制寄存器 2
70A2h	MAXCONV	最大转换通道数寄存器
70A3h	CHSELSEQ1	通道选择排序控制寄存器 1
70A4h	CHSELSEQ2	通道选择排序控制寄存器 2
70A5h	CHSELSEQ3	通道选择排序控制寄存器 3
70A6h	CHSELSEQ4	通道选择排序控制寄存器 4
70A7h	AUTO_SEQ_SR	自动排序状态寄存器
70A8h	RESULT0	转换结果缓冲寄存器 0
70A9h	RESULT1	转换结果缓冲寄存器 1
70AAh	RESULT2	转换结果缓冲寄存器 2

（续表）

地　址	寄存器	名称
70ABh	RESULT3	转换结果缓冲寄存器 3
70ACh	RESULT4	转换结果缓冲寄存器 4
70ADh	RESULT5	转换结果缓冲寄存器 5
70AEh	RESULT6	转换结果缓冲寄存器 6
70AFh	RESULT7	转换结果缓冲寄存器 7
70B0h	RESULT8	转换结果缓冲寄存器 8
70B1h	RESULT9	转换结果缓冲寄存器 9
70B2h	RESULT10	转换结果缓冲寄存器 10
70B3h	RESULT11	转换结果缓冲寄存器 11
70B4h	RESULT12	转换结果缓冲寄存器 12
70B5h	RESULT13	转换结果缓冲寄存器 13
70B6h	RESULT14	转换结果缓冲寄存器 14
70B7h	RESULT15	转换结果缓冲寄存器 15
70B8h	CALIBRATION	校准结果寄存器,用来校正转换结果

(1)ADC 控制寄存器

ADC 控制寄存器有两个,ADCTRL1 和 ADCTRL2。下面分别讨论这两个寄存器。

1)ADC 控制寄存器 1(ADCTRL1),映射地址——70A0h

D15	D14	D13	D12	D11	D10	D9	D8
Reserved	RESET	SOFT	FREE	ACQPS3	ACQPS2	ACQPS1	ACQPS0
RW_0	RW_0	RW_0	RW_0	RW_0	RW_0	RW_0	RW_0

D7	D6	D5	D4	D3	D2	D1	D0
CPS	CONT RUN	INT PRI	SEQ CASC	CAI ENA	BRG ENA	HI/LO	STEST ENA
RW_0	RW_0	RW_0	RW_0	RW_0	RW_0	RW_0	RW_0

注:R=可读;W=可写;_后的值为复位值。

D15——Reserved,保留位。

D14——RESET ,ADC 模块软件复位。这位会对整个 ADC 模块产生一个主动复位。当器件复位引脚被拉为低电平(或上电复位)时,则产生复位,同时所有寄存器位和排序器状态机都复位到初始状态。

0　无影响

1 复位整个ADC模块(然后由ADC逻辑置回0)

D13～D12——SOFT位和FREE位。这两位决定当仿真挂起,ADC模块将做什么工作。在自由运行模式下,无论仿真在做什么工作,外设ADC模块继续工作;在停止模式下,仿真挂起时,外设ADC模块或者立即停止或者完成当前操作之后停止。

00 仿真挂起时,ADC模块立即停止

10 仿真挂起时,ADC模块完成当前转换后停止

X1 自由运行,不管有否仿真挂起,继续操作

D11～D8——ACQ PS3～ACQ PS0,采样时间窗口一预定标位3～0。这几位定义了应用于ADC转换的采样部分的时钟预定标系数。预定标值定义见表4.15和表4.16所列。表4.15是针对30MHz的CPU,表4.16是针对40MHz的CPU。

表4.15 ADC的采样时钟预定标值(30MHz的CPU)

	ACQ PS3	ACQ PS2	ACQ PS1	ACQ PS0	预定标器(除以)	采样时间窗口	信号源阻抗 Z/Ω (CPS=0)	信号源阻抗 Z/Ω (CPS=1)
0	0	0	0	0	1	$2\times T_{clk}$	67	385
1	0	0	0	1	2	$4\times T_{clk}$	385	1020
2	0	0	1	0	3	$6\times T_{clk}$	702	1655
3	0	0	1	1	4	$8\times T_{clk}$	1020	2290
4	0	1	0	0	5	$10\times T_{clk}$	1337	2925
5	0	1	0	1	6	$12\times T_{clk}$	1655	3560
6	0	1	1	0	7	$14\times T_{clk}$	1972	4194
7	0	1	1	1	8	$16\times T_{clk}$	2290	4829
8	1	0	0	0	9	$18\times T_{clk}$	2607	5464
9	1	0	0	1	10	$20\times T_{clk}$	2925	6099
A	1	0	1	0	11	$22\times T_{clk}$	3242	6734
B	1	0	1	1	12	$24\times T_{clk}$	3560	7369
C	1	1	0	0	13	$26\times T_{clk}$	3877	8004
D	1	1	0	1	14	$28\times T_{clk}$	4194	8639
E	1	1	1	0	15	$30\times T_{clk}$	4512	9274
F	1	1	1	1	16	$32\times T_{clk}$	4829	9909

表 4.16 ADC 的采样时钟预定标值(40MHz 的 CPU)

	ACQ PS3	ACQ PS2	ACQ PS1	ACQ PS0	预定标器(除以)	采样时间窗口	信号源阻抗 Z/Ω (CPS=0)	信号源阻抗 Z/Ω (CPS=1)
0	0	0	0	0	1	$2\times T_{clk}$	53	291
1	0	0	0	1	2	$4\times T_{clk}$	291	767
2	0	0	1	0	3	$6\times T_{clk}$	529	1244
3	0	0	1	1	4	$8\times T_{clk}$	767	1720
4	0	1	0	0	5	$10\times T_{clk}$	1005	2196
5	0	1	0	1	6	$12\times T_{clk}$	1244	2672
6	0	1	1	0	7	$14\times T_{clk}$	1482	3148
7	0	1	1	1	8	$16\times T_{clk}$	1720	3625
8	1	0	0	0	9	$18\times T_{clk}$	1958	4101
9	1	0	0	1	10	$20\times T_{clk}$	2196	4577
A	1	0	1	0	11	$22\times T_{clk}$	2434	5053
B	1	0	1	1	12	$24\times T_{clk}$	2672	5529
C	1	1	0	0	13	$26\times T_{clk}$	2910	6005
D	1	1	0	1	14	$28\times T_{clk}$	3148	6482
E	1	1	1	0	15	$30\times T_{clk}$	3386	6958
F	1	1	1	1	16	$32\times T_{clk}$	3625	7434

D7——CPS,转换时钟预定标位。这位定义了 ADC 逻辑时钟的预定标。

0 CPU 时钟 1 分频

1 CPU 时钟 2 分频

D6——CONT RUN,连续运行。这位决定排序器工作在连续转换模式或者启动/停止模式。当一个当前转换序列在工作时,可以写该位,但是只有在当前转换序列完成之后才生效。直到 EOS(转换排序约束)发生后,软件可以设置/清除该位。在连续转换模式下,用户不用对排序器复位,而在启动/停止模式下,排序器必须复位,以使排序器置于状态 CONV00。

0 启动/停止模式

1 连续转换模式

D5——INT PRI,中断请求优先级。

0 高优先级

1 低优先级

D4——SEQ CASC,级联排序器操作。这位决定了 SEQ1 和 SEQ2 是工作在双 8 状态排序器模式还是工作在一个 16 状态排序器模式(SEQ)。

0　双排序器工作模式，SEQ1 和 SEQ2 作为两个 8 状态排序器

1　级联模式，SEQ1 和 SEQ2 级联起来作为 16 状态排序器

D3——CAL ENA，偏差校准使能。

当该位设置为 1 时，CAL ENA 禁止输入通道复用，并且将 BRG ENA 位（参考电压选择位）和 HI/LO 位（VREFHI/VREFLO 选择）选择校准参考连接到 A/D 转换器输入端。校准转换可以由 ADCTRL2 寄存器的 14 位（STRTCAL）启动。注意，STRT CAL 位使用之前，CAL ENA 应该置于 1。

0　禁止校准模式

1　使能校准模式

如果 STEST ENA=1，则该位不应该设置为 1。

D2——BRG ENA，参考电压选择位。在校准模式下，与 HI/LO 一起，BRGENA 位允许一个参考电压被转换。

0　满值参考电压被应用到 ADC 输入

1　参考的中点电压被应用到 ADC 输入

D1——HI/LO，参考电压高/低端点选择。

当自检测模式使能（STESTENA=1）时，HI/LO 定义被连接的测试电压。在校准模式下，HI/LO 定义参考信号源的极性，见表 4.17 所列；在一般操作模式下 HI/LO 无效。

0　用 VREFLO 作为 ADC 输入的预先电压值

1　用 VREFHI 作为 ADC 输入的预先电压值

表 4.17　参考电压位选择

BRGENA	HI/LO	CAL ENA=1 参考电压/V	STEST ENA=1 参考电压/V
0	0	VREFLO	VREFLO
0	1	VREFHI	VREFHI
1	0	(VREFHI－VREFLO)/2	VREFLO
1	1	(VREFLO－VREFHI)/2	VREFHI

D0——STESTENA，自测试允许位。

0　禁止自测试模式

1　使能自测试模式

2）ADC 控制寄存器 2（ADCTRL2），映射地址——70A1h

D15	D14	D13	D12	D11	D10	D9	D8
EVB SOC SEQ	RST SEQ1/ STRT CAL	SOC SEQ1	SEQ1 BSY	INT ENA SEQ1 (Mode 1)	INT ENA SEQ1 (Mode 0)	INT FLAG SEQ1	EVA SOC SEQ1
RW_0	RS_0	RW_0	R_0	RW_0	RW_0	RC_0	RW_0

D7	D6	D5	D4	D3	D2	D1	D0
EXT SOC SEQ1	RST SEQ2	SOC SEQ2	SEQ2 BSY	INT ENA SEQ2 (Mode 1)	INT ENA SEQ2 (Mode 0)	INT FLAG SEQ2	EVB SOC SEQ2
RW_0	RS_0	RW_0	R_0	RW_0	RW_0	RC_0	RW_0

注:R=可读;W=可写;S=只能设置;C=清除;_后的值为复位值。

D15——EVB SOC SEQ,EVB 的 SOC 信号使能为级联排序器,这位仅仅在级联方式下有效。

0　无动作

1　允许级联的排序器 SEQ 由事件管理器 B(EVB)的信号来启动

D14——RST SEQ1/STRT CAL,复位排序器 1/启动校准方式。

情况 1:ADCTRL1 的位 3=0 时,禁止校准。

0　无动作

1　立即复位排序器到状态 CONV00

此时写 1 到该位将立刻复位排序器到一个初始预触发状态,退出当前工作中的转换序列。

情况 2:ADCTRL1 的位 3=1 时,校准使能,写 1 到该位将开始转换器校准。

0　无动作

1　立即启动校准过程

D13——SOC SEQ1,SEQ1 的转换启动(SOC)触发器信号,这位可以由下列触发源设置:

① S/W:由软件向该位写 1;

② EVA:事件管理器 A;

③ EVB:事件管理器 B(仅在级联模式);

④ EXT:外部引脚(ADCSOC 引脚)。

0　清除一个挂起的 SOC 触发器信号

1　软件触发器信号从当前停止的位置启动 SEQ1

注意:如果排序器已经启动了,该位自动被清 0,因此写 0 没有效果,即通过对该位清 0 不能停止已经启动的排序器。

RST SEQ1(ADCTRL2.14)和 SOC SEQ1(ADCTRL2.13)位不应在同一条指令中被设置,这样做将会复位排序器,不会启动排序器。正确的操作顺序应该是先设置 RET SEQ1 位,然后在下一条指令中设置 SOC SEQ1 位。这就可以保证复位器被复位,并且一个新的排序开始。这个操作顺序对于 RST SEQ2(ADCTRL2.6)和 SOC SEQ2(ADCRRL2.5)位也一样。

D12——SEQ1 BSY,SEQ1 忙。

当 ADC 自动转换进行中,该位被设置为 1,当转换序列完成后被清 0。

0　SEQ1 处于空闲状态

1　SEQ1 处于忙状态,一个转换序列正在进行排序结束的检查

D11~D10——INT ENA SEQ1,SEQ1 的中断方式使能控制,见表 4.18 所列。

表 4.18　SEQ1 的中断方式使能控制位描述

D11	D10	操作描述
0	0	中断方式禁止
0	1	中断模式 1:当 INT FLAG SEQ1 位被置 1 时,立即产生中断请求
1	0	中断模式 2:如果 INT FLAG SEQ1 位已经被置 1 了,产生中断请求;如果位被清除后 INTFLAGSEQ1 位再被置 1,则中断请求被禁止
1	1	保留

D9——INT FLAG SEQ1,ADC 模块的 SEQ1 的中断标志。

0　无中断事件发生

1　一个中断事件已经发生

D8——EVASOC SEQ1,用于 SEQ1 的事件管理器 A 的 SOC 屏蔽位。

0　SEQ1 不能被 EVA 的触发器信号启动

1　允许 SEQ1/SEQ 被 EVA 的触发器信号启动

D7——EXT SOC SEQ1,外部信号对 SEQ1 的转换启动。

0　无动作

1　一个来自 ADCSOC 引脚的信号可以启动 ADC 自动转换排序

D6——RST SEQ2,复位排序器 2。

0　无动作

1　立即复位排序器到状态 CONV08,退出当前工作中的转换序列

D5——SOC SEQ2,SEQ2 的转换启动(SOC)触发器信号。这位可以由下列触发器信号源置 1:

① S/W:以软件向该位写 1;

② EVB:事件管理器 B。

0　清除一个挂起的 SOC 触发器信号

1　软件触发器信号从当前停止的位置启动 SEQ2

D4——SEQ2BSY,SEQ2 忙状态位。

当 ADC 自动转换进行中,该位被设置为 1,当转换序列完成后被清 0。

0　SEQ2 处于空闲状态

1　SEQ2 处于忙状态,一个转换序列正在进行

D3～D2——INT ENA SEQ2,SEQ2 的中断方式使能控制,如表 4.19 所示。

D1——INT FLAG SEQ2,SEQ2 的中断标志。

0　无中断事件发生

1　一个中断事件已经发生

D0——EVB SOCSEQ2,用于 SEQ2 的事件管理器 B 的 SOC 屏蔽位。

0　SEQ2 不能被 EVB 的触发器信号启动

1　允许 SEQ2 被 EVB 的触发器信号启动

表 4.19 SEQ2的中断方式使能控制位描述

D3	D2	操作描述
0	0	中断方式禁止
0	1	中断模式1:当INT FLAG SEQ2位被置1时,立即产生中断请求
1	0	中断模式2:如果INT FLAG SEQ2位已经被置1了,产生中断请求;如果位被清除后INTFLAGSEQ2位再被置1,则中断请求被禁止
1	1	保留

(2)最大转换通道寄存器

最大转换通道寄存器(MAXCONV),映射地址——70A2h

D15~D8
Reserved
R_x

D7	D6	D5	D4	D3	D2	D1	D0
Reserved	MAX CONV2_2	MAX CONV2_1	MAX CONV2_0	MAX CONV1_3	MAX CONV1_2	MAX CONV1_1	MAX CONV1_0
R_x	RW_0	RW_0	RW_0	RW_0	RW_0	RW_0	RW_0

注:R=可读;W=可写;x=无定义;_后的值为复位值。

D15~D7——保留位。

D6~D0——MAX CONVn,这些位定义了一次自动转换中最多转换的通道数目。这些位和它们的操作根据排序器工作模式(双排序器或级联)的变化而变化。

1)对于SEQ1操作,使用MAX CONV1_2~0;

2)对于SEQ2操作,使用MAX CONV2_2~0;

3)对于SEQ3操作,使用MAX CONV1_3~0。

一个自动转换开始时总是具有初始状态,并依次执行直到结束,结果缓冲按执行的顺序保存数据。从1到MAX CONVn+1的任意数目的转换可以通过编程确定。表4.20所列的为MAX CONV寄存器的位定义和转换数目的关系。

表 4.20 MAX CONV寄存器的位定义和转换数目的关系

MAXCONV15~0	转换数目
0000	1
0001	2
0010	3
0011	4
0100	5

（续表）

MAXCONV15～0	转换数目
0101	6
0110	7
0111	8
1000	9
1001	10
1010	11
1011	12
1100	13
1101	14
1110	15
1111	16

(3)自动排序状态寄存器

ADC自动排序状态寄存器(AUTO_SEQ_SR)的映射地址——70A7h

D15～D12	D11	D10	D9	D8
Reserved	SEQ CNTR3	SEQ CNTR2	SEQ CNTR1	SEQ CNTR0
R_x	R_0	R_0	R_0	R_0

D7	D6	D5	D4	D3	D2	D1	D0
Reserved	SEQ2－State2	SEQ2－State1	SEQ2－State0	SEQ1－State3	SEQ1－State2	SEQ1－State1	SEQ1－State0
R_x	R_0	R_0	R_0	R_0	R_0	R_0	R_0

注:R＝可读;x＝无定义;_后的值为复位值。

D15～D12——Reserved,保留位。

D11～D8——EQ CNTR3～SEQCNTR0,排序器计数状态位。

SEQ CNTRn的4位状态域由SEQ1、SEQ2和级联排序器使用,SEQ与级联模式无关。SEQ CNTRn的4位状态域值见表4.21所列。

在自动排序启动时,MAX CONVn的值载入SEQ CNTRn中。在检测排序器状态的递减过程中,SEQCNTRn位在任何时候都可以读取。MAX CONVn的值与SEQ1和SEQ2 Busy位一起,可以在任何时候唯一地识别排序器的状态和执行过程。

表 4.21 SEQ CNTRn 的 4 位状态域值

SEQ CNTRn(只读)	剩余的转换数目
0000	1
0001	2
0010	3
0011	4
0100	5
0101	6
0110	7
0111	8
1000	9
1001	10
1010	11
1011	12
1100	13
1101	14
1110	15
1111	16

D7——Reserved,保留位。

D6～D4——SEQ2－State2～SEQ2－State0,这个位域反映了 SEQ2 排序器的状态,如果需要,用户可以查询这几位的值,在转换结束(EOS)信号来到之前读取中间结果,SEQ2 与级联模式无关。

D3～D0——SEQ1－State3～SEQ1－State0,这个位域反映了 SEQ1 排序器的状态,如果需要,用户可以查询这几位的值,在转换结束(EOS)信号来到之前读取中间结果。

(4)ADC 输入通道选择排序控制寄存器

ADC 输入通道选择排序控制寄存器(CHSELSEQn)共有 4 个寄存器,CHSELSEQ1、CHSELSEQ2、CHSELSEQ3 和 CHSELSEQ4,每个寄存器有 4 位域。寄存器 4 位域的每一个,即 CONVnn,会从 16 个多路复用模拟输入 ADC 通道中为一个自动排序转换选择一个通道。

表 4.22 为寄存器的域值与通道选择对应表,下面分别进行介绍。

1)CHSELSEQ1,其映射地址——70A3h

D15～D12	D11～D8	D7～D4	D3～D0
CONV03	CONV02	CONV01	CONV00
RW_0	RW_0	RW_0	RW_0

注:R=可读;W=可写;_后的值为复位值。

2)CHSELSEQ2,其映射地址——70A4h

D15～D12	D11～D8	D7～D4	D3～D0
CONV07	CONV06	CONV05	CONV04
RW_0	RW_0	RW_0	RW_0

注:R=可读;W=可写;_后的值为复位值。

3)CHSELSEQ3,其映射地址——70A5h

D15～D12	D11～D8	D7～D4	D3～D0
CONV11	CONV10	CONV09	CONV08
RW_0	RW_0	RW_0	RW_0

注:R=可读;W=可写;_后的值为复位值。

4)CHSELSEQ4,其映射地址——70A6h

D15～D12	D11～D8	D7～D4	D3～D0
CONV15	CONV14	CONV13	CONV12
RW_0	RW_0	RW_0	RW_0

注:R=可读;W=可写;_后的值为复位值。

表4.22　寄存器CHSELSEQn的域值与通道选择对应表

CONVnn值	选择ADC输入通道
0000	通道0
0001	通道1
0010	通道2
0011	通道3
0100	通道4
0101	通道5
0110	通道6
0111	通道7
1000	通道8
1001	通道9
1010	通道10
1011	通道11
1100	通道12
1101	通道13
1110	通道14
1111	通道15

(5)ADC转换结果缓冲寄存器

ADC转换结果缓冲寄存器(RESULTn)共有16个寄存器,可以为ADC模块保存16个通道的转换值,每个ADC转换结果缓冲寄存器的各位意义一样,从第15～6位的10个位是有效保存数字量的位置。

ADC转换结果缓冲寄存器(RESULTn)的16个寄存器的映射地址——70A8h～70B7h。

15	14	13	12	11	10	9	8
D9	D8	D7	D6	D5	D4	D3	D2

7	6	5	4	3	2	1	2
D1	D0	0	0	0	0	0	0

注意:在级联的排序器模式下,RESULT8～RESULT15寄存器可以保存第9～16个转换的结果。

说明:

1)缓冲寄存器地址为70A8h～70B7h;

2)10位的转换结果(D9～D0)为左对齐。

4.6.7 应用举例

该程序用事件管理器A的定时器1定时时间来触发A/D采样的启动;采样采用级联模式,转换通道是0和1,一次做两个转换;转换完成后,在A/D中断服务子程序中将转换结果读出;A/D中断采用高优先级模式,该程序做一次A/D采样。

```
ADVALUE0   .usect     ".data0",1          ;0通道AD采样临时寄存器
ADVALUE1   .usect     ".data0",1          ;1通道AD采样临时寄存器
           .include   "F2407REGS.H"       ;引用头部文件
           .def       _c_int0
;建立中断向量
           .sect      ".vectors"          ;定义主向量段
RSECT      B          _c_int0             ;PM0 复位向量        1
INT1       B          AD_INT              ;PM2 中断优先级1     4
INT2       B          PHANTOM             ;PM4 中断优先级2     5
INT3       B          PHANTOM             ;PM6 中断优先级3     6
INT4       B          GISR4               ;PM8 中断优先级4     7
INT5       B          PHANTOM             ;PMA 中断优先级5     8
INT6       B          PHANTOM             ;PMC 中断优先级6     9
RESERVED   B          PHANTOM             ;PME (保留位)        10
;中断子向量入口定义   pvecs
           .sect      ".pvecs"            ;定义子向量段
PVECTORS   B          PHANTOM             ;保留向量地址偏移量    0000h
           B          PHANTOM             ;保留向量地址偏移量    0001h
                      ⋮
           B          AD_ISR              ;保留向量地址偏移量    0005h  AD中断
```

```
            B         PHANTOM              ;保留向量地址偏移量      0006h
            B         PHANTOM              ;保留向量地址偏移量      00007h
                        ⋮
            B         PHANTOM              ;保留向量地址偏移量      0041h
;主程序
            .text
_c_int0:    LDP       #5
            SPLK      #00H, ADVALUE0
            SPLK      #00H, ADVALUE1
            CALL      SYSINIT              ;系统初始化程序
            CALL      ADINIT               ;调 AD 初始化程序
LOOP:       CALL      AD_START
            B         LOOP
;系统初始化子程序
SYSINIT:    SETC      INTM
            CLRC      SXM
            CLRC      OVM
            CLRC      CNF                  ;B0 区被配置为数据空间
            LDP       #0E0H                ;指向 7000h～7080h 区
            SPLK      #80FEH,SCSR1         ;时钟 4 倍频,CLKIN=10M,CLKOUT=40M
            SPLK      #0E8H,WDCR           ;不使能 WDT
            LDP       #0
            SPLK      #0001H,IMR           ;使能 INT1 中断
            SPLK      #0FFFFH,IFR          ;清除所有中断标志
            RET
;AD 初始化子程序
ADINIT:     LDP       #DP_PF2              ;指向 7090h～7100h
            SPLK      #0010H,ADCCTRL1      ;采样时间窗口预定标位置 0,转换时间预定标位
                                            CPS 为 0
                                           ;AD 为启动/停止模式
            SPLK      #0504H,ADCCTRL2      ;使用中断模式 1,用 EVA 信号触发 AD 转换
            SPLK      #0001H,MAXCONV       ;转换通道数为 2
            SPLK      #0010H,CHSELSEQ1     ;采用通道 0,1
            LDP       #DP_EVA
            SPLK      #0100H,GPTCONA       ;定时器 1 的周期中断启动 AD
            SPLK      #0,T1CNT
            SPLK      #1008H,T1CON         ;连续增计数模式,预分频因子为 1 倍频,采用内部
                                            CPU 时钟
            SPLK      #75H,T1PR            ;定时器周期寄存器设为 75H
            SPLK      #0000H,EVAIMRA
            SPLK      #0FFFFh,EVAIFRA      ;清 EVA 全部中断标志
            CLRC      INTM                 ;开总中断
            RET
```

```
;AD启动转换子程序
AD_START: LDP      #DP_EVA
          LACL     T1CON
          OR       #40H
          SACL     T1CON
          RET
;AD中断子程序
AD_INT:   MAR      *,AR1
          MAR      *+
          SST      #1,*+
          SST      #0,*
          LDP      #0E0H
          LACC     #PIVR,1          ;读取外设中断向量寄存器(PIVR),并左移一位。
          ADD      #PVECTORS        ;加上外设中断入口地址
          BACC                      ;跳到相应的中断服务子程序
AD_ISR:   LDP      #DP_PF2
          LACC     RESULT0,10
          LDP      #5
          SACH     ADVALUE0         ;读出0通道采样的值
          LDP      #DP_PF2
          LACC     RESULT1,10
          LDP      #5
          SACH     ADVALUE1         ;读出1通道采样的值
          LDP      #DP_PF2
          LACL     ADCCTRL2
          OR       #4200H
          SACL     ADCCTRL2
AD_RET:   MAR      *,AR1            ;中断返回
          MAR      *+
          LST      #0,*-
          LST      #1,*-
          CLRC     INTM             ;开中断,因为一进中断就自动关闭中断
          RET
;假中断子程序
PHANTOM:  KICk_DOG                  ;复位看门狗
          RET
          .END
```

4.7 串行通信接口(SCI)

串口通信模块的寄存器是8位的。可编程的SCI支持CPU和其他使用标准NRZ(非归零)格式的异步外设之间的异步串行数字通信,SCI的接收器和发送器是双缓冲的,每个

都有它自己的独立使能和中断位，两者均可以独立工作，或者在全双工模式下同时工作。

为了确保数据的完整性，SCI会对收到的数据进行测试，如间断测试、奇偶性、超限和帧错误测试等。位速率(波特率)可以通过一个16位的波特率选择寄存器进行编程，因此可以获得超过65000种的不同速率。

4.7.1 串行通信接口的结构

(1)串行通信接口的物理描述

SCI模块的结构如图4.19所示，SCI模块主要包括如下特征：

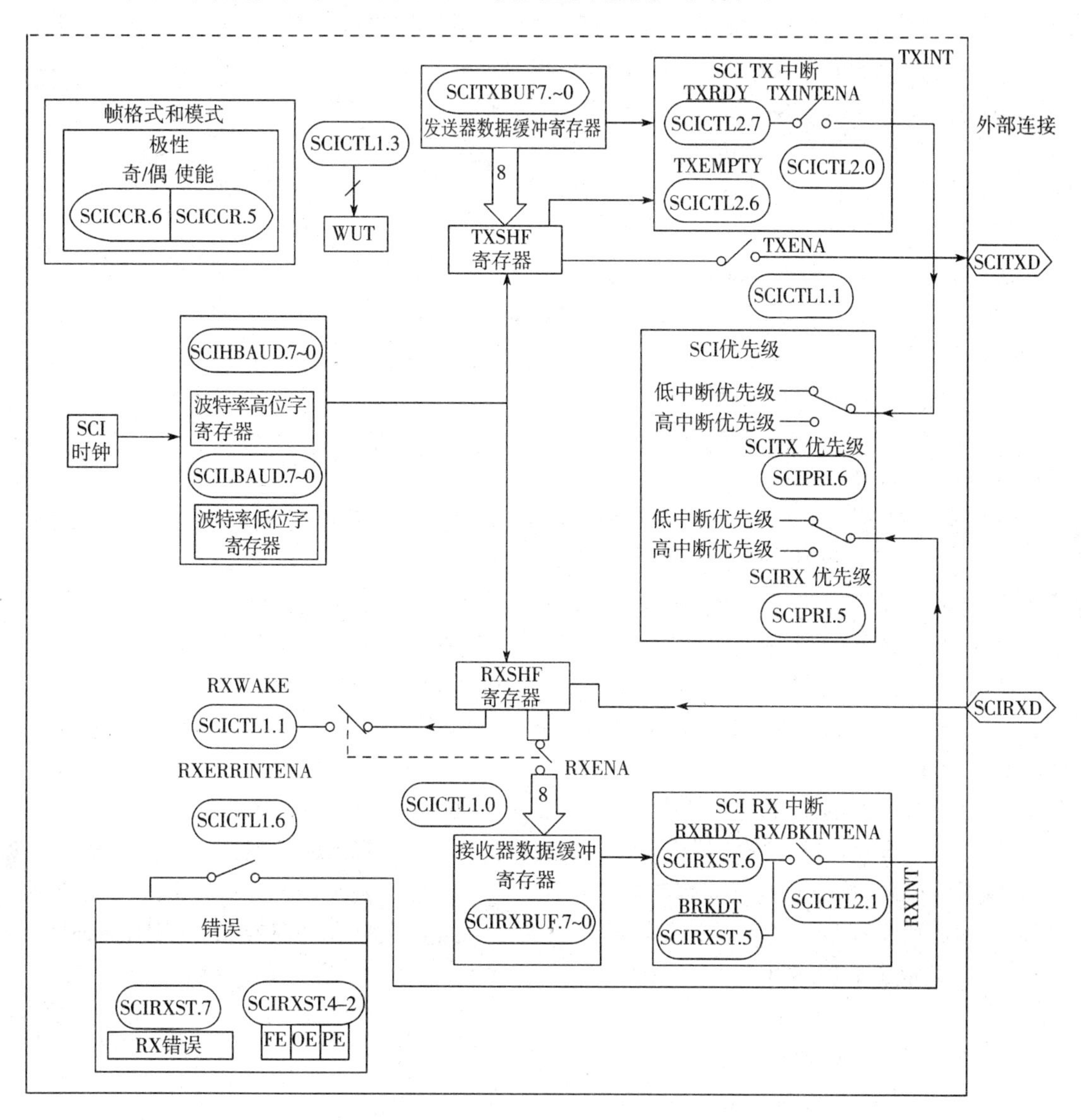

图4.19　SCI模块的结构

1)两个I/O引脚：

SCIRXD：SCI接收数据引脚；

SCITXD:SCI发送数据引脚。

在不使用SCI时,这两个引脚可用作通用I/O端口。

2)通过对一个16位波特率选择寄存器的编程,可得到超过65000种不同的波特率。对于40MHz的时钟输出,波特率的速度范围为76bit/s~2500kbit/s。波特率的数量为64K。

3)1~8位的可编程数据字长度。

4)可编程的停止位(一个或两个停止位)。

5)内部产生的串行时钟。

6)四个错误检测标志:奇偶性错误、超限错误、帧错误、间断检测。

7)两种唤醒多处理器模式:空闲线唤醒、位寻址唤醒。

8)半双工或全双工操作。

9)双缓冲的接收和发送功能。

10)发送和接收操作均可通过中断或查询操作进行,相应的状态标志如下:

发送器:TXRDY标志(发送缓冲寄存器准备好接收另一个字符)和TX EMPTY标志位(发送移位寄存器空);

接收器:RXRDY标志(接收缓冲寄存器准备接收另一个字符)、BRKDT标志(间断条件发生)和RX ERROR标志(监视4个中断条件)。

11)发送器和接收器中断的独立使能位。

12)多个错误条件的独立错误中断。

13)非归零(NRZ)格式。

注意:所有的SCI寄存器都是8位宽,这些8位宽的数字映射到16位字数据的低8位。

(2)SCI模块的结构

在全双工操作中使用的SCI模块主要包括以下部件:

1)一个发送器(TX)和它的主要寄存器(图4.19的上半部分)。

SCITXBUF:发送数据缓冲寄存器,存放待发送的数据(由CPU载入);

TXSHF:发送器移位寄存器,从SCITXBUF载入数据,并每次一位地将数据移位到SCITXD引脚。

2)一个接收器(RX)和它的主要寄存器(图4.19的下半部分)。

RXSHF:接收器移位寄存器,每次一位地将SCIRXD引脚上的数据移入;

SCIRXBUF:接收数据缓冲寄存器,存放由CPU读取的数据。来自一个远端处理器的数据装载到接收器移位寄存器RXSHF,然后装入到接收数据缓冲寄存器(SCIRXBUF)和接收仿真缓冲寄存器(SCIRXEMU)。

3)一个可编程的波特率发生器。

4)数据存储器映射的控制和状态寄存器。

串行通信接口的接收器和发送器可以独立或同时工作。

(3)多处理器(多机)异步通信模式

SCI有两种多处理协议,即空闲线路多处理器模式和地址位多处理器模式,这些协议允许在多个处理器之间进行有效的数据传输。

SCI提供了与许多流行的外围设备接口的通用异步接收器/发送器(UART)通信模式。

异步模式需要两条线与标准设备接口，如使用 RS-232-C 格式的终端和打印机等。数据发送的格式包括：

1)一个起始位；

2)1～8 个数据位；

3)一个奇偶校验位或无奇/偶校验位；

4)1～2 个停止位。

4.7.2 可编程的数据格式

串行通信接口的数据，无论是接收和发送都采用 NRZ(非归零)格式，NRZ 数据格式包括以下组成部分：

1)一个起始位；

2)1～8 个数据位；

3)一个奇/偶校验位或无奇/偶校验位；

4)1～2 个停止位；

5)一个从数据中识别地址的附加位(仅用于地址位模式)。

数据的基本单位被称作一个字符，为 1～8 位的字长。数据的每个字符格式化为有 1 个起始位、1～2 停止位和可选的奇偶位及地址，如图 4.20 所示。注意：带有格式化信息数据的一个字符称为一个帧。

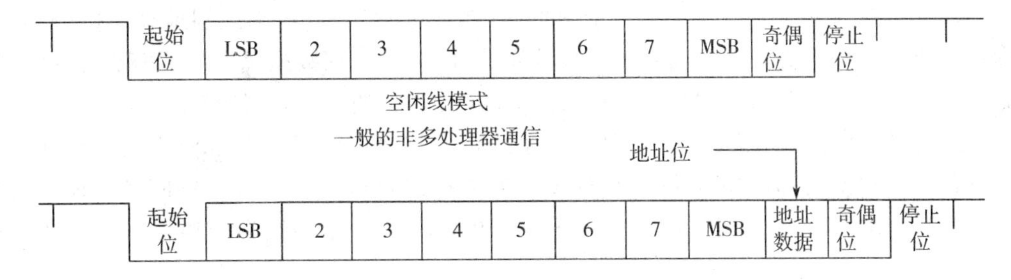

图 4.20 SCI 数据单位基本格式

为了对数据格式化进行编程，要使用 SCI 通信接口控制寄存器(SCICCR)。用于对数据格式进行编程的位见表 4.23 所列。

表 4.23 对数据格式进行编程的位

位名	位	功能
SCICHAR2～0	SCICCR.2～0	选择字符(数据)长度(1～8 位)
PARITY ENABLE	SCICCR.5	如果设置为 1，则使能奇偶校验功能，否则禁止奇偶校验
EVEN/ODD PARITY	SCICCR.6	如果奇偶校验使能了，则如果该位设置为 1，为偶校验，如果该位清 0，则为奇校验
STOP BITS	SCICCR.7	定义被发送数据的第一位，如果该位清 0，则有一个停止位，如果该位置 1，则有两个停止位

4.7.3　SCI 多处理器通信

多处理器通信格式允许一个处理器能有效地在同一条串行线上将数据块传送到其他的处理器。一条串行线上每次只能进行一次传送，即一条串行线上每次只能有一个信息源。

地址字节：信息源发送的数据块的第一个字节包括一个地址字节，它被所有的接收器读取。但只有地址正确的接收器才能被紧随地址字节后面的数据字节中断，地址不正确的接收器保持不被中断，直到下一个地址字节。

SLEEP 位：串行线路上的所有处理器将它们的串行通信接口的 SLEEP 位(SCICTL1.2)设置为 1，这样它们就仅在检测到地址字节时才被中断。当一个处理器读取到的一个数据块地址与应用软件设置的 CPU 器件地址相一致时，用户程序必须清除 SLEEP 位来确保串行通信接口在收到每个数据字节时产生一个中断。

尽管当 SLEEP 位为 1 时，接收器仍能工作，但是它不会使 RXRDY、RXINT 或任何接收错误状态位设置为 1，除非检测到地址字节，并且接收到的帧的地址位是 1。SCI 不会改变 SLEEP 位，必须由用户软件改变 SLEEP 位。

识别地址字节：处理器根据多处理器的模式来识别一个地址字节，例如：

1)空闲线模式在地址字节前留有一段固定空间。这种模式没有一个附加的地址/数据位，在处理包含多于 10 个字节的数据块的情况下，其效率比地址位模式更高。空闲线模式应用于典型的非多处理器的 SCI 通信。

2)地址位模式为每个字节增加一个附加位(地址位)来从数据中识别地址，这种模式在处理多个小数据块时更有效。与空闲线模式不一样，因为它在数据块之间不需要等待，当处于高速传送时，空闲线模式的程序速率不足以避免传送中的一个 10 位空闲位。

控制 SCI TX 和 RX 特性：多处理器的模式可通过 ADDR/IDLE MODE 位(SCICCR.3)来设置。两种模式都使用 TXWAKE(发送唤醒标志)位(SCICTL1.3)、RXWAKE(接收唤醒标志)位(SCIRXST.1)和 SLEEP 标志位(SCICTL1.2)来控制串行通信接口发送器和接收器的工作状态。

接收顺序：在两种多处理器模式中，接收顺序如下：

1)在接收一个地址块时，串行通信接口唤醒并请求一个中断(RX/BK INTENA－SCICTL2.1 必须被使能以请求中断)。它读取地址块的第一帧数据，其中包括目的地址；

2)通过中断和检查程序引入的地址进入一个软件服务程序，并且该地址字节与保存在内存中的器件地址再次进行校对；

3)如果检查表明此地址块是 DSP 控制器的地址，则 CPU 清除 SLEEP 位并读入块的其余部分。如果不是，则退出软件子程序，SLEEP 位设置为 1，并且在下一个块开始之前不接收中断。

(1)空闲线多处理器模式

在空闲线多处理器协议中(ADDR/IDLE MODE＝0)，数据块之间有一段比块中各帧之间更长的时间间隔。在下一帧之后，十个或者更多的高电平位的空闲时间表明了一个新的块的开始。单个位的时间可以直接由波特率值算出。空闲线路多处理器通信格式如图 4.21 所示(ADDR/IDLE MODE 位是 SCICCR.3)。

1)空闲线模式采用的步骤

空闲线模式采用的步骤如下：

① 接收到地址块起始信号后，串行通信接口(SCI)唤醒；

② 处理器识别下一个串行通信接口中断；

③ 中断服务程序将接收到的地址(由远端发送器发送)与自己的地址进行比较；

④ 如果该 CPU 正在被寻址，则中断服务程序清除 SLEEP 位，并接收数据块中剩余的数据；

⑤ 如果该 CPU 不被寻址，则 SLEEP 位仍保持置位，这样就允许 CPU 继续执行它的主程序而不被串行通信接口中断，直到检测到下一个块的起始信号。

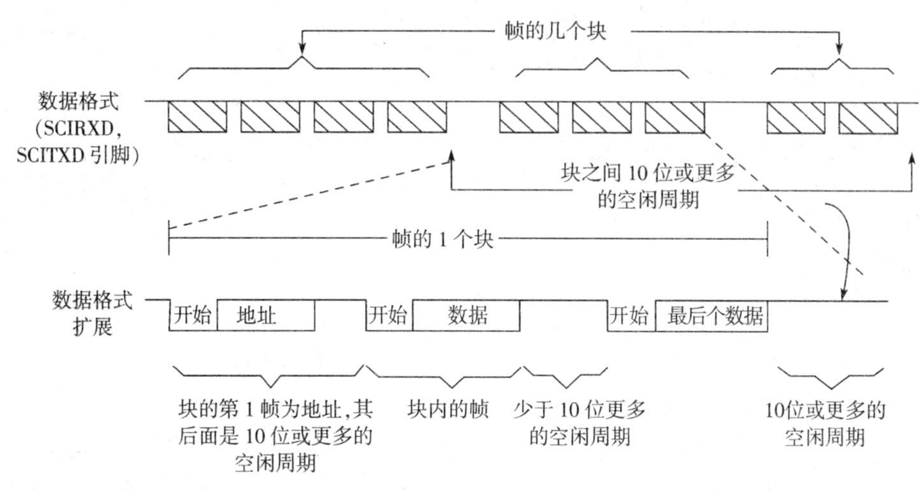

图 4.21　空闲线路多处理器通信模式

2)块启动信号

传送一个块的起始信号有两种方法：

① 通过前一个块的最后一帧数据传送与新块的地址帧传送之间进行延时，预留 10 位或更多位的空闲时间来延时；

② 在写入到 SCITXBUF 寄存器之前，串行通信接口(SCI)首先将发送唤醒位 TXWAKE(SCISTL1.3)置 1，这样就恰好发送 11 位的空闲时间。使用这种方法，串行通信线的空闲时间不会比必要的长。

3)唤醒临时标志

与 TXWAKE 相应的是唤醒临时(WUT)标志，这是一个内部标志，是与 TXWAKE 构成双缓冲的。当发送器的移位寄存器(TXSHF)从发送数据缓冲寄存器(SCITXBUF)载入时，WUT 从发送唤醒标志位 TXWAKE 中载入，并且 TXWAKE 位被清 0，这种处理安排如图 4.22 所示。

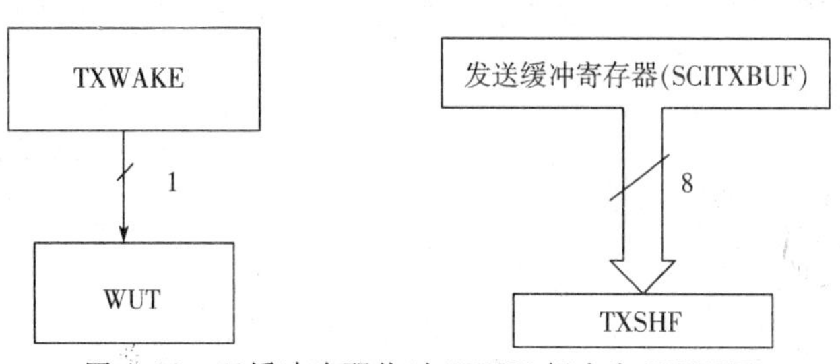

图 4.22　双缓冲唤醒临时(WUT)标志和 TXSHF

4)发送一个块的起始信号

在一系列的块传输期间,为了传送出时间长度为一帧的块起始信号,需做以下工作:

① 向发送唤醒位 TXWAKE 写 1。

② 将一个数据字(内容不重要)写到 SCITXBUF 寄存器来作为传送一个块的开始信号(在块开始信号被发送的同时,第一个写入的数据字被移位)。当 TXSHF 寄存器再次空闲时,SCITXBUF 寄存器的内容被传送到 TXSHF 寄存器中,发送唤醒标志位 TXWAKE 被移位到 WUT,然后 TXWAKE 位被清 0。

因为 TXWAKE 被置为 1,起始位、数据位和奇偶位均被一个 11 位的空闲周期代替,这个空闲周期是在上一帧最后的结束位之后发送的。

③ 向 SCITXBUF 写入一个新的地址值。必须首先向 SCITXBUF 写入一个任意值的数据字,这样 TXWAKE 位的值才能被移入 WUT 中。当任意值的数据字移入 TXSHF 寄存器时,SCITXBUF(必要时还有 TXWAKE)可以被再次写入,因为 TXSHF 和 WUT 都是双缓冲的。

5)接收器工作

不管 SLEEP 位的值如何,接收器均工作。但是接收器既不使 RXRDY 位置位,也不使错误状态位置位。在检测到地址帧之前,它也不会请求一个接收中断。

(2)地址位多处理器模式

在地址位协议中(ADDR/IDLE MODE 位=1)。每个帧中有一个附加位,叫做地址位,它紧随在最后的数据位之后,在块的第一帧中,地址位设置为 1,而在其他所有的帧中设置为 0。空闲阶段的时间是不相连的。如图 4.23 所示。

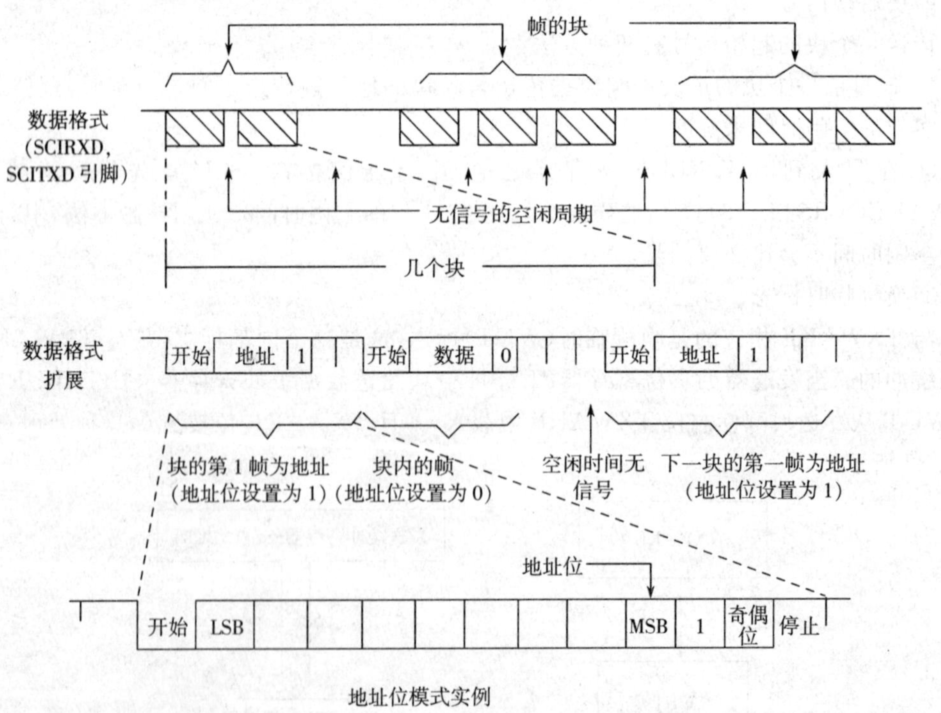

图 4.23 地址位多处理器通信模式

TXWAKE位的值放在地址位中，在发送期间，当SCITXBUF和TXWAKE寄存器分别载入TXSHF和WUT时，TXWAKE复位为0，WUT变为当前帧的地址位的值。这样，要传送一个地址，就需要做以下工作：

1）TXWAKE置位为1，并向SCITXBUF寄存器写入适当的地址值；

当这个地址值送入TXSHF并移出时，它的地址位被当作1发送，这将标志着由串行线路上的其他处理器来读取地址。

2）因为TXSHF和WUT都是双缓冲的，因此SCITXBUF和TXWAKE可以在TX-SHF和WUT载入后立即写入；

3）在发送块中的非地址帧时，使TXWAKE置为0。

注意：作为一个通常的规则，地址位格式典型地用于11个字节或更少的数据帧。这种格式在每个传输的数据字节加上一个位值（1代表地址帧，0代表数据帧）。空闲线路格式典型地用于12字节或更多的数据帧。

4.7.4　SCI通信模式

SCI异步通信格式使用单线（单路，即半双工）或双线（双路，即全双工）通信。在这种模式下，帧包括1个起始位、1～8个数据位、1个可选的奇偶校验位和1个或2个停止位（如图4.24），每个数据位占8个SCICLK周期。

接收器在接收到一个有效的起始位之后开始工作，一个有效的起始位由4个连续的内部SCICLK周期的0位来识别，如图4.24所示。如果任何一个位不为0，则处理器重新启动并开始寻找另一个起始位。

对于起始位后的位，处理器通过在这些位的中间进行3次采样来判定其位值。这些采样发生在第4、5、6个SCICLK周期，并且位值判定是基于多数表决原则的（3次采样有2次为某个值，则判断为该值）。图4.24描述了有起始位的异步通信格式，显示了边沿是如何发现的和何处进行多数表决。

因为接收器使自己与帧同步，所以外部的发送和接收设备不必使用同步串行时钟，时钟可以在本地产生。

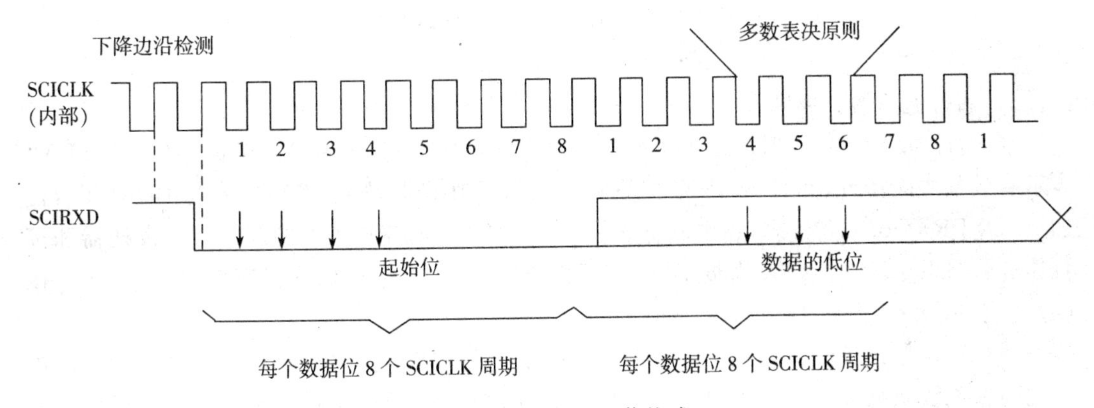

图4.24　SCI异步通信格式

（1）通信模式中的接收器信号

图4.25描述的是以下假定条件下的接收器信号时序的例子：

1)地址位唤醒模式(地址位在空闲线路模式中不出现);

2)每个字符含6位。

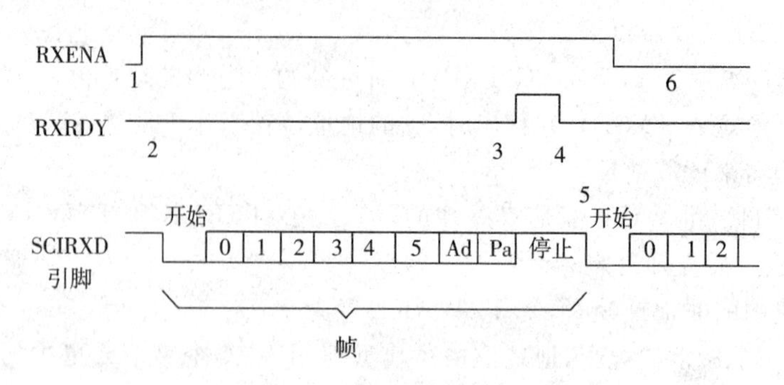

图4.25 通讯模式中的SCI RX信号

(2)通信模式中的发送器信号

图4.26表示的是基于以下假定条件的发送器信号时序的实例:

1)地址位唤醒模式(在空闲线路模式中地址位不会出现);

2)每个字符含3位。

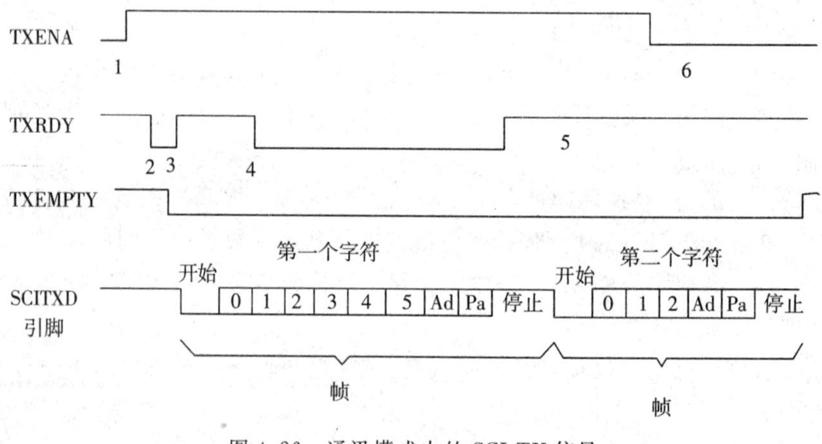

图4.26 通讯模式中的SCI TX信号

4.7.5 串行通信接口中断

SCI的接收器和发送器可以由中断控制。SCICTL2寄存器中有一个标志位(TXRDY)表示有效的中断条件,并且SCIRXST寄存器有2个中断标志位(RXRDY和BRKDT),再加上RX ERROR中断标志,该中断标志是一个FE、OE和PE条件的逻辑或。发送器和接收器有各自的中断使能位。当被禁止时,不会产生中断,但条件标志仍有效,反映发送和接收的状态。

串行通信接口(SCI)的发送器和接收器有自己独立的外设中断向量。外设中断请求可使用高优先级或低优先级,这由从外设到PIE(外设中断扩展)控制器输出的优先级位来表示。SCI中断可以对SCIRX PRIORITY(SCIPRI.5)和SCITX PRIORITY(SCIPRI.6)位编程来声明高优先级或低优先级。当接收(RX)和发送(TX)中断都设置为相同的优先级时,接收中断往往具有更高的优先级,这样可以减少接收超限错误。

如果 RX/BK INT ENA 位(SCICTL2.1)置 1,则当发生以下事件之一就产生一次接收中断:

1)SCI 接收到一个完整的帧并将 RXSHF 寄存器中的数据传送到 SCIRXBUF 寄存器中。该操作会设置 RXRDY 标志位,并初始化一个中断;

2)间断检测条件发生(在一个丢失的停止位后,SCIRXD 引脚为低电平并保持 10 个周期)。该操作会设置 BRKDT 标志位,并初始化一个中断。

如果 TX INT ENA 位(SCICTL2.0)置位,当 SCITXBUF 寄存器中的数据传送到 TXSHF 寄存器时,则产生一个发送中断请求,用以表示 CPU 可以写数据到 SCITXBUF 寄存器中。该操作会设置 TXRDY 标志位,并初始化一个中断。

注意:RXRDY 和 BRKDT 位的中断产生由 RX/BK INT ENA 位(SCICTL2.1)控制,RX ERROR 位的中断产生由 RX ERR INT ENA 位(SCICTL1.6)控制。

4.7.6　SCI 波特率计算

内部产生的串行时钟由 CPU 的时钟频率和波特率选择寄存器决定。SCI 使用 16 位的波特率选择寄存器来选择 64K 种不同的串行时钟频率中的一种。

SCI 波特率选择寄存器为 SCIHBAUD 和 SCILBAUD,前者为高位字节,后者为低位字节,两者连接在一起形成一个 16 位的波特率值,用 BRR 表示。

内部产生的串行时钟由 CLKOUT 信号和两个波特率选择寄存器决定。SCI 波特率可以使用如下的方程计算:

$$\text{SCI 异步波特率}=\frac{\text{CLKOUT}}{(\text{BRR}+1)\times 8} \tag{4-1}$$

$$\text{BRR}=\frac{\text{CLKOUT}}{\text{SCI 异步波特率}\times 8}-1 \tag{4-2}$$

式(4-1)和式(4-2)适用于 1≤BRR≤65535 的情况,如果 BRR=0,则波特率的计算公式如下:

$$\text{SCI 异步波特率}=\frac{\text{CLKOUT}}{16} \tag{4-3}$$

表 4.24 所列为一般 SCI 位速度的波特率选择值。

表 4.24　一般 SCI 位速度的波特率选择值

波特率　bps		2400	4800	9600	19200
f=6MHz	SCIHBACD	01H	00H	00H	00H
	SCILBACD	37H	9BH	4DH	26H
f=10MHz	SCIHBACD	02H	01H	00H	00H
	SCILBACD	07H	03H	81H	40H
f=12MHz	SCIHBACD	02H	01H	00H	00H
	SCILBACD	70H	37H	9BH	4DH

（续表）

波特率 bps		2400	4800	9600	19200
f=18MHz	SCIHBACD	03H	01H	00H	00H
	SCILBACD	A8H	D3H	E9H	74H
f=20MHz	SCIHBACD	04H	02H	01H	00H
	SCILBACD	10H	07H	03H	81H
f=24MHz	SCIHBACD	04H	02H	01H	00H
	SCILBACD	E1H	70H	37H	9BH
f=30MHz	SCIHBACD	06H	03H	01H	00H
	SCILBACD	19H	0CH	85H	C2H
f=40MHz	SCIHBACD	08H	04H	02H	01H
	SCILBACD	22H	10H	07H	03H

4.7.7 SCI模块寄存器

SCI的功能可以通过软件配置。通过设置控制寄存器的相应位，可以编程来初始化预定的SCI通讯格式，其中包括操作模式、协议、波特率值、字符长度、奇/偶校验位、停止位的位数、中断优先级和使能控制等。

(1)SCI通信控制寄存器(SCICCR)

SCI通信控制寄存器(SCICCR)定义了用于SCI的字符格式、协议和通信模式，其详细介绍如下。

串行通信接口通信控制寄存器(SCICCR)的映射地址——7050h

D7	D6	D5	D4	D3	D2	D1	D0
STOP BITS	EVEN/ODD PARITY	PARITY ENABLE	LOOPBACK ENA	ADDR/IDLE MODE	SCICHAR2	SCICHAR1	SCICHAR0
RW_0	RW_0	RW_0	RW_0	RW_0	RW_0	RW_0	RW_0

注：R=可读；W=可写；_后的值为复位值。

D7——STOP BITS，SCI停止位选择。该位定义所发送的停止位的位数。

0　一个停止位

1　两个停止位

D6——EVEN/ODD PARITY，SCI奇偶检验选择。如果PARITY ENABLE被置位，那么PARITY(位6)指定奇偶校验(发送和接收的字符中值为1的位为奇数或偶数)。

0　奇校验

1　偶校验

D5——PARITY ENABLE，SCI奇/偶校验使能。该位使能或禁止校验功能。如果

SCI 是地址位多处理器模式(用该寄存器的位 3 来设置),地址位包含在校验计算中(如果校验被使能)。对于少于 8 位的字符,剩下的未用的位必须屏蔽,不用于校验计算。

0　禁止奇/偶检验

1　使能奇/偶校验

D4——LOOP BACK ENA,回送测试模式使能,如果使能了该模式,则发送引脚与接收引脚在系统内部连接在一起。

0　禁止回送测试模式

1　使能回送测试模式

D3——ADDR/IDLE MODE,SCI 多处理器模式控制位。该位选择一种多处理器协议。

0　选择空闲线模式协议

1　选择地址位模式协议

多处理器通信与其他通信模式不同,因为它使用 SLEEP 和 TXWAKE 功能(分别为 SCICTL1.2 和 SCICTL1.3)。空闲线路模式通常用于一般通信,地址位模式要为帧加一个附加值,空闲线路模式不加这个附加位,并且与 RS-232 通信兼容。

D2～D0——SCICHAR2～0,字符长度控制位。

这些位在 1～8 之间设置 SCI 字符的长度。少于 8 位的字符在 SCIRXBUF 和 SCIRXEMU 中是右对齐的,在 SCIRXBUF 中,前面的位填 0;在 SCITXBUF 中,前面的位不填 0。表 4.25 列出了对应于 SCICHAR2～0 位的位值和字符长度。

表 4.25　对应于 SCI CHAR2～0 位的位值和字符长度

SCI CHAR2～0 的位值(二进制)			字符长度/bit
SCI CHAR2	SCI CHAR1	SCI CHAR0	
0	0	0	1
0	0	1	2
0	1	0	3
0	1	1	4
1	0	0	5
1	0	1	6
1	1	0	7
1	1	1	8

(2)SCI 控制寄存器 1(SCICTL1)

串行通信接口(SCI)控制寄存器 1(SCICTL1)控制接收器/发送器使能、TXWAKE 和 SLEEP 功能、内部时钟使能以及 SCI 的软件复位。

SCI 控制寄存器 1(SCICTL1)的映射地址——7051h

D7	D6	D5	D4	D3	D2	D1	D0
Reserved	RX ERR INT ENA	SW RESET	Reserved	TXWAKE	SLEEP	TXENA	RXFNA
R_0	RW_0	RW_0	R_0	RS_0	RW_0	RW_0	RW_0

注:R=可读;W=可写;S=只能设置;_后的值为复位值。

D7——Reserved,保留位。读返回0,写无效。

D6——RX ERR INT ENA,SCI接收错误中断使能。如果RX ERR INT ENA位(SCIRXST.7)因为发生错误而被置位,那么设置该位将允许接收错误中断。

0　禁止接收错误中断

1　使能接收错误中断

D5——SW RESET,SCI软件复位(低有效)。

当向该位写入0时,将初始化SCI状态机和操作标志(SCICTL2和SCIRXST寄存器)为复位条件。SWRESET并不影响其他任何配置位。

所有受影响的逻辑均保持为特定的复位状态,直到向SW RESET写一个1。这样在系统复位后,通过向该位写1重新使能SCI。

在一个接收器间断检测之后清除该位(RRKDT标志,SCIRXST.5位)。SW RESET影响SCI操作标志,但它既不影响配置位,也不恢复复位值。一旦SW RESET被确认,标志将被冻结,直到该位被解除确认。表4.26列出了受SW RESET影响的SCI操作标志。

表4.26　受SW RESET影响的SCI操作标志

串口标志	寄存器的位	SW RESET复位后的值
TXRDY	SCICTL2.7	1
TXEMPTY	SCICTL2.6	1
RXWAKE	SCIRXST.1	0
PE	SCIRXST.2	0
OE	SCIRXST.3	0
FE	SCIRXST.4	0
BRKDT	SCIRXST.5	0
RXRDY	SCIRXST.6	0
RXERROR	SCIRXST.7	0

注意:当SW RESET位=1时不要改变配置。SCI的配置只有在SW RESET位清0后才能设置或改变。在置位SWRESET前设置所有的配置寄存器,否则将会产生不可预测的结果。

D4——Reserved,保留位。

D3——TXWAKE,SCI 发送器唤醒模式选择,TXWAKE 位控制数据发送特征的选择,这依赖于 ADDR/IDLE MODE 位(SCICCR.3)中确定的是哪一种发送模式(空闲线路模式还是地址位模式)。

0　发送特征没有被选择

1　选择的发送特征取决采用空闲线模式或地址位模式

空闲线路模式:向 TXWAKE 写 1,然后向寄存器 SCITXBUF 写数据以产生一个 11 个数据位的空闲周期。

地址位模式:向 TXWAKE 写 1,然后向寄存器 SCITXBUF 写数据;该帧设置地址位为 1。

TXWAKE 不被 SW RESET 位(SCICTLI.5)清除,该位仅通过系统复位或 TXWAKE 向 WUT 标志的传送来清除。

D2——SLEEP,SCI 休眠。在一个多处理器配置中,该位控制接收器休眠功能。清除该位使 SCI 脱离休眠模式。

0　禁止休眠模式

1　使能休眠模式

SLEEP 位置位后,接收器仍然工作,但是操作并不更新接收器的缓冲器准备位(SCIRXST.6,BXRDY)或错误状态位(SCIRXST.5～2:BRKDT、FE、OE 和 PE),除非检测到地址字节时,该位不被清除。

D1——TXENA,SCI 发送器使能。仅当 TXENA 置位时,数据才能从 SCITXD 引脚发送。如果复位,则发送暂停,但仅在所有先前写到 SCITXBUF 中的数据送出之后暂停。

0　发送器禁止

1　发送器使能

D0——RXENA,SCI 接收器使能。数据从 SCIRXD 引脚接收并传送到接收器移位寄存器,然后送到接收器缓冲器,该位使能或禁止接收器(传送到缓冲器)。

0　接收到的字符不送到 SCIRXEMU 和 SCIRXBUF 接收器缓冲器

1　接收到的字符送到 SCIRXEMU 和 SCIRXBUF 接收器缓冲器

清除 RXENA 使接收到的字符停止传送到两个接收器缓冲器,并停止产生接收器中断。但是,接收器移位寄存器仍继续载入字符,这样,如果 RXENA 在一个字符的接收过程中置位,那么传送到接收器缓冲寄存器 SCIRXEMU 和 SCIRXBUF 中的字符是完整的。

(3)波特率选择寄存器

SCI 波特率选择寄存器(SCIHBAUD 和 SCILBAUD)中的值指定 SCI 的波特率。

1)SCI 波特率高 8 位选择寄存器(SCIHBAUD)的映射地址——7052h

D7	D6	D5	D4	D3	D2	D1	D0
BAUD15 (MSB)	BAUD14	BAUD13	BAUD12	BAUD11	BAUD10	BAUD9	BAUD8
RW_0	RW_0	RW_0	RW_0	RW_0	RW_0	RW_0	RW_0

注:R=可读;W=可写;_后的值为复位值。

2)SCI 波特率低 8 位选择寄存器(SCILBAUD)的映射地址——7053h

D7	D6	D5	D4	D3	D2	D1	D0
BAUD7	BAUD6	BAUD5	BAUD4	BAUD3	BAUD2	BAUD1	BAUD0 (LSB)
RW_0	RW_0	RW_0	RW_0	RW_0	RW_0	RW_0	RW_0

注:R=可读;W=可写;_后的值为复位值。

D15～D0——BAUD15～BAUD0,SCI16 位波特率选择。

SCI 波特率选择寄存器为 SCIHBAUD 和 SCILAUD,前者为高位字节,后者为低位字节,两者连接在一起形成一个 16 位的波特率值,用 BRR 表示。

内部产生的串口时钟由 CLKOUT 信号和两个波特率选择寄存器决定。

(4)SCI 控制寄存器 2(SCICTL2)

串行通信接口(SCI)控制寄存器 2(SCICTL2)使能接收准备、间断检测和发送准备中断,并使能发送器准备和空标志。

SCI 控制寄存器 2(SCICTL2)的映射地址——7054h

D7	D6	D5～D2	D1	D0
TXRDY	TXEMPTY	Reserved	RX/BK INT ENA	TX INT ENA
R_1	R_1	R_0	RW_0	RW_0

注:R=可读;W=可写;_后的值为复位值。

D7——TXRDY,发送器缓冲寄存器准备标志。置位时,该位表示不发送数据缓冲寄存器 SCITXBUF,准备好接收另一个字符,向 SCITXBUF 写数据会自动清除该位,如果中断使能位 TX INT ENA(SCICTL2.0))也已置位,则该位置位时,将产生一个发送器中断请求。通过使能 SW RESET 位(SClCTL.2)或系统复位,TXRDY 将被置位为 1。

0　　SCITXBUF 为空

1　　SCITXBUF 准备接收下一个字符

D6——TXEMPTY,发送器空标志。该标志的值表示发送器的缓冲寄存器(SCITX-BUF)和移位寄存器(TXSHF)的内容。一个有效的 SW RESET(SCICTL1.2)或一个系统复位可使此位复位。该位不引起中断请求。

0　　发送器缓冲器或移位寄存器或二者均载入数据

1　　发送器缓冲器和移位寄存器均空

D5～D2——Reserved,保留位。读返回 0,写访问无效。

D1——RX/BK INT ENA,接收器缓冲器/间断中断使能。这位控制由 RXRDY 标志或 BRKDT 标志(SCIRXST.6 和 SCIRXST.5)置位引起的中断请求。但是 RX/BK INT ENA 不妨碍这些标志的置位。

0　　禁止 RXRDY/BRKDT 中断

1　　使能 RXRDY/BRKDT 中断

D0——TX INT ENA,SCITXBUF 寄存器中断使能。该位控制由 TXRDY 标志位

(SCICTL2.7)置位引起的中断请求。但是它不妨碍 TXRDY 标志的置位(被置位表明 SCITXBUF 准备好接收另一个字符)

0　禁止 TXRDY 中断

1　使能 TXRDY 中断

(5)接收器状态寄存器(SCIRXST)

SCI 接收器状态寄存器(SCIRXST)包含 7 个接收器状态标志位(其中 2 个可以产生中断请求)。每次一个完整的字符传送到接收缓冲器(SCIRXEMU 和 SCIRXBUF),状态标志就会被更新。每次缓冲器被读出,标志就会被清除。

串行通信接口接收器状态寄存器(SCIRXST)的映射地址——7055h

D7	D6	D5	D4	D3	D2	D1	D0
RX ERROR	RXRDY	BRKDT	FE	OE	PE	RXWAKE	Reserved
R_0	R_0	R_0	R_0	R_0	R_0	R_0	R_0

注:R=可读;W=可写;_后的值为复位值。

D7——RX ERROR,SCI 接收器错误标志。RX ERROR 标志表明接收器状态寄存器中的一个错误标志被置位。RX ERROR 是间断检测、帧错误、超限和校验使能标志(位 5~2,BRKDT、FE、OE 和 PE)的或逻辑。

0　没有错误标志被置位

1　有错误标志被置位

如果 RX ERR INT ENA 位(SCICTL1.6)被置位,该位的 1 将引起一个中断。该位可以用于在中断服务程序中进行快速的错误条件检查。该错误标志不可以直接清除,它是由一个有效的 SW RESET 或一个系统复位来清除的。

D6——RXRDY,SCI 接收器准备标志。当一个新字符准备从 SCIRXBUF 寄存器读出时,接收器使该位置位,并且如果 RX/BK INT ENA 位(SCICTL2.1)为 1,则产生一个接收器中断。RXRDY 通过读 SCIRXBUF、一个有效的 SW RESET 或系统复位来清除。

0　SCIRXBUF 没有新字符

1　准备从 SCIRXBUF 读字符

D5——BRKDT,SCI 间断检测标志。当发生一个间断条件时,SCI 对该位置位。丢失第一个停止位之后,当 SCI 接收数据线(SCIRXD)连续保持低电平至少 10 位时,将发生一个间断条件,如果 RX/BK INT ENA 位为 1,间断的发生产生一个接收器中断,但它不会导致接收器缓冲器的载入,即使接收器 SLEEP 位被设置为 1,也会发生一个 BRKDT 中断,BRKDT 由一个有效的 SW RESET 或系统复位清除。在间断被检测到之后,它不会由字符的接收来清除,为了接收更多的字符,SCI 必须通过 SW RESET 位或系统复位来复位。

0　无间断条件

1　发生了间断条件

D4——FE,SCI 帧错误标志。当找不到一个期待的停止位时,SCI 会将此位置 1。仅仅第一个停止位被检查，丢失的停止位表明与起始位的同步丢失并且字符帧发生了错误。此位通过清除 SW RESET 位或系统复位进行复位。

0　没有检测到帧错误

1　检测到帧错误

D3——OE，SCI 超限标志。在前一个字符完全读入 CPU 之前，又有一个字符传送至 SCIRXEMU 和 SCIRXBUF 时，SCI 设置该位，前一个字符会被覆盖并丢失。OE 标志由 SW RESET 或系统复位来复位。

0　没有检测到超限错误

1　检测到超限错误

D2——PE，SCI 校验错误标志。当一个字符被接收，而其中 1 的数量与其校验位不匹配时，该标志位被置位（地址位也计算在内）。如果校验位的产生和检测被禁止，则 PE 标志被禁止，并且读出的值为 0，PE 由有效的 SW RESET 或系统复位来复位。

0　没有校验错误或校验被禁止

1　检测到校验错误

D1——RXWAKE，接收器唤醒检测标志。该位的 1 值表示检测到一个接收器唤醒条件。在地址位多处理器模式中（SCICSR. 3－1），RXWAKE 反映 SCIRXBUF 中所含的字符的地址位的值；在空闲线多处理器模式中，如果 SCIRXD 数据线被检测到为空闲状态，则 RXWAKE 置位。RXWM 是只读的标志，可通过以下方法清除：

① 地址字节传到 SCIRXBUF 后的第一个字节的传送；

② 读 SCIRXBUF；

③ 有效的 SW RESFT；

④ 系统复位。

D0——Reserved，保留位。读返回 0，写访问无效。

（6）接收器数据缓冲寄存器

接收器数据缓冲寄存器包括 SCIRXEMU 和 SCIRXBUF，SCIRXEMU 为 SCI 仿真数据缓冲寄存器，SCIRXBUF 为接收器数据缓冲寄存器。

接收到的数据由 RXSHF 传送到 SCIRXEMU 和 SCIRXBUF。当传送结束时，RXRDY 标志（位 SCIRXST. 6）置位，表示接收到的数据准备好被读出，这两个寄存器包含着同一数据，它们有各自的地址，但不是物理上独立的寄存器。唯一的差异在于读 SCIRXEMU 不清除 RXRDY 标志，而读 SCIRXBUF 将清除该标志。

1）仿真数据缓冲寄存器（SCIRXEMU）。对于普通的 SCI 数据接收操作，接收到数据来自 SCIRXBUF 寄存器。SCIRXEMU 主要是由仿真器（EMU）使用的，因为它可以连续地读出接收的数据，用于屏幕更新，而不需要清除 RXRDY 标志。SCIRXEMU 由系统复位清除。

说明：该寄存器用于仿真器监视窗口，可以用来查看 SCIRXBUF 寄存器的内容。

SCI 仿真数据缓冲寄存器（SCIRXEMU）的映射地址——7056h

D7	D6	D5	D4	D3	D2	D1	D0
ERXDT7	ERXDT6	ERXDT5	ERXDT4	ERXDT3	ERXDT2	ERXDT1	ERXDT0
R_0	R_0	R_0	R_0	R_0	R_0	R_0	R_0

注:R=可读;W=可写;_后的值为复位值。

2)接收器数据缓冲器(SCIRXBUF)。当接收到的数据从 RXSHF 移位到接收器缓冲器时,标志位 RXRDY 被置位,并且数据准备好被读出。如果 RX/BK INT ENA 位(SCICTL2.1)被置位,这个移位也会产生一个中断。当 SCIRXBUF 被读出时,RXRDY 标志位被复位,SCIRXBUF 由系统复位清除。

SCI 接收器数据缓冲器(SCIRXBUF)的映射地址——7057h

D7	D6	D5	D4	D3	D2	D1	D0
RXDT7	RXDT6	RXDT5	RXDT4	RXDT3	RXDT2	RXDT1	RXDT0
R_0	R_0	R_0	R_0	R_0	R_0	R_0	R_0

注:R=可读;W=可写;_后的值为复位值。

(7)发送数据缓冲寄存器

发送数据缓冲寄存器为 SCITXBUF。将被发送的数据写入发送数据缓冲寄存器(SCITXBUF)后,数据从该寄存器向 TXSHF(发送器移位寄存器)的传送会使 TXRDY 标志(SCICTL2.7)置位,这表示 SCITXBUF 准备好接收下一个数据。如果 TX INT ENA(SCICTL2.0)被置位,该数据传送会产生一个中断。这些位必须是右对齐的,因为对于少于 8 位的字符,左边的位是被忽略的。

发送数据缓冲寄存器 SCITXBUF 的映射地址——7059h

D7	D6	D5	D4	D3	D2	D1	D0
TXDT7	TXDT6	TXDT5	TXDT4	TXDT3	TXDT2	TXDT1	TXDT0
R_0	R_0	R_0	R_0	R_0	R_0	R_0	R_0

注:R=可读;W=可写;_后的值为复位值。

(8)优先级控制寄存器

优先级控制寄存器为 SCIPRI。SCI 优先级控制寄存器(SCIPRI)包含了接收器和发送器的中断优先级选择位,并对仿真事件发生时 SCI 的操作进行设置。

SCI 优先级控制寄存器(SCIPRI)的映射地址——705Fh

D7	D6	D5	D4	D3	D2~D0
Reserved	SCITX PRIORITY	SCIRX PRIORITY	SCISOFT	SCIFREE	Reserved
R_0	RW_0	RW_0	RW_0	RW_0	R_0

注:R=可读;W=可写;_后的值为复位值。

D7——Reserved,保留位。读返回 0,写访问无效。

D6——SCITX PRIORITY,SCI 发送器中断优先级选择。该位指定 SCI 发送器中断的优先级。

0　　中断为高优先级请求

1　　中断为低优先级请求

D5——SCIRX PRIORITY，SCI 接收器中断优先级选择。该位指定 SCI 接收器中断的优先级。

0　　中断为高优先级请求

1　　中断为低优先级请求

D4～D3——SCISOFT 和 FREE。这些位决定了当一个仿真挂起事件（例如当调试器遇到断点时）发生后，将采取什么动作。外设可继续正在进行的工作（自由运行模式），如果在停止模式，它可以立即停止或者在当前操作（当前的接收/发送队列）运行结束后停止。

00　　仿真挂起时立即停止

10　　停止前完成当前的接收/发送操作

x1　　自由运行，不管是否发生挂起，继续 SCI 操作

D2～D0——Reserved，保留位。读返回 0，写访问无效。

4.7.8　应用举例

下面给出一个 DSP 与具有 RS232 串行口的设备进行通讯的程序。DSP 的串行通讯软件可以采用查询和中断两种不同的方式，这里采用查询发送和中断接收的模式。中断采用高优先级模式。

```
SEND_Buff   .usect      ".data0",4        ;发送的数据存放区
REC_Buff    .usect      ".data0",4        ;接收到的数据存放区
            .include    "F2407REGS.H"     ;引用头部文件
            .def        _c_int0
;建立中断向量
            .sect       ".vectors"        ;定义主向量段
RSECT       B           _c_int0           ;PM0 复位向量          1
INT1        B           SCI_INT           ;PM2 中断优先级 1      4
INT2        B           PHANTOM           ;PM4 中断优先级 2      5
INT3        B           PHANTOM           ;PM6 中断优先级 3      6
INT4        B           PHANTOM           ;PM8 中断优先级 4      7
INT5        B           PHANTOM           ;PMA 中断优先级 5      8
INT6        B           PHANTOM           ;PMC 中断优先级 6      9
RESERVED    B           PHANTOM           ;PME (保留位)          10
;中断子向量入口定义     pvecs
            .sect       ".pvecs"          ;定义子向量段
PVECTORS    B           PHANTOM           ;保留向量地址偏移量    0000h
            B           PHANTOM           ;保留向量地址偏移量    0001h
                        ⋮
            B           SCI_ISR           ;保留向量地址偏移量    0006h
            B           PHANTOM           ;保留向量地址偏移量    0006h
            B           PHANTOM           ;保留向量地址偏移量    00007h
```

```
        ⋮
        B       PHANTOM         ;保留向量地址偏移量    0041h
;主程序
        .text
_c_int0:  MAR     *,AR2
        LAR     AR2,#SEND_Buff
        LACL    #01H
        SACL    *+
        LACL    #02H
        SACL    *+
        LACL    #03H
        SACL    *+
        LACL    #04H
        SACL    *               ;给发送单元送初值为:1,2,3,4
        LAR     AR2,#SEND_Buff
        MAR     *,AR3
        LAR     AR3,#REC_Buff
        LACL    #00H
        SACL    *+
        LACL    #00H
        SACL    *+
        LACL    #00H
        SACL    *+
        LACL    #00H
        SACL    *               ;清零接收单元
        LAR     AR3,#REC_Buff
        LAR     AR0,#4
        LAR     AR1,#0
        LAR     AR4,#0
        CALL    SYSINIT         ;系统初始化程序
        CALL    SCIINIT         ;调 SCI 初始化程序
LOOP:   CALL    SEND_DATA
        B       LOOP
;系统初始化子程序
SYSINIT:  SETC    INTM
        CLRC    SXM
        CLRC    OVM
        CLRC    CNF             ;B0 区被配置为数据空间
        LDP     #0E0H           ;指向 7000h~7080h 区
        SPLK    #80FEH,SCSR1    ;时钟 4 倍频,CLKIN=10M,CLKOUT=40M
        SPLK    #0E8H,WDCR      ;不使能 WDT
        LDP     #0
        SPLK    #0001H,IMR      ;使能 INT1 中断
```

```
            SPLK    #0FFFFH,IFR
            RET
;SCI 初始化子程序
SCIINIT:    LDP     #0E1H
            LACL    MCRA            ;IOPA0,IOPA1 配置为串行发送 TXD 和接收引脚 RXD
            OR      #03H
            SACL    MCRA
            LDP     #DP_PF1
            SPLK    #0007H,SCICCR   ;1 个停止位,不使能奇偶校验,空闲线模式,8 位数据长度
            SPLK    #0013H,SCICTL1  ;使能接收和发送,禁止休眠,禁止接收错误中断
            SPLK    #0002H,SCICTL2  ;使能接收中断,禁止发送中断
            SPLK    #0002H,SCIHBAUD
            SPLK    #0007H,SCILBAUD ; 设置波特率=9600pbs
            SPLK    #0033H,SCICTL1  ;使 SCI 脱离复位状态
            SPLK    #0000H,SCIPRI   ;设置接收中断为高优先级中断
            CLRC    INTM            ;开总中断
            RET
;SCI 数据发送子程序
SEND_DATA:  LDP     #DP_PF1
            MAR     *,AR2
            LACL    *+
            SACL    SCITXBUF
SEND_EMP:   BIT     SCICTL2,7
            BCND    SEND_EMP,TC
            MAR     *,AR1
            ADRK    #1
            CMPR    00
            BCND    SEND_END,TC
            B       SEND_DATA
SEND_END:
            MAR     *,AR2
            LAR     AR2, #SEND_Buff
            LAR     AR1,#0
            RET
;SCI 中断接收子程序
SCI_INT:    MAR     *,AR6
            MAR     *+
            SST     #1,*+
            SST     #0,*
            LDP     #0E0H
            LACC    #PIVR,1         ;读取外设中断向量寄存器(PIVR),并左移一位。
            ADD     #PVECTORS       ;加上外设中断入口地址
            BACC                    ;跳到相应的中断服务子程序
```

```
SCI_ISR:   LDP     #DP_PF1
           LACL    SCIRXBUF
           MAR     *,AR3
           SACL    *+,AR4
           ADRK    #1
           CMPR    00
           BCND    REC_END,NTC
           LAR     AR3, #REC_Buff
           LAR     AR4,#0
REC_END:   MAR     *,AR7                ;中断返回
           MAR     *+
           LST     #0,*-
           LST     #1,*-
           CLRC    INTM                 ;开中断,因为一进中断就自动关闭中断
           RET
;假中断子程序
PHANTOM:KICk_DOG                        ;复位看门狗
           RET
           .END
```

4.8 串行外设接口(SPI)

串行外设接口(SPI)是一个高速同步串行输入输出(I/O)端口,它允许一个具有可编程长度(1 到 16 位)的串行位流以可编程的位传送速率从器件移入或移出。SPI 用于 DSP 控制器和外部器件或其他控制器间的通信。典型的应用包括外部 I/O 或者移位寄存器、显示驱动器和模数转换器(ADC)等器件进行外设扩展。

4.8.1 串行外设接口的结构

(1)串行外设接口的物理描述

SPI 模块的结构如图 4.27 所示。SPI 模块主要包括如下特征:

1)4 个外部引脚:

① SPISIMO,SPI 从动输入,主动输出;

② SPISOMI,SPI 主动输入,从动输出;

③ SPICLK,SPI 时钟;

④ SPISTE,SPI 从动发送使能。

在不使用 SPI 模块时,上述 4 个引脚都可用作通用输入输出(I/O)引脚。

2)主动和从动工作方式。

3)SPI 串行接收缓冲寄存器(SPIRXBUF)。该缓冲器包括从网络接收到的数据和准备给 CPU 读取的数据。

4)SPI 串行发送缓冲寄存器(SPITXBUF)。当前传送已经完成时,该缓冲器包括下一

个将要传送的字符。

5)SPI 串行数据寄存器(SPIDAT)。该数据移位寄存器用作发送/接收移位寄存器。

6)SPICLK 相位和极性控制。

7)状态抑制逻辑。

8)存储映射控制和状态寄存器。

9)SPI 有 16 位的传送和接收能力,并且接收和发送均是双缓冲的。所有数据寄存器都是 16 位宽。

10)发送和接收操作均可通过中断或查询操作进行。

SPISTE 选通引脚的基本功能是在从动模式下,SPI 模块的发送使能输入。它使移位寄存器停止动作,使其不能接收数据并且使 SPISOMI 引脚置于高阻态。

图 4.27 显示的是从动工作模式下的 SPI 模块的结构。

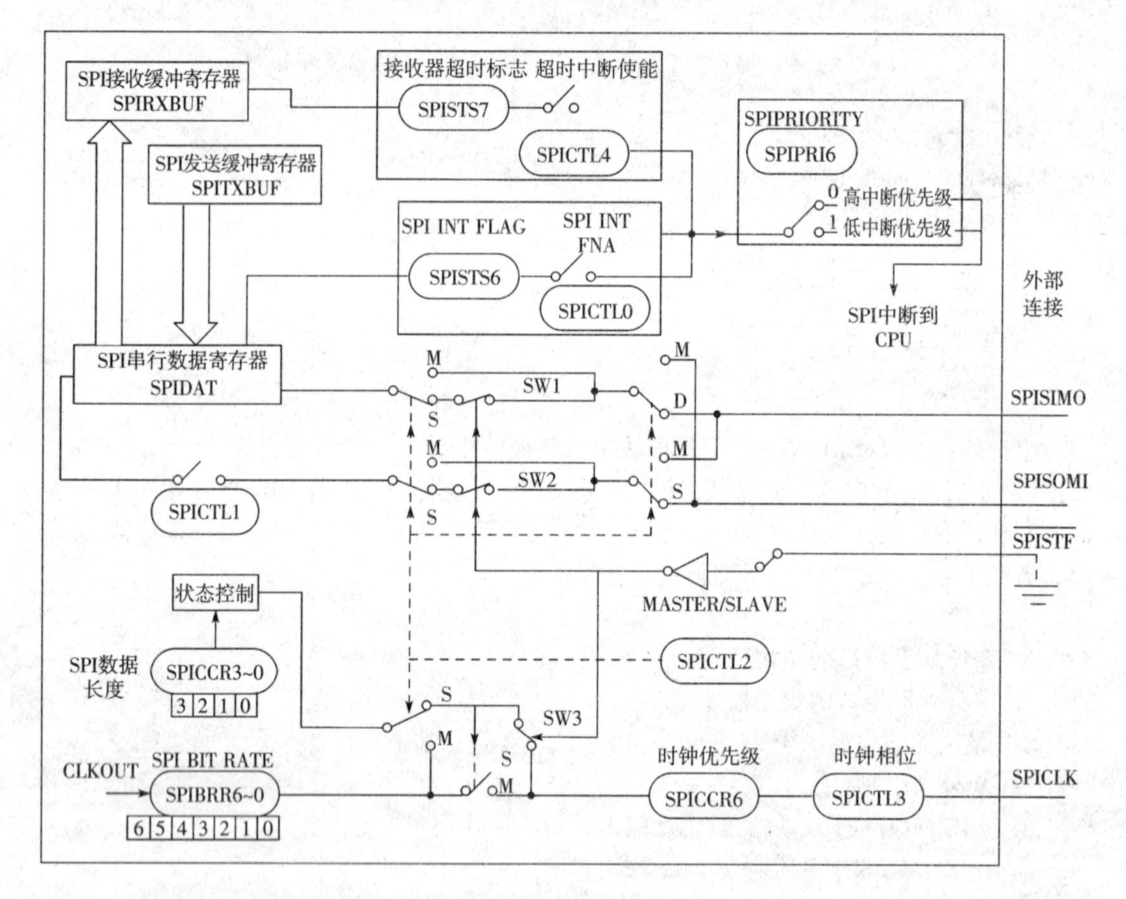

图 4.27 SPI 模块的结构

(2)SPI 模块的寄存器概述

在 SPI 模块中有 9 个寄存器,这些寄存器用来控制 SPI 操作。

1)SPICCR(SPI 配置控制寄存器),包括用于 SPI 配置的控制位:

① SPI 模块软件复位;

② SPICLK 极性选择;

③ 4 个 SPI 字符长度控制位。

2)SPICTL(SPI 操作控制寄存器),包含以下用于数据发送的控制位：

① 两个 SPI 中断使能位；

② SPICLK 相位选择；

③ 操作模式(主/从)；

④ 数据发送使能。

3)SPISTS(SPI 状态寄存器),包含 2 个接收器缓冲状态位和 1 个发送缓冲状态位：

① RECEIVER OVERRUN,接收器超限；

② SPI INT FLAG,SPI 中断标志；

③ TX BUF FULL FLAG,发送缓冲满标志。

4)SPIBRR(SPI 波特率寄存器),包含 7 个决定位传送速率的位。

5)SPIRXEMU(SPI 接收仿真缓冲寄存器),包含接收到的数据,并支持正确的仿真。

6)SPIKXBUF(SPI 串行输入缓冲存储器),包含接收到的数据。SPIRXBUF 用于普通操作。

7)SPITXRUF(SPI 串行发送缓冲存储器),包含下一个传送的字符。

8)SPIDAT(SPI 串行数据寄存器),包含 SPI 发送的数据,作为发送/接收移位寄存器使用。写入 SPIDAT 的数据在后续的 SPICLK 周期被移出。对于移出 SPI 的每一位,有一个位被移入移位寄存器的另一端。

9)SPIPRI(SPI 优先级寄存器),包含用于指定中断优先级和决定程序挂起时 XDS 仿真器的 SPI 操作的位。

4.8.2　SPI 操作

本节描述 SPI 的操作,包括操作模式、中断、数据格式、时钟源和初始化的解释,并给出了用于数据传送的典型时序图。

(1)SPI 操作概述

图 4.28 显示的是 SPI 用了两个控制器(一个主控制器和一个从控制器)之间通信的典型连接方式。

主控制器通过发出 SPICLK 信号启动数据传送。对于从控制器和主控制器,数据在 SPICLK 的一个正跳变(从低电平到高电平)边沿从移位寄存器移出,然后在负跳变(从高电平到低电平)边沿锁存到移位寄存器。如果 CLOCK PHASE 位(SPICTL.3)高(即为 1),则数据在 SPICLK 转换之前的半个周期发送和接收。这样,两个控制器发送和接收数据可以同时进行。应用软件决定数据是有意义的还是伪数据。数据发送有三种可能的方式：

1)主控制器发送数据,从控制器发送伪数据；

2)主控制器发送数据,从控制器也发送数据；

3)主控制器发送伪数据,从控制器发送数据。

主控制器可以在任意时刻启动数据传送,因为它控制着 SPICLK 信号,但软件决定了主控制器怎样检测从控制器何时准备好发出数据。

(2)SPI 模块的主/从操作模式

SPI 可以工作于主模式或从模式。MASTER/SLAVE 位(SPICTL.2)用来选择操作模式和 SPICLK 信号源。

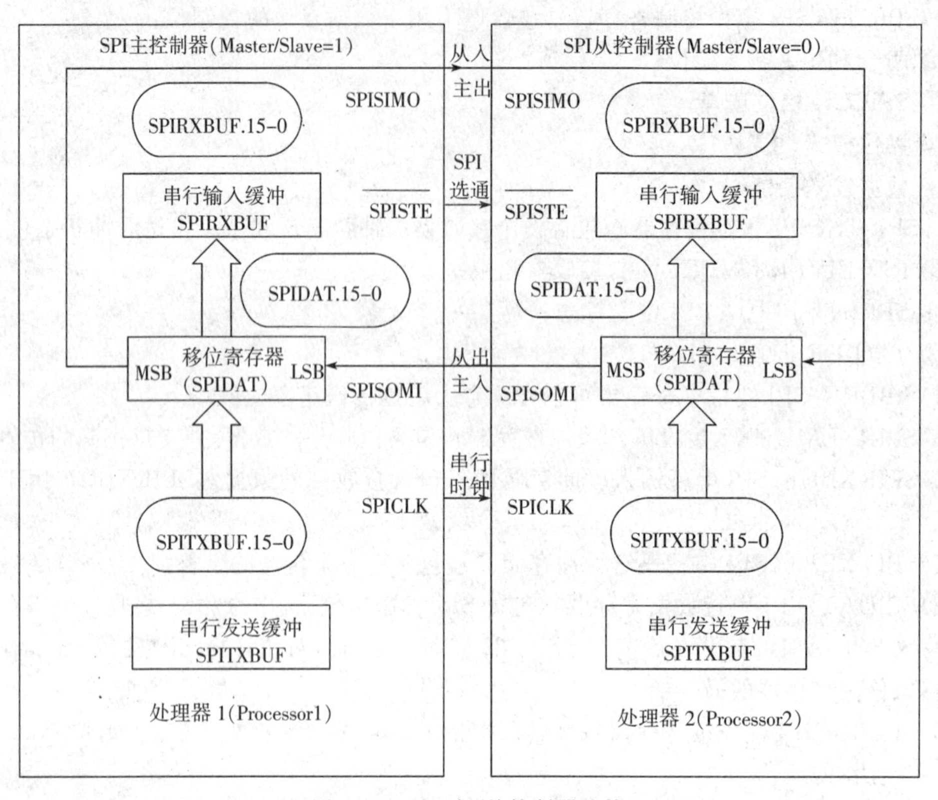

图 4.28 SPI 主/从控制器连接

1)主模式

在主模式(MASTER/SLAVE＝1)下,SPI 为整个串行通信网络在 SPICLK 引脚上提供串行时钟。数据在 SPISIMO 引脚上输出并从 SPISOMI 引脚上锁存。

SPIBRR 决定了网络的发送和接收的位传送速率,SPIBRR 可以选择 126 种不同的数据传送率。向 SPIDAT 或 SPITXBUF 写的数据启动 SPISIMO 引脚上的数据发送,首先是最高位,同时,接收到的数据通过 SPISOMI 引脚移入 SPIDAT 的最低位。当选定的位数发送完毕后,接收到的数据被传送到 SPIRXBUF(缓冲的接收器),供 CPU 读出。数据在 SPIRXBUF 中存储时是右对齐的。

当设定数量的数据位从 SPIDAT 移出时,会发生以下事件:

① SPI INT FLAG 位(SPISTS.6)被置位为 1;

② SPIDAT 的内容传送到 SPIRXBUF;

③ 如果在发送缓冲 SPITXBUF 中有一个有效的数据,则按照 SPISTS 寄存器的 TXBUF 位所指定,这个数据被传送到 SPIDAT 并且被送出;否则 SPICLK 在所有位已经被移出 SPIDAT 后停止;

④ 如果 SPI INT ENA 位(SPICTL.0)置位为 1,一个中断将被确认。

在典型应用中,$\overline{\text{SPISTE}}$总是用作通用从 SPI 器件的芯片使能引脚(在向从 SPI 器件送数据时,必须使从器件的选择引脚变低,在发送主器件数据之后,再使之变高)。

2)从模式

在从模式下(MASTER/SLAVE=0),数据从SPISOMI引脚移出,从SPISIMO移入。SPICLK用作串行移位时钟的输入,它由外部网络主器件提供,传送速率由该时钟定义。SPICLK输入频率不应大于CLKOUT频率的四分之一。

当从网络主器件接收到SPICLK信号的合适边沿时,写到SPIDAT或SPITXBUF的数据发送到网络。当被发送的字符的所有位已经移出SPIDAT,则写到SPITXBUF寄存器的数据将被传送到SPIDAT。如果当SPITXBUF被写入数据时,没有字符被发送,则数据立刻被传到SPIDAT。为了接收数据,SPI要等待网络主器件发出SPICLK信号,然后把数据从SPISIMO引脚移入SPIDAT。如果数据同时由从器件发送,并且SPITXBUF上一次没有载入数据,则在SPICLK信号开始之前,数据必须写入SPITXBUF或SPIDAT。

当TALK(SPICTL.1)位被清除时,数据发送被禁止,从控制器输出引脚(SPISOMI)被置为高阻态。如果在数据发送期间,TALK位被清除,即使SPISOMI引脚被强制置为高阻态,当前正在发送的数据也将全部发送完,这样可以确保SPI仍然可以正确地接收输入数据。这就使得同一个网络上可以连接多个从器件,但是一次只允许一个从器件驱动SPISOMI。

当$\overline{\mathrm{SPISTE}}$引脚用作从控制器件选择引脚时,引脚$\overline{\mathrm{SPISTE}}$上的低电平有效信号允许从串行外设接口将数据传送到串行数据线;高电平有效信号则使串行外设接口的串行移位寄存器停止,并且其串行输出引脚被置为高阻态。这样就允许同一网络上可以连接多个从器件,但是一次只能有一个从器件被选择。

4.8.3　串行外设接口中断

有五个控制位用于初始化串行外设接口的中断:

SPI中断使能位:SPI INT ENA(SPICTL.0);

SPI中断标志位:SPI INT FLAG(SPISTS.6);

SPI超限中断使能位:OVERRUN INT ENA(SPICTL.4);

SPI接收器超限中断标志位:RECEIVER OVERRUN FLAG(SPISTS.7);

SPI中断优先级选择位:SPI PRIORITY(SPIPRI.6)。

(1)SPI INT ENA位(SPICTL.0)

当SPI中断使能位置位并且发生一个中断条件时,相应的中断被确认。

　　0　　禁止SPI中断

　　1　　使能SPI中断

(2)SPI INT FLAG位(SPISIS.6)

此状态标志表示一个字符将被放在SPI接收缓冲器中并已准备好被读出。

当一个完整的字符被移入或移出SPIDAT时,SPI INT FLAG位(SPISTS.6)被置位,并且如果中断已被SPI INT ENA位使能,则会产生一个中断。中断标志仍保持置位直到被下列事件之一清除:

1)中断应答;

2)CPU读SPIRXBUF(读SPIRXEMU不清除SPI INT FLAG位);

3)CPU通过IDLE指令进入IDLE2节电模式或HALT节电模式;

4)软件设置SPI SW RESET位(SPICCR.7);

5)发生系统复位。

当 SPI INT FLAG 位被置位时,一个字符就放入 SPIRXBUF 并准备好被读出。如果 CPU 在下一个完整的字符被接收之前没有读出该字符,新的字符就会写入 SPIRXBUF 并使 RECEIVER OVERRUN FLAG 位(SPISTS. 7)置位。

(3)OVER RUN INT ENA 位(SPICTL. 4)

超限中断使能位一旦置位,只要硬件使 RECEIVER OVER RUN FLAG 位(SPISTS. 7)置位,就会允许确认一个中断。由 SPISRS. 7 和 SPI INT FLAG(SPISTS. 6)产生的中断共用同一个中断向量。

0　　禁止 RECEIVER OVER RUN FLAG 位中断

1　　允许 RECEIVER OVER RUN FLAG 位中断

(4)RECEIVER OVER RUN FLAG 位(SPISTS. 7)

只要在前一字符从 SPIRXBUF 读出之前,有一个新的字符被接收并写入 SPIRXBUF 就会使 RECEIVER OVER RUN FLAG 位置位。RECEIVER OVER RUN FLAG 位必须由软件清除。

(5)SPI PRIORITY 位(SPI PRI. 6)

SPI PRIORITY 位的值决定了来自 SPI 的中断请求的优先级:

0　　中断为高优先级请求

1　　中断为低优先级请求

4.8.4 数据格式

SPICCR 寄存器有四位(SPICCR. 3～0)用来指定数据字符的位数(1～16 位)。该信息指导状态控制逻辑对接收或发送的数据位进行计数,以确定何时处理完一个完整的字符。下列情况适用于少于 16 位的字符:

(1)当写入 SPIDAT 或 SPITXBUF 时,数据必须是左对齐的;

(2)数据从 SPIRXBUF 读出时是右对齐的;

(3)SPIRXBUF 包含了最近接收到的字符(该字符为右对齐),再加上已经移到左边的来自前一次发送的剩余数据位,如图 4.29 的实例所示。

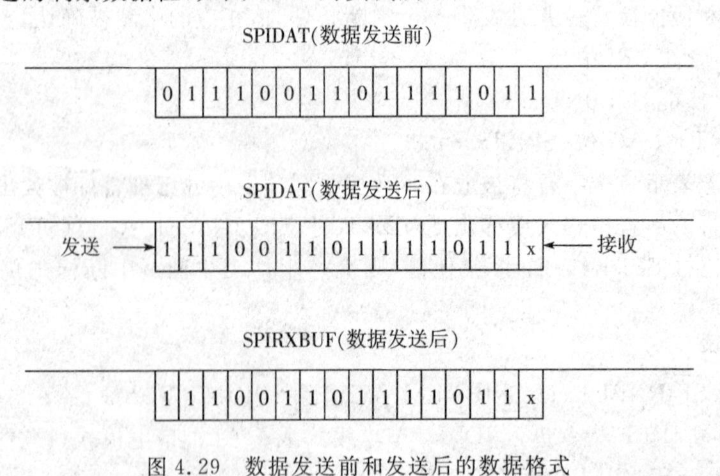

图 4.29　数据发送前和发送后的数据格式

图4.29所示的实例的条件为:(1)发送字符的长度为1位(在位SPICCR.3～0指定);(2)SPIDAT的当前值为737Bh。

4.8.5　SPI波特率和时钟模式

SPI模块支持125种不同的波特率和4种不同的时钟模式。根据SPI时钟是在从模式还是主模式下,SPICLK引脚可以接收一个外部SPI时钟信号,或为SPI提供时钟信号。

在从模式下,SPI时钟是通过SPICLK引脚从外部时钟源引入的,其频率最大不能超过CLKOUT频率的四分之一。

在主模式下,SPI时钟由SPI产生,并通过SPICLK引脚输出。其频率最大不能超过CLKOUT频率的四分之一。

(1)SPI波特率的确定

SPI波特率的计算可以由如下的两种情况进行计算得出:

1)对于SPIBRR-3～127,波特率的计算公式为:

$$\text{SPI波特率}=\text{CLKOUT}/(\text{SPIBRR}+1)$$

2)对于SPIBRR-0～2,波特率的计算公式为:

$$\text{SPI波特率}=\frac{\text{CLKOUT}}{4}$$

式中,CLKOUT＝器件的CPU时钟频率,SPIBRR＝主SPI器件中的SPIBRR内容。

为了确定装入SPIBRR的值,必须知道期间的系统时钟(CLKOUT)的频率(器件专用)和工作将使用的波特率。

下面的实例显示如何确定LF240xA DSP可以获得最大串行外设通信的波特率CLKOUT＝40MHz。

$$\text{最大的SPI波特率}=\frac{\text{CLKOUT}}{(3+1)}=\frac{40\times10^6}{4}=10\times10^6\,\text{Hz}$$

(2)SPI时钟模式

CLOCK POLARITY(POLARITY)和CLOCK PHASE(SPICTL.3)位控制着SPICLK引脚上的四种不同的时钟模式。CLOCK POLARITY位选择时钟的有效沿是上升沿还是下降沿,CLOCK PHASE位选择是否有半个时钟周期的延时。四种不同的时钟模式如下:

1)下降沿,无延时;SPI在SPICLK的下降沿发送数据,并在SPICLK的上升沿接收数据;

2)下降沿,有延时;SPI在SPICLK的下降沿前半个周期发送数据,并在SPICLK信号的上升沿接收数据;

3)上升沿,无延时;SPI在SPICLK的上升沿发送数据,并在SPICLK的下降沿接收数据;

4)上升沿,有延时;SPI在SPICLK的上升沿前半个周期发送数据,并在SPICLK信号的下降沿接收数据。

串行外设接口时钟方式选择方法见表 4.27 所列，与发送和接收数据相对应的 4 种时钟模式如图 4.30 所示。

表 4.27　串行外设接口时钟方式选择方法

SPICLK 的信号模式	CLOCK POLARITY(SPISSR.6)	CLOCK PHASE(SPICTL.3)
上升沿，无延时	0	0
上升沿，有延时	0	1
下降沿，无延时	1	0
下降沿，有延时	1	1

对于 SPI，SPICLK 仅在(SPIBRR＋1)的值为偶数时保持对称。当(SPIBRR＋1)为奇数并且 SPIBRR 大于 3 时，SPICLK 就会变为非对称的，如图 4.31 所示。当 CLOCK POLARITY 位清除(值为 0)时，SPICLK 的低电平脉冲比其高电平脉冲多一个 CLKOUT 时钟周期；当 CLOCK POLARITY 值置位(值为 1)时，SPICLK 的高电平脉冲比其低电平脉冲多一个 CLKOUT 时钟周期。

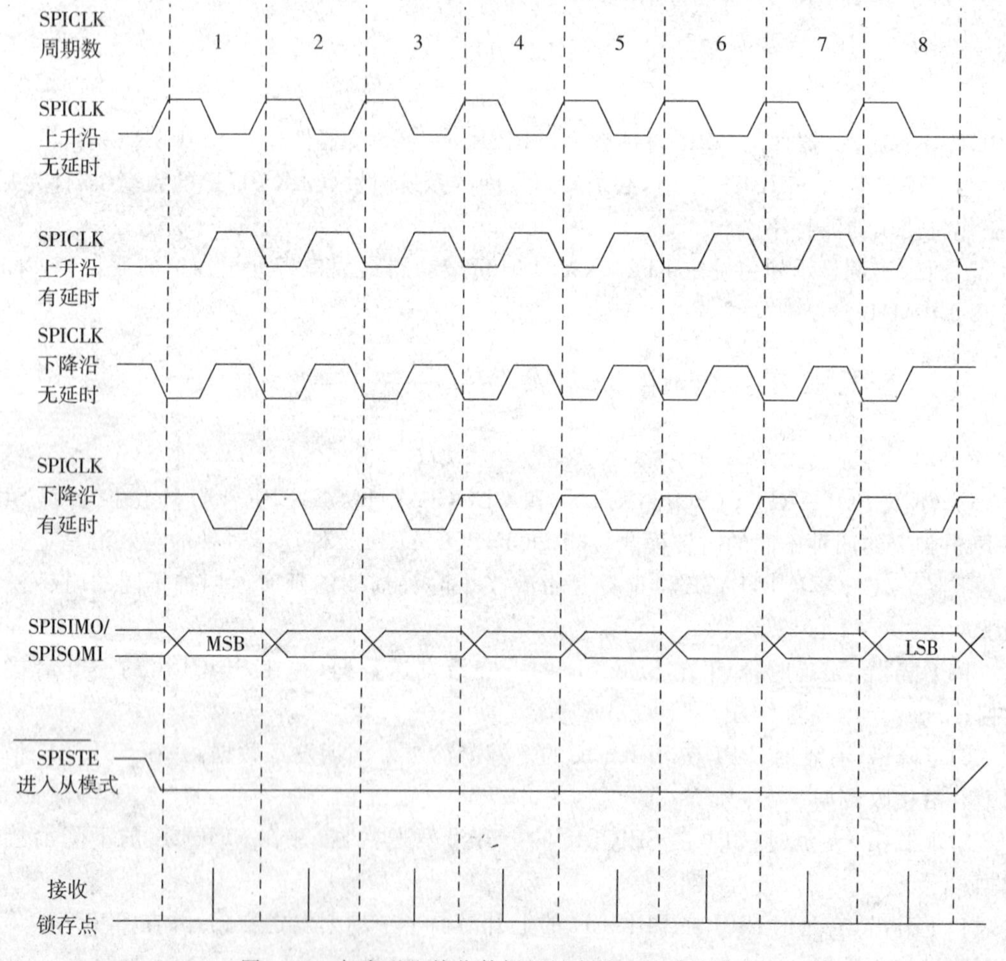

图 4.30　与发送和接收数据相对应的 4 种时钟模式

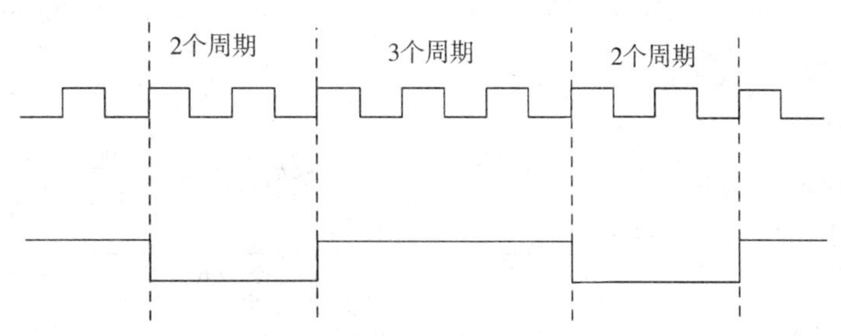

图4.31　SPICLK引脚在不同SPIBRR时的输出特性

4.8.6　SPI的复位初始化

系统复位强制SPI外设模块进入以下缺省配置：

1)该单元被配置为一个从模块(MASTER/SLAVE=0)；

2)发送功能被禁止(TALK=0)；

3)在SPICLK信号的下降沿到来时，输入数据被锁存；

4)字符长度假定为1位；

5)SPI中断被禁止；

6)SPIDAT中的数据复位为0000h；

7)管脚功能选定为通用输入；

8)SPI模块的引脚功能选作通用目标输入输出(这可以由I/O多路复用控制寄存器B[MCRB]来设置)。

如果要改变SPI的配置，则需要做以下工作：

1)设置SPI SW RESET位(SPICCR.7)的值为0，强制SPI复位；

2)初始化SPI的配置、格式、波特率和管脚功能为期望值；

3)设置SPI SW RESET位为1，从复位状态释放SPI；

4)向SPIDAT或SPITXBUF写数据，这将初始化主器件的通信过程；

5)数据发送完成以后(SPISTS.6=1)，读取SPIRXBUF以确定接收到的数据。

为了防止在初始化期间发生意外的不可预见的事件，或因此造成初始化的改变，在改变初始化之前须清除SPI SW RESET位(SPICCR.7)，即设置该位为0，并在初始化完成之后，设置这位为1。

注意：在通信过程中，不要改变SPI配置。

4.8.7　SPI的数据传送实例

SPI数据传送的时序如图4.32所示，图中描述了SPICLK为对称时，两个使用5位字符长的器件之间的SPI数据传送。

SPICLK为非对称时，SPI时序图与图4.32所示的特性类似，但有一点不同，对于非对称的SPICLK，在SPICLK的低电平脉冲期间(CLOCKPOLARITY=0)或高电平脉冲期间(CLOCK POLARITY=1)，非对称SPICLK的数据传送要比对称SPICLK的延长一个系统时钟周期。

图4.32所示，每个字符5位的SPI数据传送时序图只适用于8位的SPI器件，对于具有16

位数据宽度的LF240x系列不适用，该图仅仅是用来对SPI数据传送的基本情况做一个说明。

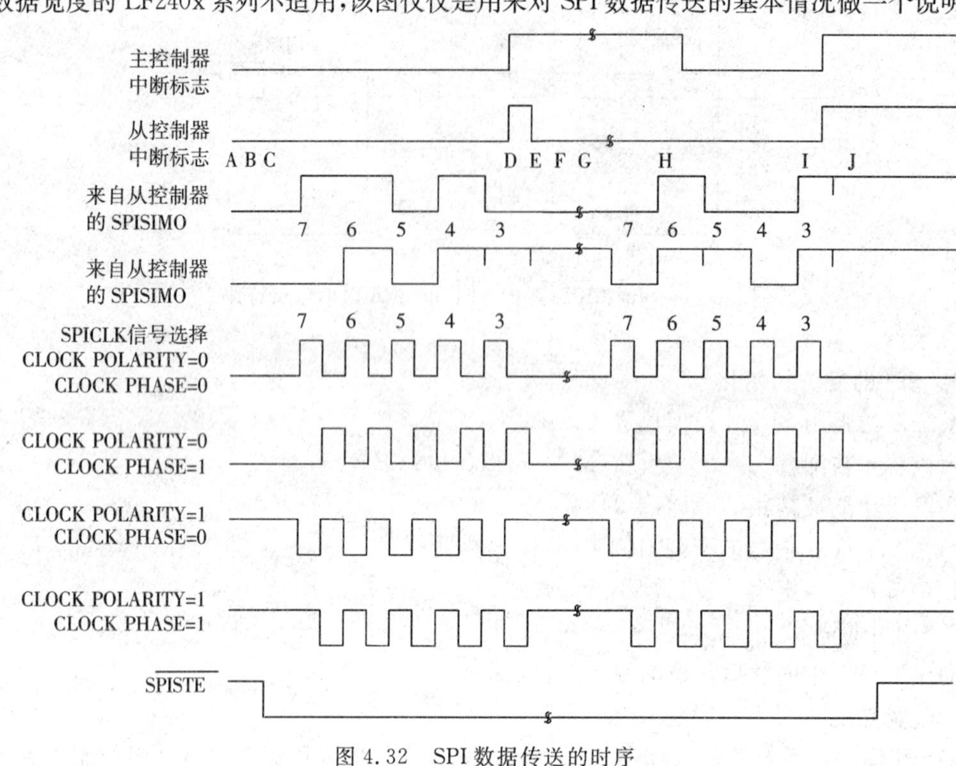

图4.32　SPI数据传送的时序

4.8.8　串行外设接口的控制寄存器

SPI通过控制寄存器文件中的控制寄存器来控制和访问。下面详细介绍串行外设接口的控制寄存器。

(1)SPI配置控制寄存器(SPICCR)，映射地址——7040h

D7	D6	D5～D4	D3	D2	D1	D0
SPI SW RESET	CLOCK POLARITY	Reserved	SPICHAR3	SPICHAR2	SPICHAR1	SPICHAR0
RW_0	RW_0	RW_0	RW_0	RW_0	RW_0	RW_0

注：R=可读；W=可写；_后的值为复位值。

D7——SPI SW RESET，SPI软件复位。当改变配置时，在改变之前清除此位，恢复操作之前设置此位：

0　初始化SPI操作标志为复位条件，此时SPISTS.7、SPISTS.6位和SPISTS.5位被清除。SPI配置保持不变。如果该模块用作主模块，SPICLK信号输出返回其无效电平。

1　SPI准备好发送或接收下一字符，当该位被置位时，一个写入发送器的字符不会被移出，必须向串行数据寄存器写入一个新的字符。

D6——CLOCK POLARITY，移位时钟的极性。该位抑制SPICLK信号的极性。CLOCK POLARITY和CLOCK PHASE(SPICTL.3)控制SPICLK引脚上的

四种时钟模式。

0　SPICLK 信号的上升沿时，数据输出；下降沿时，数据输入。当没有 SPI 数据发送时，SPICLK 处于低电平。

数据输入、输出的边沿决定于 CLOCK PHASE(SPICTL.3)位的值，具体如下：

CLOCK PHASE=0：数据在 SPICLK 信号的上升沿输出；输入的数据在 SPICLK 信号的下降沿锁存。

CLOCK PHASE=1：数据在 SPICLK 信号第一个上升沿前的半个周期和后续的 SPICLK 信号的下降沿输出；输入的数据在 SPICLK 信号的上升沿锁存。

1　SPICLK 信号的下降沿时，数据输出；上升沿时，数据输入。当没有 SPI 数据发送时，SPICLK 处于高电平。

数据输入、输出的边沿决定于 CLOCK PHASE(SPICTL.3)位的值，具体如下：

CLOCK PHASE=0：数据在 SPICLK 信号的下降沿输出，输入的数据在 SPICLK 信号的上升沿锁存。

CLOCK PHASE=1：数据在 SPICLK 信号第一个下降沿前的半个周期和随后的 SPICLK 信号的上升沿输出；输入的数据在 SPICLK 信号的下降沿锁存。

D5～D4——Reserved，保留位。

D3～D0——SPICHAR3～SPICHAR0，字符长度控制位 3～0。这 4 位决定了单个字符在一个移位序列周期移入或移出的位数。表 4.28 列出了不同位值所选择的字符长度。

表 4.28　不同位值所选择的字符长度

SPICHAR3	SPICHAR2	SPICHAR1	SPICHAR0	字符长度
0	0	0	0	1
0	0	0	1	2
0	0	1	0	3
0	0	1	1	4
0	1	0	0	5
0	1	0	1	6
0	1	1	0	7
0	1	1	1	8
1	0	0	0	9
1	0	0	1	10
1	0	1	0	11
1	0	1	1	12
1	1	0	0	13
1	1	0	1	14
1	1	1	0	15
1	1	1	1	16

(2)SPI 操作控制寄存器(SPICTL)

SPI 操作控制寄存器(SPICTL)控制数据的发送、SPI 产生中断的能力、SPICLK 的相位以及操作模式(主模式或从模式)。

SPI 操作控制寄存器(SPICTL)的映射地址——7041h

D7～D5	D4	D3	D2	D1	D0
Reserved	OVERRUN INT ENA	CLOCK PHASE	MASTER/ SLAVE	TALK	SPI INT ENA
R_0	RW_0	RW_0	RW_0	RW_0	RW_0

注:R=可读;W=可写;_后的值为复位值。

D7～D5——Reserved,保留位。读返回 0,写访问无效。

D4——OVERRUN INT ENA,超限中断使能。

0　禁止 RECEIVER OVERRUN FLAG 位(SPISTS.7)中断

1　使能 RECEIVER OVERRUN FLAG 位(SPISTS.7)中断

D3——CLOCK PHASE,SPI 时钟相位选择。该位控制 SPICLK 信号的相位。

0　普通 SPI 时钟模式,决定于 CLOCK POLARITY 位(SPICCR.6)

1　SPICLK 信号延时半个周期,极性由 CLOCK POLARITY 确定

CLOCK PHASE 和 CLOCK POLARIY(SPICCR.6)形成了四种不同的时钟模式。当 CLOCK PHASE 为高电平时,SPI(主或从)在 SPIDAT 被写入数据之后和 SPICLK 信号的第一个边沿之前,数据的第一位有效,而与使用何种 SPI 模式无关。

D2——MASTER/SLAVE,SPI 网络模式选择。该位决定 SPI 是一个网络主模块还是从模块。在复位初始化期间,SPI 自动配置为一个网络从模块。

0　SPI 配置为一个从模块

1　SPI 配置为一个主模块

D1——TALK,主/从模式发送使能。

0　禁止发送

从模式操作:如果先前没有配置为一个通用 I/O 引脚,SPISOMI 引脚置为高阻态;

主模式操作:如果先前没有配置为一个通用 I/O 引脚,SPISOMI 引脚被置为高阻态。

1　使能发送

D0——SPI INT ENA,SPI 中断使能,该位控制 SPI 产生发送/接收中断的能力。SPI INT FLAG 位(SPISTS.6)不受该位影响。

0　禁止中断

1　使能中断

(3)SPI 状态寄存器(SPISTS),映射地址——7042h

D7	D6	D5	D4～D0
RECEIVER OVERRUN FLAG	SPI INT FLAG	TX BUF FULL FLAG	Reserved
RC_0	RC_0	RC_0	R_0

注:R=可读;C=清 0;_后的值为复位值。

D7——RECEIVER OVERRUN FLAG,SPI超限标志。这位是一个只读/清除标志。当一个字符从缓冲器读出之前,又有一个接收或发送操作完成,SPI用硬件使该位置位。该位表示一个接收到的字符被覆盖并丢失。如果OVERRUN INT ENA位(SPICTL.4)被置为高,则SPI在每次该位置位时都会请求一个中断序列。

该位可以由以下三种方法之一清除:

1)向该位写1;

2)向SPI SW RESET(SPICCR.7)写1;

3)复位系统。

如果OVERRUN INT ENA位(SPICTL.4)被置位,SPI在设置该标志位的第一个超限条件发生时只请求一个中断。如果该标志位已经被设置了,后面发生的超限将不会再请求中断。这意味着为了允许新的超限中断请求,每次一个超限条件发生时,用户必须通过向SPISTS.7写1来清除该标志位。也就是说,如果中断服务程序不清除RECEIVER OVERRUN FLAG位,那么当中断服务程序退出时,另外的超限中断就不会立即重新进入。

在中断复位程序期间,RECEIVER OVERRUN FLAG位应该清除,因为RECEIVER OVERRUNFLAG位和SPI INT FLAG位(SPISTS.6)共用同一个中断向量,当下一个字节被接收时,这将减少可能因中断源产生的混淆。

D6——SPI INT FLAG,SPI中断标志,SPI INT FLAG是一个只读的标志,SPI硬件设置该位以表示它已完成传送或接收最后一位,并准备接收服务。设置此位的同时,接收的字符放在接收缓冲器中。如果SPI INT ENA位(SPICTL.0)被置位,该标志将引起一个中断请求。

该位可以由以下三种方法之一清除:

1)读SPIRXBUF;

2)SPI SW BESET(SPICCR.7)写0;

3)复位系统。

0　无中断请求

1　有中断请求

D5——TX BUF FULL FLAG,SPI发送缓冲满标志,这是只读的位,当一个字写入SPI发送缓冲寄存器SPITXBUF时,该位被置1。当前一个字符移出操作完成后,这个字符自动载入SPIDAT时,该位被清除(清0)。该位在复位时清除。

0　发送缓冲器空

1　发送缓冲器中有数据

D4～D0——Reserved,保留位。

(4)SPI波特率寄存器(SPIBRR),映射地址——7044h

D7	D6	D5	D4	D3	D2	D1	D0
Reserved	SPI BIT RATE6	SPI BIT RATE5	SPI BIT RATE4	SPI BIT RATE3	SPI BIT RATE2	SPI BIT RATE1	SPI BIT RATE0
R_0	RW_0	RW_0	RW_0	RW_0	RW_0	RW_0	RW_0

注:R=可读;W=可写;_后的值为复位值。

D7——Reserved,保留位。

D6～D0——SPI BIT RATE6～SPI BIT RATE0,SPI 位速率(波特率)控制。如果 SPI 是网络主模块,这些位确定位传送速率,共有 125 种数据传送速率可供选择。每一种速率都是系统时钟的函数,每个 SPICLK 周期移位一个数据位。如果 SPI 是一个网络从模块,那么模块在 SPICLK 引脚上从网络主模块接收一个时钟,因此这些位对 SPICLK 信号没有影响。从主模块接收的输入时钟的频率不应超过从 SPI 的 SPICLK 信号的四分之一。

在主模式下,SPI 时钟由 SPI 产生并且在 SPICLK 引脚上输出。

(5)SPI 仿真缓冲寄存器(SPIRXEMU)

SPI 仿真缓冲寄存器(SPIRXEMU)包含接收的数据。读 SPIRXEMU 不会清除 SPI INTFLAG(SPISTS.6)位。这不是一个真正的寄存器,而是一个伪地址,仿真器可以通过它读取 SPIRXBUF 的内容,而不用清除 SPI INT FLAG 位。

SPI 仿真缓冲寄存器(SPIRXEMU)的映射地址——7046h

D15	D14	D13	D12	D11	D10	D9	D8
ERXB15	ERXB14	ERXB13	ERXB12	ERXB11	ERXB10	ERXB9	ERXB8
R_0	R_0	R_0	R_0	R_0	R_0	R_0	R_0

D7	D6	D5	D4	D3	D2	D1	D0
ERXB7	ERXB6	ERXB5	ERXB4	ERXB3	ERXB2	ERXB1	ERXB0
R_0	R_0	R_0	R_0	R_0	R_0	R_0	R_0

注:R=可读;_后的值为复位值。

D15～D0——ERXB15～ERXB0,仿真缓冲器接收的数据。SPIRXEMU 寄存器的功能与 SPIBXBUF 基本相同,但是读 SPIRXEMU 时不会清除 SPI INT FLAG 标志位。一旦 SPIDAT 已经接收到完整的数据,该数据被传送到 SPIRXEMU 和 SPIRXBUF 寄存器中,在这两个寄存器中的数据可读取,同时 SPI INT FLAG 标志位被置位。

创建该镜像寄存器是为了支持仿真,读 SPIRXBUF 时将清除 SPI INT FLAG 标志位(SPISTS.6)。在仿真器的正常操作中,读取控制寄存器可以不断地更新这些寄存器显示在屏幕上的内容。创建 SPIRXEMU 是为了仿真器可以读取 SPIRXEMU 中的值并且更新其显示在屏幕上的内容。读 SPIRXEMU 不会清除 SPI INT FLAG 位,但是读 SPIRXBUF 会清除这个标志位。SPIRXEMU 寄存器可以使仿真器更准确地模拟 SPI 的真实操作。

建议在正常的仿真器工作方式下读取 SPIRXEMU 寄存器中的值。

(6)SPI 串行接收缓冲寄存器(SPIRXBUF)

SPI 串行接收缓冲寄存器(SPIRXBUF)包含接收的数据。读 SPIRXBUF 会清除 SPI INT FLAG(SPISTS.6)位。

SPI 串行接收缓冲寄存器(SPIRXBUF)的映射地址——7047h

D15	D14	D13	D12	D11	D10	D9	D8
RXB15	RXB14	RXB13	RXB12	RXB11	RXB10	RXB9	RXB8
R_0	R_0	R_0	R_0	R_0	R_0	R_0	R_0

D7	D6	D5	D4	D3	D2	D1	D0
RXB7	RXB6	RXB5	RXB4	RXB3	RXB2	RXB1	RXB0
R_0	R_0	R_0	R_0	R_0	R_0	R_0	R_0

注:R=可读;_后的值为复位值。

D15～D0——RXB15～RXB0,接收的数据。一旦 SPIDAT 接收到一个完整的字符,字符就会传送到 SPIRXBUF 中,字符在此处被读出。同时,设置 SPI INT FLAG 位(SPISTS.6)。因为数据是先把最高位移入 SPI,所以在此寄存器中数据是右对齐的。

(7)SPI 串行发送缓冲寄存器(SPITXBUF)

SPI 串行发送缓冲寄存器(SPITXBUF)保存下一个要传送的字符。当写数据到该寄存器中将设置 TX BUF FULL 标志位(SPISTS.5),当正在发送的数据发送完成时,该寄存器中的内容自动装入 SPIDAT 寄存器中,并清除发送缓冲器满 TX BUF FULL 标志位。如果当前发送没有被激活,则该寄存器中的数据将传送到 SPIDAT 寄存器中,且发送缓冲器满 TXBUF FULL 标志位不设置。

在主动工作模式下,如果发送没有被激活,则写入数据到该寄存器时将启动发送,同样数据被传送到 SPIDAT 寄存器中。

SPI 串行发送缓冲寄存器(SPITXBUF)的映射地址——7048h

D15	D14	D13	D12	D11	D10	D9	D8
TXB15	TXB14	TXB13	TXB12	TXB11	TXB10	TXB9	TXB8
RW_0	RW_0	RW_0	RW_0	RW_0	RW_0	RW_0	RW_0
D7	D6	D5	D4	D3	D2	D1	D0
TXB7	TXB6	TXB5	TXB4	TXB3	TXB2	TXB1	TXB0
RW_0	RW_0	RW_0	RW_0	RW_0	RW_0	RW_0	RW_0

注:R=可读;W=可写;_后的值为复位值。

D15～D0——TXB15～TXB0,发送数据缓冲。这是下一个要发送的字符所保存的地方。当前的字符传送完成时,如果 TX BUF FULL FLAG 已经被置位,则寄存器中的内容会自动传送到 SPIDAT,并且 TX BUF FULL FLAG 被清除。

注意:写数据时 SPITXBUF 必须左对齐。

(8)SPI 串行数据寄存器(SPIDAT)

SPIDAT 是发送/接收移位寄存器。写入 SPIDAT 的数据按照 SPICLK 的周期节拍移出(先移最高位),对于每一个移出 SPI 的位,会有一个位移入移位寄存器的最低位(LSB)那一端。

SPI 串行数据寄存器(SPIDAT)的映射地址——7049h

D15	D14	D13	D12	D11	D10	D9	D8
SDAT15	SDAT14	SDAT13	SDAT12	SDAT11	SDAT10	SDAT9	SDAT8
RW_0	RW_0	RW_0	RW_0	RW_0	RW_0	RW_0	RW_0

D7	D6	D5	D4	D3	D2	D1	D0
SDAT7	SDAT6	SDAT5	SDAT4	SDAT3	SDAT2	SDAT1	SDAT0
RW_0	RW_0	RW_0	RW_0	RW_0	RW_0	RW_0	RW_0

注:R=可读;W=可写;_后的值为复位值。

D15～D0——SDAT15～SDAT0,串行数据。写入SPIDAT的操作可执行两种功能:

1)如果TALK位(SPICTL.1)被置位,它在串行输出引脚上提供将要输的数据;

2)当SPI是一个主模块时,会启动一个传送操作。当启动了一个传送操作时,其动作要根据CLOCK POLARITY位(SPICCR.6)和CLOCK PHASE位(SPICTL.3)的情况而定。

在主动工作模式下,将伪数据写入到SPIDAT用以启动接收器的序列,因为硬件不支持少于16位的数据进行对齐处理,所以发送的数据必须先进行左对齐,而接收的数据则用右对齐格式读取。

(9)SPI优先级控制寄存器(SPIPRI)

SPI优先级控制寄存器(SPIPRI)用于选择SPI中断的优先级,并控制当仿真器挂起时的SPI操作。

SPI优先级控制寄存器(SPIPRI)的映射地址——704Fh

D7	D6	D5	D4	D3～D0
Reserved	SPI PRIORITY	SPI SUSP SOFT	SPI SUSP FREE	Reserved
R_0	RW_0	RW_0	RW_0	R_0

注:R=可读;W=可写;_后的值为复位值。

D7——Reserved,保留位。

D6——SPI PRIORITY,SPI中断优先级选择。该位指定SPI中断的优先级。

0　中断为高优先级请求

1　中断为低优先级请求

D5～D4——SPI SUSP SOFT和FREE。这些位决定了当一个仿真挂起事件(例如当调试器遇到断点时)发生后,将采取什么动作。外设可继续正在进行的工作(自由运行模式),如果在停止模式,它可以立刻停止或者在当前操作(当前的接收/发送队列)运行结束后停止。

00　仿真挂起时立即停止

10　停止前完成当前的接收/发送操作

x1　自由运行,不管是否发生挂起,继续SPI操作

D3～D0——Reserved,保留位。读返回0,写访问无效。

4.8.9 应用举例

下面给出的程序是DSP的SPI总线和DAC接口的程序,用DSP控制DAC输出锯齿波,DSP作为SPI的主机。用软件查询的方式来发送数据。

```
SPI_DATA    .usect     ".data0",1       ;临时数据寄存器
            .include   "F2407REGS.H"    ;引用头部文件
```

```
            .def        _c_int0
;主程序
_c_int0:    CALL        SYSINIT           ;调系统初始化程序
            CALL        SPI_INIT          ;调 SPI 初始化程序
LOOP:       CALL        SPI_SEND          ;调输出锯齿波程序
            LDP         #5
            SPLK        #00H, SPI_DATA    ;置初值
            B           LOOP
;系统初始化程序
SYSINIT:    SETC        INTM
            CLRC        SXM
            CLRC        OVM
            CLRC        CNF
            LDP         #0E0H
            SPLK        #81FEH,SCSR1      ;四倍频 CLKIN=10M,CLKOUT=40M
            SPLK        #0E8h,WDCR        ;关看门狗
            LDP         #0
            SPLK        #0000h,IMR        ;禁止中断
            SPLK        #0FFFFh,IFR       ;清中断标志
            RET
;SPI 初始化程序
SPI_INIT:
            LDP         #DP_PF2
            LACL        MCRB
            OR          #00014H           ;配置 SPISIMO 和 SPICLK 引脚为特殊功能方式
            SACL        MCRB
            LDP         #DP_PF1
            SPLK        #004BH,SPICCR     ;配置 SPI 寄存器允许初始化,12 位数据输出
            SPLK        #0006H,SPICTL     ;主机方式
            SPLK        #000CH,SPIBRR     ;SPI 波特率为 6MHz
            SPLK        #00CFh,SPICCR     ;初始化结束,并关闭初始化使能位
            LDP         #5
            SPLK        #01H,SPI_DATA     ;置发送数据初值
            RET
;输出锯齿波程序
SPI_SEND:   LDP         #5
            LACL        SPI_DATA
            LDP         #DP_PF1
            SACL        SPITXBUF          ;数据写入到 SPI 发送缓冲区
DAT_END:    BIT         SPISTS,9          ;等待数据
            BCND        DAT_END,NTC       ;发送完
            LDP         #DP_PF2
            LDP         #5                ;锯齿波上升段程序
```

```
            LACC    SPI_DATA
            ADD     #01H              ;递增
            SACL    SPI_DATA
            SUB     #7FEH
            BCND    SPI_FALL,EQ
            B       SPI_SEND
SPI_FALL    :LDP    #5
            SPLK    #00H,SPI_DATA     ;置发送数据初值
            RET
            .END
```

4.9 CAN控制器模块

CAN(Controller Area Network)总线是德国Bosch公司为解决现代汽车中众多的控制与测试仪器之间的数据交换而开发的一种串行数据通信协议,它是一种多主总线,通信介质可以是双绞线、同轴电缆或光导纤维,通信速率可达1Mbps,通信距离可达10km。CAN协议的一个最大特点是废除了传统的站地址编码,而代之以对通信数据块进行编码,使网络内的节点个数在理论上不受限制。由于CAN总线具有较强的纠错能力,支持差分收发,因而适合高干扰环境,并具有较远的传输距离。CAN协议对于许多领域的分布式测控是很有吸引力的,目前CAN已成为ISO11898标准。

CAN总线具有卓越的性能、极高的可靠性,其设计独特,特别适合工业设备测控单元互连,因此备受工业界的重视,并已公认为最有前途的现场总线之一。

4.9.1 CAN控制器的结构和内存映射

(1)CAN控制器结构

2407系列的CAN控制器模块是一个16位的外设模块,支持CAN2.0B协议。CAN模块有6个邮箱(MBOX0~MBOX5),有用于0、1、2和3号邮箱的本地屏蔽寄存器和15个控制/状态寄存器。CAN模块具有可编程的位速率、中断方式、CAN总线唤醒功能、自动回复远程请求、自动再发送功能(在发送时出错或仲裁时丢失数据的情况下)、总线出错诊断和自测模式。

LF2407/2407A DSP的CAN控制器的结构如图4.33所示。CAN模块的6个邮箱中,MBOX0、MBOX1为接收邮箱;MBOX4、MBOX5为发送邮箱;MBOX2、MBOX3可配置为发送或接收的邮箱。CAN模块是一个16位的外设,可以访问如下资源:

1)控制状态寄存器:CPU对控制/状态寄存器执行16位的访问。在读周期,CAN外设总是为CPU总线提供完整的16位数据;

2)邮箱RAM:从邮箱RAM写/读总是以字为单位(16位),并且RAM总是为总线提供16位字。

(2)TMS320LF2407/2407A的CAN内存映射

CAN控制器的内存映射如图4.34所示。图中可见邮箱位于一个48×16位的RAM中,它可被CPU或CAN读和写。CAN读或写访问和CPU读访问需要一个时钟周期。

CPU 写访问需要两个时钟周期，因为在这两个时钟周期里，CAN 控制器要执行一个"读—修改—写"循环，因此要为 CPU 插入一个等待状态。

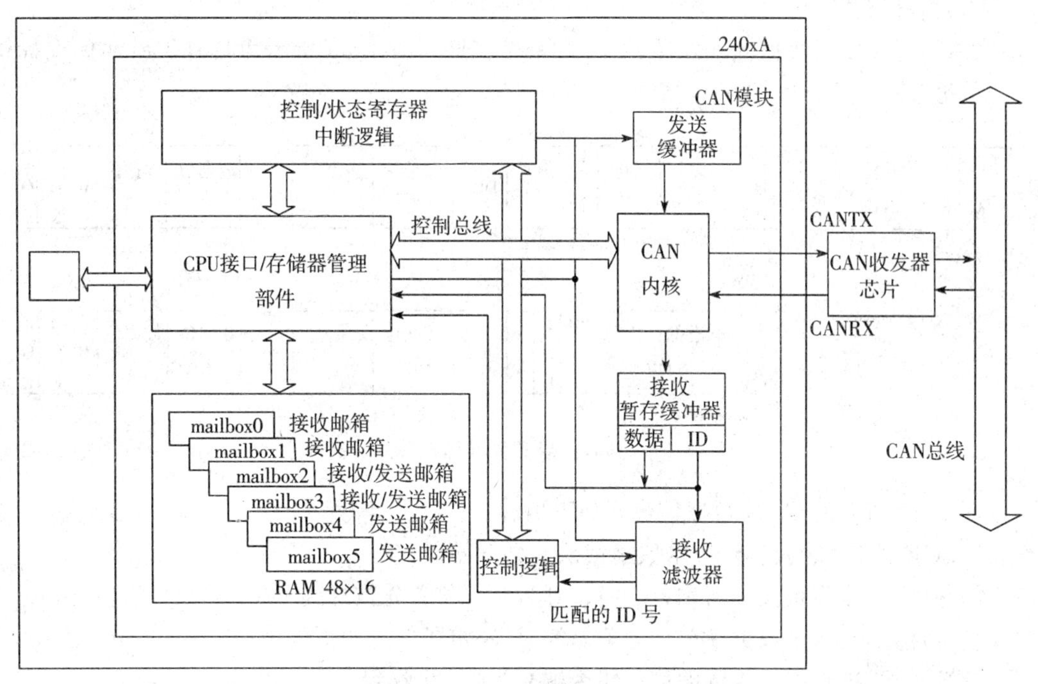

图 4.33　CAN 控制器结构框图

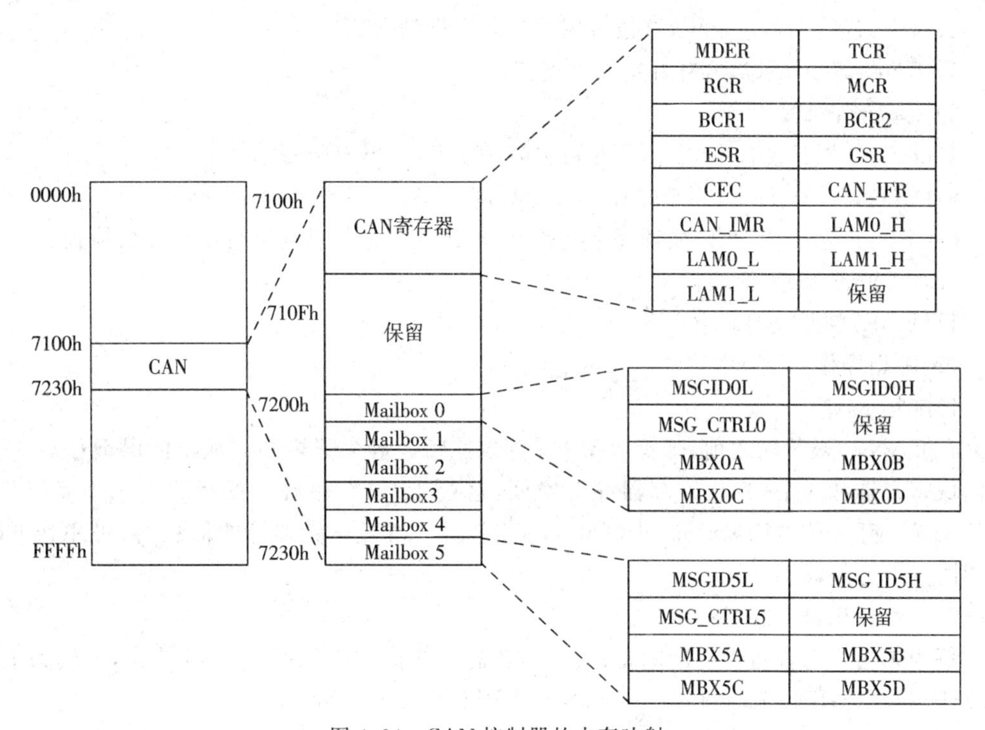

图 4.34　CAN 控制器的内存映射

4.9.2　邮箱和信息对象

(1)信息格式

CAN允许使用数据帧来发送、接收和保存信息。图4.35所示为具有扩展和标准标识符的数据帧。

SOF	标准的标识符 11位	SRR	IDE	扩展的标识符 18位	RTR	r1	r0	DLC	数据位 0	数据位 1	…	数据位 6	数据位 7	CRC	ACK	EOF

SOF	标准的标识符 11位	RTR	IDE	r0	DLC	数据位 0	数据位 1	…	数据位 6	数据位 7	CRC	ACK	EOF

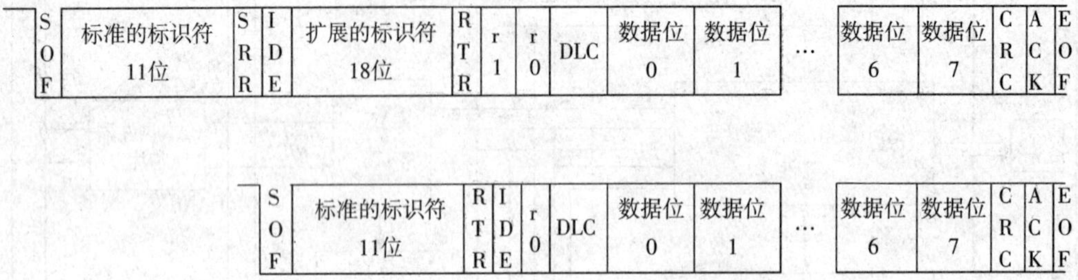

图4.35　具有扩展和标准标识符的数据帧

图4.35所示的CAN数据帧包含如下内容：

1)SOF：数据帧的起始，表示数据帧从此处开始。

2)标识符：作为报文的名称，在仲裁期间，标识符首先被送到CAN总线。它包含：

信息优先：当两个或更多节点竞争总线时，决定了信息的优先级；

信息过滤：决定一个传输的信息能否被CAN模块收到。

3)RTR：远程传输请求位，用来区分来自远程帧的数据帧。

4)SRR：替代远程请求位，这位占用了标准数据的RTR。

5)IDE：标识扩展位，区分标准和扩展帧。

6)r0和r1：保留。

7)DLC：数据长度代码，表示不在数据帧和字节的个数(0～8位)。

8)Data：4个16位字，用于保存一个CAN信息的8字节(最大)数据域。

9)CRC：包含一个16位循环冗余检查计算，绝大部分信息均进行循环冗余检查。

10)ACK：数据应答。

11)EOF：数据帧的结束。

(2)邮箱操作

1)邮箱RAM

在CAN帧被传输之前，邮箱RAM保存这些帧。每个邮箱都有邮箱标识寄存器、邮箱控制域寄存器和4个16位寄存器存储空间，这些16位寄存器可存储最大8字节的数据(MBXnA、MBXnB、MBXnc和MBXnD)。当它们不用于存储邮箱的信息时，可用作CPU使用的一般存储器。

2)邮箱标识符

每个邮箱都有各自专门的邮箱标识符，它们存储在两个16位的寄存器中，分别为MSGIDnH和MSGIDnL(n=0～5)。下面分别介绍这两个寄存器：

邮箱标识符的高位寄存器MSGIDnH(n=0～5)

D15	D14	D13	D12～D0
IDE	AME	AAM	IDH[28:16]
RW	RW	RW	RW

注:R=可读;W=可写。

D15——IDE,标识符扩展位。

0　接收和发送的信息都有一个标准标识符(11 位)

1　接收和发送的信息都有一个扩展标识符(29 位)

D14——AME,接收屏蔽使能位。这一位对发送邮箱无影响,这一位只与接收邮箱相关,因此当 MBOXn(n=0～3)配置为接收邮箱,它们可用于 MBOX0 和 MBOX1,也可用于 MBOX2 和 MBOX3,但是不能用于 MBOX4 和 MBOX5。

0　不使用接收屏蔽。在接收到的信息中所有标识将与接收邮箱的标识符匹配才能接收信息

1　使用相应的标识符屏蔽

D13——AAM,自动应答模式位。这一位只用于邮箱 2 和 3,对于接收邮箱无任何影响

0　对于发送邮箱:邮箱不自动应答远程帧请求,如果一个匹配标识符被接收到,它不会被保存

1　对于发送邮箱:如果接收到一个标识符匹配的远程帧请求时,CAN 外设将发送邮箱中的数据来做出应答

D12～D0——IDH[28:16],扩展标识符的高 13 位。对于标准标识符,11 位的标识符保存在 MSGID 的第 12～2 位。

邮箱标识符的低位寄存器 MSGIDnL(n=0～5)。

D15～D0
IDL[15:0]
RW

注:R=可读;W=可写。

D15～0——IDL[15:0],扩展标识符的低 16 位保存在这些位中。

3)邮箱控制域寄存器

6 个邮箱的每一个均有自己的信息控制域,下面讲述邮箱控制域寄存器的意义。

D15～D5	D4	D3～D0
Reserved	RTR	DLC[3:0]
RW	RW	RW

注:R=可读;W=可写。

D15～D5——Reserved,保留位。

D4——RTR,远程发送请求位。

0　数据帧

1　远程帧

D3～D0——DLC[3:0],数据长度选择位。这几位决定了发送数据的字节数,这些域将由接收的数据帧更新。

0001	1个字节	0101	5个字节
0010	2个字节	0110	6个字节
0011	3个字节	0111	7个字节
0100	4个字节	1000	8个字节

(3)信息缓冲器

信息存储由RAM执行,实现接收或发送的存储缓冲。存储的内容用于执行接收滤波器、发送信息和中断处理的功能。

邮箱模块提供了6个邮箱,每个邮箱包含了8个数据位,29个标识符位和7个控制位。邮箱0和1用于接收;邮箱2和3可配置接收或发送;邮箱4和5是发送邮箱。邮箱0和1共享一个接收屏蔽位,而邮箱2和3使用不同的屏蔽位。

注意:没有使用的邮箱RAM可用作普通的存储空间。因此,用户必须确保没有CAN功能使用RAM存储区,邮箱RAM才能用作普通的存储空间。这可以通过禁止相关的邮箱或禁止CAN功能来实现。

(4)写访问邮箱RAM

写访问邮箱RAM有两种不同的方式:

1)写访问一个邮箱的标识符;

2)写访问数据或控制域。

注意:只有当邮箱被禁止(MDER寄存器的Men=0)时,才能对写访问标识符进行设置。

在访问数据或控制域期间,当CAN模块正在读数据时数据不能改变,这点很重要,对于接收邮箱,禁止对数据或控制域的访问;对于发送邮箱,如果发送请求设置位(TRS)或发送请求复位(TRR)位被设置时,则写访问数据或控制域一般被拒绝。在这种情况下,一个写拒绝中断标识(WDIF)被设置。访问邮箱2和3的一种方法是在访问邮箱数据前,设置改变数据域请求位(CDR)。

CPU访问完成以后,CPU必须向CDR标识位写0来清除它。在读邮箱的前后,CAN模块会对这个标识位进行检查,如果CDR标识在邮箱检查期被设置,则CAN模块不会发送信息,但是会继续查找其他的发送请求,CDR标识的设置不会产生写拒绝中断(WDI)。CAN读或写访问和CPU读访问邮箱RAM需要一个时钟周期,CPU写访问邮箱RAM需要两个时钟周期。

(5)发送邮箱

只有邮箱4和5是发送邮箱,邮箱2和3可以配置为接收邮箱或者发送邮箱。CPU在发送邮箱中保存待发送的数据。向RAM写入数据和标识符后,只要相关的TDS位已经设置了,则信息将被发送,如果超过一个邮箱配置为发送邮箱,并且超过一个相关的TDS位被设置,则信息从最高优先级的邮箱开始,以降序逐个发送。如果由于仲裁或错误而造成一个发送失败,则信息发送将重试。

(6)接收邮箱

邮箱0和1只能用作接收邮箱,邮箱2和3可以配置为接收或发送邮箱。

通过使用合适的标识符屏蔽，将每个输入信息的标识符与接收邮箱中的标识符进行比较，当发生匹配时，接收的标识符、控制位和数据字节均写入匹配的RAM位置，同时，相应的接收信息挂起位(RMPn)被置位，并且如果邮箱中断被使能则产生一个邮箱中断(MIFx)，如果当前的标识符不匹配，则消息不保存，读取数据后由CPU定位RMPn位。

如果第二个信息被这个邮箱接收，并且RMP位已经被设置，则相应的接收信息丢失位(RML)被设置，在这种情况下，如果覆盖保护控制位(OPC)被设置，则保存的信息被新的数据覆盖，否则下一个邮箱被检查。

(7)远程帧的处理

远程帧的处理要在邮箱0～3中完成，邮箱4和5不能处理远程帧。下面讲述如何处理远程帧。

1)接收一个远程帧

如果接收到一个远程请求(输入信息中有远程发送请求位[RTR]=1)，则CAN模块使用合适的屏蔽，从最高优先级的邮箱开始，以降序将信息的标识符和邮箱中的所有标识符进行比较。

如果信息对象一个匹配的标识符配置为发送邮箱，并且信息中自动应答模式位(AAM)被设置了，则信息对象被标记为待发送(TRS被置位)。

如果信息对象一个匹配的标识符配置为发送邮箱，并且信息中自动应答模式位(AAM)没有被设置，则信息对象不被接收。

在一个发送邮箱发现一个匹配标识符后，不会再进行进一步的比较。如果信息对象一个匹配的标识符配置为接收邮箱，信息被处理为一个数据帧，当接收控制寄存器(RCR)的RFP和RMP位被设置，那么CPU将处理其为远程帧。

如果CPU要改变配置为远程帧邮箱(AAM被设置)的信息对象中的数据，它必须首先设置主控制寄存器MCR的邮箱号(MBNR)位和改变数据域请求(CDR)位。然后CPU可以执行对CDR位的访问或清除CDR位，以便通知CAN模块访问已经完成。CDR标识被清除之前，不会执行这个邮箱的信息发送，因为发送请求设置位(TRS)不受CDR的影响，所以CDR被清除后，一个挂起的发送会推入堆栈中，因此最新的数据将会被发送。

为了改变邮箱中的标识符，必须先禁止信息对象(MDER寄存器的ME位清0)。

2)发送一个远程帧

如果CPU要请求来自于另一个节点的数据，可以配置信息对象为接收邮箱(仅仅对于邮箱2和3)，并且设置TRS位。在这种情况下，CAN模块会发送一个远程帧请求并在发送邮箱请求的同一个邮箱接收数据帧。因此，处理一个远程帧请求时，只需要一个邮箱。

(8)邮箱配置

一个邮箱可以使用如下4种方式来配置：

1)发送邮箱(邮箱4和5，或者2和3配置为发送邮箱)，只能发送信息；

2)接收邮箱(邮箱0和1)，只能接收信息；

3)配置为接收的邮箱2和3可以发送一个远程请求帧，并且如果TRS位置位时，邮箱还会等待相应的数据帧；

4)如果设置了AAM位，则配置为发送的邮箱2和3可以发送一个数据帧到远程请求帧的任何地方。

注意:一个远程帧的成功发送后,TRS 位被复位,但是没有发送应答(TA)或邮箱中断标识被设置。

(9)CAN 接收滤波器

输入信息的标识符首先与接受邮箱的信息标识符(保存在 MSGIDnH 和 MSGIDnL 寄存器中)进行比较,然后使用合适的接收屏蔽来屏蔽掉不匹配的标识符位。可以设置 MSGIDn 的信息标识符高位字域的接收屏蔽使能位(AME)为 0 来禁止局部接收屏蔽。

局部接收滤波允许用户屏蔽输入信息的部分标识符(当作一个无关标识符)。局部屏蔽寄存器 LAM1 用于邮箱 2 和 3,而局部屏蔽寄存器 LAM0 用于邮箱 0 和 1。在一个信息接收期间,邮箱 2 和 3 在邮箱 0 和 1 之前被检查。

下面分别讲述一下 LAMn 寄存器的高位和低位的意义。

1)局部接收屏蔽高位寄存器 LAMnH(n=0,1),其映射地址——710Bh(n=0)、710Dh(n=1)

D15	D14~D13	D12~D0
LAMI	Reserved	LAMn[28:16]
RW_0		RW_0

注:R=可读;W=可写;_后的值为复位值。

D15——LAMI,局部接收屏蔽标识符扩充位。

0　保存在邮箱中的标识符扩展位决定哪种信息被接收,是接收标准信息帧还是扩展信息帧

1　标准和扩展信息帧都可以接收。当接收一个扩展信息帧时,所有 29 位标识符均保存在邮箱中,并且全局接收屏蔽寄存器的所有 29 位标识符可以用于滤波。当接收到标准信息帧时,只有标识符的前 11 位(LAMn_H 的[12-2]位)和局部接收屏蔽寄存器的高 12 位可用于滤波

D14~D13——Reserved,保留位。

D12~D0——LAMn[28:16],局部接收屏蔽的高 13 位。

0　接收标识符的位置与接收邮箱的标识符相匹配,信息才能被接收,例如,LAM 的第 27 位为 0,那么被发送的 MSGID 的第 27 位和接收邮箱中 MSGID 的第 27 位必须一样

1　接收标识符的相应位不匹配(无关)也能接收,即接收 0 或 1

2)局部接收屏蔽低位寄存器 LAMn_L(n=0,1),其映射地址——710Ch、710Eh

D15~D0
LAMn[15:0]
RW_0

注:R=可读;W=可写;_后的值为复位值。

D15~D0——LAMn[15:0],局部接收屏蔽的低 16 位。

0　接收标识符的位值与接收邮箱的标识符相匹配,信息才被接收

1　接收标识符的相应位不匹配(无关)也能接收,即接收 0 或 1

4.9.3　CAN控制寄存器

控制寄存器允许使用邮箱功能。每个寄存器均执行特定的功能，如使能或禁止邮箱、控制发送/接收信息功能和处理中断等。

(1)邮箱方向/使能寄存器(MDER)，映射地址——7100h

邮箱方向/使能寄存器(MDER)包括邮箱使能位(ME)和邮箱方向位(MD)。除了使能/禁止邮箱外，MDER可以用来选择邮箱2和邮箱3的方向，即是配置为发送邮箱还是接收邮箱。被禁止的邮箱可以用作DSP的一般存储空间。

D15～D8							
Reserved							
D7	D6	D5	D4	D3	D2	D1	D0
MD3	MD2	ME5	ME4	ME3	ME2	ME1	ME0
RW_0	RW_0	RW_0	RW_0	RW_0	RW_0	RW_0	RW_0

注：R=可读；W=可读；_后的值为复位值。

D15～D8——Reserved，保留位。

D7——MD3，邮箱3的方向配置，可配置为发送或接收邮箱，上电时该位复位为0。

0　配置为发送邮箱

1　配置为接收邮箱

D6——MD2，邮箱2的方向配置，可配置为发送或接收邮箱，上电时该位复位为0。

0　配置为发送邮箱

1　配置为接收邮箱

D5～D0——ME5～ME0，邮箱使能位。每个邮箱都有一个使能位，即每个邮箱都可以使能或禁止。

0　禁止相应的邮箱

1　使能相应的邮箱

(2)发送控制寄存器(TCR)，映射地址——7101h

发送控制寄存器(TCR)控制信息的发送。发送请求设置和复位的控制位(TRS和TRR)可以进行独立的写操作。写访问该寄存器不会设置因为发送完成而已经复位的位。该寄存器对发送邮箱有效，即邮箱4、5和配置为发送邮箱的2和3。上电后该寄存器的所有位被清除。

D15	D14	D13	D12	D11	D10	D9	D8
TA5	TA4	TA3	TA2	AA5	AA4	AA3	AA2
RC_0	RC_0	RC_0	RC_0	RC_0	RC_0	RC_0	RC_0
D7	D6	D5	D4	D3	D2	D1	D0
TRS5	TRS4	TRS3	TRS2	TRR5	TRR4	TRR3	TRR2
RS_0	RS_0	RS_0	RS_0	RS_0	RS_0	RS_0	RS_0

注：R=可读；C=清除；S=只能设置；_后的值为复位值。

D15～D12——TA5～TA2，发送应答位（分别对应于邮箱 5～2）。

如果邮箱 n(n=5～2)中的信息发送成功，则 TAn 被置 1。通过向位 TAn 写一个来自 CPU 的 1，可以使 TAn 复位。如果产生了一个中断，那么这样可以清除这个中断。向位 Tan 写 0 无影响。如果 CPU 试图使该位复位，而 CAN 却试图设置它，这位将被设置。

这些位可以设置 IF 寄存器的邮箱中断标识位 MIFx，在相应中断使能的情况下，MIFx 会初始化一个邮箱中断，也就是说，IM 寄存器的相应中断屏蔽位会被置位。

D11～D8——AA5～AA2，中止应答位（分别对应于邮箱 5～2）。

如果邮箱中的信息发送被中止，则 AAn 被置位，并且 IF 寄存器的忽略应答中断标识位（AAIF）也被设置。在相应中断使能的情况下，AAIF 位将产生邮箱错误中断。

通过向位 AAn 写一个来自 CPU 的 1，可以使 AAn 复位。向位 AAn 写 0 无影响。如果 CPU 试图使该位复位，而 CAN 却试图设置它，这位将被设置。

D7～D4——TRS5～TRS2，邮箱发送请求设置位（分别对应于邮箱 5～2）。

为了初始化一个数据传输，必须设置 TCR 寄存器的 TRSn 位。设置了该控制位后，整个发送过程和可能的错误处理不需要 CPU 的参与。

如果 TRSn 已经被置位，则拒绝写访问相应的邮箱，并且发送邮箱 n 中的信息。这几个 TRS 位可以同时被置位。TRS 位可以由 CPU（用户）或 CAN 模块设置，由内部逻辑复位。如果 CPU 试图使 TRS 置位，而 CAN 却试图清除它，这位将被设置。用户可以向 TRS 写 1 来设置它，而写 0 无影响。

当有一个远程帧请求，用于邮箱 2 和 3 的 TRS 位被 CAN 模块置位；当发送成功或发送被中止时就自动复位 TRSn；当 TRSn 位被置位时，对邮箱 n 进行写操作无效，并且如果中断使能了则会产生 WDIF 中断，一个成功的数据发送会产生一个邮箱中断。

TRS 位可用于邮箱 4 和 5，也可用于配置为发送的邮箱 2 和 3。

D3～D0——TRR5～TRR2，发送请求复位（分别对应于邮箱 5～2）。

TRR 位可以由 CPU（用户）或 CAN 模块设置，由内部逻辑复位。如果 CPU 试图使 TRR 置位，而 CAN 却试图清除它，这位将被设置。用户可以向 TRR 写 1 来设置它，而写 0 无影响。

当 TRRn 位被置位时，对邮箱 n 进行写操作无效，并且如果中断使能了则会产生 WDIF 中断，一个成功的数据发送会产生一个邮箱中断。如果 TRRn 被置位，并且由 TRSn 初始化的发送当前没有被处理，则相应的发送请求会取消。

如果相应的信息正在处理，则该位根据如下情况进行复位：

① 一个成功的发送；

② 由于仲裁丢失而中止；

③ 在 CAN 总线上监测到一个错误条件。

如果发送信息成功，则状态位 Tan 置位；如果发送信息中止，则相应的状态位 AAn 置位。在错误条件下，ESR 中的错误状态位置位。

TRR 位的状态可以从 TRS 位读取。例如，如果 TRS 被置位并且一个数据发送正在进行，则 TRR 只能通过上面所述的动作复位；如果 TRS 复位并且 TRR 置位，则没有任何效果，因为 TRR 位立刻复位。

(3)接收控制寄存器(RCR),映射地址——7102h

接收控制寄存器(RCR)控制信息的接收和远程帧的处理。该寄存器对接收邮箱有效,即邮箱 0 和 1,以及被配置为接收方式的邮箱 2 和邮箱 3。

D15	D14	D13	D12	D11	D10	D9	D8
RFP3	RFP2	RFP1	RFP0	RML3	RML2	RML1	RML0
RC_0	RC_0	RC_0	RC_0	RC_0	RC_0	RC_0	RC_0

D7	D6	D5	D4	D3	D2	D1	D0
RMP3	RMP2	RMP1	RMP0	OPC3	OPC2	OPC1	OPC0
RC_0	RC_0	RC_0	RC_0	RW_0	RW_0	RW_0	RW_0

注:R=可读;C=清除;W=可写;_后的值为复位值。

D15~D12——RFP3~RFP0,远程帧请求挂起寄存器(分别对应于邮箱 0~3)。

无论何时 CAN 外设接收到远程帧请求时,相应的接收邮箱的 RFPn 置位;如果 TRSn 没有被置位,用户(CPU)可以清除该位,否则它会自动复位;如果 CPU 试图使该位复位,而 CAN 外设却试图设置它,这位将被清除;如果 MSGIDn 寄存器中的 AAM 位没有被置位(即不自动发送应答信号),则用户(CPU)必须在处理远程请求挂起事件后清除 RFPn;如果信息被成功发送,则 CAN 外设清除 RFPn。

在信息发送过程中,用户(CPU)不能产生远程请求中断。

D11~D8——RML3~RML0,接收信息丢失标识(分别对应于邮箱 0~3)。

如果新接收到信息覆盖了接收邮箱中的旧信息,则 RMLn 被置位。如果覆盖保护控制位 OPCn 已经置位为 1,则 RMLn 不会被置位,这样新的信息将丢失。

RMLn 位只能由 CPU(用户)复位,并且可以由 CAN 内部逻辑置位。如果 CPU 试图使 RMLn 复位,而同时 CAN 却试图设置它,这位将被设置。用户可以向 RMLn 写 1 来对该位清除。

如果 1 个或多个 RML 位被置位,则中断标识寄存器 CAN_IFR 的 RMLIF 标识位也被置位。如果中断屏蔽寄存器(CAN_IMR)中的 RMLIM 被置位,则可以产生一个中断。

D7~D4——RMP3~RMP0,接收信息挂起位(分别对应于邮箱 0~3)。

如果接收的信息帧存储在接收邮箱 n(n=0~3)中,RMPn 将被置位。RMP 位只能由 CPU(用户)复位,并且可以由 CAN 内部逻辑置位。

如果 CPU 试图使 RMPn 复位,而同时 CAN 却试图设置它,这位将被设置。用户可以向 RMPn 写 1 来清除 RMPn 和 RMLn。

如果 OPC 位被清除,则新接收到信息将会覆盖接收邮箱中保存的信息。如果 OPC 位没有被清除,则会检查下一个邮箱是否有匹配的标识符。当旧信息被覆盖,相应的状态标识位 RMLn 被置位。

如果 CAN IMR 寄存器中的相应屏蔽位置位了,则 RCR 寄存器的 RMP 位可以将 CAN IFR 寄存器的邮箱中断标识位(MIFx)置位。

D3~D0——OPC3~OPC0,信息覆盖保护控制位(分别对应于邮箱 0~3)。

如果 OPCn 位为 1,则邮箱 n 中的旧信息被保护,不会被新信息覆盖。这样会查找下一个邮箱的标识符匹配情况，如果没有发现其他邮箱，则信息被丢失。如果OPCn位的值为0，则邮箱n中的旧信息被新信息覆盖。

(4)主控制寄存器(MCR)，映射地址——7103h

D15～D14	D13	D12	D11	D10	D9	D8
Reserved	SUSP	CCR	PDR	DBO	WUBA	CDR
	RW_0	RW_1	RW_0	RW_0	RW_0	RW_0

D7	D6	D5～D2	D1～D0
ABO	STM	Reserved	MBNR[1:0]
RW_0	RW_0		RW_0

注：R=可读；C=清除；W=可写；_后的值为复位值。

D15～D14——Reserved，保留位。

D13——SUSP，仿真挂起选择位。SUSP位的值对接收邮箱没有效果。

0　Soft模式：在仿真挂起时，当前的信息发送完毕后CAN外设关闭

1　Free模式：CAN外设在仿真挂起时继续运行

D12——CCR，改变配置请求位。

0　CPU请求正常工作方式，当强制总线关状态恢复后，CPU也退出总线关状态

1　CPU请求写访问位配置寄存器(BCRn)。CPU寄存器的标识位CCE会表明访问是否允许。当写位定时寄存器(BCR1和BCR2)时，CCR必须被置位；如果总线关条件有效，并且ABO位没有被置位，则CCR位自动置1，因此CCR必须复位以便退出总线关模式

D11——PDR，节电(低功耗)模式请求位。在CPU进入休眠模式之前，必须通过向PDR位写1来请求CAN节电。然后CPU必须咨询PDA位，并且PDA被置位后才进入休眠状态。

0　不请求节电(低功耗)模式(CAN控制器处于正常工作模式)

1　请求节电(低功耗)模式

D10——DBO，数据字节顺序。DBO位用来定义数据字节保存在邮箱中的顺序和数据字节发送的顺序。位0为CAN信息的第一个字节，位7为CAN信息的最后一位。

0　接收或发送的数据排列为以下的顺序：3，2，1，0，7，6，5，4

1　接收或发送的数据排列为以下的顺序：0，1，2，3，4，5，6，7

D9——WUBA，总线唤醒位。

0　只有在用户将PDR位清0后，CAN控制器退出节电(低功耗)模式

1　当检测到CAN总线上有任何活跃的值时，CAN控制器就退出节电(低功耗)模式

D8——CDR，改变数据域请求位。CDR位只对邮箱2和3有用，并且只有当这两个邮箱之一或者两个邮箱均配置为发送邮箱，以及相应的AAM位(MSGIDxH.13)

置位时，这一位才有用。

0　CPU请求正常工作模式

1　CPU请求写访问邮箱的数据域。访问了邮箱后，CPU必须清除CDR位。如果CDR被置位后，CAN模块不会发送邮箱的信息。在从邮箱读取数据的前后，这些工作是由状态机来检查的，以便将数据保存到发送缓冲器中

D7——ABO，总线自动打开。

0　在CCR位被复位，并且在总线上产生连续128×11个隐性位后，CAN控制器退出总线关状态

1　在CAN控制器进入总线关状态，经过连续128×11个隐性位之后，CAN控制器退出总线关状态

D6——STM，自测试模式位。

0　CAN模块处于正常工作模式

1　CAN模块处于自测试模式。在这种模式下，CAN模块能产生自身的应答信号，因此不需要与CAN总线相连。信息帧不会被发送，而是读出并且保存在相应的邮箱中。在自测试模式下不能执行具有自动应答模式的远程帧的处理，被接收的信息帧标识符将不会保存在接收邮箱中

D5～D2——Reserved，保留位。

D1～D0——MBNR，邮箱号选择(邮箱2或3)。CPU请求对邮箱2或3的数据进行写访问，并且配置为远程帧处理，这两位的值与邮箱号的关系如下：

10　选择邮箱2

11　选择邮箱3

其他位值无效。

(5)位配置寄存器(BCRn)

位配置寄存器(BCR1和BCR2)使用合适的网络定时参数来配置CAN节点。在使用CAN模块之前必须对该寄存器进行编程，并且在配置模式下，该寄存器只可写。在设置CAN模块工作于配置模式前，CCR位(MCR.12)必须被置位。CAN的位定时如图4.36所示。

1)位配置寄存器2(BCR2)，映射地址为——7104h

D15～D8
Reserved

D7～D0
BRP[7:0]
RW_0

注：R＝可读；W＝可写；_后的值为复位值。

D15～D8——Reserved，保留位。

D7～D0——BRP[7～0]，波特率预定标器。

BRP[7～0]决定了 CAN 模块的系统时钟单位的一个时间量化长度(TQ)。TQ 长度可由下式定义：

$$TQ=\frac{1}{CLKOUT}\times(BRP+1)\,ns$$

如果 BRP＝BCR2＝0，则 TQ 等于 1 个 CPU 时钟周期。

2)位配置寄存器 1(BCR1)，映射地址为——7105h

D15～D11	D10	D9～D8
Reserved	SBG	SJW[1:0]
	RW_0	RW_0

D7	D6～D2	D1～D0
SAM	TSEG1[3:0]	TSEG2[2:0]
RW_0	RW_0	RW_0

注：R＝可读；W＝可写；_后的值为复位值。

D15～D11——Reserved，保留位。

D10——SBG，两个边沿同步选择位。

0　CAN 模块只在下降沿重新同步

1　CAN 模块在上升沿和下降沿发生重新同步

D9～D8——SJW[1:0]，同步跳转宽度选择位。

当在 CAN 总线上实现一个位与接收数据流重新同步时，SJW 表示一个位将被延长或缩短多少个 TQ 单位。同步既可以在总线信号的下降沿(SGB＝0)执行，也可以在边沿的两边(SGB＝1)执行。SJW 可编程设置为 1～4 个 TQ 值。

D7——SAM，采样点设置位。

0　CAN 模块仅采样 1 次

1　CAN 模块采样 3 次并以多数为准

D6～D3——TSEG1[3:0]，时间段 1 设置位。该参数指定了 TSEG1 时间段的长度，单位为 IQ。CAN 协议中，TSEG1 包含传输延时时间段(PROG SEG)和相位延时时间段(PHASE SEG1)：

$$TSEG1=PROP\ SEG+PHASE\ SEG1$$

时间段 1(TSEG1)的值可编程为 3 到 16 个 TQ 时间量化单位，并且 TSGE1 必须大于或等于时间段 2(TSGE2)，如图 4.36 所示。

D2～D0——TSEG2[2:0]，时间段 2(TSEG2)。TSEG2 定义了 PHASE SEG2 的长度，单位为 TQ。当只有在下降沿重新同步(SBG＝0)方式被使用时，时间段 2(TSEG2)的最小值为：

$$TSEG2min=1+SJW$$

因此 TSFG2 的值可编程为 2～8 个 TQ 时间量化单位，且满足如下方程：

$$SJW+BSG+1\leqslant TSEG2\leqslant 8$$

注意：当CAN模块访问SJW、TSEG1和TSEG2等参数时，这些参数的用户定义值会增加1(由内部逻辑实现)。

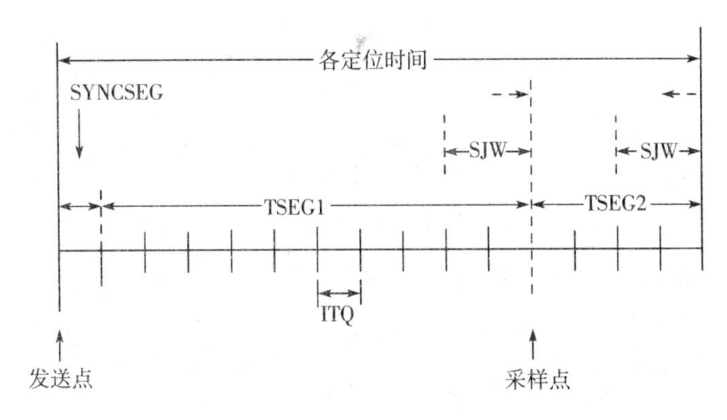

图4.36　CAN的位定时

CAN控制器波特率的计算方法如下：

$$波特率=\frac{I_{CLK}}{(BRP+1)\times BitTime}=\frac{1}{TQ\times BitTime}$$

式中，I_{CLK}——CAN模块的时钟频率(与CLKOUT一样)；

Bit Time(位时间)＝(TSEG1＋1)＋(TSEG2＋1)＋1，也即每个位的时间段包含的TQ的数量；

BRP——波特率预定标器。

注意：TSEG1和TSEG2是用户在BCR1寄存器中写入的值

CAN控制器的这种波特率设置方法，使得同一个波特率可以由BRP、TSEG1和TSEG2不同的组合来实现，见表4.29所列的实例。

表4.29　CAN模块的位时间实例(I_{CLK}＝40MHz)

TSEG1	TSEG2	位时间	BRP	SJW	SBG	波特率
4	3	10	3	1	1	1Mbit/s
14	6	23	17	4	1	0.096Mbit/s

4.9.4　CAN状态寄存器

CAN模块的状态寄存器有两个，分别为错误状态寄存器(ESR)和全局状态寄存器(GSR)。ESR寄存器提供了CAN模块遇到的任何类型的错误状态信息，GSR寄存器提供了所有CAN外设功能状态信息。另外，CAN模块还提供了错误计数寄存器(CEC)，用来显示CAN模块的异常错误信息。下面对这两个寄存器分别进行介绍。

(1)错误状态寄存器(ESR)，映射地址——7106h

错误状态寄存器(ESR)用于显示在操作期间发生的错误，系统只保存第一个错误，后续的错误不会改变寄存器的状态。该寄存器的位可以通过向它们写1来清除(清0)，除SA1

标识符(SA1 标识符由总线上任意隐性位清除)。位 8～3 位是可读的,并且向其写 1 可清除;2～0 位是只读的,不能被清除。

D15～D9	D8
Reserved	FER
	RC_0

D7	D6	D5	D4	D3	D2	D1	D0
BEP	SA1	CRCE	SER	ACKE	BO	EP	EW
R_0	R_0	R_0	R_0	R_0	R_0	R_0	R_0

注:R=可读;C=清除;_后的值为复位值。

D15～D9——Reserved,保留位。

D8——FER,格式错误标志位。

0　CAN 模块能进行正确的发送和接收

1　总线上存在一个格式错误。这意味着固定格式的位域中一个或多个在总线上存在错误

D7——BEF,位错误标志。

0　CAN 模块能进行正确的发送和接收

1　在仲裁域外接收到的位和发送的位不匹配;或在仲裁域的发送期间,一个主导位被发送,但接收到的是一个隐性位

D6——SA1,主导错误标志。

0　CAN 模块检测到一个隐性位

1　CAN 模块没有检测到一个隐性位。当硬件复位、软件复位或总线关闭时,SA1 位的值为 1

D5——CRCE,CRC 错误。

0　CAN 模块没有收到 CRC 错误

1　CAN 模块收到 CRC 错误

D4——SER,填满错误。

0　无填满位错误出现

1　违反了填满位规则,发生了填满错误

D3——ACKE,应答错误。

0　CAN 模块接收到一个应答信号

1　CAN 模块没有接收到应答信号

D2——BO,总线关闭状态。

0　操作正常

1　CAN 总线出现异常速度错误。当发送错误计数器 TEC 的值达到 256 的限值时就产生这种错误。当总线处于关闭状态,CAN 模块不能发送和接收信息,清除主控制寄存器 MCR 的 CCR 位或者置 ABO 位为 1,则退出这种状态。退出总线关闭状态后,错误计数器被清除

D1——EP,消极错误状态。

0　CAN 模块不处于消极错误模式

1　CAN 模块处于消极错误模式

D0——EW,警告状态。

0　接收和发送错误计数器的值小于 96

1　至少有一个错误计数器的值达到警告值 96

(2)全局状态寄存器(GSR),映射地址——7107h

D15～D8						
Reserved						
D7～D6	D5	D4	D3	D2	D1	D0
Reserved	SMA	CCE	PDA	Reserved	RM	TM
R_0	R_0	R_0	R_0		R_0	R_0

注:R=可读;_后的值为复位值。

D15～D6——Reserved,保留位。

D5——SMA,挂起模式应答。

0　CAN 外设模块不处于挂起模式

1　CAN 外设模块处于挂起模式

挂起(SUSPEND)信号激活以后,该位在一个时钟周期的等待加上一个帧长度的时间后置位。

D4——CCE,改变配置使能位。

0　禁止对配置寄存器 BCR 进行写访问

1　当主控制寄存器的 CCR(MCR.12)位置为 1,则允许 CPU 对配置寄存器 BCR 进行写访问;当 CAN 模块处于休眠状态或者复位后,访问也允许该位在一个时钟周期的等待加上一个帧长度的时间后置位。

D3——PDA,节电(低功耗)模式应答。

0　正常工作模式

1　CAN 外设模块已进入节电(低功耗)模式

CPU 进入休眠(IDLE,关掉所有器件时钟的状态)模式前,必须通过向 MCR 的 PDR 位写 1 来请求 CAN 节电(低功耗)。PDA 位置 1 后,CPU 必须查询 PDA 位并进入节电(低功耗)模式。

该位在一个时钟周期的等待加上一个帧长度的时间后置位。

D2——Reserved,保留位。

D1——RM,CAN 模块处于接收模式。不管邮箱的配置如何,这一位反映 CAN 模块的实际工作。

0　CAN 模块没有接收信息

1　CAN 模块正在接收信息

D0——TM,CAN 模块处于发送模式。不管邮箱的配置如何,这一位反映 CAN 模块的实际工作。

0　CAN 模块没有发送信息

1 CAN模块正在发送信息

(3)错误计数寄存器(CEC),映射地址——7108h

CAN模块有一个错误计数寄存器(CEC),其中包含两个错误计数器,分别为:接收错误计数器(REC)和发送错误计数器(TEC),它们的计数值都可以通过CPU接口从CEC寄存器读取。

D15～D8
TEC[7:0]
R_0

D7～D0
REC[7:0]
R_0

注:R=可读;_后的值为复位值。

当接收错误计数器(REC)的值超过其错误限值(128)后,不会再增加。当正确接收到一个信息时,计数器将再次设置为119和127之间的一个值。当总线处于关闭状态后,发送错误计数器(TEC)的值是不确定的,REC将被清0,并且其功能发生改变。当总线上连续出现11个隐性位后,则REC值加1,这11位是总线上两个报文之间的间隔。如果REC计数器的值达到128后,并且如果MCR寄存器中的ABO位置1,则CAN模块自动恢复打开状态,否则要在连续11×128恢复序列完成时,并且MCR寄存器的CCR位被DSP复位后,CAN模块才恢复总线打开状态。CAN模块回到总线打开状态后,CAN模块的所有内部标志位被复位,错误计数器清0,配置寄存器保持编程给定的值。

进入节电(低功耗)模式后,错误计数器的值保持不变,当CAN模块进入配置模式时,错误计数器的值被清除。

4.9.5 CAN中断逻辑

从CAN外设模块到外设中断扩展(PIE)控制有两个中断请求:邮箱中断和错误中断。它们分别可设置为高优先级中断或低优先级中断请求。下列CAN信息处理事件会产生一个中断:

1)邮箱中断 成功接收或发送了一个信息后,该事件会产生一个邮箱中断;

2)中止应答中断 一个发送信息操作被中止,该事件会产生一个错误中断;

3)写拒绝中断 CPU试图写访问一个邮箱,但是被拒绝,这会产生一个错误中断;

4)唤醒中断 CAN唤醒后,产生该中断,当时钟没有工作时,该事件会产生一个错误中断;

5)接收信息丢失中断 一个旧信息被新信息所覆盖,该事件会产生一个错误中断;

6)总线关中断 CAN模块进入总线关状态,该事件会产生一个错误中断;

7)消极错误中断 CAN模块进入消极错误模式,该事件会产生一个错误中断;

8)警告级别中断 一个或两个错误计数器的值大于或等于96,该事件会产生一个错误中断。

注意:当产生CAN中断时,用户应该检查CAN中断标志寄存器(CAN_IFR)的所有位，确定是否有 1 个或多个标志位被置位。如果有 1 或多个标志位被置位，则执行相应的中断服务程序(ISR)。即使 CAN_IFR 有多个标志位被置位，也仅产生一次核心中断。

如果相应的中断条件发生时，则中断标志位被置位。只有 CAN 中断屏蔽寄存器(CAN_IMR)中相应的中断屏蔽位被置位，才能产生相应的邮箱中断请求。在 CPU 向相应的标志位写 1 清除中断标志之前，外设中断请求一直保持有效，中断应答不会清除 CAN 中断标志。MIFx 标志不能通过向 IF 寄存器写 1 来清除，他们必须通过向 TCR 寄存器的 TA 位写 1 来清除(对于发送邮箱 2～5)，或者向 RCR 寄存器的 RMP 位写 1 来清除(对于接收邮箱 0～3)。

(1)CAN 中断标志寄存器(CAN_IFR)的映射地址——7109h

D15～D14	D13	D12	D11	D10	D9	D8
Reserved	MIF5	MIF4	MIF3	MIF2	MIF1	MIF0
	R_0	R_0	R_0	R_0	R_0	R_0

D7	D6	D5	D4	D3	D2	D1	D0
Reserved	RMLIF	AAIF	WDIF	WUIF	BOIF	EPIF	WLIF
	RC_0	RC_0	RC_0	RC_0	RC_0	RC_0	RC_0

注：R=可读；C=清除；_后的值为复位值。

D15～D14——Reserved，保留位。

D13～D8——MIFx(x=5～0)，邮箱 5～0 中断标识位(接收成发送)。

0　没有信息被发送或接收

1　相应的邮箱成功地发送或接收了信息

D7——Reserved，保留位。

D6——RMLIF，接收信息丢失中断标志位。

0　没有信息丢失

1　至少一个接收邮箱发生了上溢

D5——AAIF，中止应答中断标志位。

0　发送操作没有中止

1　发送操作被中止

D4——WDIF，写拒绝中断标志位。

0　对邮箱进行了写访问是成功的

1　CPU 试图写访问一个邮箱，但是被拒绝

D3——WUIF，唤醒中断标志位。

0　CAN 模块仍然处于休眠模式或正常工作模式

1　CAN 模块从休眠模式唤醒

D2——BOIF，总线关闭中断标志位。

0　CAN 模块处于总线打开状态

1　CAN 模块进入总线关闭状态

D1——EPIF，消极错误中断标志位。

0　CAN 模块不处于消极错误模式

1　CAN 模块进入消极错误模式

D0——WLIF,错误警告中断标志位。

0 错误计数器的值没有达到错误警告级

1 至少一个错误计数器的值达到错误警告级

(2)CAN 中断屏蔽寄存器(CAN_IMR),映射地址——710Ah

D15	D14	D13	D12	D11	D10	D9	D8
MILx	Reserved	MIM5	MIM4	MIM3	MIM2	MIM1	MIM0
RW_0	R_0	RW_0	RW_0	RW_0	RW_0	RW_0	RW_0

D7	D6	D5	D4	D3	D2	D1	D0
EIL	RMLIM	AAIM	WDIM	WUIM	BOIM	EPIM	WLIM
RW_0	RW_0	RW_0	RW_0	RW_0	RW_0	RW_0	RW_0

注:R=可读;W=可写;_后的值为复位值。

D15——MILx,邮箱中断优先级选择位(用于邮箱中断标志位 MIF5~MIF0)。

0 邮箱中断产生高优先级请求

1 邮箱中断产生低优先级请求

D14——Reserved,保留位。

D13~D8——MIM5~MIM0,邮箱 5~0 的中断屏蔽位。

0 禁止中断

1 使能中断

D7——EIL,错误中断优先级选择位。

0 指定的中断产生高优先级请求

1 指定的中断产生低优先级请求

D6——RMLIM,接收信息丢失中断屏蔽位。

0 禁止中断

1 使能中断

D5——AAIM,中止应答中断屏蔽位。

0 禁止中断

1 使能中断

D4——WDIM,写拒绝中断屏蔽位。

0 禁止中断

1 使能中断

D3——WUIM,唤醒中断屏蔽位。

0 禁止中断

1 使能中断

D2——BOIM,总线关闭中断屏蔽位。

0 禁止中断

1 使能中断

D1——EPIM,消极错误中断屏蔽位。

0 禁止中断

1　　使能中断

D0——WLIM,错误警告中断屏蔽位。

0　　禁止中断

1　　使能中断

4.9.6　CAN 配置模式

CAN 模块在有效工作前必须进行初始化。CAN 模块的初始化工作只有在配置模式下才能完成,通过编程设置主控制寄存器 MCR 的 CCR 位为 1 可以设置 CAN 模块为配置模式。只有全局寄存器 GSR 的状态位 CCE 置 1 确认初始化请求后,才可以进行初始化操作。然后,位配置寄存器 BCRn 就可以进行写操作。通过编程将 CCR 位设置为 0 后,CAN 模块正常工作模式再次被激活。一个硬件复位后,配置模式有效。

CAN 模块的初始化过程可以使用如图 4.37 所示的流程来表示。

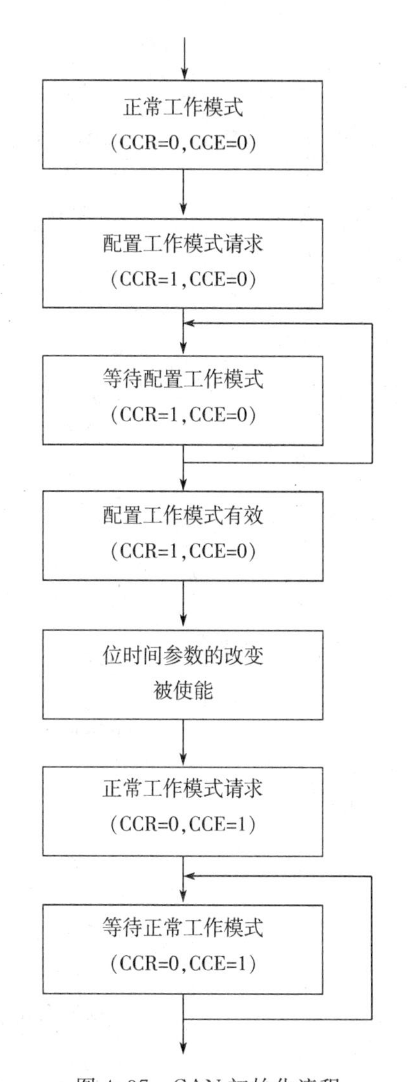

图 4.37　CAN 初始化流程

4.9.7　应用举例

将主控制器 MCR 中的 STM 位置 1,可以使 CAN 控制器工作于自测试模式。在这种模式下 CAN 控制器能自己产生应答信号,因此不需要与 CAN 总线相连,信息帧没有真正发送出去,而是信息帧被读回,并存储在相应的邮箱中。在自测试模式下,不能进行远程帧悬挂自动应答,也不能保存新接收的信息帧的标识符。

下面是 CAN 控制器工作于自测试模式的程序软件。CAN 控制器的邮箱 2 配置为接收方式,邮箱 3 配置为发送方式,都采用标准信息帧格式。发送用查询方式,接收用中断方式,接收到数据后,比较邮箱 2 和邮箱 3 中的数据是否相等,若相等,则使 IOPB0 口的 LED 点亮,若不相等,则 LED 灭。

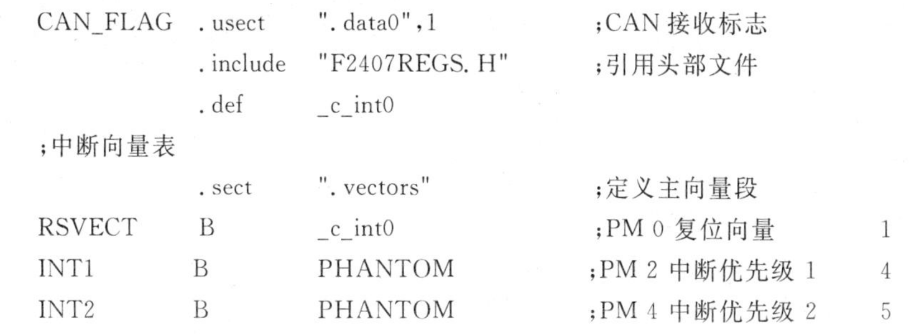

```
CAN_FLAG    .usect      ".data0",1          ;CAN 接收标志
            .include    "F2407REGS.H"       ;引用头部文件
            .def        _c_int0
;中断向量表
            .sect       ".vectors"          ;定义主向量段
RSVECT      B           _c_int0             ;PM 0 复位向量          1
INT1        B           PHANTOM             ;PM 2 中断优先级 1      4
INT2        B           PHANTOM             ;PM 4 中断优先级 2      5
```

```
INT3      B       PHANTOM          ;PM 6 中断优先级 3      6
INT4      B       PHANTOM          ;PM 8 中断优先级 4      7
INT5      B       GISR5            ;PM A 中断优先级 5      8
INT6      B       PHANTOM          ;PM C 中断优先级 6      9
RESERVED  B       PHANTOM          ;PM E(保留位)          10
;中断子向量入口定义 pvecs
          .sect   ".pvecs"         ;定义子向量段
PVECTORS  B       PHANTOM          ;保留向量地址偏移量—00H
          B       PHANTOM          ;保留向量地址偏移量—01H
          B       PHANTOM          ;保留向量地址偏移量—02H
          B       PHANTOM          ;保留向量地址偏移量—03H
          B       PHANTOM          ;保留向量地址偏移量—04H
          B       PHANTOM          ;保留向量地址偏移量—05H
          B       PHANTOM          ;保留向量地址偏移量—06H
          B       PHANTOM          ;保留向量地址偏移量—07H
                  …
                  …
          B       CAN_ISR          ;保留向量地址偏移量—40H  CAN接收中断
          B       PHANTOM          ;保留向量地址偏移量—41H
;主程序
          .text
_c_int0:  CALL    SYSINIT          ;系统初始化程序
          CALL    CAN_INIT         ;CAN初始化程序
          LDP     #DP_PF2          ;指向7080h～7100h
          LACL    MCRA
          AND     #0000H           ;IOPB0配置为普通IO口
          SACL    MCRA
          LACL    PBDATDIR
          OR      #0FF01H          ;IOPB0配置为输出方式,高电平输出
          SACL    PBDATDIR
          CLRC    INTM             ;开总中断
LOOP:     LDP     #DP_CAN
          SPLK    #20h,TCR         ;邮箱3发送请求
SEND_DAT: BIT     TCR,2            ;等待发送应答
          BCND    SEND_DAT,NTC
          LDP     #DP_CAN
LOOP2:    LDP     #DP_CAN
          SPLK    #2000h,TCR       ;清TA3和MIF3标志位
LOOP1:    LDP     #5
          BIT     CAN_FLAG,15      ;判断是否接收到数据
          BCND    WAIT,NTC
          SPLK    #00H,CAN_FLAG    ;清用户接收标志
          LDP     #DP_CAN
```

```
        SPLK    #0000H,MDER         ;邮箱不使能
        SPLK    #0140H,MCR          ;CDR=1,数据改变请求
        LDP     #DP_CAN2            ;DP => 7200h
        LACL    MBX2A               ;比较接收到的数据和发送的数据是否相等
        SUB     MBX3A
        BCND    WAIT,NEQ
        LACL    MBX2B
        SUB     MBX3B
        BCND    WAIT,NEQ
        LACL    MBX2C
        SUB     MBX3C
        BCND    WAIT,NEQ
        LACL    MBX2D
        SUB     MBX3D
        BCND    WAIT,NEQ
        LDP     #DP_PF2             ;指向 7080h~7100h
        LACL    PBDATDIR
        AND     #0FF00H             ;LED 亮
        SACL    PBDATDIR
        CALL    DELAY
        LACL    PBDATDIR
        OR      #0FF01H             ;LED 灭
        SACL    PBDATDIR
        WAIT:   B                   LOOP
;系统初始化子程序
SYSINIT:    SETC    INTM
            CLRC    SXM
            CLRC    OVM
            CLRC    CNF
            LDP     #0E0H
            SPLK    #81FEH,SCSR1
            SPLK    #0E8h,WDCR
            LDP     #0
            SPLK    #10h,IMR            ;开中断优先级 5
            SPLK    #0FFFFh,IFR         ;清中断标志
            RET
;CAN 初始化子程序
CAN_INIT:   LDP     #DP_PF2
            LACL    MCRB                ;配置 CAN 引脚
            OR      #0C0H               ;IOPC6,IOPC7 配置为特殊功能:CANRX,CANTX
            SACL    MCRB
            LDP     #DP_CAN
            SPLK    #0FFFFH,CAN_IFR     ;清全部 CAN 中断标志
```

```
        SPLK    #07FFFH,LAM1_H    ;设置邮箱2、3的屏蔽ID寄存器
        SPLK    #0FFFFH,LAM1_L    ;0则ID必须匹配
        SPLK    #1040H,MCR        ;CCR=1改变配置请求
CCE:    BIT     GSR,11            ;等待改变配置使能
        BCND    CCE,NTC           ;当CCE=1时即可配置BCR2,BCR1寄存器
        SPLK    #01H,BCR2         ;波特率预分频寄存器
        SPLK    #0033H,BCR1       ;波特率设置为1M
        LACL    MCR
        AND     #0EFFFH
        SACL    MCR               ;CCR=0改变配置结束请求
NCCE:   BIT     GSR,11            ;等待改变配置不使能
        BCND    NCCE,TC           ;只有当CEE=0时,BCR2,BCR1寄存器配置成功
        LDP     #DP_CAN
        SPLK    #0040H,MDER       ;不使能邮箱,邮箱2设为接收方式
        SPLK    #0143H,MCR        ;CDR=1,数据区改变请求
        LDP     #DP_CAN2
        SPLK    #2447H,MSGID2H    ;设置邮箱2的控制字及ID
                                  ;IDE=0, AME=0, AAM=0
                                  ;标准方式为MSGID2H[12-2]
        SPLK    #0FFFFH,MSGID2L
        SPLK    #08H,MSGCTRL2     ;设置控制域
                                  ;数据长度DCL = 8,RTR=0数据帧
        SPLK    #0000H,MBX2A      ;邮箱2信息初始化
        SPLK    #0000H,MBX2B
        SPLK    #0000H,MBX2C
        SPLK    #0000H,MBX2D
        SPLK    #2447H,MSGID3H    ;设置邮箱3的标识符
        SPLK    #0FFFFH,MSGID3L
        SPLK    #08H,MSGCTRL3     ;RTR=0,DCL=8
        SPLK    #2211h,MBX3A      ;邮箱3信息初始化
        SPLK    #4433h,MBX3B
        SPLK    #6655h,MBX3C
        SPLK    #8877h,MBX3D
        LDP     #DP_CAN
        SPLK    #0C4FFH,CAN_IMR   ;中断MBX3不使能,MBX2使能,低中断优先级
        SPLK    #0FFFFH,CAN_IFR   ;清全部中断标志
        SPLK    #4C0H,MCR         ;DBO=1,CDR=0,ABO=1,STM=0
        SPLK    #4CH,MDER         ;ME2=ME3=1,MBX2接收, MBX3发送
        RET
;CAN接收中断子程序
CAN_INT: MAR    *,AR1
        MAR     *+
        SST     #1, *+
```

```
          SST      #0,*
          LDP      #0E0H
          ;LACC    PIVR,1              ;读取外设中断向量寄存器(PIVR),并左移一位
          ADD      #PVECTORS           ;加上外设中断入口地址
          BACC                         ;跳到相应的中断服务子程序
CAN_ISR:  LDP      #DP_CAN
          SPLK     #0040h, RCR         ;复位 RMP2 和 MIF2
          LDP      #5
          SPLK     #01H,CAN_FLAG       ;置用户接收标志
CAN_RET:  LDP      #DP_EVA
          SPLK     #0FFFFH,EVAIFRA
          MAR      *,AR1               ;中断返回
          MAR      *+
          LST      #0,*-
          LST      #1,*-
          CLRC     INTM                ;开总中断,因为一进中断就自动关闭总中断
          RET
;假中断子程序
PHANTOM:  KICK_DOG                     ;复位看门狗
          RET
;延时子程序
DELAY:    MAR      *,AR4
          LAR      AR4,#0FFFFH
          LAR      AR0,#00H
DELAY1:   SBRK     #1
          NOP
          CMPR     00
          BCND     DELAY1,NTC
          RET
          .END
```

习　题

1. TMS320LF240x 系列 DSP 内部的片内外设由哪些组成？
2. 看门狗定时器模块的作用有哪些？
3. 数字 I/O 端口的复用控制寄存器和数据/方向寄存器有什么作用？试举例说明。
4. 事件管理器中的通用定时器模块有几种工作模式？各有什么特点？
5. 试写出利用 PWM7～12 输出 50%占空比的 PWM 波形的程序。
6. 如何选择捕获单元的时基？
7. 模数转换(ADC)模块有何特点？
8. 串行通信接口(SCI)多处理器通讯模式有几种？各有什么特点？
9. 串行外设接口(SPI)数据传送如何实现？
10. 如何进行 CAN 模块的初始化？

第5章 接口电路设计

TMS320LF2407 DSP 具有的哈佛总线结构、高速并行处理能力、低功耗,以及强大的嵌入功能使得它在智能化仪器仪表、机器人工业自动化控制、电机自动控制等领域得到了广泛应用。在这些应用中,解决 DSP 系统的硬件及接口设计是一个至关重要的问题,本章将讨论 TMS320LF2407A DSP 系统的硬件及接口设计方法,介绍一些常用的接口芯片及使用方法。

5.1 电源电路

TMS320LF2407 有 4 种电源需要电源电路提供:

(1)DSP CPU 内核电源,电源要求是+3.3V;

(2)DSP 外设电源,电源要求是+3.3V;

(3)Flash 编程电源,电源要求是+5V;

(4)模拟电路基准电源,电源要求是+3.3V。

电源电路设计时,要把 TMS320LF2407 的所有电源引脚连到各自的供电电源上。要注意的是,为了减少电源噪声和互相干扰,数字电路和模拟电路一般要独立供电,数字地和模拟地也要分开。

由于 TMS320LF2407 芯片的内核电压、外设电压以及模拟电压都是 3.3V,所以需要将 5V 电源变换为 3.3V。

TI 公司的 TPS73xx 系列就是 TI 公司为配合 DSP 而设计的电源转换芯片,其输出电流可以达到 500mA,且接口电路非常简单,只需接上必要的外围电阻就可以实现电源转换。电源电路可以采用此款芯片作为 DSP 的供电芯片。

片内 Flash 编程电压可以+5V 输入直接连接。

电源电路原理图如图 5.1 所示。

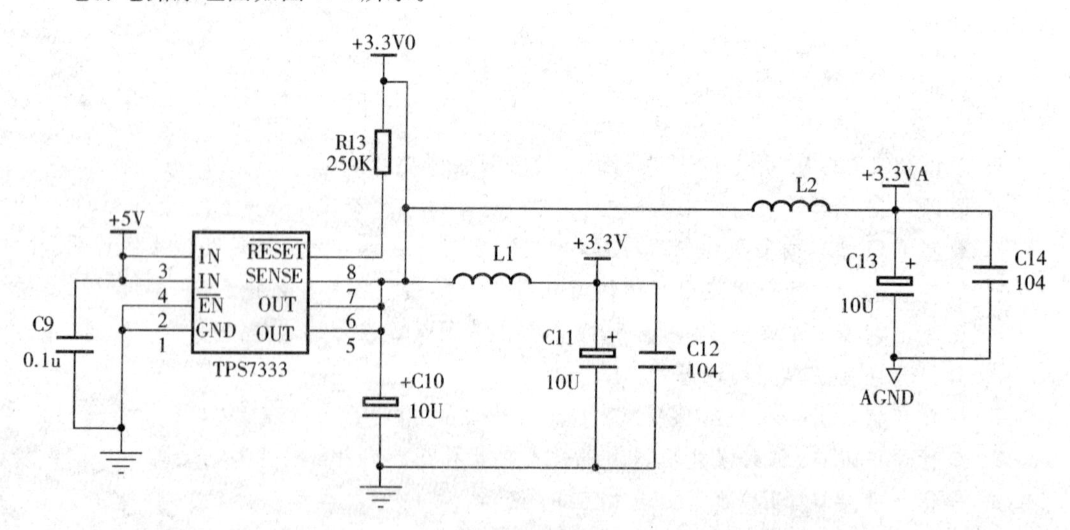

图 5.1 电源电路原理图

对于多电源工作的情况，不但需要DC/DC变换电路，同时还要对电路板的布局、布线有一定的要求，在模拟电源（VDD）和数字电源（VCC）之间、模拟地（AGND）和数字地（DGND）之间加滤波电容。电源和地线要尽可能地宽，并且在主干线上要放置大小不等的电容以滤除多种不同频率的噪声。在电源和地线的支线上和器件的附近，也要安排一些小电容，并且电容要尽可能地靠近器件。对于模拟地和数字地不要提前连接，要遵循"一点"接地的原则。

5.2　时钟电路和复位电路

5.2.1　PLL滤波电路

在TMS320LF2407A内部，有一个锁相环时钟电路PLL(Phase－Locked Loops)，它是被作为一个片内外设看待的，接在片内外设总线上，为DSP提供各种所需的时钟信号。DSP的锁相环时钟电路需要片外滤波器电路的配合，PLL接口电路如图5.2所示。

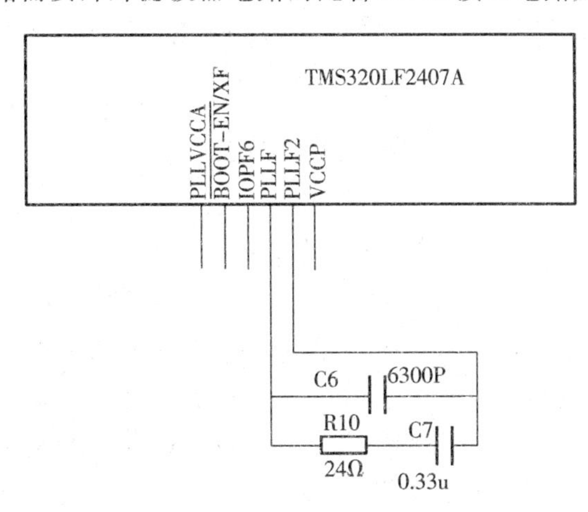

图5.2　PLL接口电路示意图

锁相环电路PLL可以从一个较低的外部时钟通过锁相环倍频电路实现内部倍频。这对于整个电路板的电磁兼容性是很有好处的，因为外部只需要使用较低频率的晶振，这样避免外部电路干扰时钟，同时也避免了高频时钟干扰板上其他电路。

TMS320LF2407A的PLL模块使用外部滤波器电路回路来抑制信号抖动和电磁干扰，使信号抖动和干扰影响最小。电路中存在大量噪声，在设计外部滤波器电路时还需要通过实验确定。

PLL的分频系数和倍频系数由SCSR1寄存器的第9～11位决定。

5.2.2　时钟电路设计

一般有两种方法给TMS320LF2407A芯片提供时钟电路。一种是在X1、X2/CLKIN引脚之间连接一只晶体和两个电容，如图5.3(a)所示。利用DSP内部的振荡电路组成并联谐振电路，可产生与外加晶体同频率的时钟信号。电容C1、C2通常在20P～30P之间选择，它们可对时钟频率起到微调作用。另一方法是采用封装好的晶体振荡器。将外部时钟源直接输入X2/CLKIN引脚，而将X1引脚悬空，如图5.3(b)所示。只要将晶体振荡器的4脚接3.3V，2脚接地，就可以在3脚上获得时钟信号。由于这种方法简单方便，系统设计一般都采用此种方法。

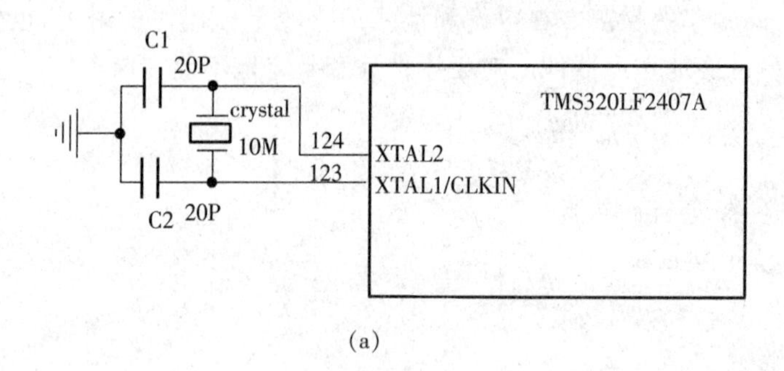

(a)

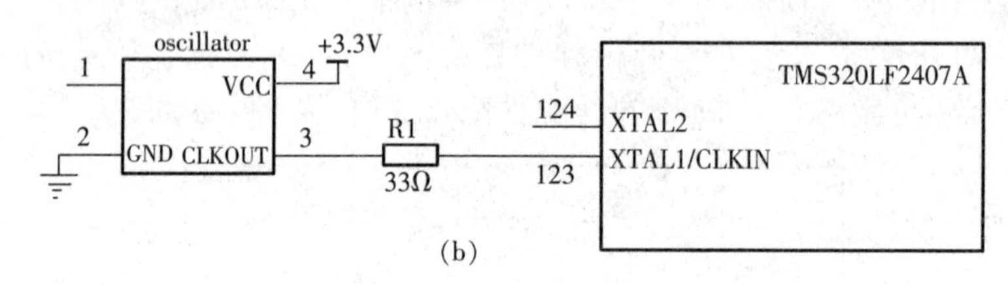

(b)

图5.3 时钟电路晶振接法

5.2.3 复位电路设计

(1)上电复位和手动复位

TMS320LF2407A DSP芯片的引脚$\overline{\text{RS}}$是复位信号输入端，当该引脚电平为低时使DSP芯片复位。DSP的复位电路有两种：上电复位和手动复位。图5.4(a)为上电复位电路，它是利用电容充电来实现的。在上电瞬间，由于电容对地形成短路，$\overline{\text{RS}}$引脚上的电平为低电平，随着电容的充电，$\overline{\text{RS}}$引脚的电平逐渐变为高电平。图5.4(b)为手动复位，该电路除具有上电复位功能外，若在调试程序的过程中需要复位，可按下按键，这时$\overline{\text{RS}}$引脚上就会产生一个复位电平。

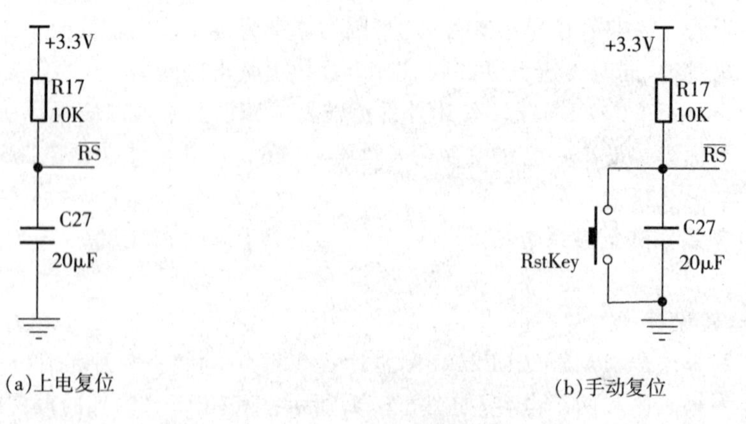

图5.4 复位电路

(2)复位芯片复位

为了提高单片机及 DSP 等芯片构成的应用系统的稳定性,以及保障单片机及 DSP 等芯片构成的应用系统的可靠复位,许多世界著名的半导体公司陆续推出了种类繁多、功能各异、封装微小的专用集成电路。本书仅以带有电源电压跌落复位、上电延迟复位以及手动复位功能的芯片 MAX708 为例进行说明。

MAX708 是一种微处理器电源监控和看门狗芯片,可同时输出高电平有效和低电平有效的复位信号。复位信号可由 VCC 电压、手动复位输入,或由独立的比较器触发。

MAX708 提供有 3 种复位域值电平可供选择,这 3 种域值分别为:2.63 V、2.93 V、3.08 V。同时提供手动复位输入信号,在 VCC＝1V 时能提供有效的 RESET 复位信号。MAX708 引脚图如图 5.5 所示。

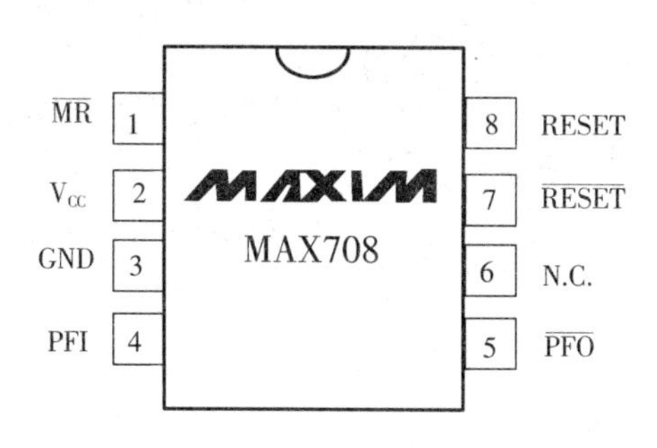

图 5.5　MAX708 引脚图

MAX708 内部由上电比较器、复位信号发生器、反相器以及失电比较器组成,功能分别说明如下。

引脚 1:$\overline{MR}$,手动复位输入。当$\overline{MR}$输入信号低于 0.8 V 时,产生复位脉冲信号输出。当$\overline{MR}$输入低电平时,会有 250μA 的内部拉出电流,该拉出电流可以驱动连接在$\overline{MR}$端的 TTL 或 CMOS 逻辑门,也可以由开关短路到地。一般在$\overline{MR}$输入的手动复位信号由开关或逻辑门产生,这时,手动开关应接到地,或逻辑门应输出低电平。所以,MAX708 内部拉出电流会作为外部逻辑门的灌入电流,或开关短路到地的电流。

引脚 2:VCC－0.3V～6V 电源。

引脚 3:GND,信号地。

引脚 4:PFI,电源电压下降监视输入端。当 PFI 端输入低于 1.25 V 时,就会使$\overline{PFO}$端输出低电平。如果 PFI 端不用时,把其接到 GND 或 VCC 端。

引脚 5:$\overline{PFO}$,电源电压下降监视输出端。当 PFI 端输入低于 1.25 V 时,就会使$\overline{PFO}$端输出低电平,同时接收灌入电流,其他状态$\overline{PFO}$输出高电平。

引脚 6:空脚,不用。

引脚 7:$\overline{RESET}$,低电平复位输出脉冲端,脉冲宽度为 200ms。如果电源 VCC 低于复位门槛 4.65 V 时,则保持输出低电平而不是脉冲。接通 VCC 时,会产生 200ms 的复位脉冲输出。$\overline{MR}$有低电平脉冲输入时也会产生 200ms 复位脉冲输出。

引脚 8:RESET,高电平复位输出脉冲端。这个信号是$\overline{RESET}$的反相信号,由$\overline{RESET}$通过一个内部的反相器产生。

MAX708 与 TMS320LF2407A 接口如图 5.6 所示。

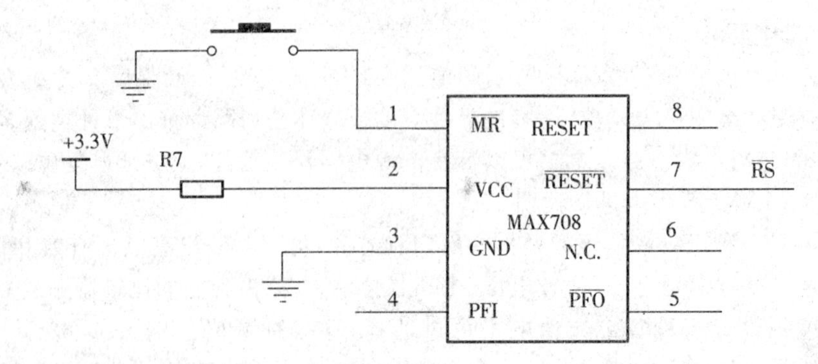

图 5.6　MAX708 与 TMS320LF2407A 接口图

从图中可见，通过 MAX708 可实现以下两种复位功能：

1)通电复位：在接上电源 VCC 使 MAX708 通电时，电源 VCC 从 0→3.3V，这时有一个过渡过程。在过渡过程中的一部分时间中，存在 VCC<3.12V 的情况，则上电比较器就会输出低电平送到复位发生器中，从而产生 200ms 的复位脉冲输出。

2)手动复位：在$\overline{MR}$端接一个按键，按键另一端接地，则按键按下时，会产生一个低电平脉冲送到复位发生器中，从而产生 200ms 复位脉冲输出。

5.3　存储器的扩展

在程序编写和调试过程中，可以将程序下载到外部程序存储器中调试，TMS320LF2407A 可以扩展 64K 字的静态程序 RAM 存储空间和 64K 字的静态数据 RAM 存储空间，内部存储空间的优先级比外部存储空间的高。

在外部存储器扩展时，必须考虑到等待状态对外部存储器的影响，片外存储空间(程序、数据或 I/O)的等待状态是由等待状态产生寄存器(WSGR)产生的。为了获得零等待片外存储器的数据位，必须对 WSGR 编程。TMS320LF2407A 上电过程需要 7 个等待状态，它不能通过等待(READY)信号为外部程序和数据存储器访问产生等待状态，必须通过编程来实现。

本书中选用了 IS61LV6416 作为 TMS320LF2407A 的外部存储器扩展，该芯片是 64K 字×16 位宽的存储器。外部存储器扩展接口如图 5.7 所示。

由于程序存储区和数据存储区要分开，即各占外部存储器的 64K 字存储空间。图 5.7(a)、(b)所示即为程序存储区和数据存储区分开的接法，即采用程序空间选通引脚$\overline{PS}$接外部 RAM 控制引脚 CE 来选择数据存储器，采用数据空间选通引脚$\overline{DS}$接外部 RAM 控制引脚 CE 来选择数据存储器，因此扩展的数据存储区和程序存储区均为 64K。但是对于 DSP 本身而言，映射的程序存储区和数据存储区的地址均为 0000h～FFFFh。这是因为在外部存储器的空间与内部映射的存储空间是两个概念，前者是指外部存储器硬件的空间，而后者指的是 DSP 可以寻址的空间，而对于 DSP 来说，程序区和数据区的寻址空间是独立的。

通过图 5.7 的硬件接口设计，DSP 可以访问的程序存储空间为 64K 字。程序存储空间的配置有两种，一种 64K 字存储空间全部位于外部存储器；另一种是内部 FLASH 存储空间使能，其存储空间范围为 0x0000～0x7FFFh，而可用的外部存储器空间为 0x8000h～0xFFFFh。

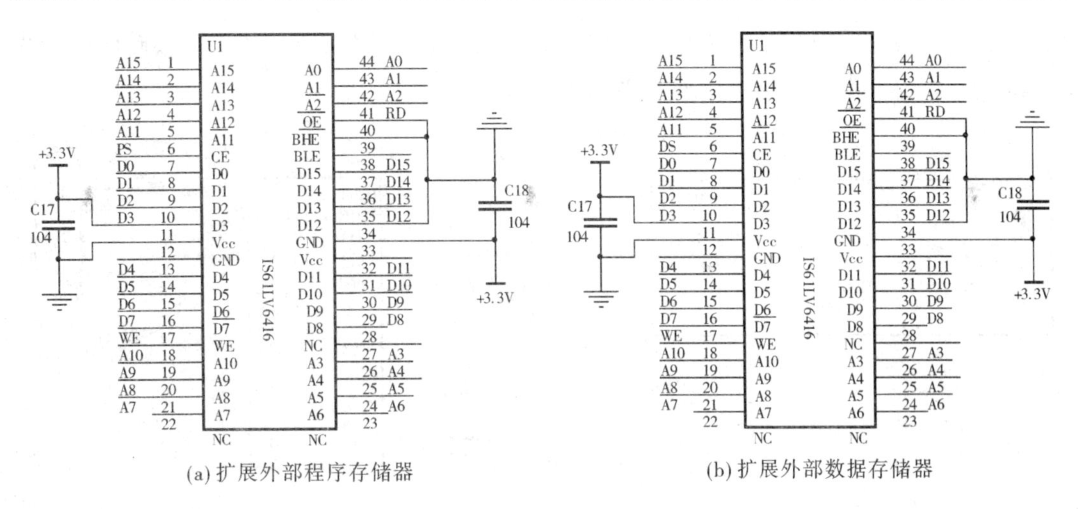

(a) 扩展外部程序存储器　　(b) 扩展外部数据存储器

图 5.7　扩展外部存储器接口示意图

这主要通过对微处理器/微控制器方式选择引脚(MP/$\overline{\text{MC}}$)的电平高低来处理，一般在硬件上实现，即在 MP/$\overline{\text{MC}}$引脚上接一个跳线接口，就可以实现硬件选择该引脚的工作模式。

5.4　通讯接口电路设计

5.4.1　RS232 接口设计

TMS320LF2407A DSP 有一个片上的异步串行接口，该串行接口可以外接一个 MAX232 串行接收芯片，以便与外部串行接口信号相连。由于 TMS320LF2407A 供电电压是 3.3V，若使用 MAX232 芯片必须要进行电平转换。这里选用 MAX3232 芯片作为串行接收芯片。MAX3232 为＋3.0V 供电的通信接口芯片，具有低功耗、高数据速率、增强型 ESD 保护等特性。采用专有的低压差发送输出级，＋3.0V 至＋5.5V 供电时利用内部双电荷泵提供真正的 RS－232 性能。工作于＋3.3V 电源时，荷泵仅需要四个 0.1μF 的小电容。每款器件保证在 250kbps 数据速率下维持 RS－232 输出电平。

MAX3232 包括两个发送器和两个接收器，MAX3232 的引脚、封装和功能分别兼容于工业标准的 MAX232。将 DSP 的异步串行接口的发送引脚接 MAX3232 的 T1IN 引脚，接收引脚接 MAX3232 的 R1OUT 引脚，MAX3232 的 R1IN 引脚和 T1OUT 引脚分别接 9 针接口的 3 脚和 2 脚即可实现串行通讯。TMS320LF2407A 与 MAX3232 接口电路如图 5.8 所示。

5.4.2　485 接口设计

目前，在工业控制领域，要求通信距离为几十米到上千米时，RS－232 串行总线标准很难满足要求，目前广泛采用 RS－485 串行总线标准。RS－485 因硬件设计简单、控制方便、成本低廉等优点广泛应用于工厂自动化、工业控制、小区监控、水利自动报测等领域。RS－485 采用平衡发送和差分接收，因此具有抑制共模干扰的能力。加上总线收发器具有高灵敏度，能检测低至 200mV 的电压，故传输信号能在千米以外得到恢复。RS－485 采用半双工工作方式，任何时候只能有一点处于发送状态，因此，发送电路须由使能信号加以控制。

RS－485用于多点互连时非常方便，可以省掉许多信号线。应用RS－485可以联网构成分布式系统，其允许最多并联32台驱动器和32台接收器。

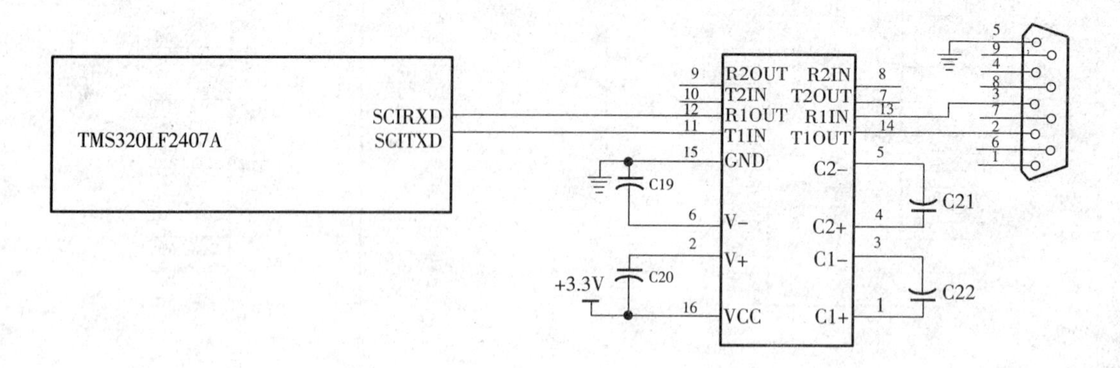

图5.8 DSP与MAX3232接口示意图

通过TMS320LF2407A的SCI接口，外扩一片RS－485的收发器，可以实现RS－485串行通讯标准。这里采用了SP3485实现TTL与RS－485电平之间的转换。SP3485是由业内专业的通讯接口器件厂商Sipex公司设计生产的高性能RS－485收发器，它是采用单一＋3.3V作为工作电源的低功耗半双工收发器，完全满足RS－485串行协议的要求。SP3485管脚配置如图5.9所示，控制引脚真值表见表5.1所列。

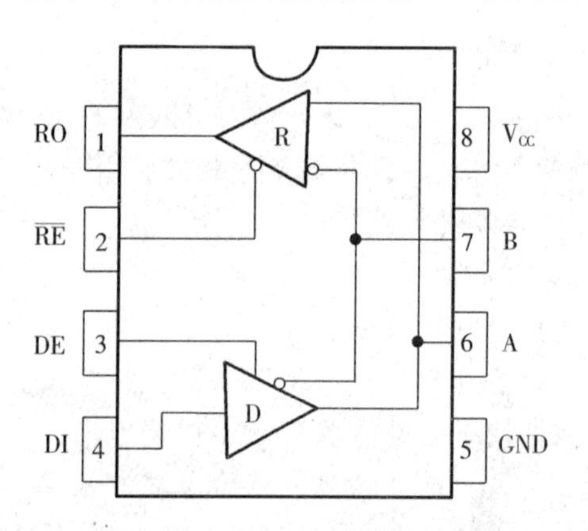

图5.9 SP3485管脚配置(俯视图)

表5.1 SP3485控制引脚真值表

引脚		功能
RE	DE	
0	0	接收
1	1	发送

SP3485工作于半双工方式下。将TMS320LF2407A的SCI接口中的发送引脚(TXD)和接收引脚(RXD)分别连接到SP3485的RO和DI引脚，将TMS320LF2407A的IOPB0引脚同时控制SP3485的DE和$\overline{RE}$引脚，可实现发送和接收两种控制状态的转换。接口电

路如图 5.10 所示。

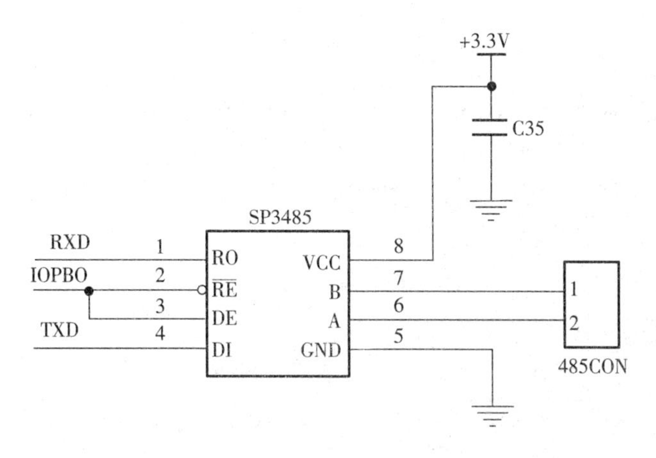

图 5.10　DSP 与 SP3485 接口示意图

5.4.3　CAN 接口设计

CAN－bus(Controller Area Network)即控制器局域网，是国际上应用最广泛的现场总线之一。起先，CAN－bus 被设计用于汽车环境中微控制器之间的通讯，在车载各电子控制装置 ECU 之间交换信息，形成汽车电子控制网络。它是一种多主方式的串行通讯总线，基本设计规范要求有较高的位速率，高抗干扰性，而且能够检测出产生的任何错误。信号传输距离达到 10km 时，仍然可提供高达 5kbps 的数据传输速率。由于 CAN 串行通讯总线具有这些特性，它很自然的在汽车、制造业以及航空工业中得到广泛应用。

TMS320LF2407A 的 CAN 模块是一个 16 位的外设模块，它完全支持 CAN2.0B 协议。由于 TMS320LF2407A 没有 CAN 收发器，因此使用时必须外扩一个 CAN 收发器作为 CAN 控制器和物理总线间的接口。

SN65HVD230 是 TI 公司生产的 3.3VCAN 总线收发器，主要是和带有 CAN 控制器的 TMS320LF240x 系列 DSP 配套使用，该收发器具备差分收发能力，最高速率可达 1Mb/s。广泛用于汽车、工业自动化、UPS 控制等领域。图 5.11 为接口示意图。

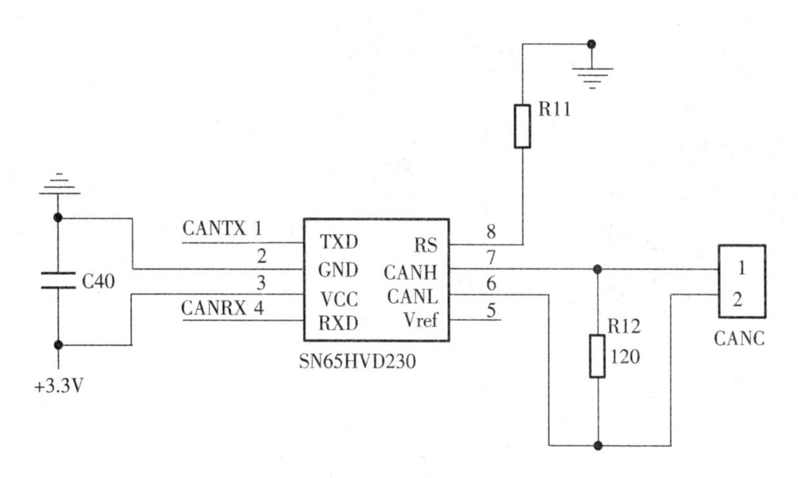

图 5.11　SN65HVD230 接口示意图

5.5 JTAG 接口

JTAG(Joint Test Action Group)是 1985 年制定的监测 PCB 和 IC 芯片的一个标准，1990 年被修改后成为 IEEE 的一个标准，即 IEEE1149.1－1990。通过这个标准，可对具有 JTAG 接口芯片的硬件电路进行边界扫描和故障检测。

TI 公司 DSP 系列仿真器的仿真信号都采用 JTAG 标准 IEEE1149.1，采用 14 针仿真头，如图所示。JTAG 仿真信号见表 5.2 所列。

DSP 目标系统与仿真器的连接如图 5.12 所示。

表 5.2 JTAG 仿真信号

JTAG 信号	信号说明	仿真器输入/输出状态	DSP 输入/输出状态
EMU0	仿真引脚 0	输入	输入/输出
EMU1	仿真引脚 1	输入	输入/输出
Vcc	目标板存在检测信号。该引脚用于指示仿真器是否与目标板连接上，以及目标板是否有电。	输入	输出
TCK	测试时钟	输出	输入
TCK_RET	测试时钟返回	输入	
TDI	测试数据输入	输出	输入
TDO	测试数据输出	输入	输出
TMS	测试方式选择	输出	输入
$\overline{\text{TRST}}$	测试复位	输出	输入

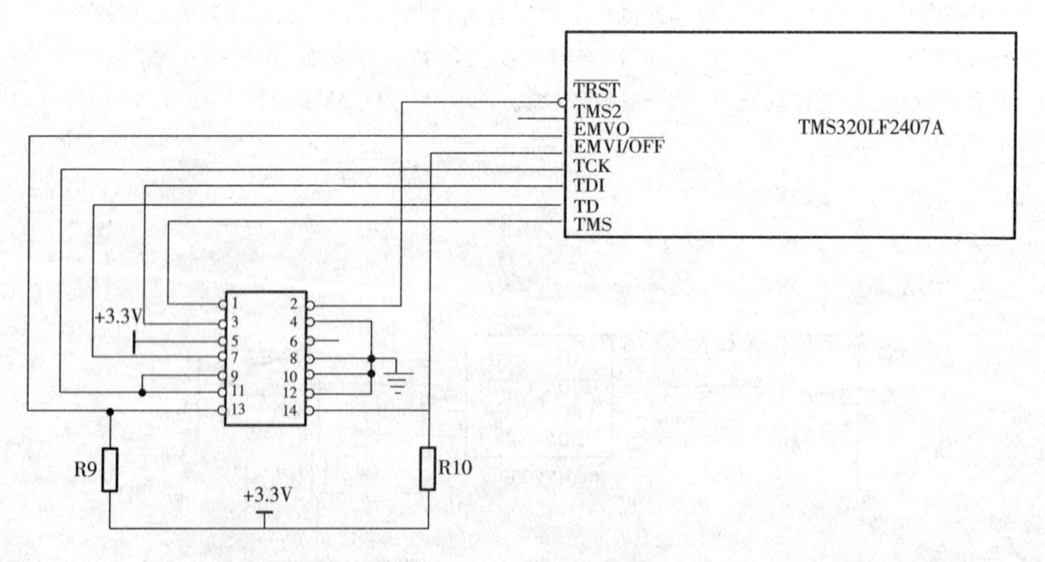

图 5.12 JTAG 接口示意图

仿真器一般提供DSP的JTAG时钟信号，只参与数据的传输，即将目标代码通过JTAG接口从PC机下载到目标系统的存储器中。仿真是在TMS320LF2407芯片内完成。

5.6 I^2C接口

在使用TMS320LF2407A开发一些控制系统时，常常会出现有些重要数据要保存的情况，如：

(1)需要经常修改数据，又在掉电后保持；

(2)需要设定某些初始值，但这些值并非每次变化；

(3)防止系统受干扰而丢失关键数据，在程序“跑飞”后需要恢复数据。

在这种情况下，可以利用TMS320LF2407A的I/O端口扩展一些串行EEPROM来保存这些数据，串行EEPROM芯片具有体积小、成本低、电路连接简单、不占用系统地址线和数据线的优点。

目前在单片机和DSP中使用的串行扩展接口有Motorola的SPI和PHILIPS的I^2C总线。其中I^2C总线具有标准的规范以及众多带I^2C接口的外围器件，形成了较为完善的串行扩展总线。

I^2C总线是由数据线SDA和时钟SCL构成的串行总线，可发送和接收数据。在CPU与被控IC之间、IC与IC之间进行双向传送，最高传送速率100kbps。

I^2C总线标准的串行存储器有24XXXX系列，包含1～256KB等不同规格的容量。24XXXX系列EEPROM的特点是单电源供电，工作电压范围为2.5V～5.5V，低功耗CMOS技术(100kHz，2.5V和400kHz，5V兼容)，具有写保护功能，当WP为高电平时进入写保护状态，自定时擦写周期。24XXXX的引脚如图5.13所示。

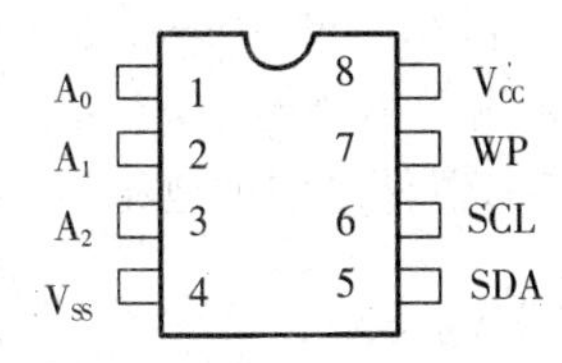

图5.13　24XXXX的引脚图

图5.14为24XXXX系列EEPROM与TMS320LF2407A的硬件接口，用TMS320LF2407A的端口IOPC6、IOPC7分别控制EEPROM的SCL、SDA。由于正常情况下需要对EEPROM进行写操作，所以WP引脚直接接低电平，禁止写保护。

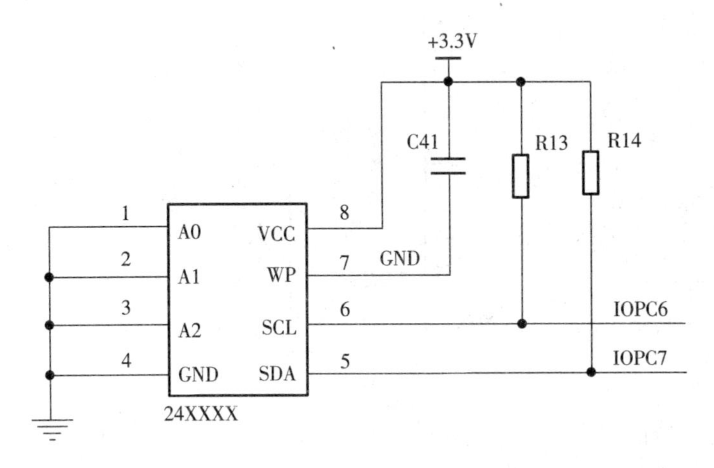

图5.14　DSP与EEPROM接口示意图

5.7 电平转换

随着集成电路的发展，以及一些便携式数字电子产品、数字式移动电话的迅速发展，要求使用体积小、功耗低、电池耗电小的器件，从而使得集成电路的工作电压已经从 5V 降低到 3.3V，甚至更低。但是目前仍有许多 5V 电源的逻辑器件和数字器件可用，因此在许多设计中将会有 3.3V 逻辑器件和 5V 逻辑器件共存，甚至存在多种电源等级在同一块电路板中使用。

TI DSP 的发展同集成电路的发展一样，新的 DSP 都是 3.3V 的，如果和 DSP 连接的外围芯片的工作电压是 3.3V，那么就可以直接连接。但由于 5V 工作电压的逻辑器件的存在，使得在 DSP 系统中，经常有 5V 电压和 3.3V 电压的混接问题。

在设计这些系统时，考虑不同电压等级的接口问题时，应注意：

(1)DSP 输出给 5V 的电路，无需加任何额外的器件进行电平转换，可以直接连接。

(2)DSP 输入 5V 的信号，由于输入信号的高电平可达 4.4V，超过了 DSP 的电源电压 3.3V，同时 DSP 的外部信号没有保护电路，长时间工作会损坏 DSP 器件，因此需要加器件进行缓冲，进行电平转换。

5.7.1 采用电平转换芯片

TI 公司对于多电源并存的系统提供有专用的电平转换芯片，如 74LVC4245 等，此类芯片采用双电压供电，一边是 3.3V 供电，另一边是 5V 供电，因此可以较好地解决 3.3V 器件和 5V 器件之间的电平转换问题。图 5.15 给出了 74LVC4245 的引脚图。

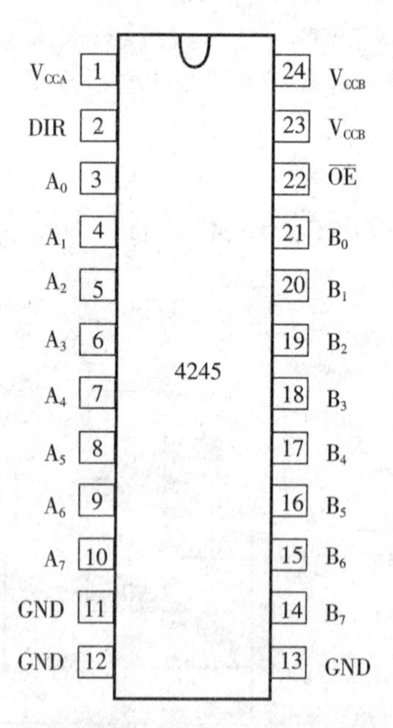

图 5.15 74LVC4245 的引脚图

74LVC4245 在使用时，需清楚 A 口对应的电平信号为 5V、B 口对应的电平信号为 3.3V，同时注意 A、B 之间的信号传送方向即可方便地实现 A、B 口之间的电平转换。表

5.3 给出了 74LVC4245 的功能表。

表 5.3　74LVC4245 功能表

输入		输入/输出	
OE	DIR	An	Bn
L	L	A=B	输出
L	H	输入	B=A
H	X	Z	Z

5.7.2　采用三极管实现电平转换

对于有些单个 I/O 口的输入/输出，采用专用的电平转换芯片相对比较麻烦，可以利用三极管的开关作用来实现电路中电平的转换。图 5.16 是用三极管实现电平转换的原理图。

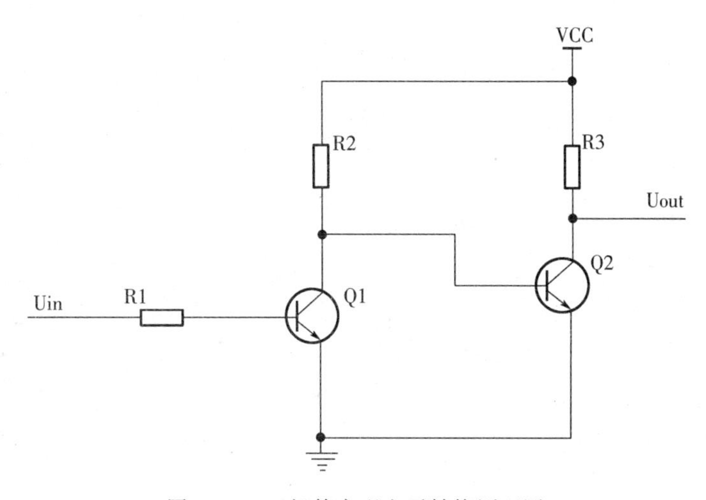

图 5.16　三极管实现电平转换原理图

该电路的原理为：若 3.3V 信号从 Uin 输入，当 Uin 为高电平的时候，Q1 导通，此时 Q2 截止，Uout 输出 5V，这就是实现了 3.3V 输入，5V 输出的效果；当 Uin 为低电平的时候，Q1 处于截止状态，此时 Q2 导通，Uout 输出低电平，刚好和输入的状态相吻合。

以上是 3.3V 转 5V 的，其实 5V 转 3.3V 的原理一样，只需要把给三极管偏置电压的 VCC 换成 3.3V 的，输入 5V，输出就是 3.3V。

5.7.3　采用光耦实现电平转换

对于采用三极管实现单个 I/O 口的电平转换，也可以利用光电耦合器实现电平转换。光电耦合器以光为媒介传输电信号。它对输入、输出电信号有良好的隔离作用，所以，它在各种电路中得到广泛的应用。目前它已成为种类最多、用途最广的光电器件之一。

光耦合器的主要优点是：信号单向传输、输入端与输出端完全实现了电气隔离、输出信号对输入端无影响、抗干扰能力强、工作稳定、无触点、使用寿命长、传输效率高。利用光耦实现 3.3V 和 5V 的电平转换如图 5.17 所示。

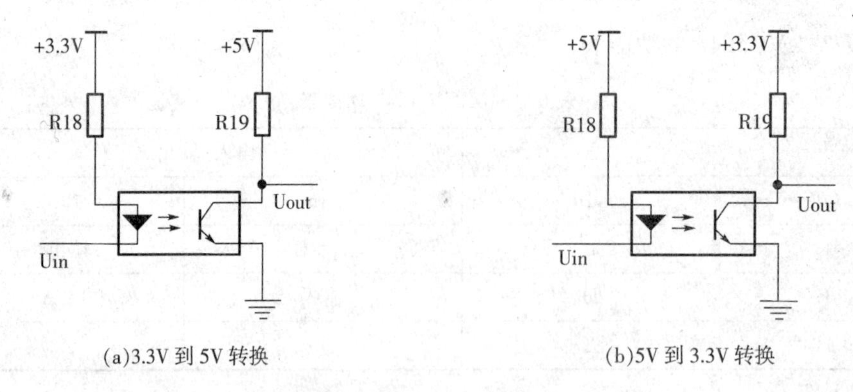

(a)3.3V 到 5V 转换　　(b)5V 到 3.3V 转换

图 5.17　利用光耦实现电平转换接口示意图

由图 5.17(a)中可见，当 Uin 接 DSP 的 I/O 引脚输出高电平时，光电二极管不导通，光电三极管截止，Uout 输出为+5V 电平；当 I/O 引脚输出低电平时，光电二极管导通，光电三极管饱和导通，Uout 输出低电平信号。图 5.17(b)是 5V 到 3.3V 的电平转换，原理同 5.17(a)图。

5.8　功能引脚和未用的输入/输出引脚的处理

在 DSP 实际应用中，常常一些引脚不被应用。为减少外界对 DSP 芯片的干扰，常对这些引脚进行一定的处理。

(1)Ready 引脚　外部器件准备好引脚。当该引脚为高电平时，表示 DSP 可以通过数据总线对外部存储器进行读/写操作；当为低电平时，表示外部存储器接收或发送数据没有准备就绪。应该使 Ready 引脚接高电平，使其一直固定为有效的访问外部存储器状态。

(2)ENA_144　外部接口使能信号引脚。该引脚接高电平时使能外部接口，当为低电平时，外部接口信号无效。

(3)$\overline{\text{VIS\_OE}}$　可视输出使能引脚。当数据总线输出时，该引脚输出为低电平，以供外部电路检测，作为数据总线已被输出占用的标识，用于防止数据总线冲突。该引脚是 DSP 的输出脚，可以悬空不接。

(4)Vccp Flash　编程电压输入引脚。在 Flash 编程时该引脚电平必须为 5V，在芯片运行时该引脚必须接地，在该引脚上不要使用任何限流电阻。

(5)TP1、TP2　Flash 阵列测试引脚，悬空。

(6)未用的输出引脚可以悬空不接。

(7)未用的 I/O 引脚如果缺省状态为输入引脚，则作为非关键的输入引脚处理，上拉或下拉为固定的电平以降低功耗；如果缺省状态为输出引脚，则可以悬空不接。

习　题

1. 电源电路的设计要注意哪些方面？
2. 时钟电路设计要注意哪些方面？
3. 复位电路有什么功能？有几种方法可以实现 DSP 的复位？
4. DSP 使用过程中为什么要进行电平转换？实现电平转换有哪几种方法？

（续表）

类型	长度(位)	表示方法	最小值	最大值
unsigned int	16	二进制码	0	65535
(signed)long	32	基 2 补码	-2^{31}	$2^{31}-1$
unsigned long	32	二进制码	0	$2^{32}-1$
enum	16	基 2 补码	−32768	32767
float	32	TMS320C2XX	1.19209290e−38	3.4028235e+38
double	32	TMS320C2XX	1.19209290e−38	3.4028235e+38
long double	32	TMS320C2XX	1.19209290e−38	3.4028235e+38
指针	16	二进制码	0	0XFFFF

注：如前所述，在 TMS320C2xx C 语言中，字节长度为 16 位，sizeof 操作符返回的对象长度是以 16 位为字节长度的字节数。例如 sizeof(int)＝ 1，而在 8 位系统中，比如 51、AVR 等单片机结果等于 2。

2)long 和 float 类型的低有效字存储在低端的存储地址，即小端存储格式。在嵌入式系统中还有一种数据存储格式是大端格式，这里只强调 DSP 中的存储格式为小端格式，主要区别参见 6.2 小节。

(6)asm 语句

1)TMS320C2xx 的 C 编译器可以在编译器输出的汇编语言中直接嵌入汇编语言指令。这种能力是 C 语言的扩展——asm 语句。asm 语句能够实现一些 C 无法实现的功能，不过还是建议读者不要随意地使用 asm 语句，除了以下情况，比如：

```
asm("clrc INTM");            //开总中断
```

2)对于嵌入的汇编指令，编译器不会进行语法检查，编程者必须确认嵌入的指令合理有效；

3)使用 asm 指令的时候应小心不要破坏 C 语言的环境。如果 C 代码中插入跳转指令和标识符可能会引起不可预料的操作结果，能够改变块或其他影响汇编环境的指令也可能引起麻烦。建议使用这种方法时，只进行必须的某些位的操作；

4)对带 asm 语句的代码使用优化器时要特别小心。尽管优化器不能删除 asm 指令，但它可以重新安排 asm 指令附近的代码顺序，这样就可能会引起不期望的结果；

5)引号内指令前必须有空格，否则无法通过编译。

6.2　存储格式的区分

(1)大端格式(Big－endian)

在这种格式中，字数据的高字节存储在低地址中，而字数据的低字节存放在高地址中。

(2)小端格式(Little－endian)

与大端存储格式相反，在小端存储格式中，低地址中存放的是字数据的低字节，高地址存放的是字数据的高字节。

比如：如果将一个 32 位的整数 0x12345678 存放到一个长整型变量(long)中，这个长整型变量采用大端或者小端模式在内存中的存储见表6.2所列(以8位机为例)。

表6.2 大小端格式的比较

地址偏移	大端格式	小端格式
0x00	12	78
0x01	34	56
0x02	56	34
0x03	78	12

采用大端方式进行数据存放符合人类的正常思维,而采用小端方式进行数据存放利于计算机处理。到目前为止,采用大端或者小端进行数据存放孰优孰劣也没有定论。请注意:格式是指字节存储在地址的顺序上是不同的,不要误解为某一字节数据存储时二进制位的存储有正向逆向之分。

有的处理器系统采用了小端方式进行数据存放,如Intel的奔腾,TI的DSP系列,51单片机等。有的处理器系统采用了大端方式进行数据存放,如IBM半导体和Freescale的PowerPC处理器。不仅对于处理器,一些外设的设计中也存在着使用大端或者小端进行数据存放的选择。

为使软件具有较强的可移植性,可以这样鉴定当前CPU是大端还是小端格式:

```
union w_un
{
int16 a;
int8 b;
} ;
int checkCPU( )
{
    union w_un c;
    c. a=1;
    return(c. b==1);
}
```

联合体union的存放顺序是所有成员都从低地址开始存放。此段程序巧妙地运用联合体,将变量b与变量a的低位字节(对于16位系统则为低位字,即16位系统中,typedef long int16;)共用存储体,若CPU是大端格式(Big-endian),则$c.a=1$中赋值1被送入变量a存储空间的高位字节,而低位字节为0,函数返回为0;若CPU是小端模式(Little-endian),则1被送入a存储空间的低位字节,函数返回为1。

嵌入式系统开发者应该对Little-endian和Big-endian格式非常了解。对某些对象的编程与应用,很重要的一个环节就是要注意大小端格式,不同的平台、不同的软件系统对数据的存储格式可能不一样,比如文件系统的操作以及以太网的物理层数据传输时都必须注意这一点,否则将浪费大量的人力和精力。

6.3　CCS 中不同空间的访问

6.3.1　访问 I/O 空间

I/O 空间地址声明要在程序中访问 IO 空间地址，必须首先用关键字“ioport”对要访问的地址进行定义。语法：ioport type porthex_num

其中 ioport 声明 IO 空间端口变量的关键字；type 变量类型，一般为 unsigned int，也可以是其他 16 位内的类型；porthex_num 端口号，port 后面的 hex_num 是 16 进制数。比如：ioport unsigned int port10；

注：声明 IO 空间地址必须在 C 文件起始声明，不允许在函数中使用 ioport 声明 IO 空间地址。访问用 ioport 关键字声明的 I/O 端口变量和访问一般变量没有区别。

```
/*************************************************************************/
        ioport unsigned int port10;        //访问 I/O 端口 10h 的变量
        int func ()
        {
          ...
          port10=a;                        //写 a 到端口 10h
          ...
          b=port10;                        //读取端口 10h 的值到 b
          ...
        }
/*************************************************************************/
```

I/O 端口变量的使用不仅仅局限于赋值，和其他变量一样也可以应用于其他的表达式：

```
/*************************************************************************/
        call (port10);                     //read port 10h and pass to call
        a=port10 +b;                       //read port 10h,add b,assign to a
        port10 += a;                       //read port 10h,add a,write to port 10h
/*************************************************************************/
```

注意：程序中访问的任何一个 IO 地址都必须在 C 语言程序起始处用 ioport 关键字声明！

6.3.2　访问数据空间

访问数据空间不需要对要访问的单元预先声明，访问是通过指针的方法实现的。

```
/*************************************************************************/
    unsigned int org,cnt,block,offset,tmp,i;
    org= *(unsigned int *)0x8000;            //取数据空间 8000H 单元内的数据
    cnt= *(unsigned int *)0x8001;            //取数据空间 8001H 单元内的数据
```

```
    block= *(unsigned int *)0x8002;              //取数据空间8002H单元内的数据
    offset= *(unsigned int *)0x8003;             //取数据空间8003H单元内的数据
    for (i=0;i<cnt;i++)
    {
        tmp= *(unsigned int *)(org+i);           //顺序将8000H后连续的cnt单元内容装
                                                   入tmp
        *(unsigned int *)(org +offset+i)= tmp;   //将tmp顺序存入距8000H偏
                                                   移offset的单元
    }
/*****************************************************************************/
```

这显然是C语言中指针的运用,(unsigned int *)0x8000是将8000H十六进制数强制转化为指向8000H地址单元的指针,前面添*号表示取地址中保存的数据。

读者也可以参见2407的头文件,会发现其中有大量的宏定义语句,比如:

```
#define IMR        (volatile unsigned int *)0x0004      //Interrupt mask reg
#define IFR        (volatile unsigned int *)0x0006      //Interrupt flag reg
```

这些都是在申明寄存器,IMR寄存器就是被映射到数据空间的04H地址处的,所以IMR申明成一个指向04H地址处的指针,只要引用这些指针即可进行操作,*IMR=0x07。当指针指向的地址小于8000H时,指向的是DSP片内的RAM空间;地址大于8000H时,指针将指向外部的RAM空间。

6.4 中断处理

6.4.1 中断处理方法

(1)中断处理方法

1)查询法

程序通过查询中断标志位来判断是否有中断发生,并进行相应的处理。

优点:流程易于控制,不会发生中断嵌套的问题,一般也不会发生丢失中断的问题。

缺点:中断实时性差。

2)回调法

为中断指定一个回调函数,即中断服务程序。将中断服务程序的入口地址放在中断向量处。

优点:中断实时性好,程序结构简洁,类似于Windows操作系统下事件驱动的编程方式。

缺点:处理不好容易造成中断嵌套或丢失中断。

总体而言,回调法在一个工程项目中不要过多使用,若事件紧急,须立即响应的,可以使用;否则还是建议使用查询法,这样可以使得程序的稳定性增强,而且大多数的事件是不需要实时的(或不需要非常高的动态响应),查询法一般都可以满足。

(2)回调法处理中断的一般性问题

1)中断服务函数可以和一般函数一样访问全局变量、分配局部变量和调用其他函数等。

2)进入中断服务函数,编译器将自动产生程序保护所有必要的寄存器,并在中断服务函数结束时恢复运行环境。

3)c_int0是保留的复位中断处理函数,不会被调用,也不需要保护任何寄存器。

4)要将中断服务函数入口地址放在中断向量处以使中断服务函数可以被正确调用。

5)中断服务函数要尽量短小,避免中断嵌套等问题。

(3)用C编写中断服务函数

有两种方式定义中断服务函数:

1)任何具有名为c_intd的函数(d为0到9的数),都被假定为一个中断程序,c_int0函数留作系统复位中断用。举例如下:

```
/**********************************************************************/
    void c_int1 ()
    {
        ...
    }
/**********************************************************************/
```

2)利用中断关键词interrupt进行定义。举例如下:

```
/**********************************************************************/
    interrupt void isr ()
    {
        ...
    }
/**********************************************************************/
```

C程序中采用以上两种方法都可以定义一个中断服务程序,由于DSP的中断采用2级系统,那么中断程序是由哪一片内外设源引发的,必须在服务程序中做出准确判断。

6.4.2　回调法中片内外设源的准确判断

本节将详述F240xDSP的可屏蔽中断的特点及其响应过程,介绍可屏蔽中断程序用C语言实现的两种方法,并给出实现可屏蔽中断的实例。

F240x系列DSP通过中断系统中的一个两级中断来扩展系统可响应的中断个数,因此DSP的中断请求/应答硬件逻辑和中断服务程序软件都是一个两级的层次结构。在底层中断,从几个外设来的外设中断请求(PIRQ)在中断控制器处相“或”产生一个到CPU的中断请求(INTn),这就是内核级的中断请求。在外设配置寄存器,对每一个产生外设中断请求的事件都有一个中断使能位和中断标志位。如果一个引起中断的外设事件发生且相应的中断使能位置1,则会产生一个从外设到中断控制器的中断请求。此中断请求反映了外设中断标志位的状态和中断使能位的状态。当中断标志位清0时,中断请求也清0。

对某些要设置中断优先级的外设事件,当这类事件发生时,其中断优先级的值被送到中断控制器,而中断请求也保持到中断应答或者软件将其清0为止。

在高层中断中，被相“或”的多个外设中断请求产生一个到 CPU 的中断请求。到 F240x 的中断请求信号是一个为两个 CPU 时钟脉冲宽的低电平脉冲。当任何外设中断请求 PIRQ 有效时，都会产生一个到 CPU 的中断请求脉冲 INTn，并且如果一个外设中断请求 PIRQ 在 CPU 对 INTn 应答后的一个周期内仍然有效，则另一个中断请求脉冲 INTn 也会产生。CPU 总是响应优先级高的外设中断请求。在 CPU 内核，这些中断标志在 CPU 响应中断时自动清 0(注意：不是在外设中断级将中断标志清 0)。

当 CPU 接收中断请求时，它并不知道是哪一个外设事件引起的中断请求。因此，为了让 CPU 能够区别这些引起中断的外设事件，在每个外设中断请求有效时，都会产生一个唯一的外设中断向量，被装载到外设中断向量寄存器(PIVR)中。CPU 应答外设中断时，从 PIVR 寄存器中读取相应的向量，并产生一个转到该中断服务子程序入口的向量。

正如前述，用 C 语言对 DSP 系统进行开发时，可以有两种方法实现可屏蔽的中断。下面将结合实例分别对这两种方法进行说明。

(1)通过软件识别中断标志的方法实现可屏蔽的中断

例如，如果要实现 AD 采样中断(ADCINT)，则先建立一个如下所示的复位和中断向量文件 vectors. asm。

```
.ref _c_int0,_AdInt,_nothing
            .sect      "vectors"
reset:   B        _c_int0        ;00h reset
int1:    B        _AdInt         ;02h INT1
int2:    B        _ nothing      ;04h INT2
int3:    B        _ nothing      ;06h INT3
int4:    B        _nothing       ;08h INT4
int5:    B        _nothing       ;0Ah INT5
int6:    B        _nothing       ;0Ch INT6
```

因为 ADCINT 是 INT1 的一个外围中断源，发生 ADCINT 中断时，程序的 PC 指针将跳向 INT1 处；INT1 处的执行语句为“b _ AdInt”，故程序随即跳向程序中 AdInt 标号处的中断服务程序中。但是当 INT1 的其他外围中断源(如 XINT1、XINT2、TXINT 等)发生中断时，程序也会跳转至程序中 AdInt 标号处的中断服务程序，这些中断不是要求的中断。通过前面的叙述可知，每一个中断发生时，都会建立相应的中断标志，故可以在 AdInt 标号的中断服务程序中，通过相应的中断标志来辨别该中断是否为需要的合法中断。在本例中，当发生 ADCINT 时，其相应的中断标志位——ADCTRL2 寄存器的第 9 位被置 1。因此，在 AdInt 标号的中断服务程序中，就可以对中断源进行如下判断：若 ADCTRL2 寄存器的第 9 位为 1，则执行后面的中断服务程序；否则，没有发生 ADCINT 中断，则中断直接返回(或继续判断与该内核中断相关的其他使能的外围中断标志)。在 C 语言中可方便地实现前面所述的中断源辨别，其程序代码如下：

```
void interrupt AdInt(void)
{
        asm("clrc SXM");
        if( * ADCTRL2 & 0x0200)          //判断是否是 ADCINT 中断
```

```
        {
            …                                   //采样处理
            * ADCTRL2 |= 0x4200;                //复位 SEQ1,清 AD 中断标识
        }
        …                                       //若其他的外围中断被使能,继续判断
        asm("clrc INTM");                       //中断返回前须重开总中断
}
```

下面给出一个完整的示例,其源程序代码如下:

1)复位和中断向量文件 vectors. asm

```
.ref _c_int0,_AdInt,_nothing
            .sect       "vectors"
reset:   B          _c_int0              ;00h reset
int1:    B          _AdInt               ;02h INT1
int2:    B          _nothing             ;04h INT2
int3:    B          _nothing             ;06h INT3
int4:    B          _nothing             ;08h INT4
int5:    B          _nothing             ;0Ah INT5
int6:    B          _nothing             ;0Ch INT6
```

2)主程序

```
void inline DisableDog()
{
      * WDCR=0x0e8;                        //不使能看门狗
}
void InitSys(void)
{
      asm("setc SXM");
      asm("clrc OVM");
      asm("clrc CNF");
      * SCSR1=0xe1ad;                      //CLKOUT 输出 CLK 时钟,系统 4 倍频,
      DisableDog();                        //禁止看门狗
}
void InitEva(void)
{
      * GPTCONA=0x0440;                    //使能 T 比较输出,T2 周期中断标志启动 AD
      * T2CON=0xc80c;                      //连续增减计数方式,不分频,使用内部时钟
      * T2PER=0x4e20;                      //定时 1MS,作为时基时钟
      * T2CNT=0x0000;
}
void InitAdc(void)
```

```
{
      * ADCTRL1=0x1002;              //启动/停止模式,高优先级级连工作模式,启动停止
                                       模式
      * ADCTRL2=0x4500;              //中断模式 1,允许 SEQ1 被 EVA 触发
      * MAXCONV=0x0001;              //转换 2 个通道
      * CHSELSEQ1=0x00a9;            //采样通道 10,9
      * CHSELSEQ2=0x0000;
      * CHSELSEQ3=0x0000;
      * CHSELSEQ4=0x0000;
}
void InitInterrupt(void)
{
      * IMR=0x0001;                  //开 INT1 内核中断(ADC)
      * IFR=0xffff;                  //清中断标识,系统响应后自动清
}
unsigned int Sample[2][ MAX_POINT];
unsigned int point=0,sign=FALSE;
#define MAX_POINT      10
#define TRUE           1
#define FALSE          0
main()
{
float result0,result1;
         asm("setc INTM");
      InitSys();                      //初始化
         InitEva();
         InitAdc();
InitInterrupt();
* T2CON= * T2CON | 0x0040;            //启动定时器 2
asm("clrc INTM");                     //开总中断
while(1)
{
         if(sign)
         {
             sign=FALSE;
             result0=Filter(Sample[0]);
             result1=Filter(Sample[1]);
}
}
```

```
}
    float Filter(unsigned int * p)
{
    unsigned int i,sum=0;
    for(i=0;i < MAX_POINT;i++)sum += *(p+i);
    return (float)sum / MAX_POINT;
}
/*************************************************************************
AD采样中断:采样2路模拟量
*************************************************************************/
void interrupt AdInt(void)
{
    asm("clrc SXM");
    if( * ADCTRL2 & 0x0200)
    {
        Sample[0][point]= ( * RESULT0 >>6);
        Sample[1] [point++]= ( * RESULT1 >>6);
        If(point >= MAX_POINT){point=0;sign=TRUE;}
        * ADCTRL2 |= 0x4200;                //复位SEQ1,清AD中断标识
    }
    asm("clrc INTM");
}
void interrupt nothing(void)
{
    asm("clrc INTM");
}
```

用这种方法实现中断具有程序代码少、易于理解等优点。

(2)通过外围中断向量寄存器PIVR的值识别中断的方法实现可屏蔽的中断

由CPU响应外设中断的流程可知,当某一外设中断发生时,CPU就会把相应的中断向量装载到外设中断向量寄存器PIVR中,并且每个中断向量和各个外设中断是一一对应的。因此可以用C语言中的SWITCH,在中断服务程序的入口处通过PIVR的值来判断发生的中断是否为需要的中断。详细程序代码如下(假设也是实现ADCINT,其PIVR=0x04):

```
void interrupt AdInt(void)
{
    switch( * PIVR)
{
    case 0x04:                              //ADCINT
                Sample[0][point]= ( * RESULT0 >>6);
                Sample[1] [point++]= ( * RESULT1 >>6);
```

```
            If(point >= MAX_POINT){point=0;sign=TRUE;}
        * ADCTRL2 |= 0x4200;                  //复位 SEQ1,清 AD 中断标识
            break;
        default:
    }
    asm("clrc INTM");
    }
```

由上述两个示例可以很清楚地了解 C 语言中断服务程序的编程方法，这些程序可以稍加修改，用于其他的中断服务程序，完成 DSP 的各个中断的编程任务。

6.5 C 语言与汇编语言混合编程

C 语言编写 DSP 程序对底层的了解要求较低，流程控制灵活，开发周期短，程序可读性、可移植性好，程序修改，升级方便。但某些硬件控制功能不如汇编语言灵活，程序实时性不理想，很多核心程序可能仍然需要利用汇编语言来实现。所以一般我们可以将两者结合起来，采用混合编程的方法，发挥各自的优势。

C 语言和汇编语言的混合编程方法主要有以下三种：

(1)独立编写 C 程序和汇编程序。分开汇编形成各自的目标代码模块，然后用链接器将 C 模块与汇编模块链接起来。

(2)在 C 语言程序的相应位置嵌入汇编语句。

(3)对 C 程序进行编译生成相应的代码，然后对这些汇编代码进行手工优化和修改。

一般第三种方法在实践中使用较少，第二种方法在前面章节也已介绍(asm 语句)，下面主要讨论独立的 C 与汇编接口情况。这是一种常用的 C 程序和汇编语言接口方法，采用这种方法需要注意的是在编写汇编语言时，必须遵循有关的调用规则和寄存器规则，这样不会破坏 C 程序的运行环境。C 程序既可以调用汇编程序，也可以访问汇编程序中定义的变量。同样，汇编程序也可以调用 C 函数或访问 C 程序中定义的变量。

6.5.1 独立的 C 程序和汇编程序模块接口

在 C 程序中调用汇编程序，必须注意编写汇编程序时，在其入口处需要保护一些特定的寄存器值，即保护 C 语言在调用子程序前的运行现场；在子程序的出口处，需要恢复前面保护的寄存器值，以恢复现场。要想正确的接口，必须弄清楚堆栈的使用情况，特别注意这里使用的堆栈不是 DSP 的硬件堆栈，而是.CMD 文件定义的软堆栈。图 6.1 详细地表明了 C 语言调用子程序时堆栈的使用情况。其表示的是一种较复杂的调用情况：主函数需要向被调函数传递若干个参数，被调函数使用了若干个局部变量，如果主函数不需要向被调函数传递参数且被调函数没有局部变量，则不需要分配局部数据结构。

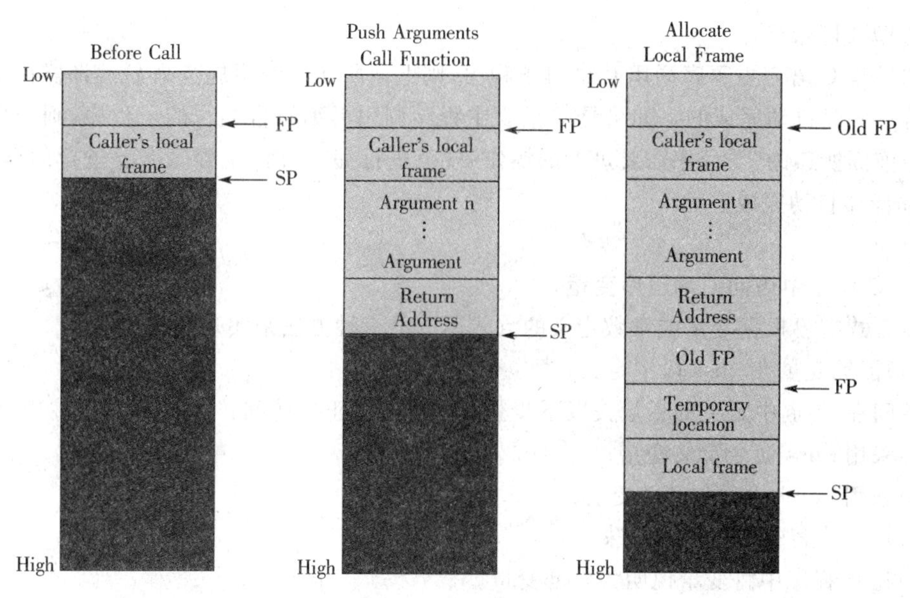

图 6.1　调用时堆栈的使用情况

C 语言调用子程序时的规范如下：

(1)主程序需要进行的操作

主程序调用另外一个子程序时，需要进行如下操作，特别需要注意 ARP 已经由编译器自动设置为 AR1。

1)主程序把需要向子程序传递的参数按反序压入堆栈(最右边的参数最先被压入堆栈，最左边的参数最后被压入)；

2)主程序调用子程序；

3)在子程序返回前，ARP 已经被设置为 AR1；

4)当子程序调用完毕后，主程序要弹出先前压入堆栈的传递参数。这个操作通过下面的命令语句实现：SBRK　n；n 是主程序向子程序传递的参数的个数。

(2)子程序需要进行的操作

一个子程序被调用时，需要进行下面的一些操作，在子程序的入口处，假设 ARP 已经被设置为 AR1，这是由 C 编译器自动完成的。

1)从硬件堆栈中弹出返回地址，然后把它压入软件堆栈；

2)把主程序的数据结构指针 FP(AR0)压入堆栈；

3)如果子程序改变了 AR6 或 AR7，也需要把它们压入堆栈；

4)分配局部数据结构；

5)执行子程序的实际任务代码；

6)如果子程序有返回值，把它放入 ACC 中；

7)设置 ARP 为 AR1；

8)解除分配的局部数据结构；

9)如果 AR6 和 AR7 被保存过，则从软件堆栈中恢复它们的值；

10)从软件堆栈中恢复 FP(AR0)；

11)把软件堆栈中存储的返回地址压入硬件堆栈；

12)返回。

如果是C语言主程序调用C语言子程序,则上面所述的调用规范是C编译器在生成汇编语言代码时自动完成的。如果是C语言主程序调用汇编语言编写的子程序,则子程序必须遵循前面所述的“子程序需要进行的操作”规范进行编写,而“主程序需要进行的操作”则由C编译器自动完成。

6.5.2 C程序中访问汇编程序变量

该方式需要根据变量或常数定义的方式用以下三种方法来实现这种操作:

(1)汇编变量在.bss段中定义

访问在.bss中定义的变量按以下步骤就可以进行正常访问:

1)采用.bss命令定义变量;

2)采用.global命令定义变量;

3)在变量名前加下划线“_”;

4)在C程序中将变量说明为外部变量。

例如 从C访问bss定义的变量。

汇编程序:

```
    .bss var,1                    ;定义变量_var在.bss段占1个字空间
    .global var                   ;说明_var为外部变量
```

C程序:

```
    extern int var;               //外部变量
    var=1;                        //访问变量
```

(2)变量不在.bss段中定义

访问不在.bss中定义的变量按以下步骤就可以进行正常访问:

1)在汇编程序中定义一个常数表,并定义一个指向该表的指针;

2)在C程序访问该表时,另外说明一个指向该表的指针。

例如 从C访问不在.bss段定义的变量。

汇编程序:

```
    .global _const                ;定义外部变量
    .sect "const_tab"             ;定义一个常数表
    _const:                       ;常数表起始地址
    .word 00h
    .word 01h
    …
```

C程序:

```
    extern int const[];           //声明外部变量
    int *pointer=const;           //定义一个C指针
    f=pointer[2];                 //访问 pointer
```

(3)用.set和.global命令定义的全局常数

从C程序访问在汇编中用.set和.global定义的常数,按以下步骤就可以进行正常

访问：

1)在汇编程序中将常数(符号)定义为全局常数；

2)在 C 程序中访问汇编中的常数时，应在常数名之前加一个地址操作符“&”。

例如　从 C 程序访问在汇编中用 .set 和 .global 定义的常数。

汇编程序：

```
_size .set 1000                     ;常数定义
.global _size                       ;声明为全局
```

C 程序：

```
extern int size;
#define SIZE ((int)(& size))        //重定义便于使用
int Size=SIZE;                      //引用
```

6.5.3　在汇编程序中访问 C 程序变量

从汇编程序中访问 c 变量按以下步骤就可以进行正常访问：

(1)在 C 程序定义变量(如 x)；

(2)在汇编程序中使用时前面加下划线“_”(如_x)。

【例 6.1】　从汇编程序中访问变量

C 程序：

```
int x;
```

汇编程序：

```
.global _x                          ;声明 x 为全局变量
LAR AR0,#_x                         ;AR0=x
```

6.6　CCS 中 C 语言工程项目的建立与示例

6.6.1　C 工程项目建立所需的 5 种文件

针对 CCS 平台编写 C 语言工程项目，在进行调试之前，一般需要 1 个库文件和编写 4 种格式的文件：C 语言文件、C 语言头文件、汇编中断向量文件和命令文件。其中命令文件在汇编章节中已经介绍了，这里着重介绍其他的 4 种文件。

(1)C 语言文件

文件名的后缀为 .c。在该文件中实现 DSP 要完成的功能(或称之为主文件，含有 main 函数)，由开发人员编写。

(2)C 语言头文件

在编写 TMS320C2xx 程序时，需要在 C 语言文件的首部把对应的 TMS320C2xx 头文件包含进来，此头文件定义了 DSP 系统用到的一些寄存器映射地址、一些常量以及一些简单的宏，该类文件后缀为 .h。

其实 C 文件与头文件并不一定单指主文件和 2407 头文件。用户完全可以根据实际应用平台，对硬件电路编写对应的软件驱动模块，一个驱动模块一般由一个 .c 文件和对应的

.h文件构成(比如SD_driver.c、SD_driver.h)。这样做的好处是明显的:使得主文件简单明了,它仅负责对各模块和任务的统一调度;各驱动模块可以轻松移植到其他的应用软件上使用。

(3)汇编中断向量文件

中断向量文件中定义了系统的各种中断服务程序。当中断响应时,PC指针将自动指向对应的中断向量入口处,用户需在向量文件中每个向量地址处放置新的服务向量(比如b _AdInt),让指令执行真正的服务程序。这样做的原因是:DSP规定的中断向量空间是很小的,不足以容纳中断服务程序,必须重定位到新的位置,而且大部分单片机等芯片编程时都是这么做的。

(4)库文件rts2xx.lib

rts2xx.lib库文件可以在安装盘(假设是C盘),C:\ti\c2400\cgtools\lib路径下找到,一般不需要修改此文件,可以直接复制到工程项目中并添加到项目中使用。它包含如下内容:

1)ANSI C标准库;

2)系统启动程序_c_int0;

3)允许C访问特殊指令的函数和宏。

6.6.2 C工程项目示例

首先打开CCS软件,双击CCS2.2应用图标,若未连接目标电路板,将出现下面的界面(如图6.2所示):

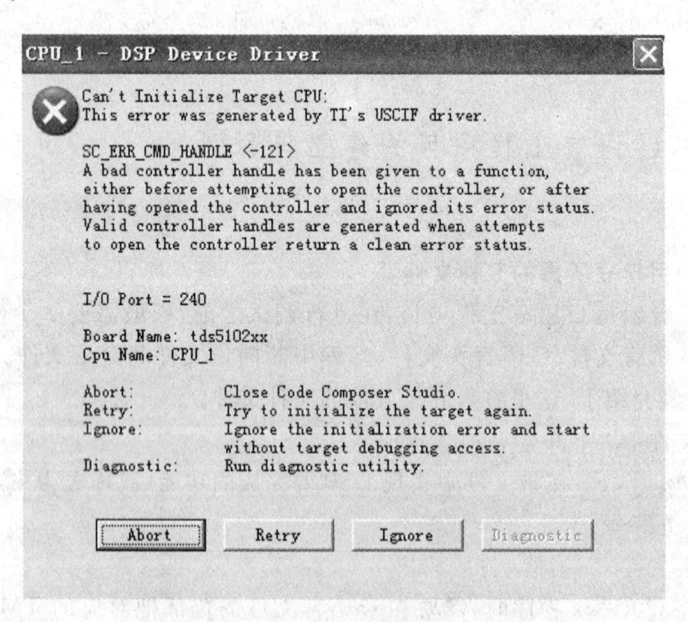

图6.2 未连目标电路板的情况

如果只是编写DSP工程项目,并不想立刻在线运行,可以点击"Ignore"进入"Code Composer"界面(若将目标板通过JTAG仿真器连接到PC,选择"Retry"也能进入),然后就可以创建自己的C工程项目,如图6.3所示。

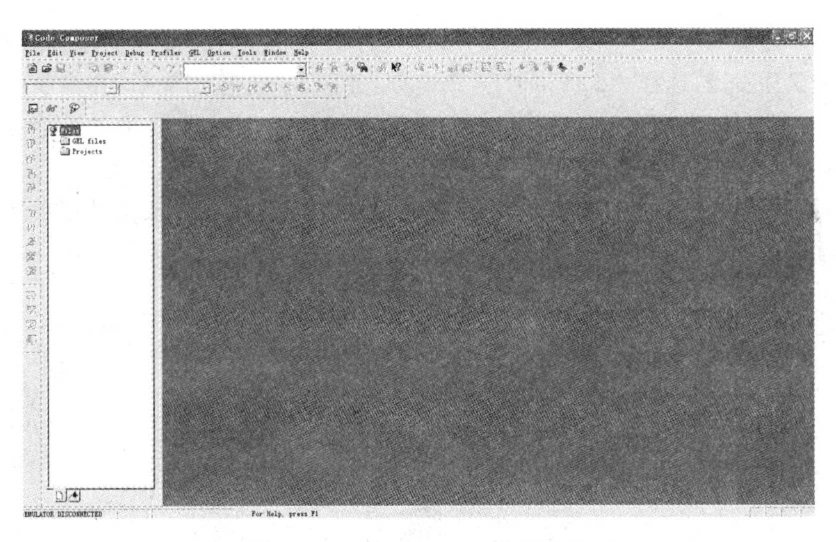

图 6.3　Code Composer 集成界面

创建步骤：

1)菜单 Project→New，弹开项目建立对话框（如图 6.4 所示），在项目名称处填入工程名（注意路径不能有中文）。

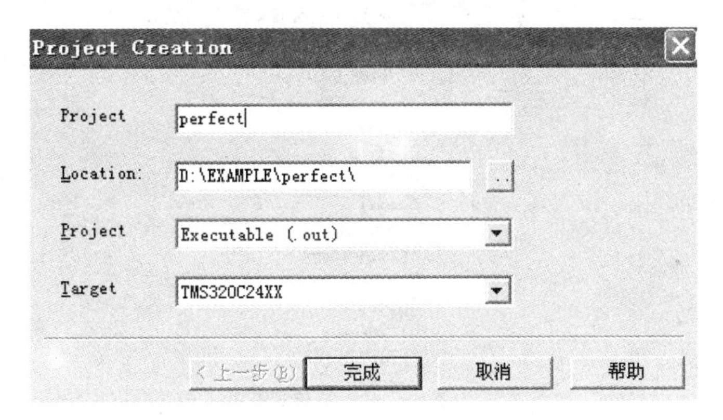

图 6.4　项目建立对话框

2)点击“完成”后，将自动生成 .pjt 工程项目，将在工作窗口中显示项目文件列表（如图 6.5 所示）。

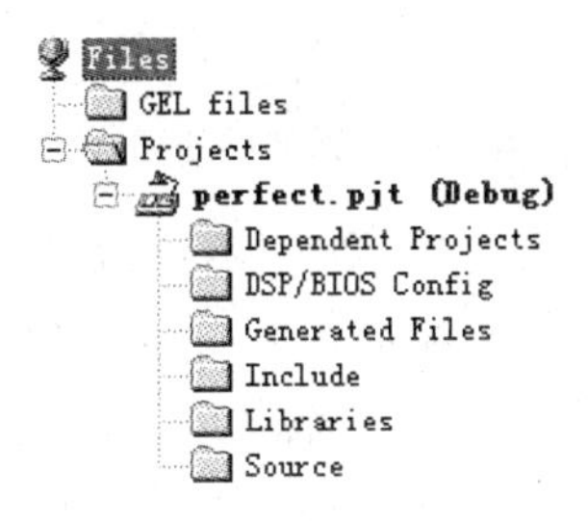

图 6.5　创建的 perfect 项目列表

3)菜单 File→New→Source File，编写 6.6.1 中提到的 4 个文件并保存为相应的文件后缀。

4)将编写好的 4 个文件以及 rts2xx. lib 库文件添加到项目列表中。添加方法:在项目名称处点击鼠标右键,选择 Add Files To Project,如图 6.6。添加完后,在列表中就可以看到添加的各种文件。在图 6.7 的列表中,明显可以找到上一节要求的 5 种文件,其中 lf2407regs. h 就是 2407 的头文件,还有一些 . c 和 . h 相同文件名的,是驱动模块文件。(头文件是不能直接添加的,编译时 CCS2. 2 会自动扫描添加,但要保证头文件在项目路径或默认路径下可以找到)。

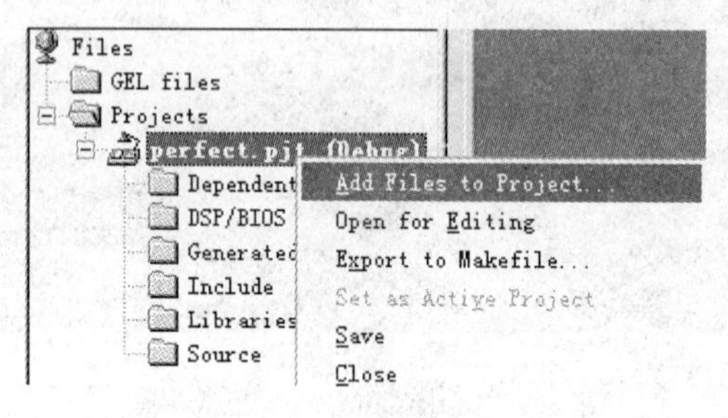

图 6.6　添加文件

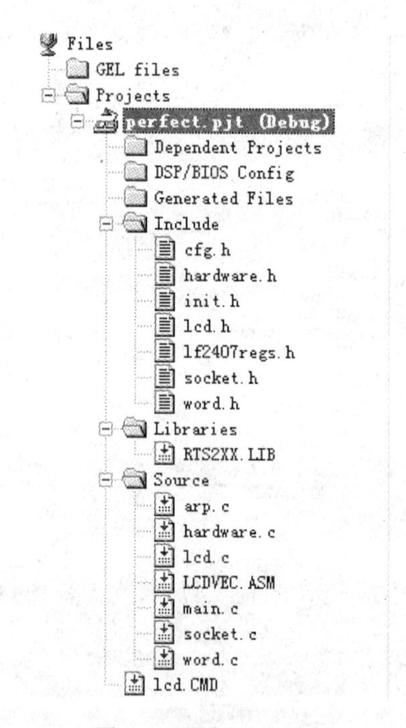

图 6.7　添加后的列表

5)点击工具栏上的编译连接图标,结束后将会在编辑界面的底部状态栏中提示是否有错误,有则继续修改、编译连接,直到提示 0 Errors 为止。

6)用 JTAG 仿真器将生成的 OUT 文件装载(可以在线仿真运行)或烧写(可脱机运行,程序固化于芯片中)入 TMS320LF240x 芯片中,运行系统观察结果。

了解 CCS2. 2 中项目创建步骤后,下面将给出具体的 C 工程项目中各文件的编写示例:

(1)C 语言主文件编写

```
/ ************************************************************************
```

```
文件名:timer. c
功能:利用定时器定时实现 4 个 LED 循环点亮
***************************************************************************/
#include "lf2407regs. h"
typedef unsigned int uint;
typedef unsigned char uchar;
        uint fflag=0;
/ ********************************关中断子程序 ********************************/
void inline disable( )
{
        asm("setc INTM");
}
/ ********************************开中断子程序 ********************************/
void inline enable( )
{
        asm("clrc INTM");
}
/ ********************************初始化子程序 ********************************/
void init()
{
asm("setc INTM");
asm("setc SXM");
asm("clrc OVM");
asm("clrc CNF");
* SCSR1=0x81FE;                                  //系统 4 倍频
* WDCR=0x0e8;                                    //不使能看门狗
* IMR=0x0002;                                    //允许 int2 中断
* IFR=0x0ffff;                                   //清中断标志,系统响应后自动清
* MCRC= * MCRC&0xfffe;                           //IOPE0 配置为一般输入输出
* PEDATDIR= * PEDATDIR|0x0100;                   //IOPE0 配置为输出方式
}
/ ********************************T1 初始化子程序 ************************/
void timer1init( )
{
          * EVAIMRA= * EVAIMRA|0x0080;
          * EVAIFRA= * EVAIFRA|0xffff;
          * T1PER=0x9C3F;                        //定时 1ms
          * T1CNT=0x0000;
          * T1CON = 0x1048;                       //连续增计数模式,使能定时器
```

```
                                                                                操作
}
/ ***************************** T1 周期中断子程序 ***************************** /
void interrupt t1int( )
{
        uint flag;
        flag= * EVAIFRA&0x0080;
        if(flag==0x0080)
        {
            * EVAIFRA= * EVAIFRA&0x0080;    //清除 T1 的周期中断标识
            fflag++;
        }
        enable( );
        return;
}
/ *************************************************************************
```

其他优先级的中断服务程序,虽然程序中已经禁止,但由于干扰可能会引起它们的执行,故该中断服务程序无额外操作,直接返回

```
************************************************************************* /
void interrupt nothing()
{
        asm( "clrc INTM");
      return;
}
void main()
{
        init();
        timer1init( );
        enable();
        * PEDATDIR= * PEDATDIR&0x0fffe;    //第一个灯点亮
        while(1)
        {
            if (fflag==200)                //定时时间到
            {
                * PEDATDIR=( * PEDATDIR<<1)|0x0001 ;
                fflag=0;
            }
            if ( * PEDATDIR==0x01fef )     //循环结束,重新开始
        {
```

```
* PEDATDIR=0x01fe;
            }
        }
}
```

(2)汇编中断向量文件编写

```
    .ref _c_int0,_t1int,_nothing
    .sect      "vectors"
rset:   B        _c_int0                  ;00h reset
int1:   B        _t1int                   ;02h INT1
int2:   B        _nothing                 ;04h INT2
int3:   B        _nothing                 ;06h INT3
int4:   B        _nothing                 ;08h INT4
int5:   B        _nothing                 ;0Ah INT5
int6:   B        _nothing                 ;0Ch INT6
```

(3)CMD命令文件的编写

```
-stack 200h
MEMORY
{
    PAGE 0:                                                   //Program Memory
            VECS:       org=00000h,   len=00040h      //internal FLASH
            PVECS:      org=00044h,   len=00100h      //internal FLASH
            EXTPROG:    org=08800h,   len=03000h      //external SRAM
    PAGE 1:                                                   //Data Memory
            B2:         org=00060h,   len=00020h      //internal DARAM
            B0B1:       org=00200h,   len=00200h      //internal DARAM
            SARAM:      org=00800h,   len=00800h      //internal SARAM
}
SECTIONS
{
//Sections generated by the C-compiler
        .text:     >    EXTPROG    PAGE 0        //initialized
        .cinit:    >    EXTPROG    PAGE 0        //initialized
        .switch:   >    EXTPROG    PAGE 0        //initialized
        .const:    >    SARAM      PAGE 1        //uninitialized
        .bss:      >    SARAM      PAGE 1        //uninitialized
        .stack:    >    B0B1       PAGE 1        //uninitialized
      //Sections declared by the user
        vectors:   >    VECS       PAGE 0        //initialized
}
```

表 6.3　段分配的存储空间

段	分配的存储空间
.text	page 0
.cinit	page 0
通过#pragma CODE_SECTION 定义的段	page 0
.switch	page 0
.const	page 1
.bss	page 1
.stack	page 1
.system	page 1
通过#pragma DATA_SECTION 定义的段	page 1

我们可以发现，基本上未初始化段都应该分配在数据空间，已初始化段应分配在程序空间。

6.7.2　C 语言生成的复杂的 .const 段

C 语言中有 3 种情况会产生 .const 段：

(1)关键字 const　由关键字 const 限定的全局变量的初始化值，比如"const int ex=10;"。但由关键字限定的局部变量的初始化值不会产生 .const 段，局部变量都是运行时在 .bss 段中开辟空间。

(2)字符串常数　字符串常数出现在表达式中，比如："strcpy(s,"abc");"；字符串常数用来初始化指针变量，比如"char *p="abc";"。但当字符串常数用来初始化数组变量时，不会产生 .const 段，此时产生的是 .cinit 段，比如："char s[4]="abc";"。

(3)数组和结构体的初始值　数组和结构体是局部变量，初始值会产生 .const 段，但当数组和结构体是全局变量时，不会产生 .const 段，此时生成的是 .cinit 段。

仔细观察表 6.3，可能会觉得比较奇怪：.const 段存放的是初始化的常数，理应放置在程序空间 page 0 中才对，否则一旦掉电，岂不是这些常数值都没有了？

设置 .const 段是基于灵活性考虑的，程序中常会有大量的常数占用数据空间，比如液晶显示用的点阵字库等。这些数据空间存放常数，只被用来读，不会被写入，把这些常数单独编译成 .const 段，就为 C 编译器来做特定处理提供了条件。

存储这些常数有两种方法：

(1)把 .const 段中的常数存储在程序空间，上电时把这些常数由程序空间搬移到数据空间，但这样的初始化费时，且占用了大量的程序空间；

(2)把 .const 段中的常数固化或烧写到外在的一个 ROM 或 FLASH 中，并把 ROM 或 FLASH 的地址映射到 DSP 的数据空间，这样就能避免第一种方法的缺陷，是较理想的方法。

但对大多数应用系统而言，并不会独立设计一个 ROM 或 FLASH 来存储常数，所以还是要用第一种解决方法。即把将常数烧写到 DSP 内部的 FLASH 中，运行时再从 page 0 搬移到 page 1 的 . const 段，若要达到此目的，需在两个地方做设置和改动。

(1)在 CMD 文件中的设置

在 CMD 空间需要把装载和运行分开，装载在 page 0，运行在 page 1。示例如下：

```
SECTIONS
{
//Sections generated by the C－compiler
text：        >    FLASH          PAGE 0
. cinit：     >    FLASH          PAGE 0
. const      ：load＝FLASH PAGE 0，run＝EXTDATA PAGE 1
{
__const_run＝.；
      *(. c_mark)
*(. const)
__const_length＝. － __const_run；
}
. switch：        >        FLASH          PAGE 0
. bss：           >        EXTDATA        PAGE 1
. stack：         >        EXTDATA        PAGE 1
//Sections declared by the user
vectors：         >        VECS           PAGE 0
}
```

实际使用时直接按上面示例修改 . const 部分，不必深究其含义，因为以后基本不需要再修改。

(2)修改连接 rts2xx. lib 库

在 DOS 命令环境下，进入目录"C：\ti\c2400\cgtools\lib"。

1)从 rts. src 源文件库中释放出 boot. asm；

dspar － x rts. src boot. asm

2)打开 boot. asm 把里面的 CONST_COPY 常数改成 1(原来是 0)；

CONST_COPY . set 1

3)重新把 boot. asm 文件编译一遍，生成 boot. obj；

dspa － v2xx boot. asm

4)把 boot. obj 归档到 C 语言的 rts2xx. lib 库中。

dspar － r rts2xx. lib boot. obj

此时生成了新的库文件 rts2xx. lib。当 C 语言程序连接到新的库文件 rts2xx. lib，DSP 上电初始化时，系统库将自动把 . const 段中的常数从 page 0 区搬移到 page 1 区。

注意：如果用户的工程并没有生成 . const 段(可以通过查看 . map 文件获知)，且该工程连接的是上述新的库文件时，程序将不能通过编译连接。另外，若程序中把大量的常数放置在 . cinit 段，则 . cinit 段的数据在初始化时通过装载器自动装载到数据空间，但在装载过程中，看门狗处于开启状态(此时程序员无法通过指令关闭看门狗)，可能导致由于装载的数据量太大，装载时间太长，无法及时在软件中喂狗，从而看门狗溢出使 DSP 复位，即会使 DSP 处在不断的复位状态中，把大量数据存放在 .const 段并不存在此问题。

6.8　定标在 C 语言中的模拟

在编写 DSP 模拟算法时，为了方便，一般都是采用高级语言（如 C 语言）来编写模拟程序。程序中所用的变量一般既有整型数，又有浮点数。如例 6.2 程序中的变量 i 是整型数，pi 是浮点数，hamwindow 是浮点数组。

【例 6.2】　256 点汉明窗计算

```
int     i;
float     pi=3.14159;
float     hamwindow[256];
for(i=0;i<256;i++)
hamwindow[i]=0.54-0.46 * cos(2.0 * pi * i/255);
```

如果要将上述程序用某种定点 DSP 芯片来实现，需将上述程序改写为 DSP 芯片的汇编语言程序。为了 DSP 程序调试的方便及模拟定点 DSP 实现时的算法性能，在编写 DSP 汇编程序之前一般需将高级语言浮点算法改写为高级语言定点算法，或直接采用定点式的 C 语言程序来编写，将浮点数转化成定点数（定标）的主要目的是将浮点数以及除法运算转化成定点数、乘法以及移位运算。这样做的优点是能够大大提高运算速度，弊端是提高速度实际上是以牺牲运算结果的精度为代价的，所以程序员必须根据实际应用需求选择合适的 Q 格式，使得在采用定点运算的前提下，运算结果的精度又能满足应用的要求。下面讨论基本算术运算的定点实现方法。

6.8.1　加法/减法运算的 C 语言定点模拟

设浮点加法运算的表达式为：float x,y,z;z=x+y;

将浮点加法/减法转化为定点加法/减法时最重要的一点就是必须保证两个操作数的定标值一样。若两者不一样，则在做加法/减法运算前先进行小数点的调整。为保证运算精度，需使 Q 值小的数调整为与另一个数的 Q 值一样大。此外，在做加法/减法运算时，必须注意结果可能会超过 16 位表示。如果加法/减法的结果超出 16 位的表示范围，必须保留 32 位结果，以保证运算的精度。

（1）结果不超过 16 位表示范围

设 x 的 Q 值为 Q_x，y 的 Q 值为 Q_y，且 $Q_x>Q_y$，加法/减法结果 z 的定标值为 Q_z，则

$$z=x+y \quad \Rightarrow z_q \cdot 2^{-Q_z}=x_q \cdot 2^{-Q_x}+y_q \cdot 2^{-Q_y}=x_q \cdot 2^{-Q_x}+y_q \cdot 2^{(Q_x-Q_y)} \cdot 2^{-Q_x}$$

$$=[x_q+y_q \cdot 2^{(Q_x-Q_y)}] \cdot 2^{-Q_x} \quad \Rightarrow z_q=[x_q+y_q \cdot 2^{(Q_x-Q_y)}] \cdot 2^{(Q_z-Q_x)}$$

所以定点加法可以描述为：

```
int x,y,z;
long temp;                                    //临时变量
```

temp＝y＜＜(Qx－Qy)； //使 temp 的 Q 格式保持与 x 一致，即 y 转化成 Qx 格式后存入 temp

temp＝x＋temp；

z＝(int)(temp＞＞(Qx－Qz))，若 Qx≥Qz //使结果转化成 Qz 格式

z＝(int)(temp＜＜(Qz－Qx))，若 Qx≤Qz

【例 6.3】 定点加法

设 x＝0.5，y＝3.1，则浮点运算结果为 z＝x＋y＝0.5＋3.1＝3.6；

Qx＝15，Qy＝13，Qz＝13，则定点加法为：

x＝16384；y＝25395；

temp＝25395＜＜2＝101580；

temp＝x＋temp＝16384＋101580＝117964；

z＝(int)(117964L＞＞2)＝29491；

因为 z 的 Q 值为 13，所以定点值 z＝29491 即为浮点值 z＝29491/8192＝3.6。

【例 6.4】 定点减法

设 x＝3.0，y＝3.1，则浮点运算结果为 z＝x－y＝3.0－3.1＝－0.1；

Qx＝13，Qy＝13，Qz＝15，则定点减法为：

x＝24576；y＝25295；

temp＝25395；

temp＝x－temp＝24576－25395＝－819；

因为 Qx＜Qz，故 z＝(int)(－819＜＜2)＝－3276。由于 z 的 Q 值为 15，所以定点值 z＝－3276 即为浮点值 z＝－3276/32768≈－0.1。

(2)结果超过 16 位表示范围

设 x 的 Q 值为 Qx，y 的 Q 值为 Qy，且 Qx＞Qy，加法结果 z 的定标值为 Qz，则定点加法为：

int x，y；

long temp，z；

temp＝y＜＜(Qx－Qy)； //使 temp 的 Q 格式保持与 x 一致，即 y 转化成 Qx 格式后存入 temp

temp＝x＋temp；

z＝temp＞＞(Qx－Qz)，若 Qx≥Qz //使结果转化成 Qz 格式

z＝temp＜＜(Qz－Qx)，若 Qx≤Qz

【例 6.5】 结果超过 16 位的定点加法

设 x＝15000，y＝20000，则浮点运算值为 z＝x＋y＝35000，显然 z＞32767，因此 Qx＝1，Qy＝0，Qz＝0，则定点加法为：

x＝30000；y＝20000；

temp＝20000＜＜1＝40000；

temp＝temp＋x＝40000＋30000＝70000；

z＝70000L＞＞1＝35000；

因为 z 的 Q 值为 0，所以定点值 z＝35000 就是浮点值，这里 z 是一个长整型数。

当加法或加法的结果超过 16 位表示范围时，程序员必须事先了解到这种情况，需要保证运算精度时，则必须保持 32 位结果。如果程序中是按照 16 位数进行运算的，则超过 16 位实际上就是出现了溢出。如果不采取适当的措施，则数据溢出会导致运算精度的严重恶化。一般的定点 DSP 芯片都设有溢出保护功能，当溢出保护功能有效时，一旦出现溢出，则累加器 ACC 的结果为最大的饱和值(上溢为 7FFFH，下溢为 8001H)，从而达到防止溢出引起精度严重恶化的目的。

6.8.2　乘法运算的 C 语言定点模拟

设浮点乘法运算的表达式为：float x,y,z;　z=x * y;

假设经过统计后 x 的定标值为 Qx，y 的定标值为 Qy，乘积 z 的定标值为 Qz，则

$$z=x*y \Rightarrow z_q \cdot 2^{-Q_z}=x_q \cdot y_q \cdot 2^{-(Q_x+Q_y)} \Rightarrow z_q=(x_q y_q)2^{Q_z-(Q_x+Q_y)}$$

所以定点表示的乘法为：

```
int x,y,z;
long temp;
temp=(long)x;
z=(temp * y)>>(Qx+Qy-Qz);
```

【例 6.6】　定点乘法

设 x=18.4，y=36.8，则浮点运算值为 z=18.4 * 36.8=677.12；设 Qx=10，Qy=9，Qz=5，所以：

```
x=18841;y=18841;
temp=18841L;
z=(18841L * 18841)>>(10+9-5)= 354983281L>>14=21666;
```

因为 z 的定标值为 5，故定点 z=21666 即为浮点的 z=21666/32=677.08。

6.8.3　除法运算的 C 语言定点模拟

设浮点除法运算的表达式为：float x,y,z;　z=x/y;

假设经过统计后被除数 x 的定标值为 Qx，除数 y 的定标值为 Qy，商 z 的定标值为 Qz，则

$$z=x/y \Rightarrow z_q \cdot 2^{-Q_z}=\frac{x_q \cdot 2^{-Q_x}}{y_q \cdot 2^{-Q_y}} \quad \Rightarrow z_q=\frac{x_q \cdot 2^{(Q_z-Q_x+Q_y)}}{y_q}$$

所以定点表示的除法为：

```
int x,y,z;
long temp;
temp=(long)x;
z=(temp<<(Qz-Qx+Qy))/y;
```

【例 6.7】　定点除法

设 $x=18.4$，$y=36.8$，浮点运算值为 $z=x/y=18.4/36.8=0.5$；根据上节，得 $Qx=10$，$Qy=9$，$Qz=15$；所以有：

$x=18841$，$y=18841$；

```
temp=(long)18841;
z=(18841L<<(15-10+9))/18841=308690944L/18841=16384;
```

因为商 z 的定标值为 15,所以定点 z=16384 即为浮点 $z=16384/2^{15}=0.5$。

6.8.4 浮点至定点变换的C程序举例

本节通过一个例子来说明C程序从浮点变换至定点的方法。这是一个对语音信号(0.3kHz~3.4kHz)进行低通滤波的C语言程序,低通滤波的截止频率为800Hz,滤波器采用19点的有限冲击响应FIR滤波。语音信号的采样频率为8kHz,每个语音样值按16位整型数存放在insp.dat文件中。

【例6.8】 语音信号800Hz 19点FIR低通滤波C语言浮点程序

```
#include <stdio.h>
const  int length=180;                                    //语音帧长为180点=22.5ms@
                                                             8kHz采样
void  filter(int xin[ ],int xout[ ],int n,float h[ ]);   //滤波子程序说明
//19点滤波器系数
static  float h[19]=
     {0.01218354,-0.009012882,-0.02881839,-0.04743239,-0.04584568,
     -0.008692503,0.06446265,0.1544655,0.2289794,0.257883,
     0.2289794,0.1544655,0.06446265,-0.008692503,-0.04584568,
     -0.04743239,-0.02881839,-0.009012882,0.01218354};
static  int x1[length+20];
//低通滤波浮点子程序
void  filter(int xin[ ],int xout[ ],int n,float h[ ])
{
     int i,j;
     float sum;
     for(i=0;i<length;i++)       x1[n+i-1]=xin[i];
     for (i=0;i<length;i++)
     {
        sum=0.0;
        for(j=0;j<n;j++)       sum+=h[j] * x1[i-j+n-1];
        xout[i]=(int)sum;
     }
     for(i=0;i<(n-1);i++)       x1[n-i-2]=xin[length-1-i];
}
//主程序
void  main( )
{
     FILE       * fp1, * fp2;
```

```
    int  frame,indata[length],outdata[length];
    fp1=fopen(insp.dat,"rb");                       //输入语音文件
    fp2=fopen(outsp.dat,"wb");                      //滤波后语音文件
    frame=0;
    while(feof(fp1)==0)
    {
        frame++;
        printf("frame=%d\n",frame);
        for(i=0;i<length;i++)  indata[i]=getw(fp1); //取一帧语音数据
        filter(indata,outdata,19,h);                //调用低通滤波子程序
        for(i=0;i<length;i++)  putw(outdata[i],fp2);//将滤波后的样值写入
                                                      文件
    }
    fcloseall( );                                   //关闭文件
    return(0);
}
```

【例6.9】 语音信号800Hz 19点FIR低通滤波C语言定点程序

```
#include <stdio.h>
const int length=180;
void  filter(int xin[ ],int xout[ ],int n,int h[ ]);
static int  h[19]={399,-296,-945,-1555,-1503,-285,2112,
                5061,7503,8450,7503,5061,2112,-285,-1503,
                -1555,-945,-296,399};              //Q15
static int  x1[length+20];
//低通滤波定点子程序
void  filter(int xin[ ],int xout[ ],int n,int h[ ])
{
    int i,j;
    long sum;
    for(i=0;i<length;i++)    x1[n+i-1]=xin[i];
    for (i=0;i<length;i++)
    {
        sum=0;
        for(j=0;j<n;j++)    sum+=(long)h[j]*x1[i-j+n-1];
        xout[i]=sum>>15;
    }
    for(i=0;i<(n-1);i++)    x1[n-i-2]=xin[length-i-1];
}
```

主程序与浮点的完全一样。

通过本章节的学习，可以自己采用定点的方法编写相关程序，观测浮点与定点这两种不同的编写方法给运行速度带来的影响。比如使用TMS320LF240x产生SPWM波，如果在中断服务程序中出现两个除法运算，开关频率恐怕就不会达到10kHz以上，若采用定点方式将运算表达式中的除法以及浮点数优化掉，频率可以达到20kHz以上（请参阅第七章SPWM调制小节的内容）。

习 题

1. C语言如何编写中断服务程序，请采用两种方法编写定时1秒的服务程序，定时时间到时，控制IOPB口上连接的发光二极管闪烁。

2. 编写C工程项目时，需要哪些类型的文件？都分别起什么作用？

3. 请使用C语言模拟定点运算的方法，实现下式运算：sin(k) * 32.768 / 9，其中$k=0\sim10$，并将结果保存在result数组中。

4. 请用CCS集成环境创建一个C工程项目并调试，实现以下功能：对ADC14，ADC15这个采样脚上的0～3.3V电平进行定时采样，采样频率是1kHz，每采样10个点时，使用均值法滤波后，保存结果并通过SCI传送给PC机观测结果。

第7章　TMS320LF240x在电机驱动方面的应用

正由于2000系列DSP内部具有事件管理器资源，所以它非常适合于电机调速等场合，它可以直接产生合适的PWM(SPMW，以及空间矢量电压)波，可以在程序中直接改变脉宽、频率等量，使得其在电机控制方面得心应手，也大大简化了实际应用中硬件部分的设计。在7.1中，较详细地介绍了DSP如何产生PWM波，以及如何改变直流电机转速的；7.2分2小节，分别阐述了异步交流电机调速领域中的两种不同波形如何调制等问题；7.3中论述了通用U/F控制的变频器的基本情况和研制过程。

7.1　在有刷直流电机中的应用(PWM)

通过直流电机电枢电压调节来改变电机转速是目前最主要的调速方法，主要方式包括：DC/DC变换器、交流可控整流和滤波电路、直流斩波器3种。其中，直流斩波器是通过改变功率器件导通与关断的时间获得平均值等于期望直流电压值的调压方法，直流电源通过控制器件向负载断续地供应电能，即负载供电方式是控制器先在某一时间导通(关断)使直流电源完全加到负载上，然后控制器件关断(导通)使直流电源被切除，这种方式不断地重复进行，而每次导通与关断的时间由负载确定，在导通与关断总时间确定的情况下，斩波器实质上就是脉宽调制(PWM)控制器。其控制电路根据负载工作方式的不同，主要有简单的单管、改进的双管和可逆的H桥控制器3种，尤以H桥控制器应用最广，下面分析H桥控制器原理。

(1)可逆H桥控制器

H桥控制器能使电机实现四象限运行，也就是电机不仅能够正转和制动，还能够反转驱动和制动工，共4种工作状态，电路结构如图7.1所示：

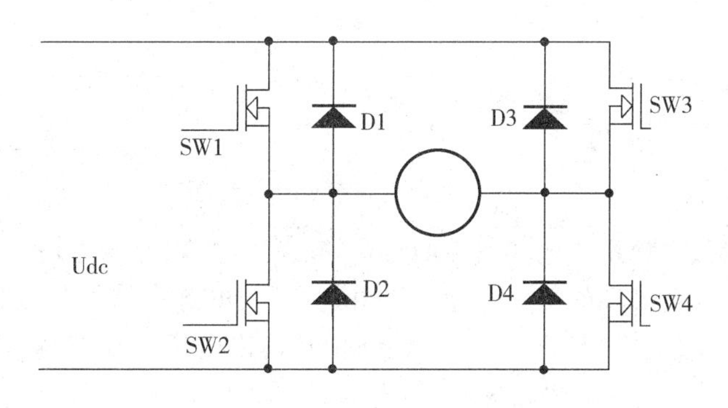

图7.1　H桥结构图

图7.1中直流电机跨接在两对控制开关SW1与SW2、SW3与SW4之间，这样电压的极性很容易改变。如果SW1与SW4导通直流电机电枢绕组两端的电压为正，那么SW2与SW3导通时电枢绕组两端的电压就为负，同时制动方式也十分灵活，因为从电路的角度来看，电机与控制器件或二极管能构成许多控制回路，下面以第一象限正向运行为例，分析其

控制过程。

PWM 波控制开关 SW1 与 SW4 导通，SW2 和 SW3 关断，电机电枢绕组两端电压为正，电枢电流为正，产生正向驱动的电磁转矩，当电机电流（转速）达到一定大小时，不希望继续增大，这时有 3 种控制方法：

1）硬关断控制方式（双极性），即将控制开关 SW1 和 SW4 都关断，电枢电流通过二极管 D2 和 D3 续流向电源回馈能量，电枢绕组两端的电压极性相反，由于电枢电流在反向电压的作用下会很快衰减，因此硬关断方式控制快速；

2）软关断方式一（单极性），即将控制开关 SW1 关断而 SW4 仍然导通，电枢电流通过二极管 D2 和开关 SW4 续流，电枢绕组两端电压等于 0，而反电势作用下电枢电流减小，但电枢电流衰减的速度比硬关断方式缓慢；

3）软关断方式二（单极性），即将控制开关 SW4 关断而 SW1 仍然导通，电枢电流通过二极管 D3 和开关 SW1 续流，电枢绕组两端电压等于 0，而反电势作用下电枢电流减小，但电枢电流衰减的速度比硬关断方式缓慢，与软关断方式一相同。

显然，控制开关 SW1 和 SW4 导通的占空比，就可以控制正向电枢绕组两端的平均电压大小和电枢电流的大小，从而根据不同负载和转速的要求进行正向驱动控制。

其他 3 个象限的运行过程请读者参阅其他相关资料，这里不再赘述。在直流电机控制过程中，不仅要考虑目标运行状态，而且要考虑当前的运行状态，控制器不可能突然改变电机的运行状态，通常要经过一个或几个中间状态，所以先要让电枢电流按照需要的下一个目标状态工作，如果当前电枢电流方向与下一个目标状态方向不同，那么就先减小电流到 0，再改变电流方向，这也是为什么将电流作为内环控制的原因之一，当电枢电流方向满足要求时，再根据下一个目标状态的转向要求确定是否改变电压极性。

（2）直流电机的 DSP 控制方案

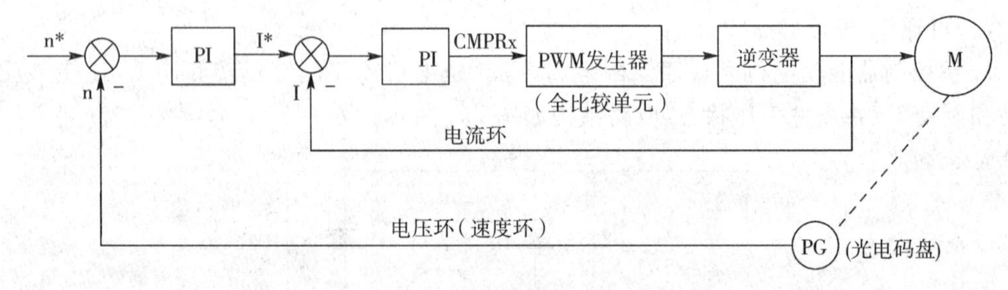

图 7.2　直流调速双闭环系统

直流控制系统大多使用双闭环的控制结构，软件通过码盘观测到速度后，和速度给定进行 PI 调节，输出作为电流环的给定，与电机上检测到的电流共同作为电流环 PI 的输入，其输出用于控制 PWM 发生器输出的脉宽，达到调整输出电压的目的，即调整了转速。针对 TMS320LF240x 芯片，改变脉宽就是改变 CMPRx 的值。

在运行程序时，必须对 TMS320LF240x 进行正确的设置：

1）设置定时器工作在连续增或连续增/减模式；

2）使能 PWM 比较操作与比较输出；

3）使能死区，设置合适的死区时间；

4）设置 T1PER（T3PER），即规定 PWM 波形的周期；

5)使能 T1(T3),即启动 PWM 发生器。

然后,在控制策略中要周期性的进行闭环运算与调节,修改 CMPRx 的值来改变脉宽,假设采用双极性调制,PWM 开关频率设置为 13kHz,系统时钟为外接 10M 晶振经内部 4 倍频。示例程序如下:

初始化程序

```
#define PWM_PERIOD      40000000/13000
void InitEva(void)
{
    *COMCONA=0X8200;              //使能比较操作,下溢装载 CMPRx,使能
                                    PWM 输出
    *ACTRA=0X0666;                //PWM1 高有效,PWM2 低有效……
    *T1CON=0xd000;                //增计数方式,不分频,使用内部时钟
    *T1PER=PWM_PERIOD;            //置周期寄存器,系统内部采用 40M 时
                                    钟,开关频率:13K
    *DBTCONA=0x0cf4;              //死区
    *T1CNT=0x0000;
    *CMPR1=0;
    *T1CON=*T1CON | 0x0040;       //Enable T1 to generate wave of PWM
}
```

PI 调节程序

```
struct limit
{
    unsigned int Max,Min;
};
struct PI
{
    float Kp,Ti_1,T;              //比例,积分(倒数),积分采样时间
    float POut,IOut;              //比例项输出,积分项输出
    float Out;                    //总输出
    float Error;                  //误差
    float DeadLimit;              //不灵敏区(误差死区)
    struct limit Olimit;          //输出限幅
    float Set,Back;               //PI 的给定和反馈输入
};
struct PI CurrentPi=  {
                      40,200,0.01,
                      0,0,
                      0,
                      0,
```

```
                0.1,
                {PWM_PERIOD,0},
                0,0
            };
struct PI SpeedPi=  {
                100,30,0.01,
                0,0,
                0,
                0,
                10,
                {1024,0},          //电流标幺值Q10定标(额定电流即为
                                     1024)
                0,0
            };
void PiAdjust(struct PI *pi)
{
    pi->Error=pi->Set - pi->Back;
    if((pi->Error >0 ? pi->Error : - pi->Error)< pi->DeadLimit)
    {                                      //误差在允许范围内
        return;
}
else                                       //误差超过允许范围,需要PI调节
{
    pi->POut=pi->Kp * pi->Error; //计算比例项
    pi->IOut += pi->Kp * pi->T * pi->Ti_1 * pi->Error;
    if(pi->IOut >pi->Olimit.Max)     //积分项限幅
    {
        pi->IOut=pi->Olimit.Max;
    }
        else if(pi->IOut < pi->Olimit.Min)
    {
        pi->IOut=pi->Olimit.Min;
    }
        pi->Out=pi->POut +pi->IOut;
        if(pi->Out >pi->Olimit.Max) //总输出限幅
    {
        pi->Out=pi->Olimit.Max;
    }
        else if(pi->Out < pi->Olimit.Min)
```

```
            {
                pi->Out=pi->Olimit.Min;
            }
        }
    }
```

控制策略算法程序

```
        void ControlCore()
    {
        SpeedPi.Set=SetSpeed;                  //SetSpeed:速度给定
        SpeedPi.Back=ObSpeed;                  // ObSpeed:观测到的转速,作为反馈
        PiAdjust(&SpeedPi);                    //速度环
        CurrentPi.Set=SpeedPi.Out;             //速度环输出作为电流环给定
        CurrentPi.Back=SampeI;                 //SampleI:采样到的电流,已标幺定标
        PiAdjust(&CurrentPi);
        If(Status== ACTIVE)                    //电机正转
        {
            CMPR1=CurrentPi.Out;
        }
        else                                   //反转时,脉宽应取反
        {
            CMPR1=PWM_PERIOD - CurrentPi.Out;
        }
    }
```

ObSpeed及SampeI是程序中观测到的速度与采样到的电流,限于篇幅,这部分程序并未给出。

7.2　在异步交流电机中的应用

7.2.1　SPWM波形的调制

在工业上,异步电机应用很广泛,而异步电机的调速却较为困难,如何平稳、平滑、宽范围的实现调速是调速行业一大主题。异步电机最好的调速方案是改变频率,而这又要求电枢电压也要改变,基频以上一般保持U/F=常数(即恒压频比),SPWM便是一种简单易行的变频方案,其主要思想是把正弦波n等份,用等面积的脉冲代替相应的正弦波,控制逆变开关器件的开、关,达到变频目的。

(1)SPWM基本原理

以正弦波作为逆变器输出的期望波形,以频率比期望波高得多的等腰三角波作为载波(Carrier wave),并用频率和期望波相同的正弦波作为调制波(Modulation wave),当调制波与载波相交时,由它们的交点确定逆变器开关器件的通断时刻,从而获得在正弦调制波的半

个周期内呈两边窄中间宽的一系列等幅不等宽的矩形波。按照波形面积相等的原则,每一个矩形波的面积与相应位置的正弦波面积相等,因而这个序列的矩形波与期望的正弦波等效。这种调制方法称作正弦波脉宽调制(Sinusoidal pulse width modulation,简称 SPWM),这种序列的矩形波称作 SPWM 波。

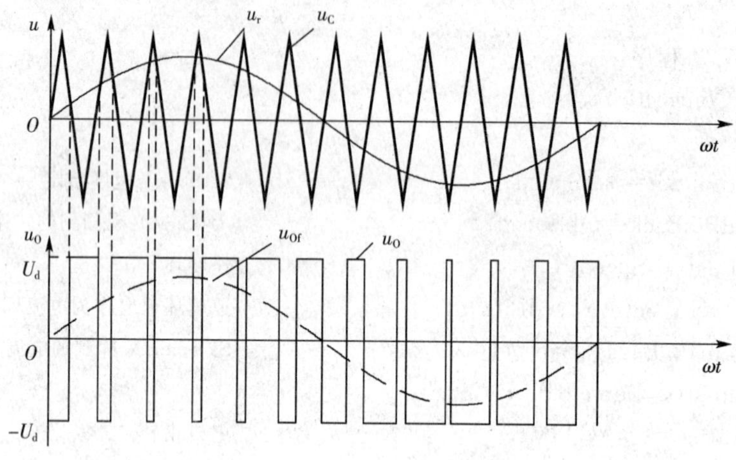

图 7.3 SPWM 调制原理图

如果在正弦调制波半个周期内,三角载波在正负极性之间连续变化,SPWM 波也是在正负之间变化,叫做双极性控制方式。本节只介绍双极性方式。

(2)SPWM 调制方法

一般有两种方法:自然采样法和规则采样法。由于自然采样法计算复杂,而规则采样法易于实现,故一般采用后者作为脉宽计算方法。

(3)规则采样法原理

如图 7.4,以载波负峰处为采样点,作垂线,交调制波于 D 点,再水平作一截线,交载波于 A、B,在 A、B 期间输出脉宽,每个载波周期如此,即为 SPWM 波。

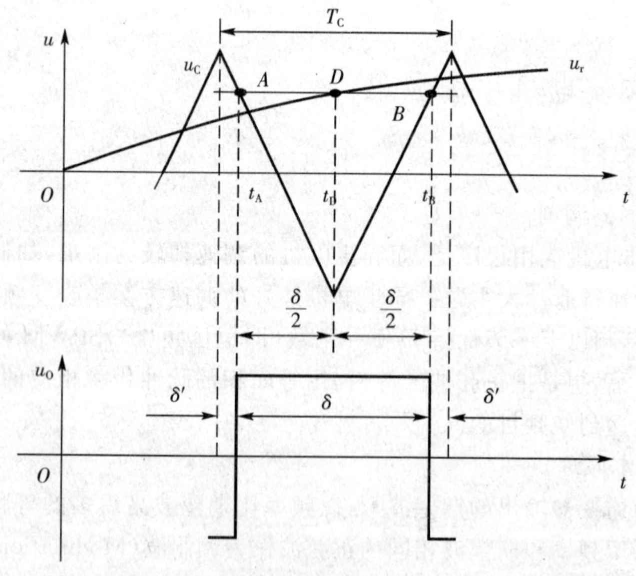

图 7.4 规则采样法原理图

正弦调制信号波：$u_r = M\sin(\omega_r t)$ 式中，M 称为调制度，$0 \leqslant M < 1$；ω_r 为信号波角频率。从图 7.4 中由几何关系可得：$\frac{1+M\sin\omega_r t_D}{\delta/2} = \frac{2}{T_c/2}$，因此：$\delta = \frac{T_c}{2}(1+M\sin\omega_r t_D)$。

三角波一周期内，脉冲两边间隙宽度：

$$\delta' = \frac{1}{2}(T_c - \delta) = \frac{T_c}{4}(1-M\sin\omega_r t_D) = \frac{T_c}{4}(1-M\sin 2\pi f_s k T_c)$$

δ 即为调制出的脉宽，δ'（脉宽间隙）为载波周期内，逆变器件开关时刻，k 为采样调制的周期个数，T_c 是载波周期，f_s 是正弦调制波频率。

设 $N = \frac{f_c}{f_s}$（N 称为载波比，形象理解为调制波被载波等分的份数），则 $\delta' = \frac{T_c}{4}(1-M\sin 2\pi\frac{k}{N})$，显然 M 与 N 这两个重要参数对调制出的 SPWM 起到决定性作用：改变 M 则改变了调制出的正弦波电压幅值；改变 N（一般采用异步调制，即 f_c 不变），则改变了正弦波的频率。程序中按一定规律（比如按照 U/F 控制策略）计算出应输出的正弦波的幅值与频率（即 M 与 N），在定时器的周期中断服务程序中带入公式计算出脉宽间隙，由于在连续增/减模式下，设置 CMPRX 的值对应的是无效电平，所以只要将脉宽间隙值送入 CMPRX 就能生成对应的脉宽。需要注意的是公式中含有 sin 函数的计算，应制作 sin 表格，将 $\frac{k}{N}$ 作为索引依据查表（$\frac{k}{N} < 1$，若表格取 128 个等分点，应用 $\frac{k}{N} * 128$ 作为索引号）。示例程序如下：

```
struct SSpwm
{
    unsigned int FreCarry;                  //载波频率
    float FreSin;                           //调制波频率
    unsigned long RateN;                    //载波比
    long RateN_1;                           //载波比 N 的倒数,Q20 格式
        unsigned int RateM;                 //调制度
    unsigned int Pwm1;                      //3 路 SPWM 脉宽间隙
    unsigned int Pwm2;
    unsigned int Pwm3;
    unsigned long TimeK;                    //周期个数
} Spwm={0,0,0,0,0,0,0,0,0,0,0,0};
volatile long Temp;
volatile long K_mul_RateN_1;
void interrupt GenSpwm(void)
{
    if( * EVAIFRA & 0x0080)                 //T1 周期中断
    {
        * EVAIFRA= * EVAIFRA | 0x0080;
        if(++Spwm. TimeK >= Spwm. RateN)Spwm. TimeK=0;
```

```
        K_mul_RateN_1=Spwm.TimeK * Spwm.RateN_1;
        Temp=K_mul_RateN_1 & 0x0fffff;                    //防止 k/N >1,Q20 格式
        Spwm.Pwm1=( * T1PER * (32768 - (((long)Spwm.RateM
                    * Sin[(int)(Temp >>13)])>>15)))>>16;
        Temp=(K_mul_RateN_1 +174762L)& 0x0fffff;         //174762 是 1/6 的 Q20 格式
        Spwm.Pwm2=( * T1PER * (32768 +(((long)Spwm.RateM
                    * Sin[(int)(Temp >>13)])>>15)))>>16;
        Spwm.Pwm3=(3 * ( * T1PER)>>1)- Spwm.Pwm1 - Spwm.Pwm2;
        * CMPR1=Spwm.Pwm1;                                 //A 相
        * CMPR2=Spwm.Pwm2;                                 //B 相
        * CMPR3=Spwm.Pwm3;                                 //C 相
    }
    asm("clrc INTM");
}
```

本例只给出了关键代码，其中为了避免除法运算，引入成员 Spwm.RateN_1，即 $1/N * 2^{20}$（Q20 格式），应在主程序或控制策略运算程序中计算，否则在中断程序中直接计算 K_mul_RateN_1=Spwm.TimeK/Spwm.RateN 将增大运算量，开关频率大大降低。由于 K_mul_RateN_1 是 Q20 格式，将其右移 13 位后变成 Q7 格式，便可以直接查 128 分辨率的 SIN 表格。为了避免浮点运算，SIN 值以及 Spwm.RateM 都是 Q15 格式，所以计算中进行了适当的移位操作。实验中的 SPWM 波形如图 7.5 所示。

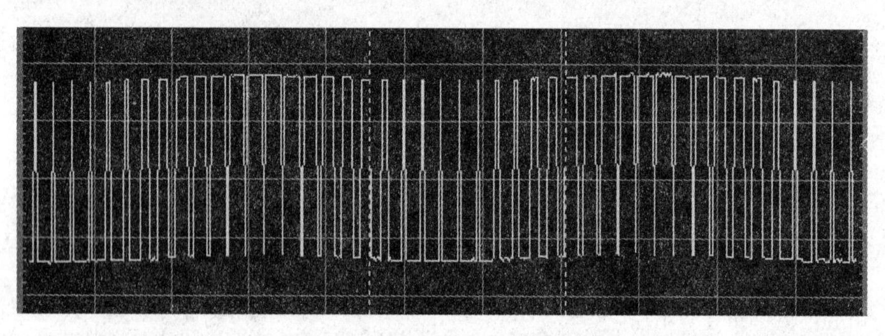

图 7.5　实测的 SPWM 波形

7.2.2　SVPWM 波的调制

空间矢量脉宽调制 SVPWM 为交流感应电机的一种控制方式，控制三相电压型逆变器的功率器件的开关顺序和脉宽。这种开关触发顺序和脉宽的组合将在定子线圈中产生 3 个相差 120°且波形失真较小的正弦波电流。通常在恒压频比控制中，采用正弦脉宽调制 SPWM 方式控制功率开关器件的通断，着眼于使逆变器输出电压尽量接近正弦波，其缺点是电压利用率低。SVPWM 技术从电机角度出发，着眼于如何使电机获得幅值恒定的圆形磁场。SVPWM 控制用逆变器不同的开关模式产生的实际磁通去逼近基准磁通圆，不但能达到较高的控制性能，而且由于它把逆变器和电机看作一个整体处理，使所得模式简单，便于数字化实现，并具有转矩脉动小、噪声低、电压利用率高等优点。

(1)理想逆变器数学模型与基本空间矢量电压

由电压型逆变器供电的感应电动机变频调速系统的主电路如图7.6所示。

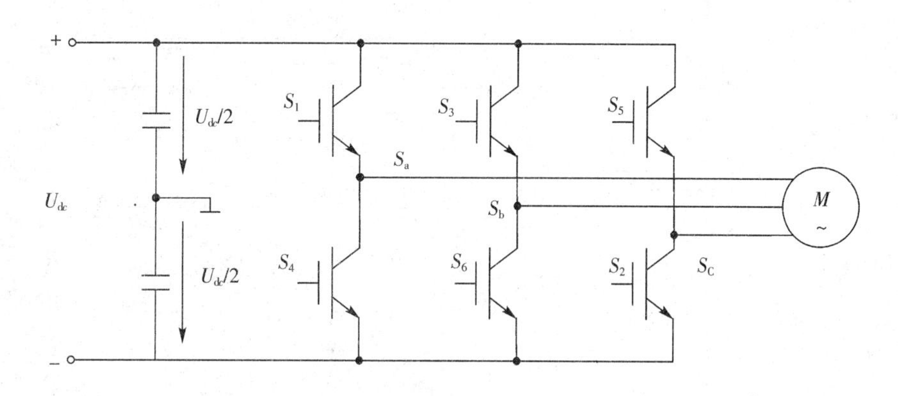

图7.6　三相电压型逆变器

为了分析方便,把直流电源U_{dc}一分为二,两部分各为$U_{dc}/2$,其中点0为零电位。当逆变器采用双极性调制时,每相上下两桥臂的开关器件是互锁的,因而六个开关器件的工作状态并不完全独立,实际上只有三个独立变量,如图7.6中的S_a、S_b、S_c。如果规定a、b、c三相输出的某一相与"+"极接通时,该相的开关状态为"1"态,与负极接通为"0"态,则逆变器输出电压与开关状态的对应关系为:

$$v_{a0}=\begin{cases}+\dfrac{U_{dc}}{2},S_a=1.(S_1\ \text{开通})\\ \cdots\cdots\cdots\cdots\cdots\cdots\cdots\cdots\\ -\dfrac{U_{dc}}{2},S_a=0.(S_4\ \text{开通})\end{cases}\quad ,\text{b、c两相与a相相似。}$$

三个开关量S_a、S_b、S_c共有八种组合,分别是:

$(S_a、S_b、S_c)=(000),(101),(100),(110),(010),(011),(001),(111)$。

这八种组合中,组合(000)和(111)状态下,电动机的电压均为零,称为零电压状态,其他六种组合称为有效电压状态。若使六种有效电压依照上述排列顺序循环作用,作用时间依次相隔60°,则逆变器输出电压u_{a0}、u_{b0}、u_{c0}(相对于电源U_{dc}中点0)、电动机相电压u_a、u_b、u_c波形如图7.7所示。若用U_{out}代表电动机定子三相电压u_a、u_b、u_c的合成作用在定子静止坐标系中的矢量位置,即用U_{out}代表定子电压空间矢量,并用U_0、U_1、U_2……U_7分别表示八种开关组合状态下的电压矢量,则可根据图7.7及Park矢量变换公式导出八种电压矢量在定子坐标系中的位置。Park矢量将三个标量(三维)变换为一个矢量(二维),这种表达关系对于时间函数也适用。选三相定子坐标中的a轴与Park矢量复平面的实轴重合,则U_{out}的Park变换式为:

$$U_{out}=\frac{2}{3}(u_a+u_b e^{j\frac{2\pi}{3}}+u_c e^{j\frac{4\pi}{3}}) \tag{7-1}$$

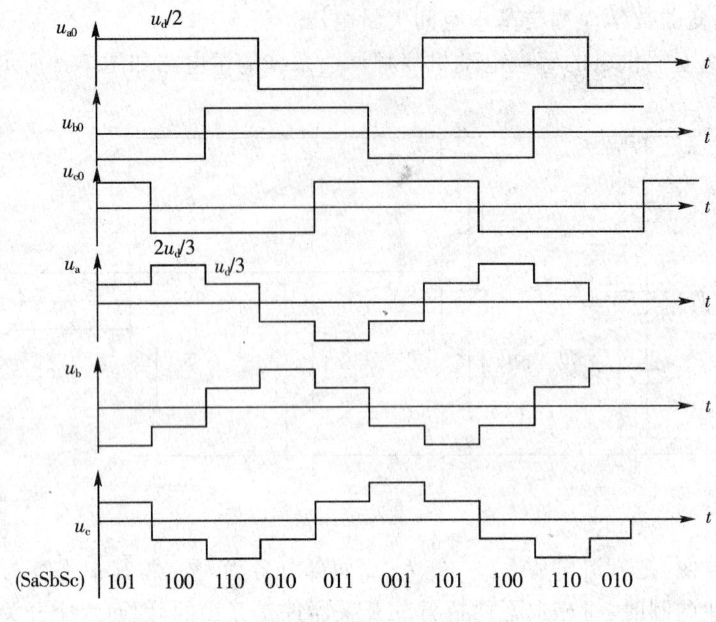

图 7.7　逆变器输出电压波形

以开关组合$(S_aS_bS_c)=(011)$为例，导出电压矢量$U_3(011)$的大小和位置，从图7.7可知，在开关组合(011)扇区，有：$u_a=-\frac{2}{3}U_{dc}$，$u_b=u_c=+\frac{1}{3}U_{dc}$，根据式(7-1)得：

$$U_3(011)=\frac{2}{3}\left[-\frac{2}{3}U_{dc}+\frac{1}{3}U_{dc}e^{j\frac{2\pi}{3}}+\frac{1}{3}U_{dc}e^{j\frac{4\pi}{3}}\right]=\frac{2}{3}U_{dc}e^{j\pi} \tag{7-2}$$

上式说明，在组合(011)状态下电压矢量$U_3(011)$的幅值等于$\frac{2}{3}U_{dc}$，位置在α轴的负方向上。用相同的方法可以导出其他矢量的幅值和位置，最后得到电压空间矢量在Park坐标系中的位置如图7.8所示。六个非零电压矢量的组合状态为：$U_3(011)$、$U_1(001)$、$U_5(101)$、$U_4(100)$、$U_6(110)$、$U_2(010)$，其幅值为$\frac{2}{3}U_{dc}$，相位互差60°，开关组合(000)和(111)状态下电动机电压均为零，所以称为零电压矢量，并分别用U_0和U_7表示，U_0和U_7位于坐标原点上。

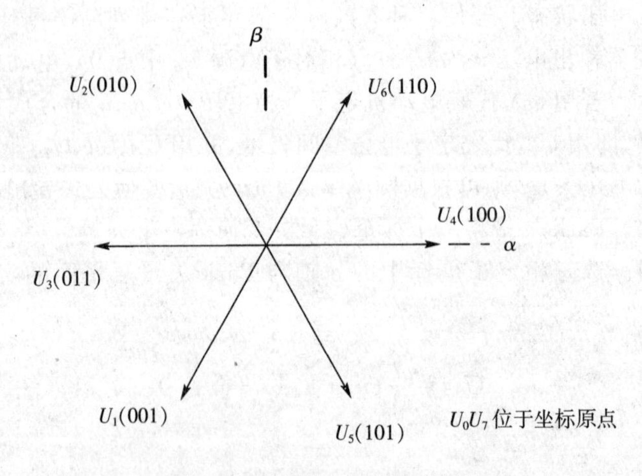

图 7.8　定子电压空间矢量图

(2)空间矢量电压的合成算法

利用 8 个基本空间电压矢量和等效原理，可将施加在电机上的一个给定的矢量 U_{out} 由相邻的两个基本矢量合成，便于分析，U_{out} 用它在 $\alpha\beta$ 轴上的分量 U_α 和 U_β 构成，图 7.9 表示矢量 U_{out} 与之对应的分量以及相邻基本空间矢量的对应关系。

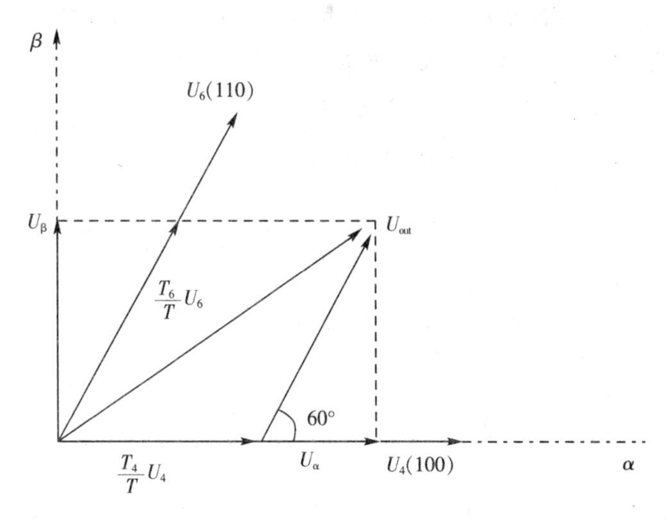

图 7.9　空间矢量的合成

在图 7.9 中，参考电压矢量 U_{out} 位于被基本空间矢量 U_4 和 U_6 所包围的扇区中，因此 U_{out} 可以用 U_4 和 U_6 两个矢量来表示，于是有：

$$T = T_4 + T_6 + T_0$$

$$U_{out} = \frac{T_4}{T}U_4 + \frac{T_6}{T}U_6 \tag{7-3}$$

式(7－3)中，T_4 和 T_6 分别是在周期时间 T 中基本空间矢量 U_4 和 U_6 各自的作用时间；T_0 是 0 矢量的作用时间。T_4 和 T_6 可计算如下：

$$\mathrm{U}_\beta = \frac{\mathrm{T}_6}{T}\,|\,\mathrm{U}_6\,|\sin 60^\circ$$

$$U_\alpha = \frac{T_4}{T}\,|U_4\,| + \frac{T_6}{T}\,|U_6\,|\cos 60^\circ \tag{7-4}$$

若取基本空间矢量相对于最大相电压 $U_{dc}/\sqrt{3}$(最大线电压为 U_{dc}，则最大相电压为 $U_{dc}/\sqrt{3}$)的标幺值，则空间矢量的幅值变成 $2/\sqrt{3}$，即经过归一化后空间矢量的幅值为 $|U_0| = |U_{60}| = 2/\sqrt{3}$。代入上式得：

$$T_4 = \frac{T}{2}(\sqrt{3}U_\alpha - U_\beta)$$

$$T_6 = TU_\beta \tag{7-5}$$

式(7－5)中的 U_α 和 U_β 表示矢量 U_{out} 相对于相电压 $U_{dc}/\sqrt{3}$ 标幺化后的($\alpha\beta$)轴分量；$T_0 = T - T_4 - T_6$ 是 0 矢量的作用时间。取 T_4、T_6 与周期 T 的相对值有如下关系：

$$t_1=\frac{T_4}{T}=\frac{1}{2}(\sqrt{3}U_\alpha-U_\beta)$$

$$t_2=\frac{T_6}{T}=U_\beta \tag{7-6}$$

同理,可以得到位于其他基本矢量包围的扇区内的给定矢量,由基本矢量合成时对应的时间相对值。若定义 X,Y,Z 这 3 个变量如下:

$$X=U_\beta$$

$$Y=\frac{1}{2}(\sqrt{3}U_\alpha+U_\beta)$$

$$Z=\frac{1}{2}(-\sqrt{3}U_\alpha+U_\beta) \tag{7-7}$$

则可得 $t_1=-Z,t_2=X$,同理,当 U_{out} 位于其他扇区中时,相应的 t_1 和 t_2 也可以用 X、Y 或 Z 表示,对应关系见表 7.1 所列。

表 7.1　基本空间矢量作用时间

时间＼扇区	U_4,U_6 扇区 0	U_6,U_2 扇区 1	U_2,U_3 扇区 2	U_3,U_1 扇区 3	U_1,U_5 扇区 4	U_5,U_4 扇区 5
t_1	$-Z$	Z	X	$-X$	$-Y$	Y
t_2	X	Y	$-Y$	Z	$-Z$	$-X$

已知一个矢量 U_{out},如果要利用表计算 t_1 和 t_2,则必须知道 U_{out} 所在扇区,一般而言,可以用矢量 U_{out} 的 $(\alpha\beta)$ 轴分量 U_α 和 U_β 来表示矢量本身,可以把 3 个参考量 ref1,ref2 和 ref3 用 U_α 和 U_β 来表示,其关系如下:

$$\text{ref1}=U_\beta$$

$$\text{ref2}=\frac{-U_\beta+U_\alpha\times\sqrt{3}}{2} \tag{7-8}$$

$$\text{ref3}=\frac{-U_\beta-U_\alpha\times\sqrt{3}}{2}$$

定义 3 个变量 a,b 和 c。如果 ref1>0,则 $a=1$,否则 $a=0$;如果 ref2>0,则 $b=1$,否则 $b=0$;如果 ref3>0,则 $c=1$,否则 $c=0$。设 $N=4*c+2*b+a$,则 N 与扇区的对应关系见表 7.2 所列。

表 7.2　扇区对照表

N	1	2	3	4	5	6
扇区	1	5	0	3	2	4

至此,可以根据给定矢量计算出对应的扇区号,进而计算出两个基本空间矢量的作用时间相对 SVPWM 调制周期 T 的比例 t_1 和 t_2。若获得了 t_1 和 t_2,又已知 SVPWM 的调制周期 T,就可以确定实际的作用时间,即可方便地利用 TMS320LF240x 实现 SVPWM 算法。电

压空间矢量U_{out}的大小代表三相电机线电压的有效值，其频率也是电机的频率，控制U_{out}的大小、旋转速度和方向就能实现变频调速。

(3)利用2407实现SVPWM算法

SVPWM的调制有两种方法：硬件法与软件法，所谓硬件法是指利用2407内部的空间矢量生成机直接产生需要的空间矢量；软件法是指利用程序手段让PWM输出脚模拟输出空间矢量。

1)软件法

采用软件生成SVPWM的过程是：当定时器的计数器累加到等于CMPRX(X=1,2,3)的值时，就会改变空间矢量对应的控制信号输出，示意图如下：

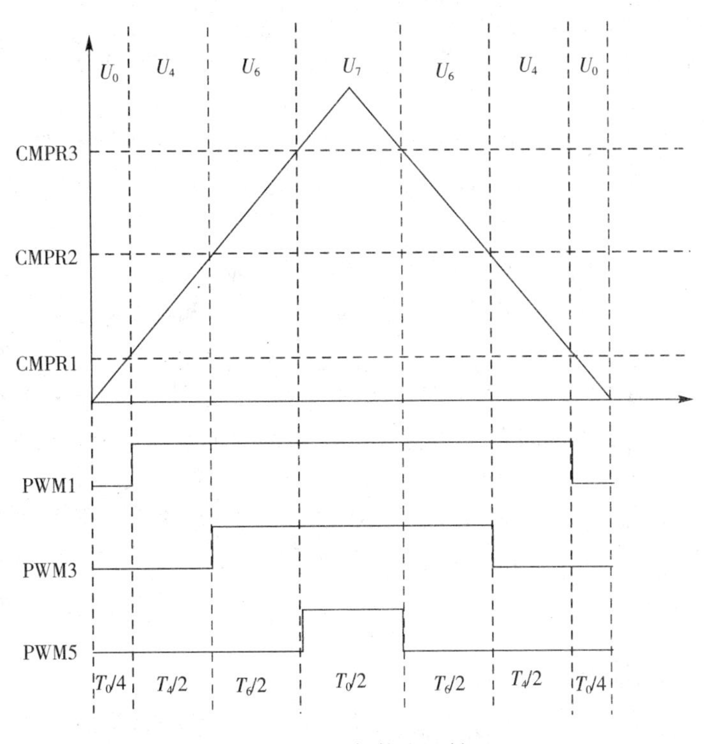

图7.10 软件法调制

图7.10中CMPR1、2、3比较值分别对应a、b、c三相的导通时刻，a相首先导通，导通时间为$0.5T_0+T_4+T_6$；b相第二导通，时间为$0.5T_0+T_6$；c相最后导通，时间为$0.5T_0$。所以，相应的CMPR1中写入$0.25T_0$，CMPR2中写入$0.25T_0+0.5T_4$，CMPR3中写入$0.25T_0+0.5T_4+0.5T_6$，显然，计数器值与CMPRx匹配时，就会输出图7.10中的PWM波形。

其他扇区的情况可以以此类推，设以下3个变量（式中的$T_1=\mathrm{T1PER}*T_1$，$T_2=\mathrm{T1PER}*T_2$）：

$$\begin{aligned}&T_1\mathrm{on}=(T_1\mathrm{PER}-T_1-T_2)/4\\&T_2\mathrm{on}=(T_1\mathrm{on}+T_1/2)\\&T_3\mathrm{on}=(T_2\mathrm{on}+T_2/2)\end{aligned}\qquad(7-9)$$

最终可以得到一个表格：

表 7.3 各扇区对应的基本矢量的作用时间

三相 \ 扇区	0	1	2	3	4	5
CMPR1	T_1on	T_2on	T_3on	T_3on	T_2on	T_1on
CMPR2	T_2on	T_1on	T_1on	T_2on	T_3on	T_3on
CMPR3	T_3on	T_3on	T_2on	T_1on	T_1on	T_2on 、

程序中应查找此表格，将对应扇区的 3 路脉冲的比较值送入 CMPRx 就能产生期望合成的 U_{out} 矢量。

2)硬件法

2407 内部具有空间矢量电压生成机，为了输出空间矢量 PWM 波，用户只需设置以下寄存器：

① 设置 ACTRx 寄存器来定义比较输出引脚的输出方式，高电平或低电平有效；

② 设置 COMCONx 来使能比较操作和空间矢量模式，并将 CMPRx 的重装条件设置为下溢；

③ 将 T_1 或 T_3 设置成连续增/减计数模式，并启动定时器。

然后，须确定要合成的空间矢量 U_{out}，并分解 U_{out} 为 U_α 和 U_β，以确定每个 PWM 周期的以下参数：

① 合成 U_{out} 所需的两个相邻的基本矢量 U_x 和 U_{x+60}(即计算出 U_{out} 所处扇区)；

② 根据 SVPWM 的调制周期 T 计算两个基本空间矢量和 0 矢量的作用时间 T_1、T_2 和 T_0；

③ 将相应于 U_x 的开启方式写入 ACTRx.14～12 位中，并将 1 写入 ACTRx.15，或将 U_{x+60} 的开启方式写入 ACTRx.14～12 位中，并将 0 写入 ACTRx.15；

④ 将 $T_1/2$ 的值写入 CMPR1 或 CMPR4，将 $(T_1+T_2)/2$ 的值写入 CMPR2 或 CMPR5。

这样，在每个 PWM 周期中，将完成下面的动作：周期一开始，就根据 ACTRx.14～12 中定义的矢量设置输出，在向上计数过程中，在 $T_1/2$ 时刻与 CMPR1(CMPR4)发生第一次比较匹配，根据 ACTRx.15 定义的旋转方向，将输出的基本矢量转换成辅矢量(当 ACTRx.15=1 时，辅矢量是 U_{x-60}，否则辅矢量是 U_{x+60}，即 ACTRx.15=0 表示逆时针旋转，1 表示顺时针旋转)，在 $(T_1+T_2)/2$ 时刻，与 CMPR2(CMPR5)匹配，将输出 2 种零电压矢量中的一种，输出的是 0 矢量还是 7 矢量，由矢量生成机决定，它保证辅矢量切换到 0 矢量时，只有 1 位的差别(目的是减少开关损耗)；在向下计数过程中与前半周期对称输出。

通过以上分析可以看出，两种实现方法各有特点。

软件法特点：每个 PWM 周期都以零电压矢量开始和结束，且 0 矢量与 7 矢量这 2 个零电压矢量的持续时间相同；每个 PWM 桥臂通断两次；每个逆变桥臂状态均改变，所以加入死区后三相电压仍平衡。

硬件法特点：周期是以 ACTRx.14～12 中设置的矢量开始的，并以它结束；有一个桥臂状态始终不变，开关次数减少，降低了开关损耗；死区时间不能影响状态不变的桥臂，这将导致输出电压含有少量的谐波分量；计算量少，占用 CPU 时间少。

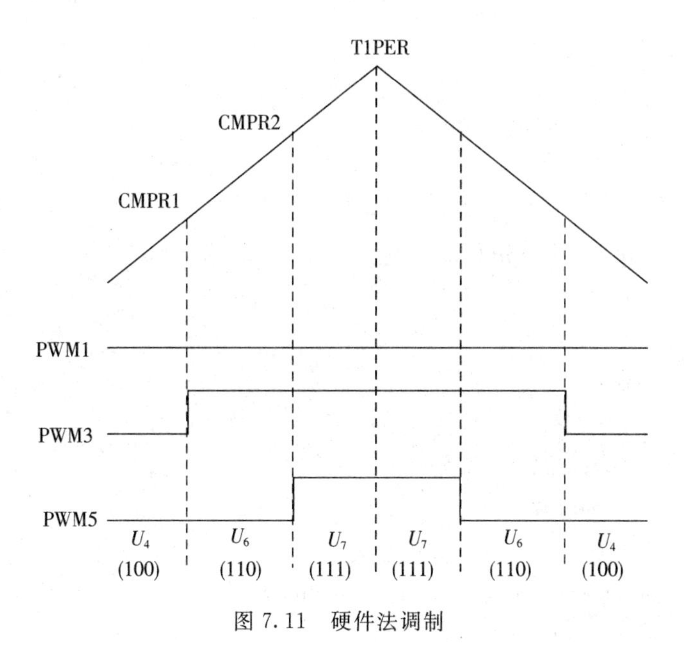

图 7.11　硬件法调制

下面给出两种方法对应的实现代码，假设要合成的 U_{out} 以及对应的两个分量已经确定，扇区已经确定：

软件法

```
volatile int T1on,T2on,T3on;
volatile int x,y,z;
volatile int cmp1,cmp2;
void inline GenSvpwm()
{
    x=(long)Usb * ( * T1PER)>>15;
    y=((1774L * Usa >>10)+(long)Usb >>1) * ( * T1PER)>>15;
    z=((-1774L * Usa >>10)+(long)Usb >>1) * ( * T1PER)>>15;
    switch(Sector)
    {
        case 0:
            cmp1=-z,cmp2=x;
            break;
        case 1:
            cmp1=z,cmp2=y;
            break;
        case 2:
            cmp1=x,cmp2=-y;
            break;
        case 3:
            cmp1=-x,cmp2=z;
```

```
            break;
        case 4:
            cmp1=-y,cmp2=-z;
            break;
        case 5:
            cmp1=y,cmp2=-x;
            break;
        default:
            break;
    }
    if(cmp1 < 0)cmp1=0;
    if(cmp2 < 0)cmp2=0;
    {
        T1on=( * T1PER - cmp1 - cmp2)>>1;
        T2on=T1on +cmp1;
        T3on=T2on +cmp2;
        switch(Sector)
        {
            case 0:
                Spwm.Pwm1=T1on;
                Spwm.Pwm2=T2on;
                Spwm.Pwm3=T3on;
                break;
            case 1:
                Spwm.Pwm1=T2on;
                Spwm.Pwm2=T1on;
                Spwm.Pwm3=T3on;
                break;
            case 2:
                Spwm.Pwm1=T3on;
                Spwm.Pwm2=T1on;
                Spwm.Pwm3=T2on;
                break;
            case 3:
                Spwm.Pwm1=T3on;
                Spwm.Pwm2=T2on;
                Spwm.Pwm3=T1on;
                break;
            case 4:
```

```
                Spwm. Pwm1=T2on;
                Spwm. Pwm2=T3on;
                Spwm. Pwm3=T1on;
                break;
            case 5:
                Spwm. Pwm1=T1on;
                Spwm. Pwm2=T3on;
                Spwm. Pwm3=T2on;
                break;
        }
    }
    *CMPR1=Spwm. Pwm1;
    *CMPR2=Spwm. Pwm2;
    *CMPR3=Spwm. Pwm3;
}
```

硬件法

```
volatile int x,y,z;
volatile int cmp1,cmp2;
unsigned int CtrlTable[6]={0x1666,0x3666,0x2666,0x6666,0x4666,0x5666};
void inline GenSvpwm()
{
    x=(long)Usb *(*T1PER)>>15;
    y=((1774L *Usa >>10)+(long)Usb >>1)*(*T1PER)>>15;
    z=((-1774L *Usa >>10)+(long)Usb >>1)*(*T1PER)>>15;
    switch(Sector)
    {
        case 0:
            cmp1=-z,cmp2=x;
            break;
        case 1:
            cmp1=z,cmp2=y;
            break;
        case 2:
            cmp1=x,cmp2=-y;
            break;
        case 3:
            cmp1=-x,cmp2=z;
            break;
        case 4:
```

```
            cmp1=-y,cmp2=-z;
            break;
        case 5:
            cmp1=y,cmp2=-x;
            break;
        default:
            break;
    }
    if(cmp1 < 0)cmp1=0;
    if(cmp2 < 0)cmp2=0;
    *CMPR1=cmp1 >>1;
    *CMPR2=(cmp1 +cmp2)>>1;
    *ACTRA=CtrlTable[Sector];
}
```

在编写前的初始化部分一定要注意:采用软件法时,不能使能空间矢量(COMCONx);采用硬件法时则必须使能空间矢量。

7.3 U/F控制技术在变频器中的应用

7.3.1 U/F控制原理

为什么要变频调速?主要有以下原因:

其一,电机全压起动时,起动电流大,对电网有冲击;

其二,有些场合要求电机运行特性可调(包括速度、最大力矩等);

其三,可避免大马拉小车的问题,节能。

当电动机在额定转速以下调速时,其带负载能力将下降。这无疑给变频调速带来了瑕点,影响其普及与推广。所以,如何改善变频后的机械特性成为人们关注的焦点。U/F控制是最早提出的一种比较简单的方法。

电机运行时,若磁通弱,将无法充分利用铁心(节能的一种手段);若磁通强,将因磁通过饱和而发热,严重时将烧坏电机,所以在调速过程中,一般保持磁通为额定值不变。三相异步电动机定子每相电动势的有效值是:

$$E_g = 4.44 f_1 N_S K_{NS} \varphi_m \tag{7-10}$$

E_g:感应电动势;f_1:电源频率;φ_m:磁通。

由式(7-10)可知,只要控制好E_g和f_1,便可达到控制磁通Φ_m的目的。对此,需要考虑基频(额定频率)以下和基频以上两种情况。

(1)基频以下调速

由式(7-10)可知,要保持Φ_m不变,当频率f_1从额定值f_{1N}向下调节时,必须同时降低E_g,使

$$E_g/f_1=\text{常值} \tag{7-11}$$

即采用电动势频率比为恒值的控制方式。当电动势值较高时，可以忽略定子绕组的漏磁阻抗压降，而认为定子相电压 $U_S \approx E_g$，则得

$$U_S/f_1=\text{常值} \tag{7-12}$$

这是恒压频比的控制方式。但是，在低频时 U_S 和 E_g 都较小，定子阻抗压降所占的分量比较显著，不再能忽略。这时，需要人为地把电压 U_S 抬高一些，以便近似地补偿定子压降。

带定子压降补偿的恒压频比控制特性为图 7.13 中的 b 线，无补偿的则为 a 线。

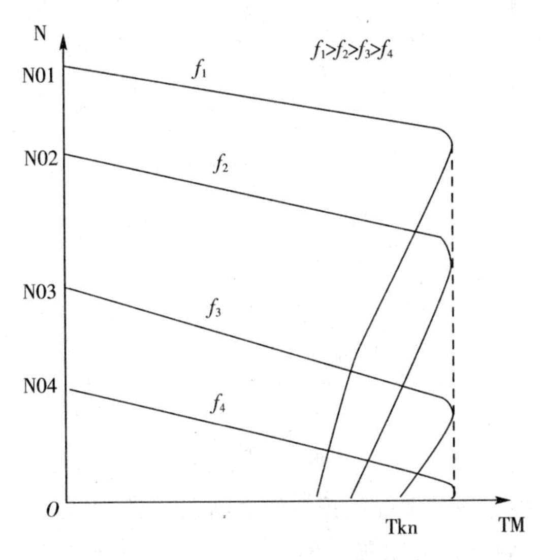

图 7.12　全补偿时的机械特性

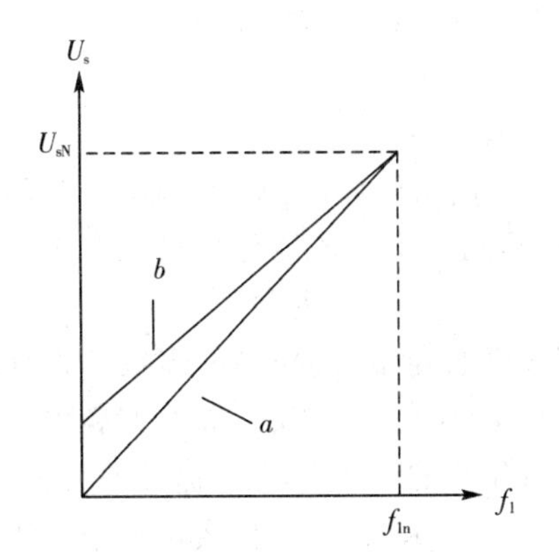

图 7.13　恒压频比控制特性

注：a—无补偿　b—带定子压降补偿

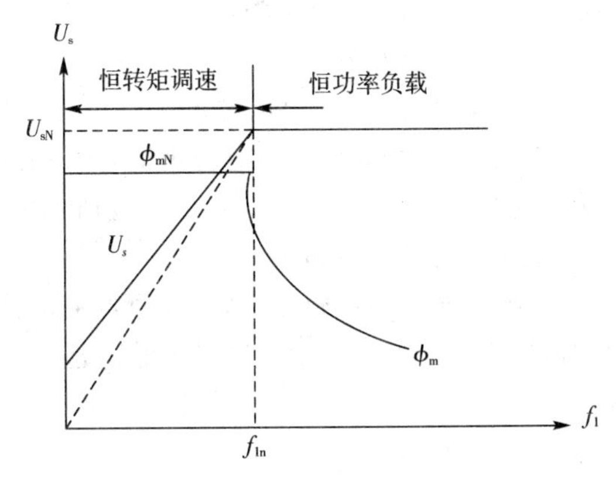

图 7.14　异步电动机变压变频调速的控制特性

(4)2407 的头文件的编写

可以从一些示例工程项目中将头文件拷贝到项目中使用,基本不需要自己编写。

(5)库文件 rts2xx.lib 的编写

一般情况下不需要修改 rts2xx.lib 文件,直接拷贝到工程项目中并添加使用。

按照本节所述的工程项目建立步骤,编写以上 5 种文件并添加就可以编译连接,调试运行结果,结果有误再修改程序,直到达到应用要求。

6.7 C 项目编译时生成的段

6.7.1 段的分配情况

C 程序编译后,指令、常数以及变量等都会被分配到相应的段中,编译器处理段的过程是:每个源文件都编译成独立的目标文件(OBJ 文件),每个目标文件含有自己的段;然后在连接时,连接器把这些目标文件中相同段名的部分连接在一起,生成最终的可执行文件(OUT 文件)。

生成的段分为两大类:已初始化的段和未初始化的段。已初始化的段含有真实的指令和数据,存放在程序存储空间,在片内是指 FLASH(烧写运行时),在调试代码时,通过跳线修改 $MP/\overline{MC}$ 模式,下载代码到片外的程序存储空间——此时多为 RAM,未初始化的段只保留变量的地址空间;未初始化的段存放在数据存储空间中,在 DSP 上电调用_c_int0 初始化库前,未初始化段没有真实的内容。那么生成的各种段都分别属于哪种类别呢?

(1)未初始化的段

1).bss:定义变量存放空间(未采用#pragma DATA_SECTION 设置);

2).usect:用户可自行定义未初始化的段(C 程序中采用#pragma DATA_SECTION 设置);

3).stack:软件堆栈。

(2)已初始化的段

1).text:系统定义的默认段,若不明确声明(#pragma CODE_SECTION),代码就分配到此段;

2).sect:代码采用#pragma CODE_SECTION 设置到用户定义的段名时,生成此段;

3).cinit:存放已明确初始化的全局变量和静态变量的初始值;

4).switch:存放大型的 switch 语句的跳转表;

5).const:存放已明确初始化的字符串常量、全局常量和静态常量。

.text 和.cinit 等段被固定连接至程序空间;.bss 段和.stack 段被固定连接至数据空间;.const 段的使用较为灵活。.const 段被固定连接至数据空间,且在上面的说明中可以发现.const 与.cinit 段存放的数据非常相似,那么 C 项目编译后,常量到底是存放在哪个段内是值得探讨的问题,在 6.7.2 小节中我们可以进行区分。

在 CMD 文件中,page 0 代表程序空间,page 1 代表数据空间,表 6.3 列出了这些段应该分配的空间:

(2)基频以上调速

在基频以上调速时,频率应该从 f_{1N} 向上升高,但定子电压 U_s 却不可能超过额定电压 U_{sN},最多只能保持 $U_s=U_{sN}$,这将迫使磁通与频率成反比地降低,相当于直流电机弱磁升速的情况,即基频率以上调速又称为弱磁升速。

由图 7.15 可知,基频以上是以牺牲电机能提供的最大力矩为代价,来换取电机高速运行的。

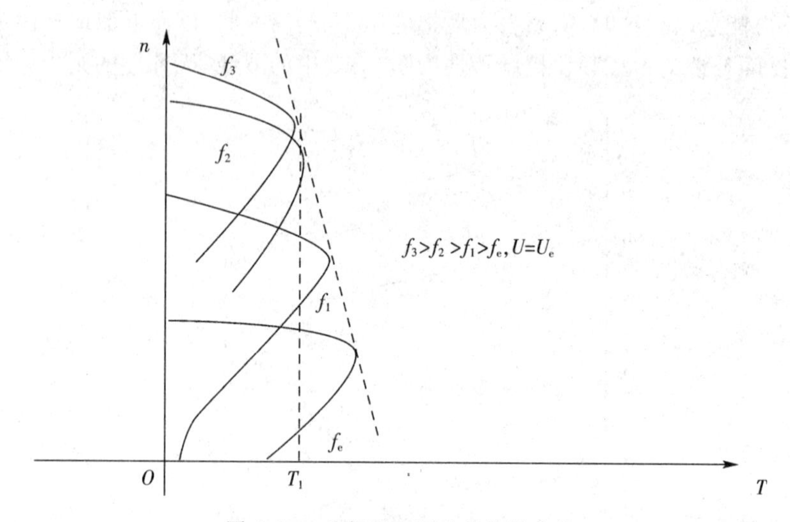

图 7.15 基频以上调速的特性曲线

把基频以下和基频以上两种情况的控制特性画在一起,如图 7.14 所示。

综上所述,基频以下调速在力矩提升的基础上,可以保证整个运行过程中最大力矩不变,故又称为恒转矩调速;而基频以上调速实际上是在弱磁升速,属于恒功率调速。基频以下调速时,应该保持 U/F 恒定的原则,当频率较低时,应当适当提高变频器输出电压,以补偿定子压降(这称为力矩提升,或电压提升等);基频以上调速时,应保持输出电压为额定不变,只改变频率进行弱磁调速。

(3)V/F 关系曲线(力矩提升)

前面提到了低频时应该有力矩提升,一般用不过原点的直线代替,但研究表明 U/F 间在变频过程中应该保持图 7.16 中虚线所示的关系,则在不同频率下才能保持最大转矩不变,才能保持磁通基本恒定。

对于 U/F 线的初始部分(接近原点的部分),应用中(比如变频器的研制)多数不作处理,如图 7.16 中实线所示。这对于低频起动时增大起动转矩不无好处,所以有些变频器参数中会开放类似于图 7.16 中实线在 U 轴上截距的参数供用户自己调理力矩提升的力度。也有的新系列变频器将 U/F 线的初始部分设置成如图 7.17 所示的那样,比较接近于虚线所示的补偿线。

总之,当频率改变时,一定要按照预定的关系曲线,同时修改调制出的 SPWM 波的电压幅值,做到变频的同时变压(基频以下的情况)。

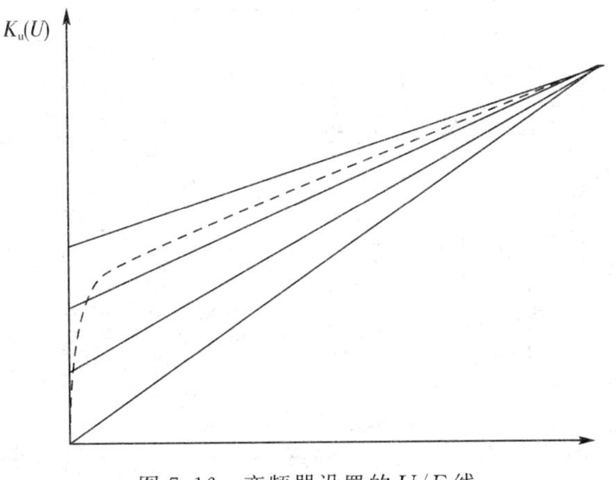

图7.16　变频器设置的U/F线

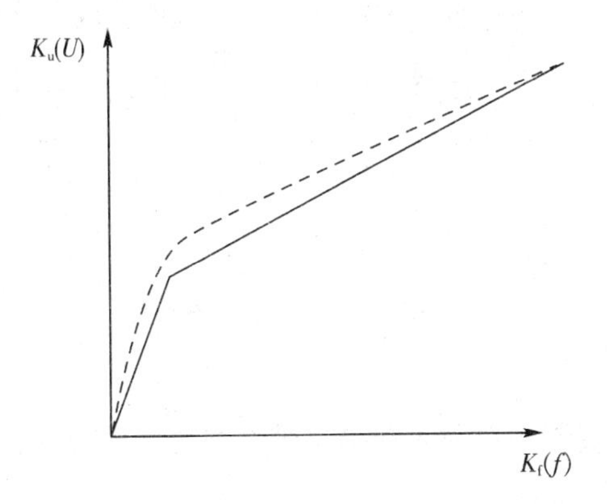

图7.17　U/F线初始部分的处理

7.3.2　变频器中的保护措施及基本工作原理

变频器是工业及民用中电机调速不可或缺的产品，它可以根据用户的设定，按照一定规律产生合适的PWM波驱动电机。如图7.18所示，220V市电经整流模块并滤波变换为直流电后，直接供给IPM智能模块，而IPM内部的功率管是通过DSP2407的PWM引脚由外部驱动电路进行控制的。本示例中对系统的保护包括：过压、过流、过热（保护IPM）、IPM内部综合保护等，其中，过热、IPM保护信号相与后和DSP的PDPINTA相连，而过压、过流却不应接至PDPINTA脚，因为若此脚为低电平有效，DSP将自动封锁PWM信号，电机将停止运行，但一般电机都有一定的过载能力，所以一般采用其他的原则进行处理。本节仅为变频器设计的一个示例，功能和保护方面并不完善，变频器的其他的丰富功能请读者查阅相关资料自行完善。

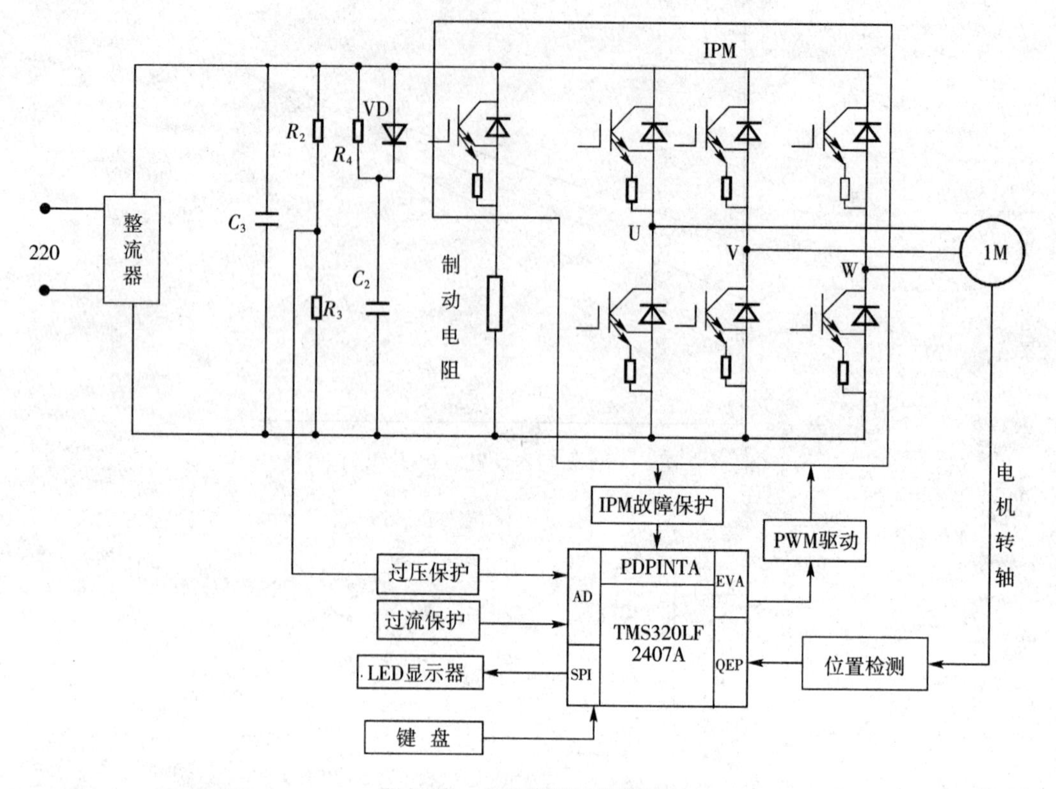

图 7.18 变频器硬件结构图

(1)过流保护及实现

变频器中,过电流的保护的对象主要是指带有突变性质的、电流的峰值超过了变频器的容许值的情形。

1)过电流的原因

① 工作中过电流 即拖动系统在工作过程中出现过电流。其原因大致来自以下几个方面:

· 遇到冲击负载,或传动机构出现“卡住”现象,引起电动机电流的突然增加;

· 变频器的输出侧短路,如输出端到电动机之间的连接线发生相互短路或电动机内部发生短路等;

· 变频器自身工作的不正常,如逆变桥中同一桥臂的两个逆变器件在不断交替导通的工作过程中出现异常。例如由于环境温度过高或逆变器件本身老化等原因,使逆变器件的参数发生变化,导致在交替过程中,一个器件已经导通,另一个器件还未来得及关断,引起同一桥臂的上、下两个器件间的“直通”,使直流电压的正、负极间处于短路状态,如图 7.19 所示。

② 升速中的电流 当负载的惯性较大,而升速时间又设定的太短时,将产生过电流。这是因为升速时间太短意味着在升速的过程中,变频器的工作频率上升太快,电动机的同步转速 n0 迅速上升,而电动机转子的转速 n 因负载惯性较大跟不上去,导致转子绕组切割磁力线的速度太快(等于转差太大),结果是升速电流太大。

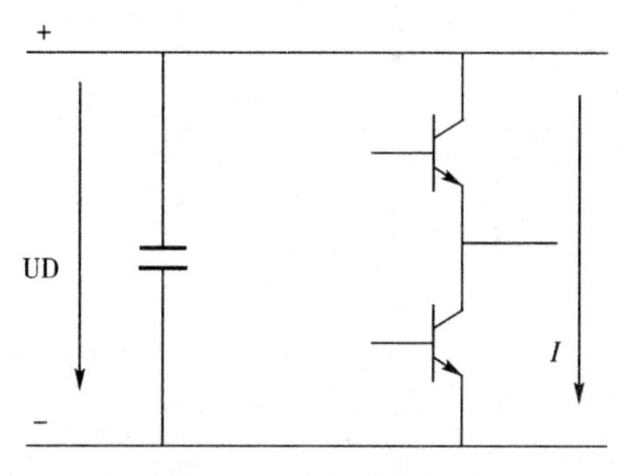

图 7.19　逆变桥臂直通

③ 降速中的过电流　当负载的惯性较大，而降速时间设定的太短时，也会引起过电流。因为降速的时间太短，同步转速迅速下降，而电动机转子因负载的惯性大，仍维持较高的转速，这也同样使转子绕组切割磁力线的速度太快而产生过电流。

2)变频器对过电流的处理

在实际的拖动系统中，大部分负载都是经常变动的。因此，不论是在工作的过程中，还是在升、降速过程中，短时间的过电流总是难免的。所以，对变频器过电流的处理原则是，尽量不跳闸。为此配置了防止跳闸的自处理功能（也称防止失速功能），只有当冲击电流的峰值太大或防止跳闸措施不能解决问题时，才迅速跳闸。就过电流的自处理功能说明如下：

① 工作过程中过载　由用户根据电动机的额定电流和负载的具体情况设定一个电流限值 Iset，当工作电流超过此限值时，变频器将自动地适当降低其工作频率，当工作电流降到限值以下时，工作频率也逐渐回复，如图 7.20 所示。

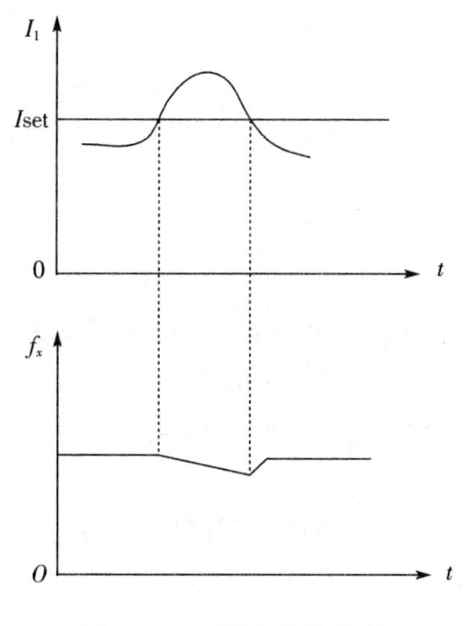

图 7.20　工作中的防跳闸

② 升、降速时的过电流　在升速和降速的过程中，当电流超过 Iset 时，变频器将暂停升速（降速），待电流下降到 Iset 以下时，再继续升速（降速），如图 7.21 所示。这样处理后，实际上自动地延长了升速（或降速）的时间。

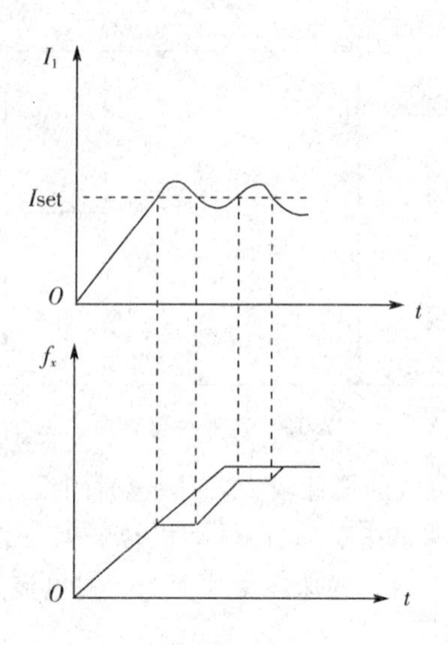

图 7.21 升(降)速时的防跳闸

(2)过压保护及实现

1)过电压的原因

① 电源过电压;

② 降速时因反馈能量来不及释放而形成的再生过电压;

③ 在 SPWM 调制方式中,电路是以系列脉冲的方式进行工作的。由于电路中存在着绕组电感和线路分布电感,所以在每一个脉冲的上升和下降过程中,可能产生峰值很大的脉冲电压。这个脉冲电压降叠加到直流电压上去,形成具有破坏作用的脉冲高压。

2)变频器对过压的处理

① 电源过电压　对于电源电压的上限,一般规定不能超过额定电压的 10%,当电源线电压为 380V 时,其上限值为 420V。某些国外的变频器的最高工作电压可达到 460V,这对于国内用户来说是十分有利的。

由于电源电压过高将直接反应在整流后的直流电压上;同时,再生过电压也直接反应在直流电压上,所以,进行电压保护时的"取样电压"总是从主电路的直流电路中取出。

② 再生制动时的防止跳闸功能　和升速过程中的过电流时的防止跳闸功能一样,在降速过程中出现的过电压也可以采取暂缓降速的方法来防止跳闸。即由用户设定一个电压的限值 Uset(通常由变压器自行设定),如在降速过程中,UD>Uset 时,则暂停降速,当 UD 降至 Uset 以下时,再继续降速。

③ 脉冲过电压的保护　对于由电路电感引起的脉冲过电压,采用常规的"检测一判断一保护"的方式是来不及保护的,通常采用吸收的方法来解决。常见的吸收装置有压敏电阻吸收和阻容吸收电路等。

(3)欠压保护及实现

变频器的输出电压是随输入电压而波动的,当输入电压下降时,其输出电压也下降。这将影响电动机的带负载能力。关于电源方面引起的欠电压,变频器设定的动作电压一般较低,显得不很严格。这是因为:其一,欠电压的后果之一是电动机的转矩下降,而新系列的变频器都有各种补偿的功能使电动机能够继续运行;其二,欠电压的另一个后果是电动机的电流增大，而变频器又具有完善的过载功能。

一般的处理原则是开启 AVR(自动电压调整)功能：

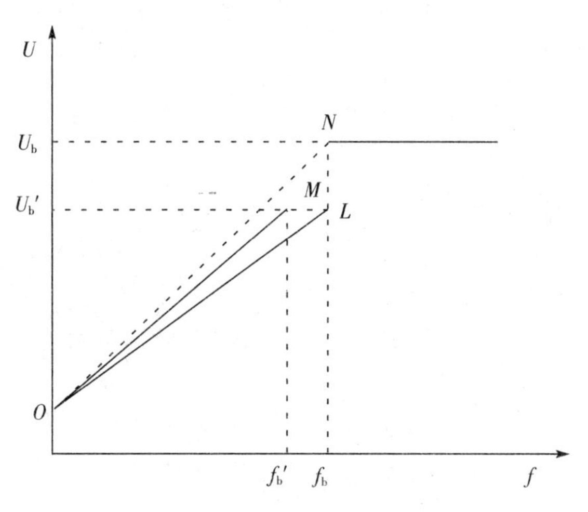

图 7.22　AVR 功能示意图

注：ON—设定的基本关系线　OL—未开启 AVR 功能的曲线　OM—开启 AVR 功能的曲线

变频器在检测到直流侧电压较低时，将自动地把基本频率降低，从而维持了磁通基本不变，以保证电机的带负载能力不受影响。若无 AVR 功能，由图可见，同频情况下，电机上施加的电压幅值将低于正常情况下的电压值，输出的最大力矩变小，带载能力下降。

(4)变频器运行基本情况

假定电机处在停止状态，变频器无输出，则在收到"起动"信号后，它一般会按照用户的设定，实现如下图所示的运行过程：

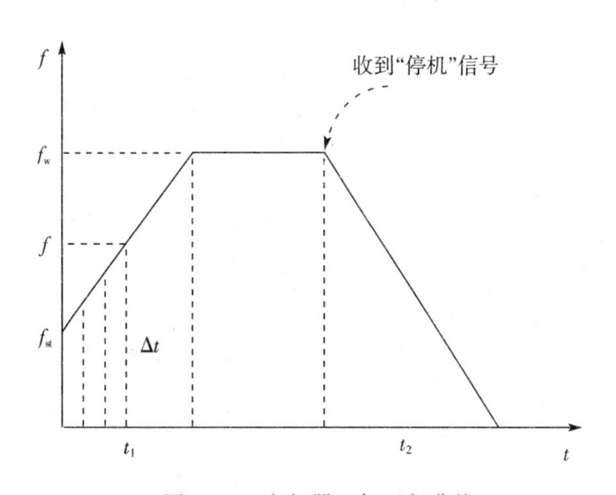

图 7.23　变频器一般运行曲线

显然，用户须设定 f_{st}、f_w、t_1、t_2(分别是：启动频率、工作频率和加减速时间)以确定升降速曲线，以及设定 U_T、U_e、f_e(U_T：提升力矩，U_e、f_e 分别是额定电压和频率)确定 V/F 关系曲线，在程序实现时(变速段)，系统运行设计为基于时间调度的软件结构，即采用一个定时时基(比如 10ms)，用时基等分 t_1、t_2 变速的时间(比如 t_1 是 10s，将被等分为 1000 份)，再计算变速过程中的步频=(目标频率−开始频率)/份数(每份需改变的频率,在第4点的运行参数调整模块程序中体现为FreStepUp和FreStepDn),在每份时间到时,都调整当前频率累加相应的步频,当等量份数的时基时间流逝时,变速结束。频率随时间改变的同时,程序中须按照图7.23实时的计算当前频率(f)对应的电压值(M),再通过下式计算脉宽间隙:

$$t=\frac{T_{\Delta}}{4}(1-M*\sin\bar{\omega}t)=\frac{T_{\Delta}}{4}(1-M\sin 2\pi ft) \tag{7-13}$$

7.3.3 系统软件框架的构建

(1)主程序

如图7.24所示,主程序主要负责各个模块的运行调度:首先系统运行前,先对系统相关参数、部件进行初始化;其次,当某模块需要运行的时间到时,就调用相关模块运行。总体来说,可以认为本系统采用分时轮转的系统运作模式。系统主要包括的模块(任务)有:键盘扫描处理模块、显示模块、运行参数调整模块、采样和故障检测模块等。本系统中采用T_1发生PWM波驱动电机,采用T_2作为系统的时基。程序结构如下:

```
main()
    {
        asm("setc INTM");          //初始化时一般关总中断
        DisableDog();              //因为DSP上电时看门狗默认开启,关看门狗可以避
                                     免DSP装载常量时看门狗跑飞而不停地复位
        InitSys();                 //DSP芯片自身的配置,如:使能相关模块,中断等等
        InitMcu();                 //外扩芯片的配置,比如参数存储芯片AT24C01等
        InitVar();                 //系统运行时相关变量初始化
        EnableDog();               //开启看门狗,在系统定时中断中喂狗
        asm("clrc INTM");          //开总中断
        EnableSysTime();           //使能系统时基,提供定时服务,即使能T2
        EnableSpwm();              //使能SPWM发生器,即使能T1
        while(1)
        {
            if(KeyScanSign)        //若键盘扫描时间到,此标志被置位
            {
                KeyScanSign=0;     //清标志
                KeyScan();         //扫描键盘获得键值
                KeyProcessTask();  //处理按键
            }
            …                      //流程图中其他模块结构与键盘扫描相似
        }
}
```

其中,InitSys主要是对2407内部相关模块进行配置,由于系统中使用到了PWM发生器,SPI模块(键盘显示电路部分),AD采样以及T_1、T_2定时器,所以必须进行正确的配置,其程序如下:

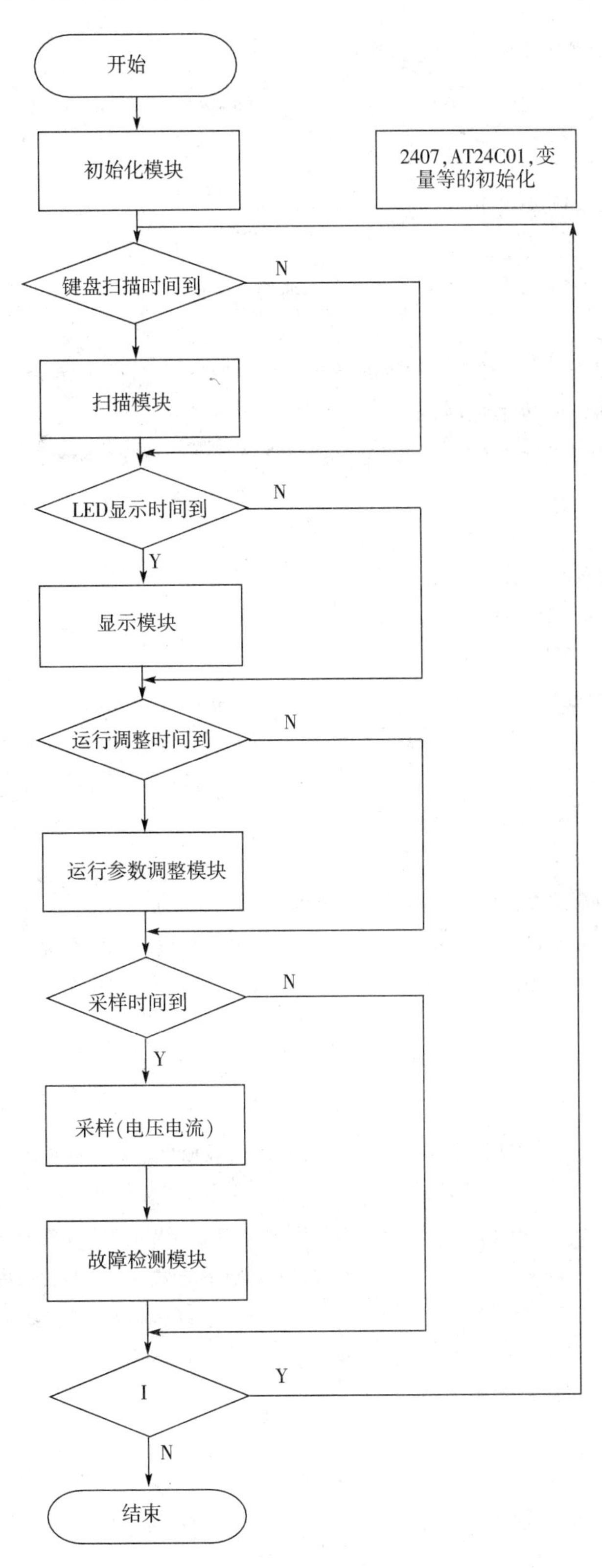
开始
初始化模块
2407,AT24C01,变量等的初始化
键盘扫描时间到
N
扫描模块
LED显示时间到
N
Y
显示模块
运行调整时间到
N
运行参数调整模块
采样时间到
N
Y
采样(电压电流)
故障检测模块
I
Y
N
结束

图 7.24　主程序流程图

```
void inline EnableDog()
{
      * WDCR=0x2c;                    //使能看门狗
}
void inline DisableDog()
{
      * WDCR=0x0e8;                   //不使能看门狗
}
/ ************************************************************************
          以下是初始化段码
************************************************************************/
void InitSCSR(void)
{
    asm("setc SXM");
    asm("clrc OVM");
    asm("clrc CNF");
    * SCSR1=0xe1ad;                   //CLKOUT 输出 CLK 时钟,系统 4 倍频(10 * 4=40M)
                                      //使能 ADC,SPI,EVA 模块,使能 EVB
}
void InitIO(void)
{
    * MCRA=0x0fc0;                    //使能 PWM 引脚功能
    * MCRB=0x003c;                    //配置 PC 口为功能口(SPI 使能)
    * MCRC=0x0180;                    //使能 QEP3,4
}
void InitEva(void)
{
    * GPTCONA=0x0440;                 //使能 T1 比较输出,T2 周期中断标志启动 AD
    * COMCONA=0X8200;                 //使能比较操作,下溢装载 CMPRx,使能 PWM 输出
    * ACTRA=0X0666;                   //PWM1 高有效,PWM2 低有效……
    * T1CON=0xc80c;                   //连续增减计数方式,不分频,使用内部时钟
                                      //禁止定时器比较操作
    * T1PER=20000000/10000;           //置周期寄存器,10kHz
    * DBTCONA=0x03f4;                 //死区
    * T1CNT=0x0000;
    * T2CON=0xc80c;                   //连续增减计数方式,不分频,使用内部时钟
    * T2PER=0x4e20;                   //定时 1ms,作为时基时钟
    * T2CNT=0x0000;
}
```

```
void InitSpi(void)
{
      * SPICCR=0x0007;                   //8bits,在 SPICLK 的上升沿发送数据
      * SPICTL=0x0006;                   //使能主动模式,一般的时钟方式,使能 TALK
      * SPIBRR=0x0009;                   //波特率:4M
      * SPIPRI=0x0030;
      * SPICCR= * SPICCR | 0x0080;       //使 SPI 就绪
}
void InitAdc(void)
{
      * ADCTRL1=0x1002;                  //启动/停止模式,级联双排序器工作模式
      * ADCTRL2=0x4500;                  //中断模式 1,允许 SEQ1 被 EVA 触发
      * MAXCONV=0x0001;                  //转换 2 个通道
      * CHSELSEQ1=0x00a9;                //通道 10 接电流采样,9 接电压采样
}
void InitInterrupt(void)
{
      * IMR=0x0007;                      //开 INT3 总中断(T2 周期中断)
                                         //INT2 总中断(T1 周期中断),INT1(ADC)
      * IFR=0xffff;                      //清中断标志,系统响应后自动清
      * EVAIMRA=0x0080;                  //开 T1 的周期中断
      * EVAIMRB=0x0001;                  //T2 周期中断
      * EVAIFRA=0xffff;                  //清软中断,须软件清 0
      * EVAIFRB=0xffff;
}
void InitSys()                           //以上各模块初始化总汇在 main 中被调用
{
      InitSCSR();
      InitIO();
      InitEva();
      InitSpi();
      InitAdc();
      InitInterrupt();
}
```

(2)运行参数调整模块

本模块是整个系统得以运行的核心模块,主要起到了运行状态的切换、实时调整 SPWM 频率和幅值的作用。状态机软件手段的运用,通过切换运行状态使电机控制可靠、有效,系统运行时,变频器的状态(Status)分为:加速态(ACC)、工作态(WORK)、减速态(DEC)、制动态(BRAKE)和停止态(STOP)。不同状态下,频率与电压的变化情况不同,在

设计中还应注意一些保护功能的开启，比如防跳闸功能（前面讨论的过流、过压等故障）。具体情况参见图7.25。

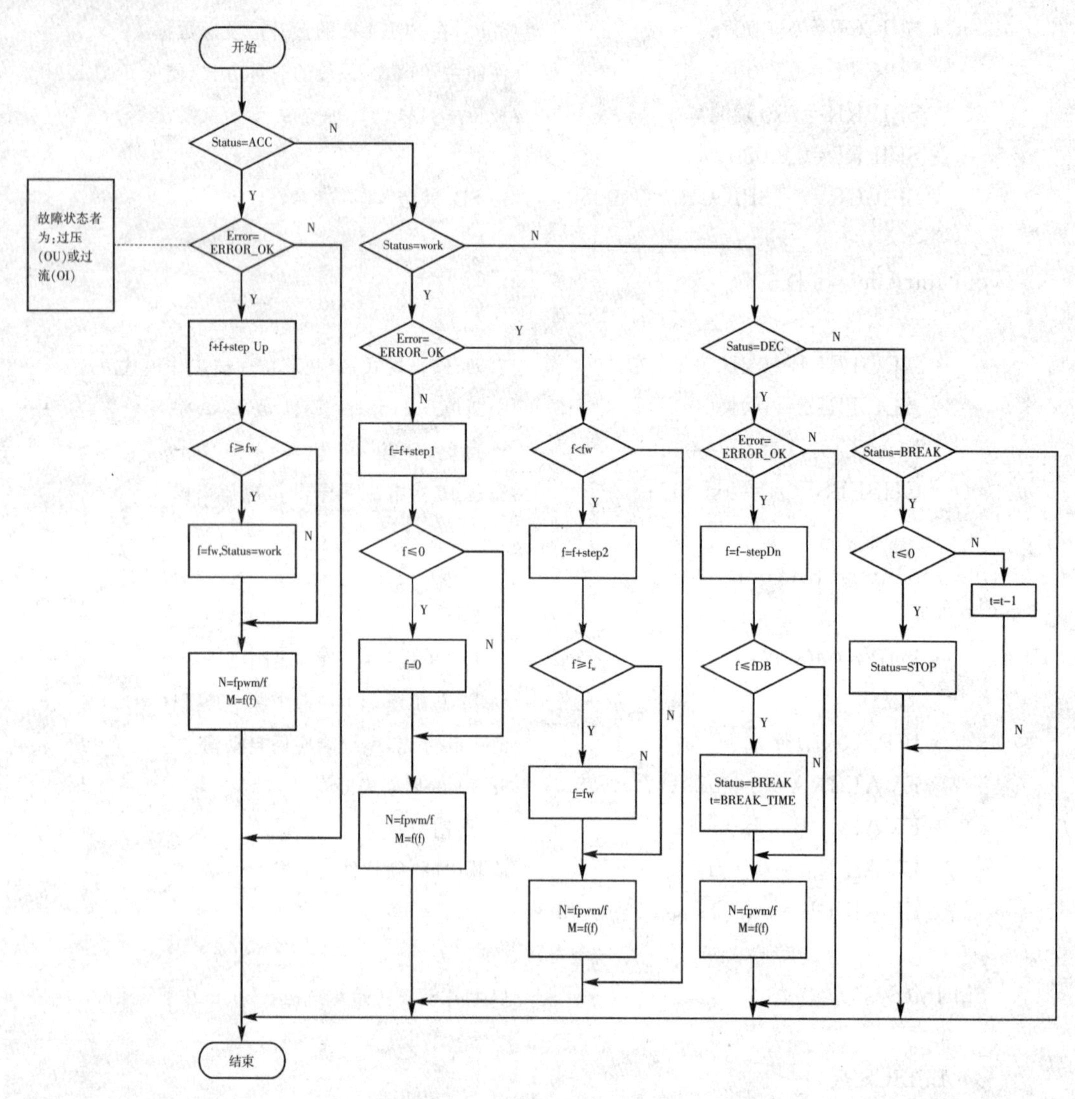

图7.25　运行参数调整模块流程图

```
void RunTask
{
    switch(Status)                                  //运行状态机
    {
        case MOTOR_ACC:                             //加速态
            if(Error== ERROR_OK)                    //无故障情况下
            {
                Spwm.FreSin += StepFreUp;           //调整当前频率增加步频
                if(Spwm.FreSin >= FreWORK)          //超过工作频率
                {
```

```
            Spwm.FreSin=FreWORK;        //保持为工作频率
            Status=MOTOR_WORK;          //修改运行状态为工作态
        }
        SetSpwm();                      //频率一旦改变,必须重置
                                          PWM 波
    }
    break;
case MOTOR_WORK:                        //工作态
    if(Error== ERROR_OK)                //无故障情况下
    {
        if(Spwm.FreSin < FreWORK)       //未达到工作频率(前面出现过
                                          故障)
        {
            Spwm.FreSin += StepFre2;    //调整增加步频,参阅故障处理
                                          部分
            if(Spwm.FreSin >= FreWORK)
            {
                Spwm.FreSin=FreWORK;    //保持为工作频率
            }
            SetSpwm();                  //频率一旦改变,必须重置
                                          PWM 波
        }
    }
    else                                //有故障
    {
        Spwm.FreSin += StepFre1;        //降低当前频率,StepFre1 步频
                                          为负
        if(Spwm.FreSin <= 0)Spwm.FreSin=0;
        SetSpwm();
        }
        break;
    case MOTOR_DEC:                     //减速态
        if(Error== ERROR_OK)            //无故障情况下
        {
            Spwm.FreSin += StepFreDn;   //调整频率增加步频,
                                          StepFreDn 为负
            if(Spwm.FreSin <= FreDB)    //达到制动频率
            {
                Status=MOTOR_BRAKE;     //修改运行状态为制动态
```

```
                    TimeDB=BrakeTime;          //载入直流制动时间
                }
                SetSpwm();
            }
            break;
        case MOTOR_BRAKE:                      //直流制动态
            if(--TimeDB <= 0)Status=MOTOR_STOP;
            break;
        case MOTOR_STOP:                       //停止态
            break;
    }
}
```

其中 SetSpwm()函数的作用是将改变的当前频率(Spwm. FreSin)反映在 SPWM 波的两个重要量上:调制度(M)与调制比(N),进而在 T1 周期中断中通过这两个量的参与运算达到改变频率和幅值的目的。

```
void SetSpwm()
{
    if(Spwm. FreSin  >0)
    {
        Spwm. RateN=Spwm. FreCarry / Spwm. FreSin;        //计算载波比
        Spwm.  RateN_1=1048576L / Spwm. RateN ;          //1/N 的 Q20 格式
        SetM();                                          //计算 FreSin 对应的 M
    }
    else
    {
        Spwm. FreSin=Spwm. RateN=Spwm. RateM=0;
    }
}
```

(3)显示模块

显然,显示模块要分两部分考虑:第一部分,在设置模式下,要显示用户正在设定调整的参数值;第二部分,在运行模式下,要显示用户想要了解的相关变量的当前时实值(包括电流、电压、频率、速度等)。用户在运行状态下按下 MOVE 键,可以起到切换显示变量的目的(即 MOVE 除了设定模式下切换被选中的 LED 的功能,还具有运行模式下切换显示变量的功能,限于篇幅,在键盘模块中并未体现于流程图中)。若在运行中出现了某种故障,应优先显示故障码,以便及时维护和检查系统。

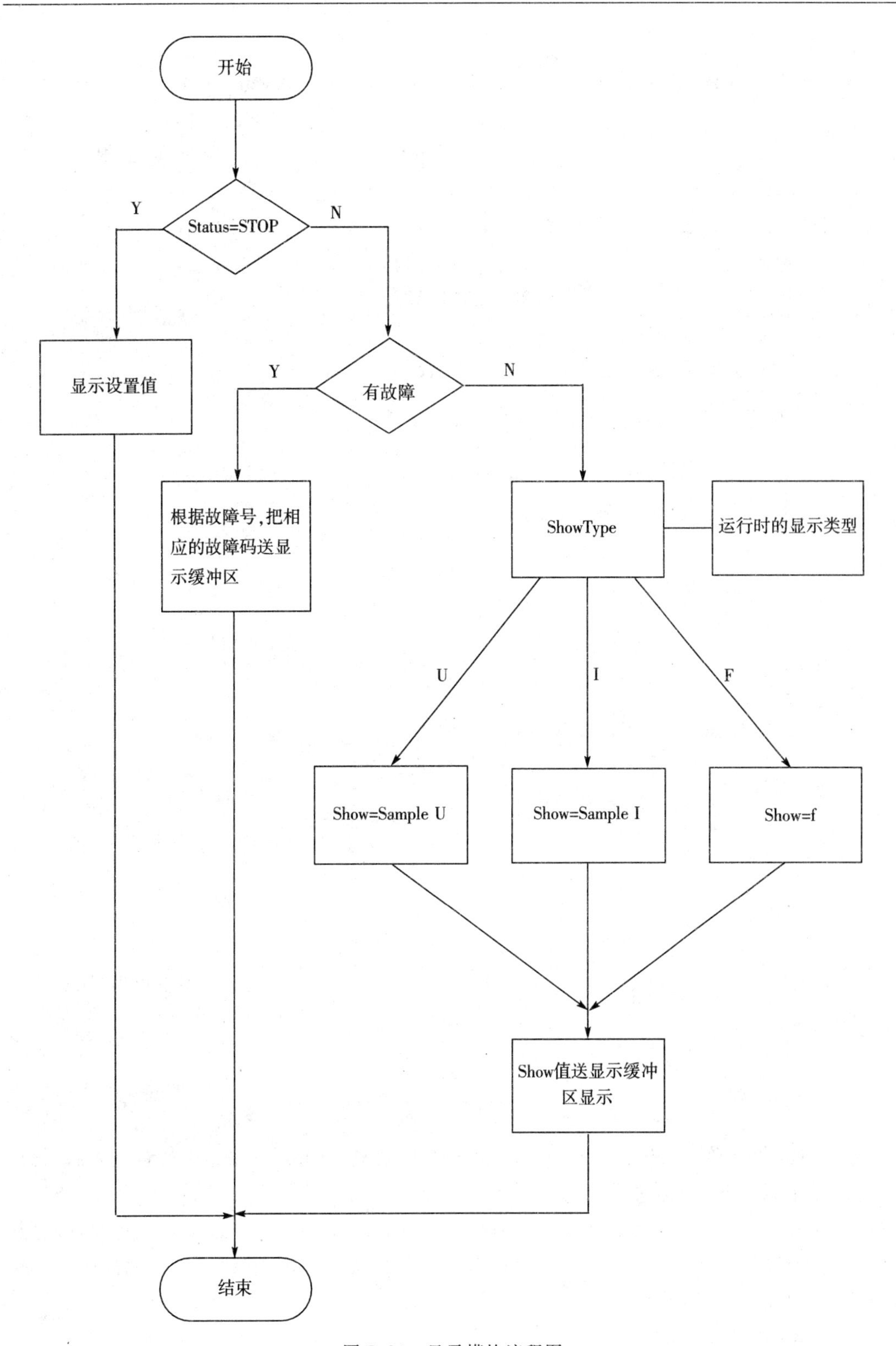

图7.26 显示模块流程图

```
//故障代码
unsigned int ErrorTable[20][3]=
                    {                           //显示故障编码
                      {0xbf,0xbf,0xbf},         // − − −   ERROR_OK
                      {0xff,0xa3,0xc6},         // BLANK o C
                      {0xff,0xa3,0xc1},         // BLANK o U
                      {0xff,0xc7,0xc1},         // BLANK L U
                      {0x92,0x92,0x92}          // 5 5 5
                      };
float *pData[3]={&SampleU,&SampleI,&Spwm.FreSin};
void DispTask()
{
    float ShowData;
    if(Status== MOTOR_STOP)
    {
        DispSetValue();                         //显示设定值
    }
    else
    {
        if(Error != ERROR_OK)                   //运行中有故障
        {
            DispError(Error);                   //Error索引直接查ErrorTable
                                                  表格,送LED显示区
    }
        else
        {
            DispSample(*pData[ShowType]);       //ShowType作为指针索引查
                                                  pData表格
        }
    }
}
```

程序中的各个和显示相关的调用函数,主要是将要显示的数据(或索引通过查表后的数据)送入显示缓冲区,再通过SPI总线送入串行显示电路。示例中采用74LS164,74LS165构成的电路作为入机接口,读者不必关心具体电路,因为模块化的设计思想在设计软件应用层时不关心底层是如何驱动的,只需用假函数(空函数)代替即可,即便采用其他的电路,只要修改硬件层的软件代码就可以了,高层代码是不用修改的。

(4)键盘扫描处理模块

如图7.28所示,系统定义了7个按键:+、-、MOVE、SET、RUN、STOP、LOAD(按流程图中左至右的顺序)。在设置模式下,+和-键用于调整被选中的LED显示的参数值;

MOVE 用于切换下一个 LED 为被选中状态(闪烁),它还具备系统运行中切换观测量的功能(第三点中提到的);SET 用于保存设定好的参数到 AT24C01 中去;RUN 和 STOP 是在运行模式下,向变频器发送启动和停止运行命令;LOAD 用于一键恢复系统出厂设定的参数值,便于重新修改等。

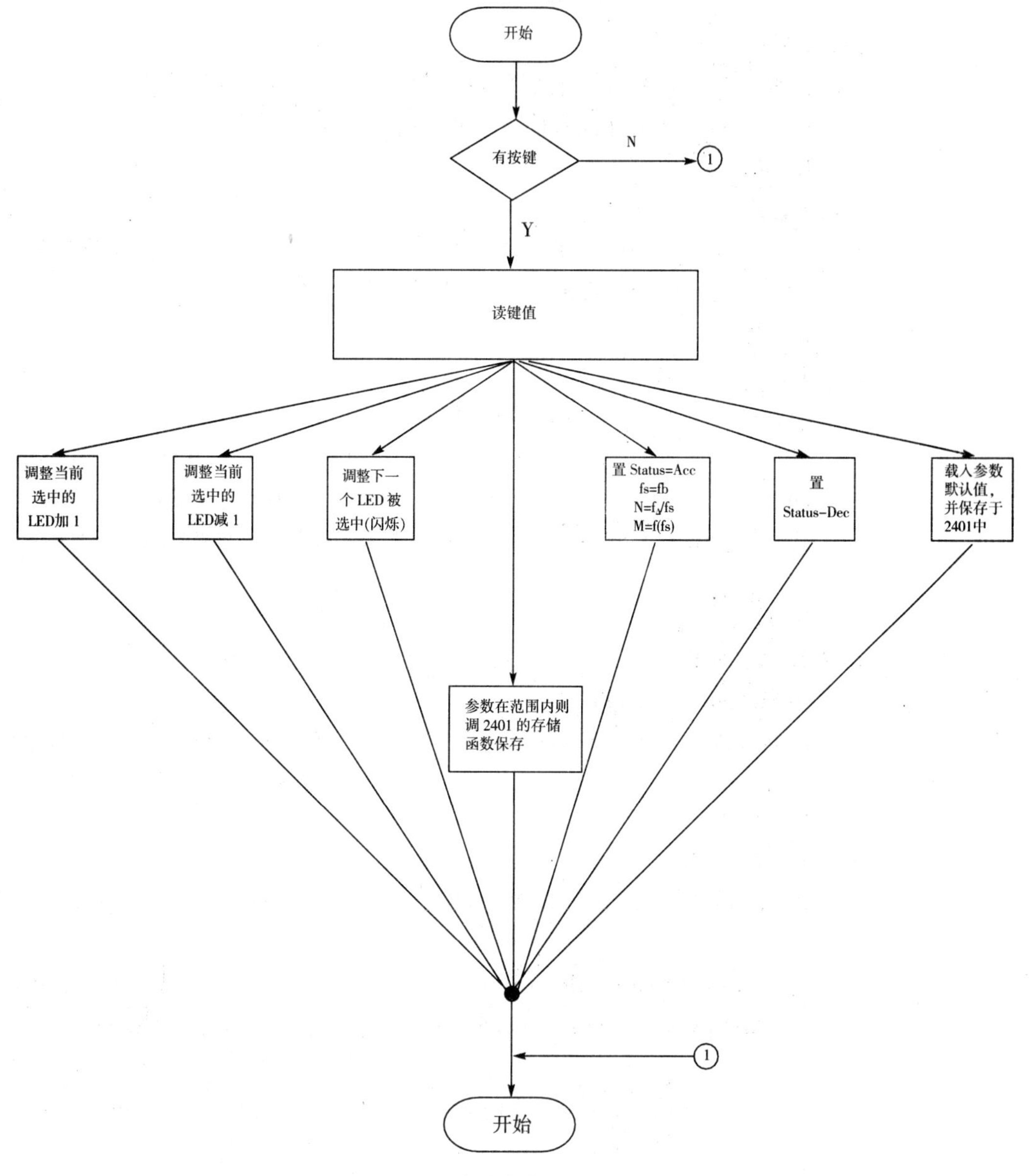

图 7.27　键盘扫描处理流程图

△▽ ≫ SET、RUN、STOP、LOAD

图 7.28　键盘控制面板

程序结构如下：

```
void KeyProcessTask()
{
    switch(Key)
    {
        case KEY_ACC:                                   //+键
            if(Status== MOTOR_STOP)                     //停止时进入设置模式
            if(++ShowBuf[LedSel] >9)ShowBuf[LedSel]=0;
            break;
        case KEY_DEC:                                   //-键
            if(Status== MOTOR_STOP)                     //停止时进入设置模式
            if(++ShowBuf[LedSel] >0)ShowBuf[LedSel]=9;
            break;
        case KEY_MOVE:                                  //>>键
            if(Status== MOTOR_STOP)                     //停止时进入设置模式
            {if(++LedSel >3)LedSel=0;}                  //切换选中的数码管
            else                                        //电机在运行中
            {if(++ShowType >2)ShowType=0;}              //切换观测量,参阅显示模块
                                                        的 ShowType
            break;
        case KEY_SET:                                   //SET 键
            if(Status== MOTOR_STOP)
            if(IsSetValueIn())SaveData();               //调保存模块,将设定参数保存
                                                        于 AT24C01
            break;
        case KEY_RUN:                                   //RUN 键
            if(Status != MOTOR_WORK)                    //只要不是工作态,都应加速
            {
                Status=MOTOR_ACC;                       //修改电机运行状态为加速
                if(Spwm.FreSin < FreStart)              //当前频率小于启动频率
                {
                    Spwm.FreSin=FreStart;               //以启动频率启动电机
                    SetSpwm();                          //配置 SPWM 波,参阅此函数
                }
            }
            break;
        case KEY_STOP:                                  //STOP 键
            if(Status== MOTOR_ACC || Status== MOTOR_WORK)
            {
```

```
            Status=MOTOR_DEC;                      //修改电机运行状态为减速
        }
        break;
    case KEY_LOAD:                                 //LOAD 键
        if(Status== MOTOR_STOP)
        {                                          //将系统量初始化表格重装入
                                                     变量
            LoadInitValue();                       //并保存于 AT24C01 中
        }
    }
}
```

(5)采样及故障检测模块

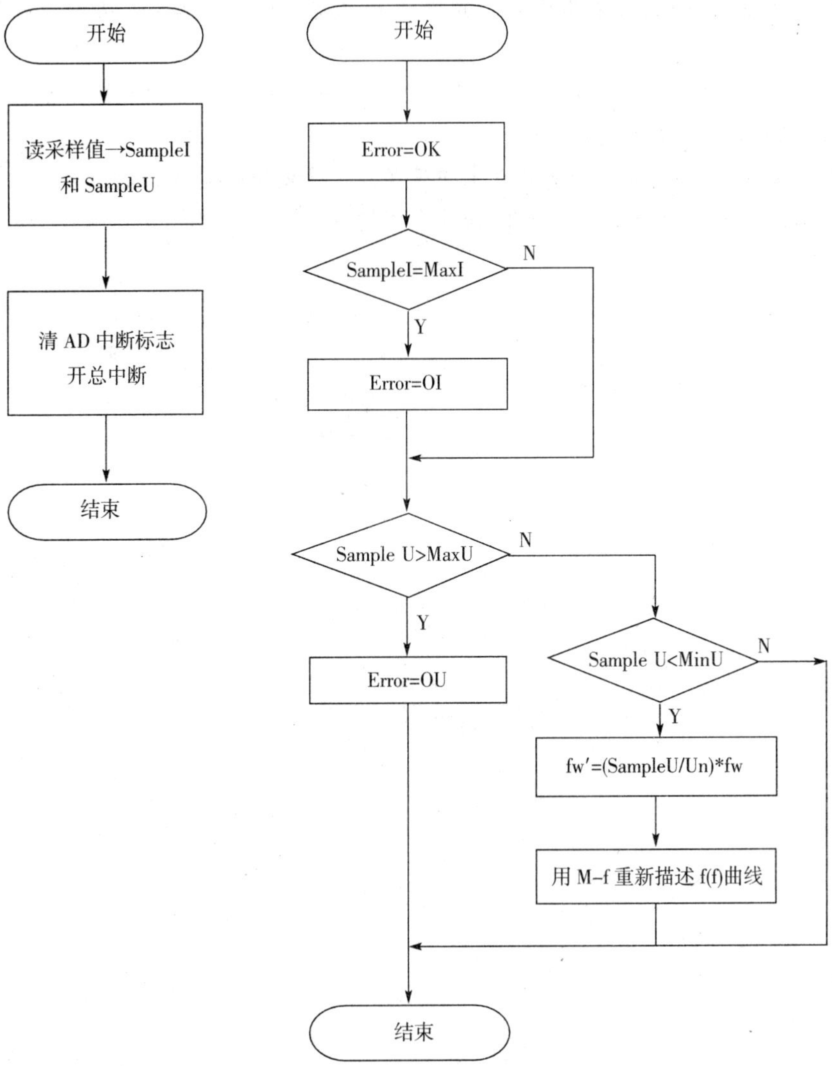

图 7.29　采样及故障检测模块流程图

本示例采用2407内部的AD模块对两个通道采样，分别为直流侧电压以及直流侧串接的电流采样电阻上的电压输入。采样到的值被送入各自变量中去(SampleU，SampleI)，故障检测模块对是否过流、过压、欠压等故障做出判断，并置故障状态变量(Error)为不同的状态值，以便其他模块获取系统的故障状态。需要提出的是，在欠压时，流程图中体现了AVR功能，自动调整了U/F曲线。限于篇幅，不再给出对应的程序。

前面已经把电机整个运行中需要确定的U和F在程序中体现出来(以及相关的N，M等量)，至于SPWM波的实际的调制(T1中断服务程序中处理)，请参阅SPWM波的调制小节。

习 题

1. 请简述直流电机的控制策略，DSP芯片如何采样才能达到对直流电机进行调速的目的？

2. SPWM调制中，直接采用浮点计算脉宽公式有何缺点？请编写采用定点模拟的调制程序。

3. 空间矢量电压调制中，软件调制与硬件调制有何区别？各自的优缺点是什么？如何改变调制出的矢量的幅值与波的频率？

4. U/F控制实现时，会区分基频以上和基频以下调制两种情况，这两种情况下，在实现时有何不同？编写相关程序时应该注意些什么问题？

附录1　TMS320LF2407 头文件

```
;*************************************************************************
;File name f2407regs.h
;Description: 240x registere definitions,Bit codes for BIT instruction
;*************************************************************************
IMR          .set    0004h     ;中断屏蔽寄存器
GREG         .set    0005h     ;全局变量定位寄存器
IFR          .set    0006h     ;中断标志寄存器
;System Registers
PIRQR0       .set    07010h
PIRQR1       .set    07011h
PIRQR2       .set    07012h
PIACKR0      .set    07014h
PIACKR1      .set    07015h
PIACKR2      .set    07016h
SCSR1        .set    07018h    ;系统模块控制寄存器1
SCSR2        .set    07019h    ;系统模块控制寄存器2
DINR         .set    0701Ch    ;系统模块状态寄存器
PIVR         .set    0701Eh    ;系统中断矢量寄存器
;WD 程序监视控制寄存器
WDCNTR       .set    07023h    ;WD计数器寄存器
WDKEY        .set    07025h    ;WDKEY寄存器
WDCR         .set    07029h    ;WD控制寄存器
;串行外围接口(SPI)寄存器
SPICCR       .set    07040h    ;SPI配置控制寄存器
SPICTL       .set    07041h    ;SPI操作控制寄存器
SPISTS       .set    07042h    ;SPI状态寄存器
SPIBRR       .set    07044h    ;SPI波特率寄存器
SPIEMU       .set    07046h    ;SPI仿真缓冲寄存器
SPIRXBUF     .set    07047h    ;SPI串行输入缓冲寄存器
SPITXBUF     .set    07048h    ;SPI串行输入缓冲寄存器
SPIDAT       .set    07049h    ;SPI串行数据寄存器
SPIPRI       .set    0704Fh    ;SPI中断优先级控制寄存器
;串行通讯接口(SCI)寄存器
SCICCR       .set    07050h    ;SCI通讯控制寄存器
SCICTL1      .set    07051h    ;SCI控制寄存器1
```

```
SCIHBAUD        .set    07052h      ;SCI 波特率寄存器高位
SCILBAUD        .set    07053h      ;SCI 波特率寄存器低位
SCICTL2         .set    07054h      ;SCI 控制寄存器 2
SCIRXST         .set    07055h      ;SCI 接收状态寄存器
SCIRXEMU        .set    07056h      ;SCI 仿真数据缓冲寄存器
SCIRXBUF        .set    07057h      ;SCI 接收数据缓冲寄存器
SCITXBUF        .set    07059h      ;SCI 发送数据缓冲寄存器
SCIPRI          .set    0705Fh      ;SCI 中断优先级控制寄存器
;外部中断寄存器
XINT1CR         .set    07070h      ;中断 1 控制寄存器
XINT2CR         .set    07071h      ;中断 2 控制寄存器
;数据 I/O 控制寄存器
MCRA            .set    07090h      ;Output Control Reg A
MCRB            .set    07092h      ;Output Control Reg B
MCRC            .set    07094h      ;Output Control Reg C
PEDATDIR        .set    07095h      ;I/O port E Data & Direction reg.
PFDATDIR        .set    07096h      ;I/O port F Data & Direction reg.
PADATDIR        .set    07098h      ;I/O port A Data & Direction reg.
PBDATDIR        .set    0709Ah      ;I/O port B Data & Direction reg.
PCDATDIR        .set    0709Ch      ;I/O port C Data & Direction reg.
PDDATDIR        .set    0709Eh      ;I/O port D Data & Direction reg.
;模数转换(ADC)寄存器
ADCCTRL1        .set    070A0h      ;ADC 控制寄存器 1
ADCCTRL2        .set    070A1h      ;ADC 控制寄存器 2
MAXCONV         .set    070A2h
CHSELSEQ1       .set    070A3h
CHSELSEQ2       .set    070A4h
CHSELSEQ3       .set    070A5h
CHSELSEQ4       .set    070A6h
AUTO_SEQ_SR     .set    070A7h
RESULT0         .set    070A8h      ;A/D 转换结果寄存器 0
RESULT1         .set    070A9h      ;A/D 转换结果寄存器 1
RESULT2         .set    070AAh      ;A/D 转换结果寄存器 2
RESULT3         .set    070ABh      ;A/D 转换结果寄存器 3
RESULT4         .set    070ACh      ;A/D 转换结果寄存器 4
RESULT5         .set    070ADh      ;A/D 转换结果寄存器 5
RESULT6         .set    070AEh      ;A/D 转换结果寄存器 6
RESULT7         .set    070AFh      ;A/D 转换结果寄存器 7
RESULT8         .set    070B0h      ;A/D 转换结果寄存器 8
```

```
RESULT9        .set    070B1h    ;A/D转换结果寄存器9
RESULT10       .set    070B2h    ;A/D转换结果寄存器10
RESULT11       .set    070B3h    ;A/D转换结果寄存器11
RESULT12       .set    070B4h    ;A/D转换结果寄存器12
RESULT13       .set    070B5h    ;A/D转换结果寄存器13
RESULT14       .set    070B6h    ;A/D转换结果寄存器14
RESULT15       .set    070B7h    ;A/D转换结果寄存器15
CALIBRATION    .set    070B8h
;CAN配置控制寄存器
MDER           .set    07100h
TCR            .set    07101h
RCR            .set    07102h
MCR            .set    07103h
BCR2           .set    07104h
BCR1           .set    07105h
ESR            .set    07106h
GSR            .set    07107h
CEC            .set    07108h
CAN_IFR        .set    07109h
CAN_IMR        .set    0710Ah
LAM0_H         .set    0701Bh
LAM0_L         .set    0701Ch
LAM1_H         .set    0701Dh
LAM1_L         .set    0701Eh
;邮包#0
MSGID0L        .set    07200h
MSGID0H        .set    07201h
MSGCTRL0       .set    07202h
MBX0A          .set    07204h
MBX0B          .set    07205h
MBX0C          .set    07206h
MBX0D          .set    07207h
;邮包#1
MSGID1L        .set    07208h
MSGID1H        .set    07209h
MSGCTRL1       .set    0720Ah
MBX1A          .set    0720Ch
MBX1B          .set    0720Dh
MBX1C          .set    0720Eh
```

```
MBX1D        .set    0720Fh
;邮包#2
MSGID2L      .set    07210h
MSGID2H      .set    07211h
MSGCTRL2     .set    07212h
MBX2A        .set    07214h
MBX2B        .set    07215h
MBX2C        .set    07216h
MBX2D        .set    07217h
;邮包#3
MSGID3L      .set    07218h
MSGID3H      .set    07219h
MSGCTRL3     .set    0721Ah
MBX3A        .set    0721Ch
MBX3B        .set    0721Dh
MBX3C        .set    0721Eh
MBX3D        .set    0721Fh
;邮包#4
MSGID4L      .set    07220h
MSGID4H      .set    07221h
MSGCTRL4     .set    07222h
MBX4A        .set    07224h
MBX4B        .set    07225h
MBX4C        .set    07226h
MBX4D        .set    07227h
;邮包#5
MSGID5L      .set    07228h
MSGID5H      .set    07229h
MSGCTRL5     .set    0722Ah
MBX5A        .set    0722Ch
MBX5B        .set    0722Dh
MBX5C        .set    0722Eh
MBX5D        .set    0722Fh
;通用定时器 ——事件管理器A(EVA)
GPTCONA      .set    7400h     ;通用定时控制寄存器
T1CNT        .set    7401h     ;通用定时器1 计数寄存器
T1CMPR       .set    7402h     ;通用定时器1 比较寄存器
T1PR         .set    7403h     ;通用定时器1 周期寄存器
T1CON        .set    7404h     ;通用定时器1 控制寄存器
```

```
T2CNT       .set  7405h   ;通用定时器 2  计数寄存器
T2CMPR      .set  7406h   ;通用定时器 2  比较寄存器
T2PR        .set  7407h   ;通用定时器 2  周期寄存器
T2CON       .set  7408h   ;通用定时器 2  控制寄存器
;比较单元寄存器 ——事件管理器 A (EVA)
COMCONA     .set  7411h   ;比较控制寄存器 A
ACTRA       .set  7413h   ;全比较动作控制寄存器 A
DBTCONA     .set  7415h   ;死区时间控制寄存器 A
CMPR1       .set  7417h   ;全比较单元 1  比较寄存器
CMPR2       .set  7418h   ;全比较单元 2  比较寄存器
CMPR3       .set  7419h   ;全比较单元 3  比较寄存器
;捕捉和正交编码寄存器事件管理器(EVA)
CAPCONA     .set  7420h   ;捕捉控制寄存器 A
CAPFIFOA    .set  7422h   ;捕捉 FIFO  状态寄存器 A
CAP1FIFO    .set  7423h   ;捕捉 1  二级 FIFO  寄存器
CAP2FIFO    .set  7424h   ;捕捉 2  二级 FIFO  寄存器
CAP3FIFO    .set  7425h   ;捕捉 3  二级 FIFO  寄存器
CAP1FBOT    .set  7427h
CAP2FBOT    .set  7428h
CAP3FBOT    .set  7429h
;事件管理器 (EVA)中断控制寄存器
EVAIMRA     .set  742Ch   ;事件管理器中断屏蔽寄存器 A
EVAIMRB     .set  742Dh   ;事件管理器中断屏蔽寄存器 B
EVAIMRC     .set  742Eh   ;事件管理器中断屏蔽寄存器 C
EVAIFRA     .set  742Fh   ;事件管理器中断标志寄存器 A
EVAIFRB     .set  7430h   ;事件管理器中断标志寄存器 B
EVAIFRC     .set  7431h   ;事件管理器中断标志寄存器 C
;通用(GP)定时器配置控制寄存器——EVB
GPTCONB     .set  7500h
T3CNT       .set  7501h
T3CMPR      .set  7502h
T3PR        .set  7503H
T3CON       .set  7504h
T4CNT       .set  7505h
T4CMPR      .set  7506h
T4PR        .set  7507H
T4CON       .set  7508h
;比较单元寄存器——EVB
COMCONB     .set  07511h
```

```
ACTRB           .set    07513h
DBTCONB         .set    07515h
CMPR4           .set    07517h
CMPR5           .set    07518h
CMPR6           .set    07519h
;捕捉单元寄存器——EVB
CAPCONB         .set    7520h
CAPFIFOB        .set    7522h
CAP4FIFO        .set    7523h
CAP5FIFO        .set    7524h
CAP6FIFO        .set    7525h
CAP4FBOT        .set    7527h
CAP5FBOT        .set    7528h
CAP6FBOT        .set    7529h
;事件管理器(EVB)中断控制寄存器
EVBIMRA         .set    742Ch      ;事件管理器中断屏蔽寄存器 A
EVBIMRB         .set    742Dh      ;事件管理器中断屏蔽寄存器 B
EVBIMRC         .set    742Eh      ;事件管理器中断屏蔽寄存器 C
EVBIFRA         .set    742Fh      ;事件管理器中断标志寄存器 A
EVBIFRB         .set    7430h      ;事件管理器中断标志寄存器 B
EVBIFRC         .set    7431h      ;事件管理器中断标志寄存器 C
;程序存储器空间 ——Flash 寄存器
;PMPC           .set    0h         ;Flash 段控制寄存器
;CTRL           .set    01h
;WADDR          .set    2h         ;Flash 写地址寄存器
;WDATA          .set    3h         ;Flash 写数据寄存器
;TCR            .set    4h
;ENAB           .set    5h
;SETC           .set    6h
;I/O 存储空间
FCMR            .set    0FF0Fh
;等待状态产生寄存器(映射到 I/O 空间)
WSGR            .set    0FFFFh     ;等待状态产生寄存器
;数据存储器块地址
B0_SADDR        .set    00200h     ;块 B0 开始地址
B0_EADDR        .set    002FFh     ;块 B0 结束地址
B1_SADDR        .set    00400h     ;块 B1 开始地址
B1_EADDR        .set    004FFh     ;块 B1 结束地址
B2_SADDR        .set    00060h     ;块 B2 开始地址
```

```
B2_EADDR        .set   0007Fh    ;块 B2  结束地址
XDATA_SADDR     .set   08000h    ;外部数据空间开始地址
XDATA_EADDR     .set   0FFFFh    ;外部数据空间结束地址
;经常使用的数据页
DP_B2           .set   0         ;页 0  数据空间
DP_B01          .set   4         ;页 4   B0(200H/80H)
DP_B02          .set   5         ;页 5   B0(280H/80H)
DP_B11          .set   6         ;页 6   B1(300H/80H)
DP_B12          .set   7         ;页 7   AD(380H/80H)
DP_SARAM1       .set   16        ;页 1   SARAM(800h/80h)
DP_SARAM2       .set   26        ;页 2   SARAM(0D00h/80h)
DP_SARAM3       .set   18        ;页 3   SARAM(900h/80h)
DP_SARAM4       .set   19        ;页 4   SARAM(980h/80h)
DP_PF1          .set   224       ;页 1 外设帧文件(7000h/80h)(0XE0)
DP_PF2          .set   225       ;页 2 外设帧文件(7080h/80h)(0XE1)
DP_CAN          .set   226       ;页 3 外设帧文件(7100h/80h)(0XE2)
DP_PF4          .set   227       ;页 4 外设帧文件(7080h/80h)(0XE3)
DP_CAN2         .set   228       ;页 5 外设帧文件(7200h/80h)(0XE4)
DP_EVA          .set   232       ;页 0 事件管理器—EVA 文件(7400h/80h)(0xE8)
DP_EVB          .set   234       ;页 0 事件管理器—EVB 文件(7500h/80h)(0xE9)
;位测试指令的位代码(BIT)
BIT15           .set   0000h     ;位代码 15
BIT14           .set   0001h     ;位代码 14
BIT13           .set   0002h     ;位代码 13
BIT12           .set   0003h     ;位代码 12
BIT11           .set   0004h     ;位代码 11
BIT10           .set   0005h     ;位代码 10
BIT9            .set   0006h     ;位代码 9
BIT8            .set   0007h     ;位代码 8
BIT7            .set   0008h     ;位代码 7
BIT6            .set   0009h     ;位代码 6
BIT5            .set   000Ah     ;位代码 5
BIT4            .set   000Bh     ;位代码 4
BIT3            .set   000Ch     ;位代码 3
BIT2            .set   000Dh     ;位代码 2
BIT1            .set   000Eh     ;位代码 1
BIT0            .set   000Fh     ;位代码 0
;用 SBIT0  和 SBIT1  宏屏蔽位
B15_MSK         .set   8000h     ;位屏蔽 15
```

```
B14_MSK        .set    4000h      ;位屏蔽 14
B13_MSK        .set    2000h      ;位屏蔽 13
B12_MSK        .set    1000h      ;位屏蔽 12
B11_MSK        .set    0800h      ;位屏蔽 11
B10_MSK        .set    0400h      ;位屏蔽 10
B9_MSK         .set    0200h      ;位屏蔽 9
B8_MSK         .set    0100h      ;位屏蔽 8
B7_MSK         .set    0080h      ;位屏蔽 7
B6_MSK         .set    0040h      ;位屏蔽 6
B5_MSK         .set    0020h      ;位屏蔽 5
B4_MSK         .set    0010h      ;位屏蔽 4
B3_MSK         .set    0008h      ;位屏蔽 3
B2_MSK         .set    0004h      ;位屏蔽 2
B1_MSK         .set    0002h      ;位屏蔽 1
B0_MSK         .set    0001h      ;位屏蔽 0
;宏定义
SBIT0        .macro    DMA,MASK ;清位宏定义
        LACC    DMA
        AND     #(0FFFFh-MASK)
        SACL    DMA
        .endm
SBIT1        .macro    DMA,MASK ;置位宏定义
        LACC    DMA
        OR      #(MASK)
        SACL    DMA
        .endm
KICK_DOG      .macro                ;程序监视器复位宏定义
        LDP     #00E0h              ;DP→7000h~707Fh
        SPLK    #05555h,WDKEY       ;WDCNTR 由下一步复位被使能
    SPLK    #0AAAAh,WDKEY           ;WDCNTR 被复位
        .endm
DELAY_S      .macro    delay_value   ;延时=0.05μs × 延时计数
        RPT #delay_value
        NOP
        .endm
```

附录 2　TMS320LF240x 系列 DSP 中断优先级和中断向量表

TMS320LF240x 中断源优先级和中断向量表

中断名称	优先级	CPU 中断和向量地址	在 PIRQRx 和 PIACKRx 中的数位位置	外围中断向量(PIV)	能否被屏蔽	外围中断源模块	描述
Reset	1	RSN0000h	—	N/A	N	RS 引脚看门狗	来自引脚的复位信号，看门狗溢出
保留位	2	— 0026h	—	N/A	N	CPU	用于仿真
NMI	3	NMI 0024h	—	N/A	N	不可屏蔽中断	不可屏蔽中断，只能是软件中断
PDPINTA	4	INT1 0002h	0.0	0020h	Y	EVA	功率驱动保护引脚中断
PDPINTB	5		2.0	0019h	Y	EVB	
ADCINT	6		0.1	0004h	Y	ADC	高优先级模式的 ADC 中断
XINT1	7		0.2	0001h	Y	外部中断逻辑	高优先级模式的外部引脚中断
XINT2	8		0.3	0011h	Y	外部中断逻辑	
SPIINT	9		0.4	0005h	Y	SPI	高优先级模式的 SPI 中断
RXINT	10		0.5	0006h	Y	SCI	高优先级模式的 SCI 接收中断
TXINT	11		0.6	0007h	Y	SCI	高优先级模式的 SCI 发送中断
CANMBINT	12		0.7	0040h	Y	CAN	高优先级模式的 CAN 邮箱中断

（续表）

中断名称	优先级	CPU中断和向量地址	在PIRQRx和PIACKRx中的数位位置	外围中断向量(PIV)	能否被屏蔽	外围中断源模块	描述
CANERINT	13	INT2 0004h	0.8	0041h	Y	CAN	高优先级模式的CAN错误中断
CMP1INT	14		0.9	0021h	Y	EVA	Compare1 中断
CMP2INT	15		0.10	0022h	Y	EVA	Compare2 中断
CMP3INT	16		0.11	0023h	Y	EVA	Compare3 中断
T1PINT	17		0.12	0027h	Y	EVA	Timer1 周期中断
T1CINT	18		0.13	0028h	Y	EVA	Timer1 比较中断
T1UFINT	19		0.14	0029h	Y	EVA	Timer1 下溢中断
T1OFINT	20		0.15	002Ah	Y	EVA	Timer1 上溢中断
CMP4INT	21		2.1	0024h	Y	EVB	Compare4 中断
CMP5INT	22		2.2	0025h	Y	EVB	Compare5 中断
CMP6INT	23		2.3	0026h	Y	EVB	Compare6 中断
T3PINT	24		2.4	002Fh	Y	EVB	Timer3 周期中断
T3CINT	25		2.5	0030h	Y	EVB	Timer3 比较中断
T3UFINT	26		2.6	0031h	Y	EVB	Timer3 下溢中断
T3OFINT	27		2.7	0032h	Y	EVB	Timer3 上溢中断
T2PINT	28	INT3 0006h	1.0	002Bh	Y	EVA	Timer2 周期中断
T2CINT	29		1.1	002Ch	Y	EVA	Timer2 比较中断
T2UFINT	30		1.2	002Dh	Y	EVA	Timer2 下溢中断
T2OFINT	31		1.3	002Eh	Y	EVA	Timer2 上溢中断
T4PINT	32		2.8	0039h	Y	EVB	Timer4 周期中断
T4CINT	33		2.9	003Ah	Y	EVB	Timer4 比较中断
T4UFINT	34		2.10	003Bh	Y	EVB	Timer4 下溢中断
T4OFINT	35		2.11	003Ch	Y	EVB	Timer4 上溢中断
CAP1INT	36	INT4 0008h	1.4	0033h	Y	EVA	Captuer1 中断
CAP2INT	37		1.5	0034h	Y	EVA	Captuer2 中断
CAP3INT	38		1.6	0035h	Y	EVA	Captuer3 中断
CAP4INT	39		2.12	0036h	Y	EVB	Captuer4 中断
CAP5INT	40		2.13	0037h	Y	EVB	Captuer5 中断
CAP6INT	41		2.14	0038h	Y	EVB	Captuer6 中断

（续表）

中断名称	优先级	CPU 中断和向量地址	在 PIRQRx 和 PIACKRx 中的数位位置	外围中断向量(PIV)	能否被屏蔽	外围中断源模块	描述
SPIINT	42	INT5 000Ah	1.7	0005h	Y	SPI	低优先级模式的 SPI 中断
RXINT	43		1.8	0006h	Y	SCI	低优先级模式的 SCI 接收中断
TXINT	44		1.9	0007h	Y	SCI	低优先级模式的 SCI 发送中断
CANMBINT	45		1.10	0040h	Y	CAN	低优先级模式的 CAN 邮箱中断
CANERINT	46		1.11	0041h	Y	CAN	低优先级模式的 CAN 错误中断
ADCINT	47	INT6 000Ch	1.12	0004h	Y	ADC	低优先级模式的 ADC 中断
XINT1	48		1.13	0001h	Y	外部中断逻辑	低优先级模式的外部引脚中断
XINT2	49		1.14	0011h	Y	外部中断逻辑	
保留位		000Eh	—	N/A	Y	CPU	分析中断
TRAP	N/A	0022h	—	N/A	N/A	CPU	TRAP 命令
假中断向量	N/A	N/A	—	0000h	N/A	CPU	假中断向量
INT8～INT16	N/A	0010h～0020h	—	N/A	N/A	CPU	软件中断向量
INT20～INT31	N/A	00028h～0003Fh	—	N/A	N/A	CPU	

注：1. 由于某些特殊器件缺乏某些外围模块，故这些器件不具有相应的中断；

2. 表中带灰色背景部分表示 F2407/2406 新的外围中断和向量。

附录3　指令功能速查(按字母顺序)

序号	助记符	功能	字数	周期	本书所在页码
1	ABS	累加器取绝对值	1	1	68
2	ADD	累加器加	1～2	1～2	68
3	ADDC	带进位的累加器加	1	1	69
4	ADDS	符号扩展抑制的累加器加	1	1	69
5	ADDT	TREG指定移位的累加器加	1	1	70
6	ADRK	辅助寄存器加短立即数	1	1	79
7	AND	和累加器进行与操作	1～2	1～2	70
8	APAC	PREG加到累加器	1	1	81
9	B	无条件跳转	2	4	91
10	BACC	跳转到累加器指定的地址	1	4	91
11	BANZ	辅助寄存器非0跳转	2	4(真) 2(假)	91
12	BCND	条件跳转	2	4(真) 2(假)	91
13	BIT	位测试	1	1	93
14	BITT	TREG指定位测试	1	1	94
15	BLDD	数据区块移动	2	3	98
16	BLPD	程序区到数据区的块移动	2	3	98
17	CALA	累加器指定地址的子程序调用	1	4	92
18	CALL	无条件调用	2	4	92
19	CC	条件调用	2	4(真) 2(假)	93
20	CLRC	控制位清0	1	1	94
21	CMPL	累加器逻辑取反	1	1	71
22	CMPR	辅助寄存器与AR0比较	1	1	79
23	DMOV	数据移动	1	1	99
24	IDLE	等待中断	1	1	94
25	IN	从端口读入数据	2	2	99
26	INTR	软件中断	1	4	93

(续表)

序号	助记符	功能	字数	周期	本书所在页码
27	LACC	带移位的累加器装载	1～2	1～2	71
28	LACL	装载累加器低 16 位,高 16 位清 0	1	1	71
29	LACT	由 TREG 指定左移位数的累加器装载	1	1	71
30	LAR	辅助寄存器装载	1～2	2	80
31	LDP	数据页指针装载	1	2	94
32	LPH	乘积寄存器高位字装载	1	1	81
33	LST	状态寄存器装载	1	2	95
34	LT	TREG 寄存器装载	1	1	82
35	LTA	TREG 寄存器装载并累加前一次乘积	1	1	82
36	LTD	TREG 寄存器装载、累加前一次乘积并数据移动	1	1	83
37	LTP	TREG 寄存器装载并将乘积寄存器内容存入累加器	1	1	83
38	LTS	TREG 寄存器装载、累加器减去前一次乘积	1	1	84
39	MAC	乘累加	2	3	84
40	MACD	乘累加并数据移动	2	3	85
41	MAR	修改辅助寄存器	1	1	80
42	MPY	乘	1	1	86
43	MPYA	乘并累加前一次乘积	1	1	86
44	MPYS	乘并减去前一次乘积	1	1	87
45	MPYU	乘无符号数	1	1	87
46	NEG	累加器取补码	1	1	72
47	NMI	非屏蔽中断	1	4	93
48	NOP	空操作	1	1	95
49	NORM	累加器内容归一化	1	1	72
50	OR	与累加器进行或操作	1～2	1～2	73
51	OUT	输出数据到端口	2	3	100
52	PAC	乘积寄存器内容装载到累加器	1	1	88
53	POP	栈顶内容弹出到累加器低 16 位	1	1	96
54	POPD	栈顶内容弹出到数据存储单元	1	1	96
55	PSHD	数据存储单元内容压入堆栈	1	1	96
56	PUSH	累加器低 16 位压入堆栈	1	1	97

（续表）

序号	助记符	功能	字数	周期	本书所在页码
57	RET	子程序返回	1	4	93
58	RETC	条件返回	1	4(真) 2(假)	93
59	ROL	累加器循环左移	1	1	73
60	ROR	累加器循环右移	1	1	74
61	RPT	重复执行下一条指令	1	1	97
62	SACH	存储累加器移位后的高16位	1	1	74
63	SACL	存储累加器移位后的低16位	1	1	74
64	SAR	存储辅助寄存器	1	1	80
65	SBRK	辅助寄存器减去短立即数	1	1	81
66	SETC	控制位置位	1	1	98
67	SFL	累加器左移	1	1	75
68	SFR	累加器右移	1	1	75
69	SPAC	累加器减乘积寄存器	1	1	88
70	SPH	存储乘积寄存器的高16位	1	1	88
71	SPL	存储乘积寄存器的低16位	1	1	89
72	SPLK	长立即数存储到数据存储单元	2	2	100
73	SPM	设置PREG输出的移位模式	1	1	89
74	SQRA	数值平方并累加前一次乘积	1	1	90
75	SQRS	数值平方并减去前一次乘积	1	1	90
76	SST	存储状态寄存器	1	1	98
77	SUB	累加器减	1～2	1～2	75
78	SUBB	带借位的累加器减	1	1	76
79	SUBC	条件减	1	1	76
80	SUBS	符号扩展抑制的累加器减	1	1	77
81	SUBT	TREG确定移位的累加器减	1	1	77
82	TBLR	表读	1	3	100
83	TBLW	表写	1	3	100
84	TRAP	软件中断	1	4	93
85	XOR	与累加器进行异或操作	1～2	1～2	78
86	ZALR	累加器低位字清0,高位字带舍入装载	1	1	78

注:1.“1～2”表示数字1或2,当操作数为长立即数取2,否则取1;

2.“2～4”表示数字2或4,当条件不满足时取2,条件满足时取4;

3. 表中给出的周期数是该指令在对内部存储器进行单指令操作时所用的时间。

参考文献

[1] Texas Instruments, TMS320C2xx User's Guide, SPRU127B, 1997

[2] Texas Instruments, Implementation of a Speed Field Orientated Control of Three Phase AC Induction Motor using TMS320F240, BPRA076, 1998

[3] Texas Instruments, TMS320LF2407A, TMS320LF2406, TMS320LF2402 DSP Controllers, SPRS094, 2000

[4] Texas Instruments, TMS320LF/LC240xA DSP Controllers Reference Guide—System and Peripherals, SPRU357B, 2001

[5] 宁改娣,杨拴科.DSP控制器原理及应用[M]. 北京:科学出版社,2002

[6] 刘和平,严利平,张学锋,卓清锋.TMS320LF240xDSP结构、原理及应用[M]. 北京:北京航空航天大学出版社,2002

[7] 何苏勤,王忠勇.TMS320C2000系列DSP原理及实用技术[M]. 北京:电子工业出版社,2003

[8] 王晓明,王玲.电动机的DSP控制——TI公司DSP应用[M]. 北京:北京航空航天大学出版社,2004

[9] 扈宏杰.DSP控制系统的设计与实现[M]. 北京:机械工业出版社,2004

[10] 张雄伟,邹霞,贾冲.DSP芯片原理与应用[M]. 北京:机械工业出版社,2005

[11] 三恒星科技.数字信号处理器(DSP)易学通[M]. 北京:人民邮电出版社,2006

[12] 张燕宾.SPWM变频调速应用技术[M]. 北京:机械工业出版社,2006

[13] 赵世廉.TMS320X240xDSP原理及应用开发指南[M]. 北京:北京航空航天大学出版社,2007

[14] 彭启宗,李玉柏,管庆.DSP技术的发展与应用[M]. 北京:高等教育出版社,2002

[15] 章云.DSP控制器及其应用[M]. 北京:机械工业出版社,2001

[16] 韩安太,刘峙飞,黄海.DSP控制器原理及其在运动控制系统中的应用编著[M]. 北京:清华大学出版社,2003

[17] 黄仁欣.DSP技术及应用[M]. 北京:电子工业出版社,2007

[18] 张卫宁.TMS320C2000系列DSPS原理及应用[M]. 北京:国防工业出版社,2002

[19] 颜友钧,朱宇光.DSP应用技术教程[M]. 北京:中国电力出版社,2002